涡轮机械与推进系统出版项目
"两机"专项：航空发动机技术出版工程

航空发动机燃烧室试验

徐华胜 钟华贵 冯大强 等 编著

科学出版社
北 京

内 容 简 介

本书从国内专业工程技术人员的视角,由航空发动机燃烧室试验体系包含的所有维度出发,用工程人通俗的语言,为读者较全面阐述了什么是燃烧室试验、为什么要做燃烧室试验以及怎么做燃烧室试验。全书共8章,主要内容包括燃烧室试验器设计、燃烧室试验方法、测量方法、试验数据处理及分析、试验质量控制与安全控制、试验常见问题及处理以及燃烧室试验技术发展展望等,所有内容均是贴合工程、直击一线的。

本书能够为正在从事航空发动机燃烧室试验技术设计、操作、维护的工程技术人员提供一定的帮助和参考,也可以为即将从事航空发动机事业的人员及广大工程技术爱好者提供了解航空发动机燃烧室试验的途径。

图书在版编目(CIP)数据

航空发动机燃烧室试验/徐华胜等编著. —北京:
科学出版社,2022.12
("两机"专项:航空发动机技术出版工程)
国家出版基金项目 涡轮机械与推进系统出版项目
ISBN 978-7-03-073926-1

Ⅰ. ①航⋯ Ⅱ. ①徐⋯ Ⅲ. ①航空发动机—燃烧室—实验 Ⅳ. ①V233.7-33

中国版本图书馆 CIP 数据核字(2022)第 221435 号

责任编辑:徐杨峰/责任校对:谭宏宇
责任印制:黄晓鸣/封面设计:殷 靓

科学出版社 出版
北京东黄城根北街16号
邮政编码:100717
http://www.sciencep.com

南京展望文化发展有限公司排版
苏州市越洋印刷有限公司印刷
科学出版社发行 各地新华书店经销

*

2022年12月第 一 版 开本:B5(720×1000)
2022年12月第一次印刷 印张:22 3/4
字数:445 000
定价:180.00元
(如有印装质量问题,我社负责调换)

涡轮机械与推进系统出版项目
顾问委员会

主任委员

张彦仲

委 员

(以姓名笔画为序)

尹泽勇　乐嘉陵　朱　荻　刘大响　杜善义
李应红　张　泽　张立同　张彦仲　陈十一
陈懋章　闻雪友　宣益民　徐建中

"两机"专项:航空发动机技术出版工程
专家委员会

主任委员

曹建国

副主任委员

李方勇　尹泽勇

委　员

(以姓名笔画为序)

王之林　尹泽勇　甘晓华　向　巧　刘大响
孙　聪　李方勇　李宏新　杨　伟　杨　锐
吴光辉　吴希明　陈少洋　陈祥宝　陈懋章
赵振业　唐　斌　唐长红　曹建国　曹春晓

"两机"专项:航空发动机技术出版工程
编写委员会

主任委员
尹泽勇

副主任委员
李应红　刘廷毅

委　员
(以姓名笔画为序)

丁水汀	王太明	王占学	王健平	尤延铖
尹泽勇	帅　永	宁　勇	朱俊强	向传国
刘　建	刘廷毅	杜朝辉	李应红	李建榕
杨　晖	杨鲁峰	吴文生	吴施志	吴联合
吴锦武	何国强	宋迎东	张　健	张玉金
张利明	陈保东	陈雪峰	叔　伟	周　明
郑　耀	夏峥嵘	徐超群	郭　昕	凌文辉
陶　智	崔海涛	曾海军	戴圣龙	

秘书组
组　长　朱大明
成　员　晏武英　沙绍智

"两机"专项：航空发动机技术出版工程
试验系列
编写委员会

主 编

郭 昕

副主编

徐朋飞　艾克波　崔海涛

委 员

（以姓名笔画为序）

丁凯峰　王永明　王振华　王晓东　艾克波
江 平　吴法勇　张志学　陆海鹰　侯敏杰
姚 华　徐 国　徐友良　徐华胜　徐朋飞
郭 昕　崔海涛　梁宝逵

航空发动机燃烧室试验
编写委员会

主　编

徐华胜

副主编

钟华贵　冯大强

委　员

（以姓名笔画为序）

王秀兰	王录峰	文洪燕	冯大强	刘重阳
刘洪凯	许承慧	杜凤磊	李俊松	肖　颖
张　弛	张昌华	周家林	钟华贵	侯俊林
徐华胜	黄章芳	黄德润	窦义涛	

涡轮机械与推进系统出版项目
序

涡轮机械与推进系统涉及航空发动机、航天推进系统、燃气轮机等高端装备。其中每一种装备技术的突破都令国人激动、振奋,但是技术上的鸿沟使得国人一直为之魂牵梦绕。对于所有从事该领域的工作者,如何跨越技术鸿沟,这是历史赋予的使命和挑战。

动力系统作为航空、航天、舰船和能源工业的"心脏",是一个国家科技、工业和国防实力的重要标志。我国也从最初的跟随仿制,向着独立设计制造发展。其中有些技术已与国外先进水平相当,但由于受到基础研究和条件等种种限制,在某些领域与世界先进水平仍有一定的差距。为此,国家决策实施"航空发动机及燃气轮机"重大专项。在此背景下,出版一套反映国际先进水平、体现国内最新研究成果的丛书,既切合国家发展战略,又有益于我国涡轮机械与推进系统基础研究和学术水平的提升。"涡轮机械与推进系统出版项目"主要涉及航空发动机、航天推进系统、燃气轮机以及相应的基础研究。图书种类分为专著、译著、教材和工具书等,内容包括领域内专家目前所应用的理论方法和取得的技术成果,也包括来自一线设计人员的实践成果。

"涡轮机械与推进系统出版项目"分为四个方向:航空发动机技术、航天推进技术、燃气轮机技术和基础研究。出版项目分别由科学出版社和浙江大学出版社出版。

出版项目凝结了国内外该领域科研与教学人员的智慧和成果,具有较强的系统性、实用性、前沿性,既可作为实际工作的指导用书,也可作为相关专业人员的参考用书。希望出版项目能够促进该领域的人才培养和技术发展,特别是为航空发动机及燃气轮机的研究提供借鉴。

张彦仲

2019 年 3 月

"两机"专项:航空发动机技术出版工程
序

航空发动机誉称工业皇冠之明珠,实乃科技强国之重器。

几十年来,我国航空发动机技术、产品及产业经历了从无到有、从小到大的艰难发展历程,取得了显著成绩。在世界新一轮科技革命和产业变革同我国转变发展方式的历史交汇期,国家决策实施"航空发动机和燃气轮机"重大科技专项(即"两机"专项),产学研用各界无不为之振奋。

迄今,"两机"专项实施已逾三年。科学出版社申请国家出版基金,安排"'两机'专项:航空发动机技术出版工程",确为明智之举。

本出版工程旨在总结"两机"专项以及之前工作中工程、科研、教学的优秀成果,侧重于满足航空发动机工程技术人员的需求,尤其是从学生到工程师过渡阶段的需求,借此为扩大我国航空发动机卓越工程师队伍略尽绵力。本出版工程包括设计、试验、基础与综合、材料、制造、运营共六个系列,前三个系列已从2018年起开始前期工作,后三个系列拟于2020年启动,希望与"两机"专项工作同步。

对于本出版工程,各级领导十分关注,专家委员会不时指导,编委会成员尽心尽力,出版社诸君敬业把关,各位作者更是日无暇晷、研教著述。同道中人共同努力,方使本出版工程得以顺利开展,有望如期完成。

希望本出版工程对我国航空发动机自主创新发展有所裨益。受能力及时间所限,当有疏误,恭请斧正。

2019 年 5 月

本书序

航空发动机及燃气轮机（以下简称"两机"）是航空、舰船、战车和能源设备的核心动力装备，直接关系到国家国防安全、经济发展和技术竞争力。为摆脱我国先进航空发动机、燃气轮机长期受制于人的被动局面，加快自主创新，国家在"十三五"规划中将航空发动机及燃气轮机列为100个重大工程和项目之首，并于2016年8月正式启动。

夯实研发基础技术、完善研发体系、培养人才队伍是"两机"重大专项的重要任务之一，适时梳理总结"两机"技术领域的优秀工程、科研和教学成果，形成一批工程实用性强、指导作用明显的相关丛书，有助于满足更好、更快地培养"两机"工程技术人员的迫切需求，具有较高的技术价值和社会价值。

该书作为"'两机'专项：航空发动机技术出版工程"之一，以航空发动机和燃气轮机的燃烧室部件试验研究为主题，围绕燃烧室部件研制过程中试验验证的原理方法、常用设备、测试技术、数据分析与处理等主要内容，系统地总结了该领域多年的工程经验及技术成果。

该书编写团队主要由来自发动机研制一线的专家组成，并邀请了相关高校教授参与，他们的学术和技术水平高，工程实践和经验也丰富。该书内容注重基础性和实用性，适合发动机专业的本科生、硕士研究生和与发动机专业相关的其他专业人员阅读和参考，特别是能够满足从学生到工程师过渡阶段的学习需求，可作为培养燃气涡轮发动机领域卓越工程师的入门教科书和日常工作手册。

2022年7月

前言

航空燃气涡轮发动机被誉为有史以来最复杂的机械装置,燃烧室(含主燃烧室和加力燃烧室)的功能是将燃料的化学能通过燃烧反应转变为热能,驱动涡轮做功并产生推力,是航空发动机中工作过程最复杂的部件。燃料燃烧是在高进口速度、高湍流度条件下进行的两相燃烧化学反应,流动和反应机理十分复杂,燃烧室工作环境恶劣,燃烧区燃气温度可达 2 500 K 以上。目前还没有一套完整的理论模型能够清晰描述湍流和燃料燃烧反应过程,尚不能主要通过计算完成燃烧室的设计和性能分析。因此,相对于发动机其他部件和系统而言,燃烧室的研制过程是在以半经验半理论设计技术(所谓"经验设计")基础上进行不同层次的大量试验,不断进行"设计—试验—改进—试验—确认设计"的反复迭代,才能最终达到发动机对燃烧室的各项设计要求,有"燃烧室是试出来的"一说。在燃烧理论和基础技术获得实质性突破和仿真技术成熟(实现"预测设计")的可预计时间内,燃烧室试验仍然是技术研究和工程研制的主要手段,在进行基础研究和性能验证中都必须进行大量研究性试验,更需要通过开展工程规模的试验来验证燃烧室的设计符合性。燃烧试验涉及气动热力、机械电子、信息采集分析等多门学科,所以燃烧室试验是一门综合性技术。国内相关从业技术人员经过数十年来的开拓、探索、发展、沉淀,从无到有,积少成多,搭建了较为配套的燃烧室相关试验设施,较为系统地总结出航空发动机燃烧室试验技术体系,有力地支撑和保障了国家各类军民用航空发动机燃烧室的研发。

本书从国内专业工程技术人员的视角,由航空发动机燃烧室试验体系包含的所有维度出发,用工程人员通俗的语言,为读者较全面阐述了什么是燃烧室试验、为什么要做燃烧室试验以及怎么做燃烧室试验。本书共分为 8 章,涵盖试验器设计、试验方法、试验测试、试验结果处理、质量与安全控制、常见问题处理及未来发展趋势展望等。所有内容均是贴合工程、直击一线的操作层面需求,能够为正在从事航空发动机燃烧室试验设计、操作、维护的工程技术人员提供一定的帮助及参考,也能对即将从事航空发动机事业的人群以及相关工程技术爱好者提供了解航空发动机燃烧室试验的途径。本书力求工程性、实用性,工程技术背后的理论基础难以尽述,也不是本书的重点。

本书第 1 章、第 8 章由刘重阳撰写,第 2 章、第 7 章由刘洪凯、黄德润撰写,第 3 章、第 5 章由肖颖撰写,第 4 章由周家林、侯俊林、许承慧、文洪燕撰写,第 6 章由王秀兰撰写,附录由李俊松、张昌华、张弛撰写,全书最后由李俊松编定统稿。

本书编写过程中,中国航发沈阳发动机研究所杜成、张哲衡、王东明、王冬冬、朱赟;中国航发株洲动力机械研究所蒋荣伟;中国航发四川燃气涡轮研究院所曾建勇、孙海涛、朱国成、齐东东、段纪平等提供了宝贵的素材资料,中国航发四川燃气涡轮研究院燃烧技术研究室专业技术人员对本书进行了技术性校对。对以上同志为本书编写所付出的努力,在此表示衷心感谢!

清华大学祁海鹰教授、西北工业大学张群教授、浙江大学王高峰教授对本书结构和内容提出了宝贵的建设性意见,对本书修改完善提供了大力支持与帮助,在此表达衷心感谢和敬意!

限于时间和作者水平,书中不妥之处在所难免,敬请读者批评指正。

徐华胜
2022 年 7 月

符号表

符号	释义、表达式和单位
a	热扩散系数，$a = \dfrac{\lambda}{\rho c_p}$（m²/s）；真值；介质吸收系数（cm²/mol）
A	面积（m²）
A_a	（冷效）试验件表面积（m²）
A_c	（冷效）试验件壁面换热面积（m²）
A_H	（冷效）试验件冷却孔总面积（m²）
A_{nt}	流量计喷嘴喉部面积（m²）
ACd	有效流通面积（mm²）
ΣACd	燃烧室总有效流通面积（mm²）
AR	面积比
b	被测量可能值区间的半宽度
B	涵道比——涡扇发动机外涵与内涵空气流量之比
B_C	吹风比——冷效试验次流与主流密流之比
c	声速，$c = \sqrt{kRT_s}$（m/s）；光速（km/s）；浓度（ppm*）
c_p	比定压热容［J/(kg·K)］
C	流出系数——实际流量与理论流量之比
c_{cr}	临界声速
C_d	流量系数
d	孔径（m）；直径（mm）
d_n	极差系数
D	管道外径（m）；粒径（μm）；流体的特征长度
Da	达姆科勒数（Damköhler number），$Da_{\rm I} = \dfrac{\tau_f}{\tau_c}$，$Da_{\rm II} = \dfrac{\tau_d}{\tau_c}$

---

* 1 ppm = 10^{-6}。

D_{32}		索特(Sauter)平均直径(μm)
e_i		入射光方向矢量
e_s		接受光方向矢量
$e(T_0)$		热电偶参考端的热电势(V)
$e(T)$		热电偶测量端的热电势(V)
E		渐近速度系数
$E(T,T_0)$		热电偶总热电势(V)
E''		低跃迁态能量(cm^{-1})
Eu		欧拉数(Euler number),$Eu = \dfrac{P}{\rho v^2}$
f		周期性流动的频率(Hz);多普勒频移(Hz)
F_∞		发动机起飞推力(kN)
G_p		流量数
h		孔的深度(mm);普朗克常数
h_D		燃料的等温燃烧焓差(kJ/kg)
H		摩尔绝对焓(kJ/mol);海拔或飞行高度(km)
H_u		燃料的低位热值(kJ/kg)
I		激光光强(mW)
IA		互相关时查问域的大小(像素×像素)
k		分布参数;包含因子;气体比热容比,也称气体绝热指数,对于空气,$k=1.4$,对于燃气,$k=1.33$;玻尔兹曼常数(J/K)
K		流量公式的系数
K_p		化学平衡常数
L,l		长度或距离(m);激光在吸收气体中通过的光程(cm)
L_0		燃料的理论燃烧空气量[kg(air)/kg(fuel)]
m		质量(kg)
M		分子量(摩尔质量)(g/mol)
Ma		马赫数(Mach number),$Ma = \dfrac{v}{c}$
n		抽气机串联级数;物质的量(mol);重复测量的次数
n_1		散射介质的折射率
N		尺寸分布指数
NO_x		氮氧化物浓度(ppm)
NO_2^*		激发态二氧化氮分子
p		概率;包含概率(%)

P	压力(Pa)	
P'	压力脉动量	
P_t	总压(绝对压力)(MPa)	
P_s	静压(绝对压力)(MPa)	
P_e	抽气机进口压力(Pa)	
P_{gau}	表压(Pa)	
P_v	真空度或负压(Pa)	
P_y	加力燃烧室外涵与内涵进口气流总压比	
Pe	佩克莱数(Peclet number),$Pe = \dfrac{lv}{a}$	
PNC	相对物理转速(%)	
Pr	普朗特数(Prandtl number),$Pr = \dfrac{\mu c_p}{\lambda}$	
P_{res}	CCD 相机的分辨率(像素×像素)	
q	热通量(W)	
Q	热量(J/mol);体积流量(m^3/s);配分函数	
r	极差	
r_i	气体的容积浓度	
R	气体常数[J/(kg·K)],空气 $R = 287.06$ J/(kg·K),燃气 $R = 287.41$ J/(kg·K);谱线强度比	
Re	雷诺数(Reynolds number),$Re = \dfrac{\rho v l}{\mu}$	
R_w	干净滤纸的绝对反射率	
R_s	染色滤纸的绝对反射率	
R_t	金属导体在温度为 t(℃)时的电阻值(Ω)	
R_0	金属导体在 0℃时的电阻值(Ω)	
R_{100}	金属导体在 100℃时的电阻值(Ω)	
S	谱线强度[J/(cm^3·s·sr)]	
SN	排烟数(smoke number)	
SN′	单个被试件的冒烟指数	
Sr	斯特劳哈尔数(Strouhal number),$Sr = \dfrac{l}{vt} = \dfrac{fl}{v}$	
St_k	斯托克斯数(Stokes number),$St_k = \dfrac{\rho_p d_p^2 v_f}{18 \mu_f D}$	
s	试验标准偏差	

t		时间(s)
T		绝对温度(K)
T_t		总温(K)
T_s		静温(K)
T_{mea}		热电偶示值温度(K)
T_{bead}		无导热损失的热电偶测量温度(K)
u		标准不确定度
u_A		A类标准不确定度
u_B		B类标准不确定度
u_c		合成标准不确定度
u_{rel}		相对标准不确定度
U		扩展不确定度；X方向速度
U_{rel}		相对扩展不确定度
v		速度(m/s)
v_x		探针表面某一点的流速(m/s)
v_{3max}		主燃烧室最大点火速度(m/s)
V		容积(m^3)
W		质量流量(g/s；kg/s)；(冒烟测试)取样质量(kg)
W_e		单台机组的抽气流量(kg/s)
W/A		单位面积冒烟取样量(kg/m^2)
x_0		真值
x_i		被测物理量的测量值
$\overline{x}$		对同一被测物理量进行多次重复测量结果的平均值
x_{best}		被测物理量X的最佳估计值
X		流量计算修正系数；被测物理量；燃气组分
α		余气系数；换热系数[$W/(m^2 \cdot K)$]；仰俯角(°)；尺寸因子
α_{dy}		动态法换热系数[$W/(m^2 \cdot K)$]
α_{st}		静态法换热系数[$W/(m^2 \cdot K)$]
β		直径比——节流装置节流孔(或喉部)直径与一次装置上游测量管道的内径之比
β_i		几何因子、形状因子
δ		偏差或(绝对)误差
ΔB		总压探针偏流角影响系数判据
Δ		绝对差值

ΔT_c	热电偶测温的导热误差(K)
ΔT_r	热电偶测温的辐射误差(K)
ε	可膨胀性系数
ζ	流阻损失系数
η	燃烧效率;气膜绝热冷却效率
θ	角度(°);主、次流温比
θ_0	偏流角或攻角(°)
θ_{in}	光束入射角(°)
λ	导热系数[W/(m·K)];速度系数;波长(μm)
μ	动力黏性系数(Pa·s)
ξ	修正系数
π_k	抽气机压比
ρ	密度(kg/m³)
σ	总压恢复系数
σ_s	静压恢复系数
τ	时间(s)
τ_f	化学反应流动时间(s)
τ_c	化学反应反应时间(s)
τ_d	化学反应扩散时间(s)
ν	自由度;激光频率(cm^{-1})
ν_0	谱线中心频率(cm^{-1})
φ	当量比;夹角(°);不完全度
Φ_i	多普勒脉冲的相位
Ψ	总压损失系数

下标

0	环境的;初始状态或标准状态下的
1	上游或进口截面
2	下游或出口截面
3	主燃烧室进口截面
4	主燃烧室出口截面
16	加力燃烧室外涵进口截面
6	加力燃烧室内涵进口截面
6m	加力燃烧室内、外涵进口气体完全混合后截面
7	加力燃烧室出口截面

a	空气(air);冷效试验的次流
av	平均值
AB	加力燃烧室
amb	大气压的
B	主燃烧室的
DB	扩压器的
e	抽气机组进口截面
eff	有效的
f	燃料(fuel);流动(体)(flow,fluid)
g	燃气(gas);冷效试验的主流(空气)
h	直接加温器(heater)
i	内环的
i	第 i 项;相应燃气成分
m	主油路的
max	最大值
mea	测量值、示值
min	最小值
noz	喷嘴的
o	外环的
ori	孔板的
oxider	空气的
p	粒子的
pr	探针的
r	径向的
ran	随机的
rel	相对的
s	副油路的
sys	系统的
th	理论值
w	壁面的

缩略词

英文缩写	中英文释义
A/D	模拟/数字(analog/digital)
AEDC	美国阿诺德工程发展中心(Arnold Engineering Development Center)
AFR	气油比(air-fuel ratio)——空气与燃料质量流量之比
CARS	相干反斯托克斯-拉曼散射(coherent anti-Stokes Raman scattering)
CCD	电荷耦合器件(charge coupled device)
CFD	计算流体力学(computational fluid dynamics)
CIAM	俄罗斯中央航空发动机研究院(Central Institute of Aviation Motors)
CLA	化学发光分析法(chemical luminescence analysis)
CT	计算机断层扫描术(computer tomography)
DEHS	二乙基己基癸二酸酯(di-ethyl-hexyl-sebacate)
DLR	德国宇航中心(Deutsches Zentrum für Luft- und Raumfahrt)
EI	排放指数(emission index)(g/kg)
FAR	油气比(fuel-air ratio)——燃料与空气质量流量之比
FFT	快速傅里叶变换(fast Fourier transform)
FID	火焰离子化检测器(flame ionization detector)
FOV	(PIV测量的)视场大小(field of view)(mm×mm)
FRS	滤波瑞利散射(filtered Rayleigh scattering)
GE	美国通用电气公司(General Electric Company)
GPS	全球定位系统(global position system)
HTV	羟基分子标记测速(hydroxyl tagging velocimetry)
ICAO	国际民航组织(International Civil Aviation Organization)
IEPE	集成电路型压电式(integrated electronics piezo-electric)传感器
IHPTET	综合高性能涡轮发动机技术(integrated high performance turbine engine technology)
ITS	国际温标(international temperature scale)

LDV	激光多普勒测速法(laser Doppler velocimetry)
LIF	激光诱导荧光(laser induced fluorescence)
LII	激光诱导白炽光(laser induced incandescence)
LITA	激光诱导热声学技术(laser induced thermal acoustics)
MEMS	微机电系统(micro-electro-mechanical system)
MMD	质量中值直径(mass median diameter)(μm)
NASA	美国国家航空航天局(National Aeronautics and Space Administration)
OTDF	出口温度分布系数(outlet temperature distribution factor)
PDPA	相位多普勒粒子分析法(phase Doppler particle analysis)
PIV	粒子图像测速法(particle image velocimetry)
PLC	可编程逻辑控制器(programmable logical controller)
PLIF	平面激光诱导荧光(planar laser induced fluorescence)
PW	美国普拉特&惠特尼(Pratt & Whitney)公司,简称普惠公司
RR	英国罗尔斯-罗伊斯(Rolls-Royce)公司,简称罗罗公司
RS	瑞利散射(Rayleigh scattering)
RTDF	径向温度分布系数(radial temperature distribution factor)
SMD	索特平均直径(Sauter mean diameter)(μm)
SVRS	自发振动拉曼散射技术(spontaneous vibrational Raman scattering)
TDLAS	可调谐半导体激光吸收光谱术(tunable diode laser absorption spectroscopy)
TSP	温度敏感参数(temperature-sensitive parameter)
UHC	未燃碳氢化合物(unburned hydrocarbon)
UPS	不间断电源(uninterruptible power supply)
VAATE	多用途经济可承受先进涡轮发动机(Versatile Affordable Advanced Turbine Engines)计划

目 录

涡轮机械与推进系统出版项目·序
"两机"专项: 航空发动机技术出版工程·序
本书序
前言
符号表
缩略词

第 1 章 绪 论

1.1 概述 ·· 001
  1.1.1 燃烧室试验的必要性和意义 ······························· 001
  1.1.2 燃烧室试验的基本概念 ······································ 002
  1.1.3 燃烧室试验的主要内容 ······································ 004
  1.1.4 相似理论的应用 ··· 006
  1.1.5 燃烧室试验标准 ··· 007
1.2 燃烧室试验技术发展现状 ··· 008
  1.2.1 试验设备 ·· 008
  1.2.2 试验方法 ·· 010
  1.2.3 测试技术 ·· 010
  1.2.4 数值仿真技术的应用 ··· 017
参考文献 ·· 019

第 2 章 燃烧室试验器设计

2.1 概述 ·· 021
2.2 主燃烧室综合性能试验器 ··· 021

  2.2.1　系统组成、工作过程和技术指标 ……………………… 021
  2.2.2　关键设备 …………………………………………………… 024
2.3　主燃烧室高空点火试验器 …………………………………………… 031
  2.3.1　系统组成、工作过程和技术指标 ……………………… 031
  2.3.2　关键设备 …………………………………………………… 033
2.4　加力燃烧室综合性能试验器 ………………………………………… 041
  2.4.1　系统组成、工作过程和技术指标 ……………………… 041
  2.4.2　关键设备 …………………………………………………… 043
2.5　零组件综合性能试验器 ……………………………………………… 047
  2.5.1　传热试验器 ………………………………………………… 047
  2.5.2　燃油喷嘴试验器 …………………………………………… 049
2.6　燃烧室试验器设计方法 ……………………………………………… 050
  2.6.1　总体方案论证 ……………………………………………… 050
  2.6.2　试验器设计过程 …………………………………………… 051
  2.6.3　非标设备设计案例 ………………………………………… 053
参考文献 ……………………………………………………………………… 065

第 3 章　燃烧室试验方法

3.1　概述 …………………………………………………………………… 066
3.2　试验总体设计 ………………………………………………………… 067
  3.2.1　总体设计的基本原则 ……………………………………… 067
  3.2.2　总体设计的主要内容 ……………………………………… 067
  3.2.3　一般试验流程 ……………………………………………… 068
3.3　模化试验方法 ………………………………………………………… 070
  3.3.1　模化试验分类 ……………………………………………… 070
  3.3.2　模化准则 …………………………………………………… 071
  3.3.3　模化准则的应用 …………………………………………… 072
3.4　燃烧室试验件设计 …………………………………………………… 074
  3.4.1　燃烧室试验件设计原则 …………………………………… 074
  3.4.2　主燃烧室试验件 …………………………………………… 078
  3.4.3　加力燃烧室试验件 ………………………………………… 080
3.5　主燃烧室综合性能试验方法 ………………………………………… 082
  3.5.1　试验概述 …………………………………………………… 082

3.5.2　气动性能试验方法 ………………………………………………… 085
　　　3.5.3　点/熄火性能试验方法 ……………………………………………… 088
　　　3.5.4　燃烧性能试验方法 ………………………………………………… 090
3.6　加力燃烧室综合性能试验方法 …………………………………………… 096
　　　3.6.1　试验概述 …………………………………………………………… 096
　　　3.6.2　进出口状态参数测量要求 ………………………………………… 097
　　　3.6.3　流阻特性试验 ……………………………………………………… 098
　　　3.6.4　冷效气动试验 ……………………………………………………… 099
　　　3.6.5　点/熄火性能试验方法 ……………………………………………… 100
　　　3.6.6　燃烧性能试验方法 ………………………………………………… 101
3.7　零组件性能试验方法 ……………………………………………………… 101
　　　3.7.1　燃油喷嘴及带喷嘴燃油总管试验 ………………………………… 101
　　　3.7.2　涡流器试验 ………………………………………………………… 107
　　　3.7.3　扩压器试验 ………………………………………………………… 108
　　　3.7.4　火焰筒冷却试验 …………………………………………………… 109
　　　3.7.5　二元稳定器试验 …………………………………………………… 111
参考文献 ……………………………………………………………………………… 112

第4章　测 量 方 法

4.1　概述 ………………………………………………………………………… 113
4.2　温度测量 …………………………………………………………………… 114
　　　4.2.1　流体温度测量 ……………………………………………………… 114
　　　4.2.2　固体壁面温度测量 ………………………………………………… 122
4.3　压力测量 …………………………………………………………………… 126
　　　4.3.1　稳态压力测量 ……………………………………………………… 126
　　　4.3.2　脉动压力测量 ……………………………………………………… 131
4.4　流量测量 …………………………………………………………………… 135
　　　4.4.1　燃料流量 …………………………………………………………… 136
　　　4.4.2　空气流量 …………………………………………………………… 139
4.5　速度测量 …………………………………………………………………… 143
4.6　燃气成分测量 ……………………………………………………………… 145
　　　4.6.1　燃气分析原理 ……………………………………………………… 146
　　　4.6.2　系统组成 …………………………………………………………… 146

4.6.3　测量方法 …………………………………………………………… 153
　　4.6.4　计算方法 …………………………………………………………… 154
4.7　先进的光学测量方法 ………………………………………………………… 158
　　4.7.1　粒子图像测速法 ……………………………………………………… 158
　　4.7.2　相位多普勒粒子分析法 ……………………………………………… 167
　　4.7.3　可调谐半导体激光吸收光谱术 ……………………………………… 175
参考文献 ………………………………………………………………………………… 182

第 5 章　试验数据处理及分析

5.1　概述 ……………………………………………………………………………… 184
5.2　试验数据预处理 ……………………………………………………………… 184
　　5.2.1　数据有效性判定 ……………………………………………………… 185
　　5.2.2　数据平均化处理 ……………………………………………………… 186
　　5.2.3　图像类和音频类数据预处理 ………………………………………… 187
5.3　工况参数计算 ………………………………………………………………… 187
5.4　燃烧室性能参数处理分析 …………………………………………………… 190
　　5.4.1　流阻特性 ……………………………………………………………… 190
　　5.4.2　流量特性 ……………………………………………………………… 192
　　5.4.3　点火边界 ……………………………………………………………… 195
　　5.4.4　熄火边界 ……………………………………………………………… 195
　　5.4.5　燃烧效率 ……………………………………………………………… 197
　　5.4.6　出口温度场 …………………………………………………………… 197
　　5.4.7　污染物排放量 ………………………………………………………… 199
　　5.4.8　壁面温度 ……………………………………………………………… 199
　　5.4.9　燃烧稳定性 …………………………………………………………… 200
　　5.4.10　喷嘴及燃油总管流量特性 ………………………………………… 203
　　5.4.11　喷嘴雾化锥角 ………………………………………………………… 203
　　5.4.12　燃油流量分布不均匀度 …………………………………………… 204
　　5.4.13　喷嘴雾化特性 ………………………………………………………… 207
　　5.4.14　涡流器有效流通面积 ……………………………………………… 207
　　5.4.15　扩压器流阻特性 …………………………………………………… 209
　　5.4.16　火焰筒冷却 ………………………………………………………… 209
5.5　试验数据误差及不确定度分析 ……………………………………………… 212

5.5.1　概述 ………………………………………………………………… 212
　5.5.2　不确定度的评定方法 ………………………………………………… 214
　5.5.3　燃烧室试验参数不确定度计算 ……………………………………… 220
　5.5.4　试验数据不确定度的影响因素 ……………………………………… 223
参考文献 ……………………………………………………………………………… 224

第 6 章　试验质量控制与安全控制

6.1　概述 …………………………………………………………………………… 225
6.2　试验质量控制 ………………………………………………………………… 225
　6.2.1　引言 …………………………………………………………………… 225
　6.2.2　试验需求阶段 ………………………………………………………… 226
　6.2.3　试验方案确认阶段 …………………………………………………… 226
　6.2.4　试验准备阶段 ………………………………………………………… 226
　6.2.5　试验实施阶段 ………………………………………………………… 229
　6.2.6　试验结果评定阶段 …………………………………………………… 229
6.3　试验安全控制 ………………………………………………………………… 230
　6.3.1　引言 …………………………………………………………………… 230
　6.3.2　主要危险源 …………………………………………………………… 230
　6.3.3　安全预防措施 ………………………………………………………… 231
　6.3.4　突发事件及应急安全措施 …………………………………………… 232
　6.3.5　试验安全控制要求 …………………………………………………… 234

第 7 章　试验常见问题及处理

7.1　概述 …………………………………………………………………………… 235
7.2　试验器问题及处理方法 ……………………………………………………… 235
　7.2.1　空气系统 ……………………………………………………………… 235
　7.2.2　燃油系统 ……………………………………………………………… 236
　7.2.3　测控系统 ……………………………………………………………… 238
　7.2.4　冷却水系统 …………………………………………………………… 242
7.3　试验件问题及处理方法 ……………………………………………………… 244
参考文献 ……………………………………………………………………………… 251

第8章　燃烧室试验技术发展展望

- 8.1 试验技术发展需求 …… 252
- 8.2 试验设备的发展 …… 253
- 8.3 试验方法的发展 …… 255
- 8.4 测试技术的发展 …… 256
  - 8.4.1 燃气温度测试技术 …… 256
  - 8.4.2 燃气组分与燃烧效率测试技术 …… 258
  - 8.4.3 动态压力测试技术 …… 259
  - 8.4.4 燃烧状态监测与可视化技术 …… 260
- 8.5 试验测试标准与规范 …… 261
- 参考文献 …… 261

附录A　国外典型燃烧室试验器 …… 262
- A.1 美国 …… 262
  - A.1.1 NASA格伦研究中心/刘易斯研究中心 …… 262
  - A.1.2 美国空军研究实验室 …… 268
  - A.1.3 美国通用电气公司航空发动机集团 …… 269
  - A.1.4 美国普拉特＆惠特尼公司 …… 270
  - A.1.5 美国部分大学 …… 273
- A.2 英国 …… 276
  - A.2.1 罗尔斯-罗伊斯公司 …… 276
  - A.2.2 罗罗艾利逊发动机公司 …… 277
  - A.2.3 卡迪夫大学 …… 279
- A.3 俄罗斯 …… 280
  - A.3.1 俄罗斯中央航空发动机研究院 …… 280
  - A.3.2 彼尔姆航空发动机科研生产联合体 …… 283
- A.4 德国 …… 284
- A.5 法国 …… 291
  - A.5.1 DGA飞行试验中心 …… 291
  - A.5.2 SNECMA公司维拉罗什试验中心 …… 292

附录B　用于主动冷却的燃料基础特性的测量方法 …… 294
- B.1 高温密度 …… 294
- B.2 比定压热容 …… 299

B.3 热沉 ··· 306
  B.4 自着火特性 ·· 310
    B.4.1 着火延迟时间测量 ··· 312
    B.4.2 自由基测量 ··· 313
    B.4.3 燃烧产物浓度的测量 ·· 314
    B.4.4 激波管内激波参数的变化与设计 ······························· 316
  B.5 焦炭基础特性 ·· 320
    B.5.1 焦炭生成量 ··· 320
    B.5.2 焦炭的表观形貌 ·· 321
    B.5.3 焦炭表面含碳化合物的种类 ····································· 322
  参考文献 ·· 323

附录 C 燃烧室试验标准和规范 ·· 324
  C.1 主燃烧室试验标准和规范 ··· 324
  C.2 加力燃烧室试验标准和规范 ·· 327

附录 D 不确定度的传递与计算 ··· 328

附录 E 质量管理体系标准 ·· 330

第 1 章
绪　论

1.1　概　述

1.1.1　燃烧室试验的必要性和意义

燃烧室是航空发动机的核心部件之一,军用航空发动机由主燃烧室和加力燃烧室组成,如图 1.1 所示。燃烧室工作的基本原理:在压气机提供的高压空气中,实现燃油的高效燃烧,产生高温燃气,一方面推动涡轮做功,为压气机工作提供所需的功率;另一方面通过尾喷管高速喷向大气,为发动机提供推力。鉴于燃烧室是发动机动力的主要来源,直接影响发动机的性能,因此被视为发动机的"心脏"。

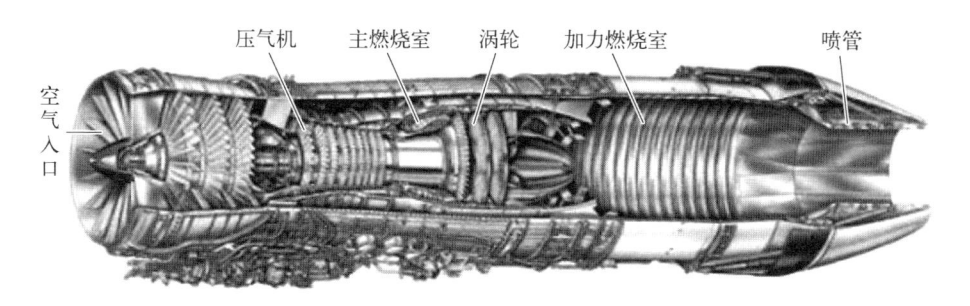

图 1.1　典型军用航空发动机结构

对于典型的双转子混合排气涡轮风扇发动机,其核心流路截面符号一般规定如图 1.2 所示。其中,主燃烧室的进口标示为 3,出口标示为 4;加力燃烧室进口标示为 6;外涵进口标示为 16,出口标示为 7。其他截面符号定义可参考《航空燃气涡轮动力装置术语和符号》(GJB 2103A—1997)。

燃烧室的工作过程十分复杂,涉及气体的高速湍流流动、燃料雾化、蒸发和剧烈燃烧、高强度对流和辐射换热,以及污染物生成与排放,简而言之,燃烧室是一个流、固、热、声等物理化学过程高度耦合的部件[1]。同时,对燃烧室的工作要求是安全、可靠,能满足发动机在各种复杂应用场合的需要。因此,长期以来,任何一种型

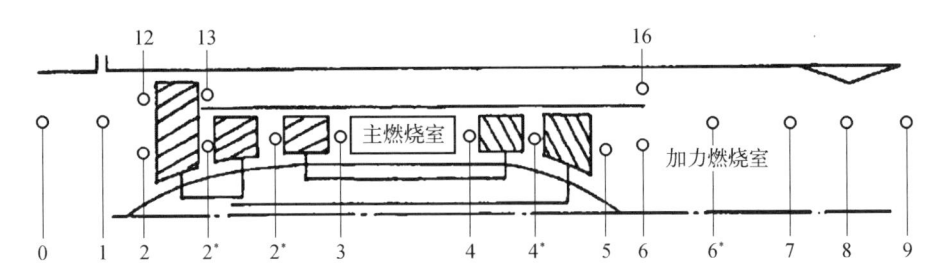

图 1.2　双转子混合排气涡轮风扇发动机核心流路截面符号

号的燃烧室设计和研制,都依赖于大量的地面模拟试验。

试验的重要作用体现在以下几个方面:

(1) 获得理论计算无法得到的技术数据,使燃烧室研制的数据库和设计体系不断得到完善;

(2) 检查和修正设计计算给出的性能参数,验证燃烧室设计和制造工艺质量,并通过调整和优化使燃烧室性能满足技术指标要求;

(3) 按验收标准规程,校核批量生产的燃烧室部件由加工安装所致的性能差异;

(4) 验证和确认新型燃烧室研制过程中采用的新方法、新材料和新加工工艺。

尽管现有的关于燃烧室的基础理论、设计方法、研究工具和加工制造工艺在不断地发展,但是还不足以确保能设计出完全符合技术要求的新型燃烧室。因此,在今后相当长的时间内,模拟试验仍将是燃烧室研制不可或缺的关键环节[2]。先进的燃烧室试验方法和技术对高性能发动机燃烧室的发展具有极其重要的意义。

1.1.2　燃烧室试验的基本概念[3,4]

燃烧室试验是一项独立完整的系统工程,涉及试验装置、试验方法、测试技术、数据处理等一系列环节。因而,有必要掌握有关燃烧室试验的若干基本概念。

1) 试验器

试验器是用以模拟燃烧室工作环境所必需的试验状态和工况条件的装置,一般由空气系统、加温系统、燃油系统、冷却水系统、测试系统、电气控制系统等组成,也称为试验台或试验装置。

2) 试验件

试验件是为了解某种设计成型的航空发动机燃烧室零组件、部件的性能,专门制作的用于试用操作的对象、装置。一般燃烧室试验件可有圆管、矩形、扇形、缩比全环、全尺寸等不同结构形式。

3) 试验方法

试验方法是指为完成燃烧室试验任务,达到试验目的,获取合理、准确、可靠数据信息的手段,包括试验总体设计、状态模化、燃烧室试验件设计、试验状态和工况条件的调控、测试系统的选择和布局、数据处理等方法。

4) 测试仪器仪表

测试仪器仪表是指用于检测、记录和输出数据数值,具有标准度量衡特性,并能保证精确度的装置,是测试系统的核心组成部分。

5) 试验数据处理

试验数据处理是指数据的筛选、插值、平均化、参数计算、性能表征、误差和不确定度评定等操作及其所依据的规则、计算公式等。

6) 燃烧室试验模拟准则

燃烧室试验模拟准则是指用较低压力和较低流量所测定的燃烧室主要性能参数(燃烧效率、总压损失、出口温度分布、点/熄火极限等)来反映真实情况下的性能时,所采用和遵守的标准原则,一般通过燃烧室特征尺寸、进口气流等参数的组合函数关系来表示,常用的有等速度准则、K准则、朗韦尔(Longwell)准则[5]等。

7) 气动试验

气动试验是指在冷态(无燃烧)条件下对燃烧室或其零组件所进行的单纯的气体流动试验,旨在获得流阻损失、流量分配规律或流场信息。

8) 性能试验

性能试验是指在真实的进口空气压力、温度、流动马赫数、油气比等条件下,测取燃烧室试验件的总压恢复系数、燃烧效率、出口温度分布、壁面温度、污染物排放量、点/熄火极限等性能参数的试验。

9) 高空点火试验

高空点火试验是指在地面试验器上,模拟风车状态下燃烧室的进口空气压力、温度、速度、流量等条件进行的点火边界试验,用以考察发动机的高空再点火能力及低速飞行时燃烧室的工作稳定性。

10) 慢车状态

慢车状态是指发动机能够保持稳定工作的最低转速状态。

11) 风车状态

风车状态是指发动机在空中停车(燃烧室熄火)后,借助于空气动力而转动,并在短时间内稳定在某一转速的状态。

12) 燃气分析

燃气分析是指通过测量燃烧室内燃气所含的化学成分及浓度,可进一步算出局部温度、余气系数、燃烧效率和污染物排放量的方法。

1.1.3　燃烧室试验的主要内容

1. 试验分类和内容

燃烧室试验主要有三类,即主燃烧室综合性能试验、加力燃烧室综合性能试验和零组件性能试验。

主燃烧室综合性能试验内容包括:气动性能,即流阻特性和流量分配;点/熄火性能,即高空点火边界、稳态点火边界、过渡态点火边界和熄火边界;燃烧性能,即燃烧效率、出口温度分布、壁温、污染物排放量等。

加力燃烧室综合性能试验内容包括:气动性能,即气流混合损失和流动损失;点/熄火性能,即稳定边界、不同点火方式的点火性能等;燃烧性能,即加力比、加力温度、加力燃烧效率或加力耗油率、稳定性等。

零组件性能试验内容包括以下几方面。

(1) 喷嘴试验:以煤油、燃烧室用燃料或水为介质,测量喷嘴的压力-流量特性和雾化特性,如喷雾锥角、射程、液滴尺寸分布等;研究气动雾化型喷嘴的雾化特性对气流压降、气液比的影响关系。

(2) 扩压器试验:测量气流转角、扩压器长度、扩压器面积比、扩压器型面、突扩距离、进口速度分布(外峰、内峰、中径峰等)等对扩压器流动损失的影响;测量扩压器与火焰筒和进气罩帽的匹配性能。由此筛选出工作稳定、流动不分离、对进气速度分布不敏感、静压恢复快、总压损失小、尺寸短的结构形式。

(3) 涡流器试验:测量航空发动机主燃烧室旋流器或涡流器在给定入口压差或压力时通过的空气流量。

(4) 燃油总管试验:以航空煤油为介质,测量燃油总管流量特性和分布均匀性等,由此筛选出流量特性基本一致的燃油喷嘴,以供全环部件装配及检查喷嘴工作后流量特性的变化。

(5) 壁面冷效试验:测量火焰筒壁面冷效试验件的气膜绝热冷却效率、换热系数、冷却通道的压降、流量系数等,以确定最佳冷却结构和尺寸。

(6) 火焰稳定器试验:测量火焰稳定器内部的流场结构、流阻损失、点/熄火性能等,以筛选加力燃烧室火焰稳定器的结构和布局。

对于主燃烧室,在研制的不同阶段,试验目的侧重点不同,所需试验件类型也不同,如表1.1所示。在主燃烧室研制的初期阶段,需要确定采用的头部涡流器类型、燃油喷嘴类型、点火喷嘴位置等,虽然可以根据主燃烧室的设计准则通过计算和经验确定一些基本设计参数,但是相同的设计参数也可以有不同的结构方案,具体哪种方案的性能最好,还需要通过试验来验证。另外,设计过程还有可能会采用新的技术,也需要通过试验来验证新技术的可行性。在此阶段,试验目的侧重于方案筛选和技术验证,主燃烧室每一种重要组件都可能有数量不等的设计方案,按一定规律组成不同的试验件,并进行横向比较,最终选定少量试验结果较好的方案进入下一阶段。

表1.1　不同研制阶段的主燃烧室试验内容

方案论证及设计阶段	技术设计阶段	工程设计阶段
喷嘴试验；扩压器模型试验；模型燃烧室流场试验；壁面冷效试验；单头部燃烧室流量分配和冷态流阻试验；单头部燃烧室性能试验：包括燃烧效率、污染排放性能、点/熄火特性等试验	多头部扇形试验：流量分配、点/熄火特性、燃烧效率、火焰筒壁温、出口温度场、污染排放性能等试验	全环燃烧室综合性能试验：包括流量分配、点/熄火特性、燃烧效率、火焰筒壁温、出口温度场、污染排放性能等试验

方案筛选阶段需要开展大量的对比试验，适合采用单头部试验件进行试验，优点有：试验件结构相对简单，装配难度小，可灵活更换不同组件，试验准备时间短；单头部试验通常所需空气流量小，可在小型燃烧室试验器上开展试验，能源消耗低，试验开展更灵活。但筛选试验的内容时需要进行合理的规划，避免浪费。此阶段一般主要开展流阻和流量分配、点/熄火特性、燃烧效率、污染排放性能等试验。

主燃烧室设计方案筛选完成后，在下一阶段（技术设计阶段）的研制中必须进行验证，在此阶段适合采用扇形燃烧室试验件。一般做法是根据上一阶段方案筛选试验的结果挑选一到两种方案，再匹配上不同的扩压器和火焰筒设计方案，设计出少量扇形试验件，继续开展对比试验。试验内容包括流量分配、点/熄火特性、燃烧效率、火焰筒壁温、出口温度场、污染排放性能等。

经过扇形试验件的筛选后基本可以确定燃烧室各组件最佳的设计组合方案，下一步就是设计全环试验件，开展相应的综合性能试验，验证部件的性能和结构的可靠性。

加力燃烧室试验规划也采取与主燃烧室类似的原则。

2. 工况确定方法[3]

燃烧室试验的状态参数一般参照发动机工作包线上典型工况的工作参数确定。

航空发动机工作包线是指发动机能够可靠、安全、稳定工作，并实现其规定功能、性能的空中范围，一般用飞行高度 H 和飞行马赫数 Ma 表示（图1.3），也可用发动机进口空气总温和总压表示。图中的典型工况有：A 代表地面工作点（慢车、额定、起飞、起动）；B 代表最大气动负荷，即 $p_{t3}=p_{t3,\max}$，$W_{a3}=W_{a3,\max}$；C 代表最大热负荷Ⅰ，即

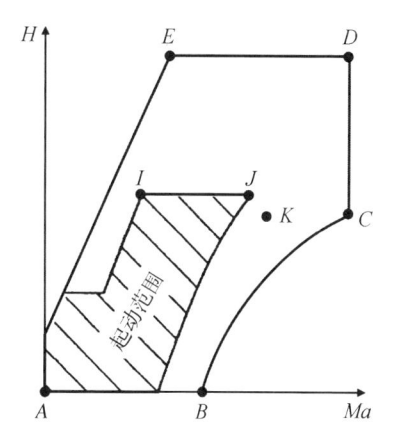

图1.3　发动机工作包线及典型工况

$T_{t3}=T_{t3,\max}$；D 代表最大热负荷Ⅱ，即 $T_{t3}=T_{t3,\max}$，$p_{t3}=p_{t3,\min}$；E 代表最小气动负荷，即 $p_{t3}=p_{t3,\min}$，$T_{t3}=T_{t3,\min}$；I 代表高空点火左边界（点火包线范围内最小压力和温度），即 $p_{t3}=p_{t3,\min}$，$T_{t3}=T_{t3,\min}$；J 代表高空点火右边界（点火包线范围内最大压力和温度），即 $p_{t3}=p_{t3,\max}$，$T_{t3}=T_{t3,\max}$；K 代表巡航工作点。

燃烧室试验工况和主要试验内容如表 1.2 所示。

表 1.2　燃烧室试验工况和主要试验内容

试验内容	A 慢车	A 额定	A 起飞	起动	B	C	D	E	I	J	K
燃烧效率	●	●	●	—	●	●	●	●	●	—	●
流阻特性	—	●	●	—	●	●	●	●	●	—	●
出口温度分布	—	●	●	—	●	●	●	●	—	—	—
贫油熄火	●	—	—	—	—	—	—	—	—	—	—
火焰筒壁温	—	—	●	—	●	●	●	—	—	—	—
起动、点火	—	—	—	●	—	—	—	—	—	—	—
污染排放性能	●	—	●	—	—	—	—	—	—	—	●

注：● 表示包含；— 表示不包含。

1.1.4　相似理论的应用

任何类型航空发动机燃烧室都要经过大量的试验调试和改进，才能逐步达到设计指标。为了保证燃烧室试验的准确性，需要使试验条件与实际工作条件一致，因此试验费用十分昂贵。而通过模化试验能够在较低费用下得到与真实燃烧室内部近似的各种参数，即保证两者之间呈现的物理、化学规律相同，相关变量在对应空间、对应时间成一定比例。采用相似理论方法进行的燃烧室试验，是在燃烧室实物或者几何尺寸较小的模拟燃烧室里用相对原始空气源较低的"模化参数"做试验，可为燃烧室的后续优化设计减少人力和物力的投入。

从可查阅到的文献中了解到，描述燃烧室工作过程的相似准则约有 16 个，其中气相燃烧相似准则有 11 个[4]，如雷诺准则、弗劳德准则、欧拉准则、马赫准则、卡门准则、紊流克努森准则等，再加上数十个相似单值条件（几何相似，进口气流速度、温度、压力等相似系数，雾滴初始半径、速度、分布指数等相似系数等），远远超过了试验中能够自由选择的参数数目。全部相似准则数值保持相等，并做到单值条件相似是困难的。若要求对燃烧室工作过程进行精确模化，则会导致模型与实物几何结构完全一样，模型与实物工作参数也完全一样，这样实际上就等于没有模化。试验表明：不是所有定性准则对燃烧室的全部性能都是同等重要的，其中有些对燃烧室性能的影响不大。

  目前，大多数情况下，试验过程中并不要求在模型燃烧室内部复现真实燃烧室内部的所有现象，而只要求通过模型试验预测真实燃烧室的主要综合性能，主要采取近似模化并简化的方式进行，即采用燃烧室尺寸不作任何改变，在简化试验工况或缩小的参数下进行试验，也称为"低压模化试验"。换句话说，试验中常保证多数单值条件相似，并减少需要模化的定性准则的数目，从而使模化试验容易实现。例如，对于主燃烧室，常采用模型燃烧室与真实燃烧室相同的几何参数，以保证几何相似的单值条件；模型燃烧室试验时，采用与真实燃烧室相同的燃料、余气系数和进口温度，这样就可以使模型燃烧室与真实燃烧室中的物性参数和物性准则（Pr）等保持相同。此外，还充分利用某些现象具有"自模性"的特点，去掉使现象自模化的定性准则。例如，当雷诺数 Re 大于临界值时，流动便进入自模状态，流动状态和流速分布不再与雷诺数 Re 有关。这样模化试验时，就可以不用追求与真实燃烧室相同的大雷诺数，从而可以减少空气消耗量，特别是在气源能力不足的情况下更为有利。

  在燃油雾化模化方面，目前主要是采用保证燃料性质相同、燃油喷雾角相同、带喷嘴的总管燃油流量分布相同、燃油雾化质量与真实状态差别小等条件的方式，而不考虑与燃油雾化有关的如韦伯准则、雾滴运动雷诺准则、油滴蒸发和燃烧准则等满足程度。这主要是因为当前发动机燃烧室采用的是空气雾化喷嘴和压力雾化喷嘴，其燃油雾化、雾滴运动、雾滴与空气的掺混等，主要取决于喷嘴的雾化空气射流的雾化作用及其与燃烧区主气流的掺混作用。同时，油滴与周围气流的相对速度较小，在燃烧区内的停留时间主要取决于气体的停留时间。当保证了燃烧室进口气流速度相同时，模化和真实试验状态下，油滴的停留时间是基本不变的，且其蒸发或燃烧常数几乎与压力无关，不会因为模型燃烧室内压力低而明显变化，在高温气流内蒸发和燃烧寿命也很短，因此认为有关燃油雾化和油滴运动、蒸发和燃烧的相似准则得到了满足或者不予考虑。

  长期的试验表明，采用基于相似理论的燃烧室模化试验方法，能够得到较真实的燃烧效率和燃烧室出口温度场，不仅试验方便，还可大大降低试验成本，并缩短试验器建设和试验周期。

1.1.5 燃烧室试验标准

  标准是根据科学、技术和经验的综合成果编制的技术规范或文件，是相关科研活动的依据，能够提高质量，提升效率。在发展航空发动机燃烧室试验技术的同时,应对成熟及重复使用的试验方法进行总结提炼,以利于不断提升燃烧室试验水平,促进航空发动机燃烧室部件研制技术的发展。

我国航空发动机燃烧室试验标准分为主燃烧室和加力燃烧室两类,基本由相关科研院所提出,主要针对具体的试验科目来编制,如燃油喷嘴性能试验、燃油总管性能试验、燃烧室流阻特性及流量分配试验、燃烧室点火和熄火试验、高空点火试验、出口温度场性能试验、燃烧效率试验、壁温试验等,涉及行业标准、集团标准和企业标准。目前,主燃烧室试验的相关行业标准共有 17 个,其中,《航空燃气涡轮发动机燃烧室性能试验方法》(HB 7485)是航空发动机主燃烧室部件试验最早编制的行业标准,该标准对全环形或各类模型燃烧室气动热力性能试验的一般要求、试验程序、数据处理及其结果评定等进行了规定,历经 1997 年和 2012 年两个版本,对我国航空发动机燃烧室部件试验起到了统一方法、统一技术操作手段的积极作用。加力燃烧室试验仅在点火和性能试验方面形成了规范,行业标准数量较主燃烧室试验偏少。目前能收集到的标准或规范见附录 C。

多年来,航空发动机燃烧室试验的标准体系建设过程一直缺乏系统性的策划,标准的归口管理不统一,造成部分燃烧室试验标准相互重复,甚至存在不协调等问题。此外,还有一些开展了的燃烧室试验并未形成相应的技术标准或规范,如主燃烧室涡流器试验、自燃与回火机理试验、燃油结焦特性试验等。加力燃烧室试验还缺乏一些零组件与燃烧机理试验相关的标准,如喷油杆试验、混合器和稳定器流阻特性试验、隔热屏冷效试验、振荡燃烧机理试验等。这些标准有待结合技术的发展和国际标准的更新,在航空发动机试验标准体系中进一步补充完善。

1.2　燃烧室试验技术发展现状

伴随着航空发动机综合试验技术的发展,燃烧室部件试验技术在试验设备、试验方法和测试技术等方面逐步提高,本节分别从这几个方面进行概述。

1.2.1　试验设备

经过近 40 年的发展,国内航空发动机研制单位及高校已建设了大量的燃烧试验设备,涉及机理研究试验、零组件性能试验、燃烧室模型件性能试验和部件性能/功能试验,业内已形成较完整的燃烧室试验体系,设备能力基本可以满足第五代航空发动机主燃烧室、加力燃烧室,民机低污染燃烧室、组合动力燃烧室及其零组件的原理性验证和性能试验需求,参数可以覆盖低压、中压和全温全压等工况。这些试验台架主要在中国航空发动机集团所属研究院所,如中国航发沈阳发动机设计研究所(代号为 606 所)、中国航发四川燃气涡轮研究院(代号为 624 所)、中国航发株洲动力机械研究所(代号为 608 所),以及北京航空航天大学、西北工业大学、南京航空航天大学等高等院校内。设备的总体技术水平位居世界先进行列。截至2021年各类试验器的主要性能指标如下：

（1）燃烧机理研究试验器国内有14台/套，主要指标为压力4.8 MPa、流量10 kg/s、温度900 K。

（2）燃烧室点火试验器国内有4台/套，主要指标为压力20~150 kPa（绝压）、空气流量7 kg/s、温度-60~150℃。

（3）主燃燃烧室性能试验器国内有21台/套，最高指标为空气流量120 kg/s、进口压力4.7 MPa、进口空气温度1 000 K。

（4）加力燃烧室（含在建）试验器国内有8台/套，主要指标为压力1.0 MPa、总流量220 kg/s（内涵最大流量为145 kg/s，外涵最大流量为100 kg/s）、内涵温度1 400 K、外涵温度600 K。

国外航空发动机燃烧室试验设备大多集中在美国、英国、德国等发达国家。美国从20世纪50年代起就开始建设燃烧试验设备，建立了多个规模庞大的试验基地，刘易斯研究中心、PW、GE等都拥有大量高水平且功能完备的燃烧室试验设备，从低压、中压到高压，从单管、扇形到全环，体系完备，构建齐全。较有代表性的是格伦研究中心建立的高温、高压燃烧室试验台[先进亚声速燃烧室试验器（Advanced Subsonic Combustion Rig, ASCR）]，其试验压力超过6 MPa，试验空气预热温度约1 000 K，用于燃烧室预研试验。此外，GE于2014年在俄亥俄州伊文代尔还建设了一套指标更高的燃烧室试验台，该试验器气源站采用3台空气压缩机并联，出口压力高达8.3 MPa，总流量约80 kg/s，一级加温器出口温度约923 K，二级加温器出口温度约1 113 K，用于大型客机发动机环形和扇形燃烧室试验。

为保证技术优势，西方国家开展了一系列航空推进技术基础研究和发展计划，通过项目支撑燃烧室部件的试验测试技术发展，不断地扩建、改建和增建研究设备，提高测试设备能力，扩大适应范围，不断更新和提高设备能力。例如，RR在英国达比、哈特菲尔德、布里斯托尔和考文垂4个地区共建有24套燃烧室试验设备，功能全面。其中，位于达比的某全尺寸、全压、全流量、全环燃烧室试验器最高压力为6.5 MPa，最大流量为113.4 kg/s，最高进气温度为923 K。

德国的航空发动机燃烧室试验设备主要集中在德国宇航中心（Deutsches Zentrum für Luft- und Raumfahrt, DLR）。DLR的燃烧室试验设施在其下属的推进技术研究所（Institute of Propulsion Technology）拥有完备的航空发动机燃烧试验平台，包括一系列高压燃烧试验台，以及喷雾、冷却和热声振荡试验台共10台套，可以进行从航空发动机燃烧室机理到燃烧性能全方位的试验研究。

俄罗斯中央航空发动机研究院（Central Institute of Aviation Motors, CIAM）是俄罗斯航空发动机主要研制单位，拥有较为全面的燃烧室试验设备（从单头部、扇形到全环，从负压、常压到高压）。其中，低、中压试验气源供气流量达250 kg/s，压力达 1.2 MPa,空气预热温度达 900 K;高压全环燃烧室试验器的燃烧室进口温度达 1 100 K,出口温度达 2 300 K,试验压力超过 2 MPa。在这些试验台上,已完成了大批量生产和在研的发动机燃烧室试验。

1.2.2 试验方法

国内开展燃烧室试验技术研究工作始于 20 世纪 60 年代。目前,燃烧室试验方法已取得了长足的进步,基本掌握了试验方案设计、状态模化、燃烧室试验件设计、试验状态调控、测试布局和数据处理等方法,累积了丰富的工程经验,部分方法已形成了行业标准或规范,基本能够满足推重比在 15 以下军用发动机主燃烧室、加力燃烧室和民用发动机低污染燃烧室,以及其他相当水平动力燃烧部件的性能和功能试验需要,但是部分试验方法在局部细节的处理和应用方面较国外还略显粗糙。例如,燃烧室的模化准则和模化方法方面,国内主要采用低压模化下等容积流率模化准则及一些其他类型的模化准则,没有探究不同模化准则之间的差别,也没有探究在不同试验件结构(单头部、扇形、全环等)、不同状态条件下的适用性。

此外,随着电子技术、信息技术和网络技术的进步和发展,国外的航空发动机试验已从物理试验进入虚拟试验时代,在试验方法上实现了质的跨越。例如,NASA 研究中心已成功地将虚拟技术应用到风洞测量试验中。国外实践证明,航空发动机采用先进的虚拟试验技术是克服巨额投资、缩短研制周期、弥补大型试验设施能力不足的主要途径。又如,美国已经发展的第四代攻击机 F-35 项目提出"从设计到飞行试验全面数字化",预期研制周期比 F-22 项目缩短 50%,风洞吹风试验减少 75%,试飞飞行架次减少 40%,定型试验周期缩短 30%。再如,美国阿诺德工程发展中心(Arnold Engineering Development Center, AEDC)为满足内部和外部诸多客户对试验信息(包括试验时采集、处理的数据,以及试验过程产生的全部声像多媒体信息和数据)的无缝存取需求,经过五年的努力,研制出综合试验信息系统,可使世界各地的客户就地观看试验,快速获取试验信息数据,做到在线实时分析,如同置身于正在试验的现场,实现在远地"虚拟在场"共享试验信息。

上述这些信息反映了当前国外航空发动机,包括燃烧室部件试验方法的先进性,而目前国内在燃烧室试验的智能化、信息化和虚拟化等方面尚处于探索阶段。

1.2.3 测试技术

航空发动机燃烧室的测量主要聚焦在燃气温度、燃烧效率、出口温度分布、污染排放性能、火焰筒壁温等参数方面。经过多年的摸索和技术的进步,已掌握了高温高压燃气温度、压力、流量等常规参数的测试技术,累积了丰富的工程经验和数据,形成了一批具有自主知识产权的测试技术规范,实现了军、民、非航、空天等动力燃烧部件研制过程中基本参数可测且测得准确,能够满足各型动力燃烧部件的气动、热力性能试验研究的需要。当前燃烧室的测试仍以接触式测量手段为主,但是随着计算机和激光光谱等技术的发展,高温燃烧流场的测试逐步向非接触式和精细化方向发展,数据采集精度和速度越来越高。

1. 温度测试技术

高温燃气温度测试是燃烧室试验中最重要、应用最广泛的技术之一。目前,高温测量主要以热电偶接触式测量为主。热电偶测温具有使用简单可靠、易实现自动化测量和控制、技术相对成熟的特点。目前,应用较为成熟的高温热电偶长期最高使用温度约 1 900 K,短期最高使用温度约 2 100 K。众多研究机构针对更高温度的测量开展了大量研究工作,可归纳为两种技术路径:① 更高耐温热电偶材料的应用,解决耐久性、抗氧化性、温度敏感性等问题;② 人为增大测温误差(如采用带水冷的 B 型热电偶),降低偶丝结点所感受温度(保证偶丝存活),再通过热传递误差修正的方法得到真实温度。采用这些方法将测温的最大范围在某些场合下拓展到 2 200 K 甚至更高一些,但在工程规模的试验环境下,仍存在寿命短、可靠性差、测点密度低、测温精度低等问题。

燃烧室出口温度分布质量是检验燃烧性能的重要指标之一。对于环形燃烧室出口温度场,采用热电偶测温方式时,为保证测量密度,通常采用耐高温位移机构(图 1.4)带动热电偶多点梳状耙在燃烧室出口环形通道中以 360°巡检的方式进行测试,一般通过测量数百个甚至上千个点的温度来保证燃烧室出口环面的温度分布表征具有足够的准确性。发展至今,位移机构的结构和性能不断更新完善,并进行系列派生和演化,以适应不同型号环形燃烧室结构,满足扇形、矩形等多头部燃烧室试验件出口温度场的测试需要,目前已形成了多种类型的位移式测量装置,同时试验参数、数据采集与自动化处理技术也发展至较高水平。

图 1.4　全环(左一,左二)和扇形(右一)燃烧室出口温度场试验用位移机构

随着发动机推重比的提高,燃烧室出口燃气温度提高,已经超出了标准分度的 S 型和 B 型热电偶的测温上限,用热电偶进行燃气温度测量已经越来越困难,因此

一些新型传感器技术应运而生,如非标准双铱铑热电偶技术。研究表明,铱-铑二元系合金的热电势在50%铑处达到最大值,含铑量为40%~60%的合金与铱配成的热电偶的性能最为满意,热电势大,灵敏度高,在很宽的范围内呈线性,而且在该范围内合金的热电势对成分的波动并不灵敏,可长时间用于2 300 K以下氧化环境中的高温测量。此外,由蓝宝石制作的光纤温度传感器具有热稳定性好、强度高、本质绝缘、耐腐蚀、使用温度高的特点,适用于高温测量,国外对此技术已开展了大量的应用研究工作。例如,NASA研制的光纤温度传感器,可用于873~2 200 K的燃气温度测量,并在PW的F100和GE的F404涡扇发动机上进行了应用验证。

近年来,随着激光吸收、散射和辐射光谱技术的发展,基于激光和光谱的测温技术发展迅速,如相干反斯托克斯-拉曼散射(coherent anti-Stokes Raman scattering, CARS)光谱法、瑞利散射(Rayleigh scattering, RS)光谱法、平面激光诱导荧光(planar laser induced fluorescence, PLIF)法、可调谐半导体激光吸收光谱术(tunable diode laser absorption spectroscopy, TDLAS)等,并利用这些技术开展了燃烧室出口温度非接触式测试与场分布重建技术研究。例如,国内某研究机构将可移动式CARS测温系统成功应用于航空涡轮/涡扇发动机和超燃冲压发动机模型燃烧室内部流场温度的测量,图1.5为发动机燃烧试验CARS诊断现场布局照片。中国航发四川燃气涡轮研究院和中国科学院安徽光学精密机械研究所综合利用TDLAS多光路正交布局、波长调制光谱、变量轮换迭代反演和计算机断层扫描术(computed tomography, CT)等技术,实现了某单管燃烧室出口温度和水汽浓度分布的测量,较传统探针式测量结果更具有较高的时空分辨率,如图1.6所示。虽然光谱测温技术有不干扰流场、测量范围宽、高时空分辨率等优势,但存在测量对象需要开设光学窗口、光谱信号易受流场环境和电磁干扰、测量精度不高等问题,目前在工程试验中还鲜有深入应用。

图1.5 发动机燃烧室CARS诊断现场布局照片

(a) 测量装置

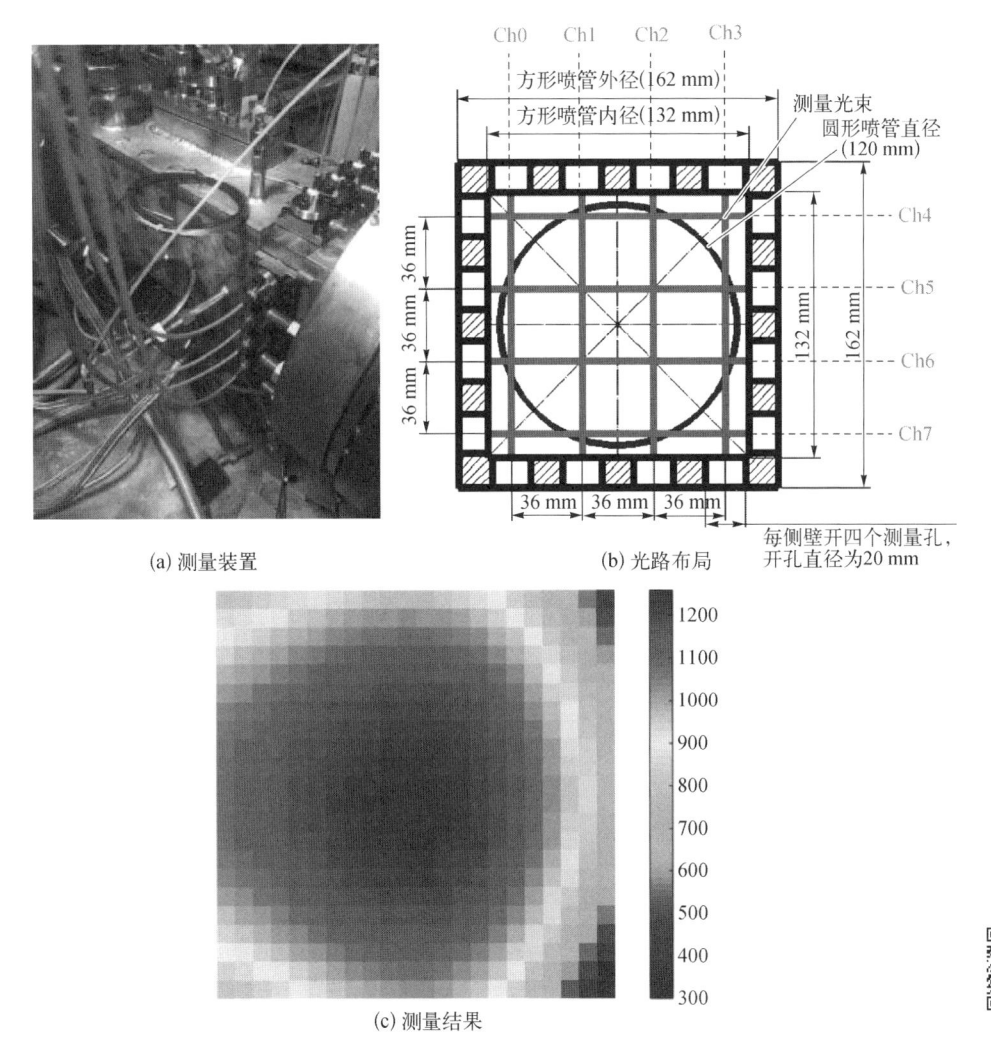

(b) 光路布局

(c) 测量结果

图 1.6 单管燃烧室出口温度分布 TDLAS 测量装置、光路布局与测量结果

针对燃烧室火焰筒壁温测试，目前常用的方法是热电偶法和示温漆法，两者用途不同。热电偶法精度高，适用于壁面局部点温度的在线测量，在试验中主要用于对火焰筒可能超温区段的温度监控，同时检验冷却设计的有效性和合理性。目前，该技术为燃烧室火焰筒壁温监测的主要手段。应用该技术时，常在壁面上顺着气流方向开设沟槽，将热电偶丝埋入，用细金属丝或金属片逐段点焊固定，进行等离子喷涂后再进行温度测量。示温漆法适用于大面积温度测量，可掌握火焰筒整体壁温分布和可能超温的区域位置，为热电偶法应用提供依据。其特点是非在线测量、精度较低，通过标准色板目视对照判读的误差可达±50℃，用色彩色差计的判读误差可降低至±20℃。据资料介绍，俄罗斯、乌克兰、法国等国家也在航空发动机的

研制初期大量使用示温漆测温技术。对于示温漆测试温度的自动判读系统的研究,美国热漆温度技术公司、法国赛峰集团等都开发了自动判读软件,并已经进行了工程应用。目前,该技术在国内已发展较为成熟,在工程中获得了广泛应用。图 1.7 为某发动机燃烧室火焰筒壁温分布示温漆判读结果。

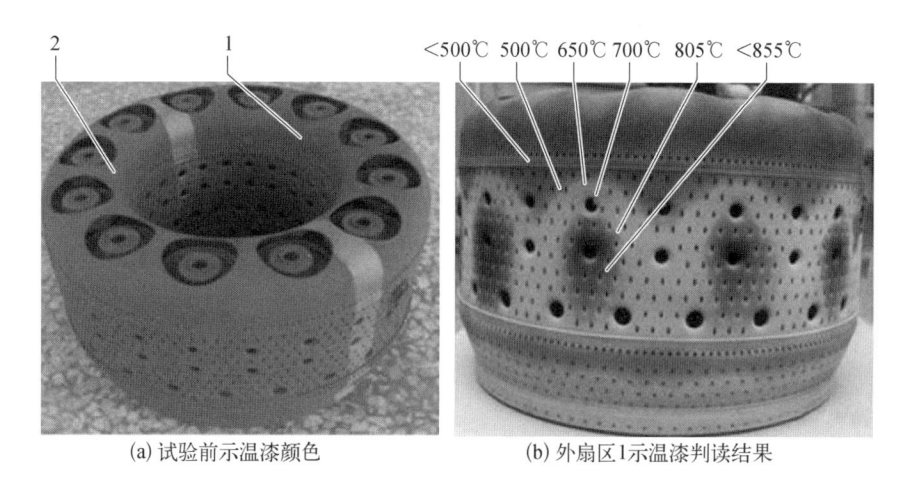

(a) 试验前示温漆颜色

(b) 外扇区1示温漆判读结果

(c) 外扇区2示温漆判读结果

图 1.7　某发动机燃烧室火焰筒壁温分布示温漆判读结果

此外,薄膜热电偶、晶体测温和红外热像测温等技术在火焰筒壁温测量中的应用,目前国内正处于探索阶段。薄膜热电偶技术是在常规热电偶的基础上发展起来的一种新型测温技术,通过特殊工艺将薄膜热电偶溅射在被测对象上,具有不破坏试验件、不干扰流场等优点。NASA 刘易斯研究中心薄膜热电偶实验室研制的铂铑 13-铂和铂薄膜热电偶已在航空、航天和汽车等工业领域应用,并逐步替代了传统的壁温热电偶。晶体测温技术是根据中子辐照碳化硅晶体的晶格常数、测试温度和测试时间之间的函数关系而形成的能测量出壁面温度的测试技术,具有传感器尺寸小、不需要测试引线、特殊位置测温、非干涉式测温等优点。目前,美国、俄罗斯以及乌克兰等国家已将该技术大量应用于发动机及燃气轮机的地面试验,发展至今已经形成了完善的研发及应用体系。红外热成像测温技术是通过热红外敏感电荷耦合器件(charge coupled device, CCD)对物体进行成像,从而反映出物体表面的温度场,该技术在国外已广泛应用于高速旋转涡轮叶片、发动机机匣等固壁温度的测量。

2. 燃气分析测试技术

当前,燃气分析测试技术主要应用于污染物排放量和燃烧效率的测量[6],组分浓度通过计算而间接获得。现有的接触式燃气取样和分析技术在主燃烧室和加力燃烧室试验中已得到广泛应用,是世界各发动机研究院所和制造公司必不可少的测试手段,我国从 20 世纪 60 年代起在航空发动机燃烧室的研制中投入使用。2000 年以后,出于对高参数发动机研制和地面燃机污染物排放量控制的需求,燃气分析仪器的响应时间大大缩短,达到了准在线分析的水平。但是,燃气分析测试过程中影响因素比较多,目前尚没有建立直接溯源和有效的数据修正方法,导致测量存在难以量化的误差。

燃气分析测试技术也用于环形燃烧室出口温度分布测量,同样采用高温位移机构带动取样耙来完成整场的燃气取样。工程上已经有很多成功案例,例如,分别在扇形和全环燃烧室上完成出口温度场的测量,验证了 2300 K 以上的燃气分析测温能力,如图 1.8 和图 1.9 所示。

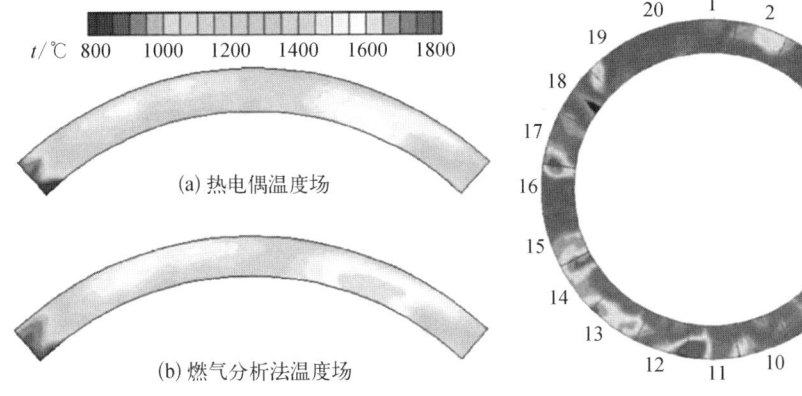

图 1.8 扇形燃烧室出口温度场测量结果
(a) 热电偶温度场
(b) 燃气分析法温度场

图 1.9 全环燃烧室出口温度场燃气分析测量结果

然而实际应用中发现,燃烧室排气温度的不断提高使燃气取样技术的挑战难度增大。例如,在高温低压和高温高压等极端环境下,存在燃气温度及流量控制、取样探针冷却保护、测量时间过长等问题,对取样受感部冷却技术的要求也提高。

3. 燃烧状态监测技术

一直以来，研究人员对航空发动机燃烧室内部复杂的物理化学过程尚未完全理解和掌握，其内部的工作过程就像是个"黑匣子"，很长时间内未找到有效的监测手段对其内部的燃烧流场、火焰型面、点火过程、燃烧稳定性等情况进行可视化监测。

在火焰监测方面，目前国内外已发展有光学式火焰检测法、相关型火焰检测法、基于图像的火焰检测法等。其中，光学式火焰检测法主要是利用光能与火焰状态的对应关系，通过光电转换器件，将火焰的辐射信号转变为电信号，经处理后，使火焰辐射亮度和闪烁频率体现在电信号上，根据检测的电信号获得火焰的辐射亮度和闪烁频率，进而判断出火焰的有无。相关型火焰检测法是利用两探头接收火焰电磁辐射信号的相关性来判别检测区内火焰的有无。基于图像的火焰检测法是利用数字图像处理技术重建温度场来实现的，即利用 CCD 获取火焰视频信号，经过图像采集卡量化处理后送入计算机，再由计算机进行相应处理，最后获得温度分布的相关信息。目前，基于图像的火焰检测法已发展比较成熟，在国内外的电厂锅炉中应用较广，而在航空发动机燃烧火焰监测方面应用较少。

此外，在火焰成像探针的应用方面，近年来国外已取得显著进展。例如，21 世纪初，美国阿诺德工程发展中心（AEDC）为了满足综合高性能涡轮发动机技术（Integrated High Performance Turbine Engine Technology，IHPTET）项目及多用途经济可承受先进涡轮发动机（Versatile Affordable Advanced Turbine Engines，VAATE）对燃烧诊断的要求，研发了一系列微型高温气流场探头，包括微型成像探头、微型取样探头、微型测温探头等，可以方便地嵌入燃烧室内部诊断系统中[7,8]。通过在这些探头中集成微机电系统（micro-electro-mechanical system，MEMS）传感器、成像光纤束，可以提高对气体化学成分的瞬时响应。图 1.10 为美国 AEDC 采用 MEMS 技术开发的微型嵌入式气体取样探头。

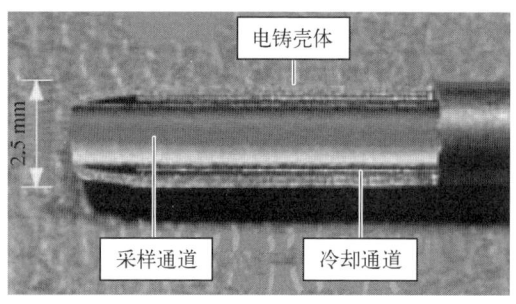

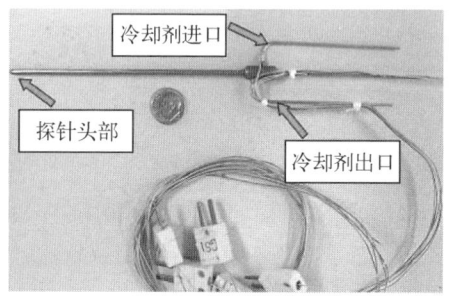

图 1.10 美国 AEDC 采用 MEMS 技术开发的微型嵌入式气体取样探头

美国 AEDC 还致力于微型成像探针的研制与应用，即在燃烧室探针中布置一个可视的成像光纤束和一个用于记录图像的独立数码相机，可以直接插入燃烧室内进行探测(图1.11)。为了满足在受限的燃烧室空间中应用这种探针配置的要求,在探针配置中还包含一个可旋转的蓝宝石窗口,从而免除了对成像孔径的净化需求。燃烧室成像探针样件如图1.12所示。目前,美国最新研制出的成像探针能够在温度高达2300 K的环境中工作,可用于观察燃烧室或加力燃烧室内的火焰传播特性、熄火特性和燃烧稳定性等(图1.13)。

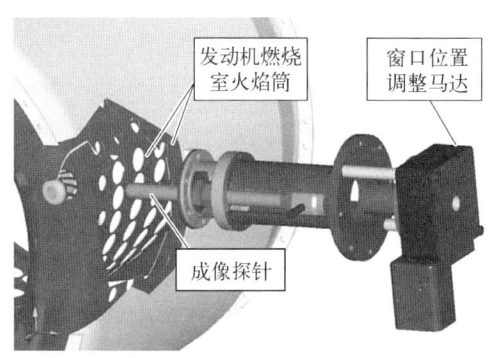

图1.11 燃烧室内嵌入式成像探针方案

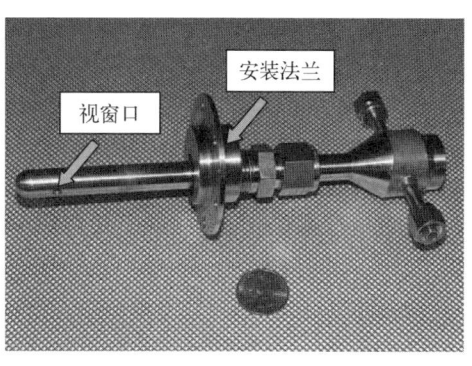

图1.12 燃烧室成像探针样件

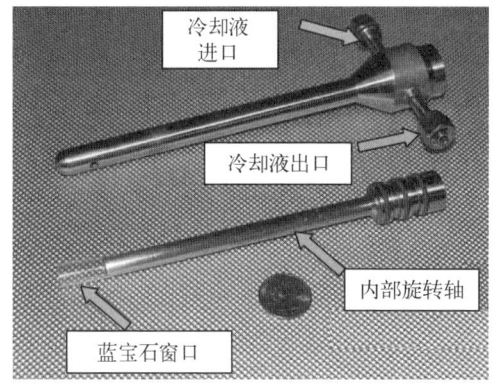

图1.13 成像探针在加力燃烧室中的应用

我国在航空发动机燃烧室火焰探测领域的研究起步较晚,主要停留在嵌入式成像探针的研究阶段,在高精度探头加工工艺、光学通道设计、成像系统控制和冷却防护等方面,与国外还有一定的差距,市场上尚没有形成较成熟的可用于航空发动机燃烧室环境下的成像探针产品。

1.2.4 数值仿真技术的应用

目前,各国航空发动机试验机构都在不断尝试采用仿真的手段来辅助试验技术的提升,试验与数值仿真模拟相结合的模式已经成为当前发动机试验技术发展的重要方向。例如,美国 AEDC 在 2000 年左右开展的类似工作取得了很好的成效,借助于系统仿真技术提前暴露了可能遇到的问题并加以应对,使得原本预计需几个月的改造工程仅耗时几周就完成了。美国 AEDC 在其 2008 年所出版的《试验设施指南》中提出了建模与模拟的目标,希望提供经过验证的、高效计算的工具,以辅助试验工程技术人员对试验模型及包括关键诊断仪器布局的试验设备的优化配置。通过后期计算流体力学(computational fluid dynamics,CFD)方法能够深入诊断和校准数据异常,同时能够将地面试验数据安插进模拟的飞行场景中,试验仿真技术使发动机试验减少了 20%~30%,并且能够用于确认系统/子系统行为、考察操作边界、性能变化趋势以及部件改进方向。

目前,数值仿真技术在国内的燃烧室试验中应用越来越广泛。试验前,通过对被试和陪试对象的数值仿真,可以辅助试验方案和试验件设计,如模化状态参数的确定、燃烧室试验件和进/出口转接段结构的设计与优化、测试布局的辅助设计等;试验过程中,试验件装配有偏差、测试受感部对流场有干扰、进气流场不均匀、状态参数调控存在偏差等,导致试验结果与设计值偏差较大;试验后,利用数值仿真,对各种可能的影响因素进行建模计算,以辅助试验数据有效性分析,采用数值仿真技

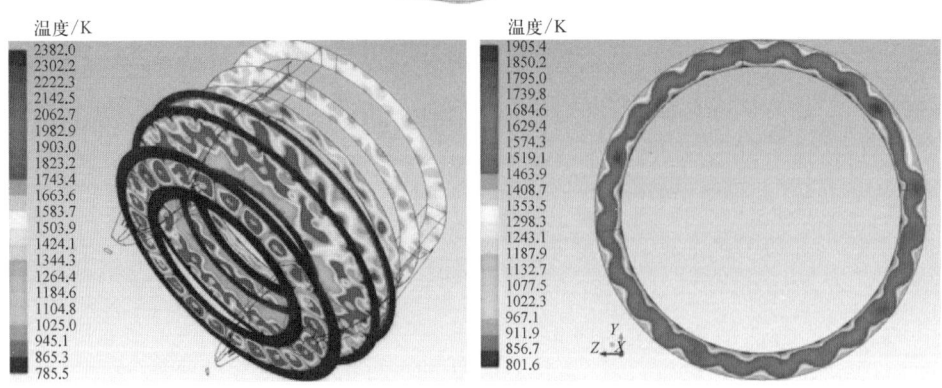

图 1.14 环形燃烧室出口温度受感部对测量结果的影响模拟计算

术模拟分析环形燃烧室出口温度受感部对测量结果的影响(图 1.14)。此外,在燃烧室试验器管路、高温高压非标装置等结构的气动、热力和强度设计中,利用流体分析、热-应力分析、流-固热分析等耦合分析技术,为试验设备和非标装置设计提供可靠的数据支撑。某试验器排气管路的模拟计算和某试验器管网应力计算分别如图 1.15 和图 1.16 所示。

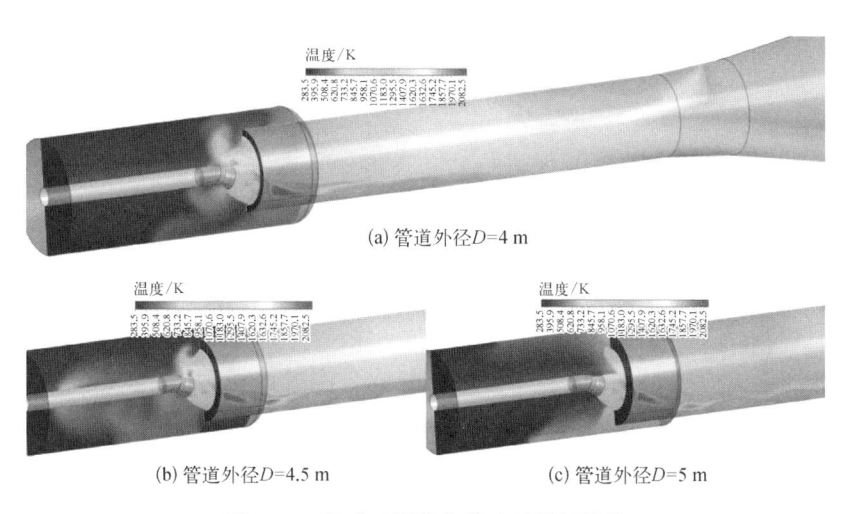

(a) 管道外径D=4 m

(b) 管道外径D=4.5 m

(c) 管道外径D=5 m

图 1.15　某试验器排气管路的模拟计算

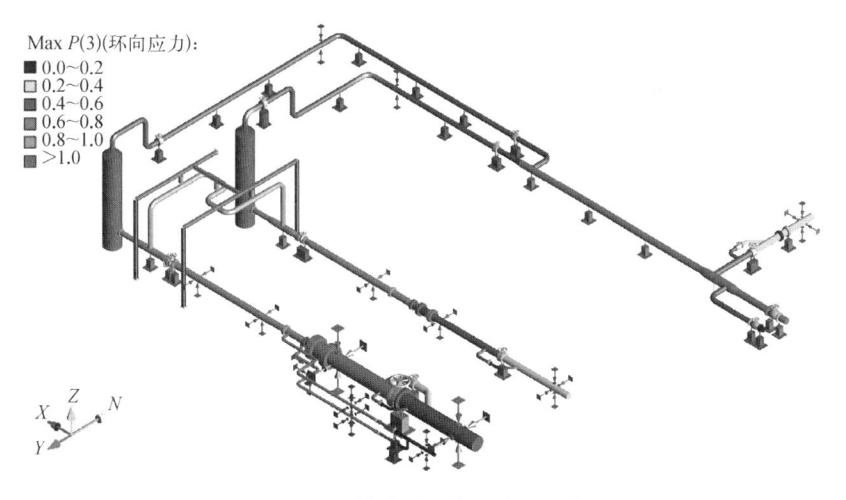

图 1.16　某试验器管网应力计算

参考文献

[1]　刘永泉.燃气涡轮发动机燃烧[M].3 版.北京:航空工业出版社,2016.
[2]　李应红.航空涡轮风扇发动机试验技术与方法[M].上海:上海交通大学出版社,2014.

[3] 《航空发动机设计手册》总编委会.航空发动机设计手册(第9册).主燃烧室[M].北京:航空工业出版社,2000.
[4] 侯晓春,季鹤鸣,刘庆国,等.高性能航空燃气轮机燃烧技术[M].北京:国防工业出版社,2002.
[5] 张宝诚.航空发动机试验与测试技术[M].北京:北京航空航天大学出版社,2005.
[6] International Civil Aviation Organization. International standard and recommended practices environment protection, annex 16, Vol. II, aircraft engine emissions, second edition[S], 1993.
[7] Savage K, Winkleman B, Beitel G, et al. Imaging probes for gas turbine engines[C]. Sacramento: 42nd AIAA/ASME/SAE/ASEE Joint Propulsion Conference & Exhibit, 2006.
[8] Beitel G R, Plemmons D H, Catalano D R, et al. Advanced embedded instrumentation for gas turbine engines[C]. Los Angeles: 2008 U.S. Air Force T&E Days, 2008.

第 2 章
燃烧室试验器设计

2.1 概 述

燃烧室试验器也称试验台,通常译为 test facility,是航空发动机研制不可或缺的重要设备,主要用来测取燃烧室及其零组件的燃烧性能和工作特性。为了获得燃烧室在发动机工作过程中的真实性能,需要在燃烧室试验器上模拟出发动机在不同飞行高度和飞行马赫数条件下,燃烧室的真实进气状态(如空气压力、温度和流量)和燃料(通常是航空煤油)供给条件,因此燃烧室试验器的设备能力至关重要。

为了完整实现其功能,一个燃烧室试验器必须由多个系统组成,包括空气系统(试验件前可称为进气系统,试验件后可称为排气系统)、燃油系统、空气加热或降温系统、冷却水系统、控制系统以及数据采集和处理系统,以提供试验所需的空气、燃料、冷却水等。

燃烧室试验器有很多,根据不同的试验目的,可按照气源能力分为低压(0.101 3~1.0 MPa)、中压(1.0~2.5 MPa)和高压(>2.5 MPa)试验器。对于需要开展模拟高空进气条件试验的试验器,还应能够提供负压和低温工作环境。根据试验目的的不同,燃烧室试验器分为主燃烧室综合性能试验器、主燃烧室高空点火试验器、加力燃烧室综合性能试验器和零组件综合性能试验器。试验件可有单头部、多头部、全环等不同形式。

本章分别阐述主燃烧室综合性能试验器、主燃烧室高空点火试验器、加力燃烧室综合性能试验器和零组件综合性能试验器的系统组成、工作过程、技术指标以及关键设备。

2.2 主燃烧室综合性能试验器

2.2.1 系统组成、工作过程和技术指标

主燃烧室综合性能试验器用于测试主燃烧室的气动特性(如流阻系数、总压损失等)、燃烧效率、出口温度场(OTDF 和 RTDF)、污染物排放量[NO_x、CO、UHC 的

排放量以及排烟数(SN)]、壁面温度等主要性能[1]。

1. 系统组成

主燃烧室综合性能试验器主要由空气系统、加温系统、燃油系统、冷却水系统、测控系统和电气控制系统组成。此外,还包括通用组成部分,如电气控制系统和防火安全系统。典型主燃烧室综合性能试验器原理及实物图如图 2.1 所示。

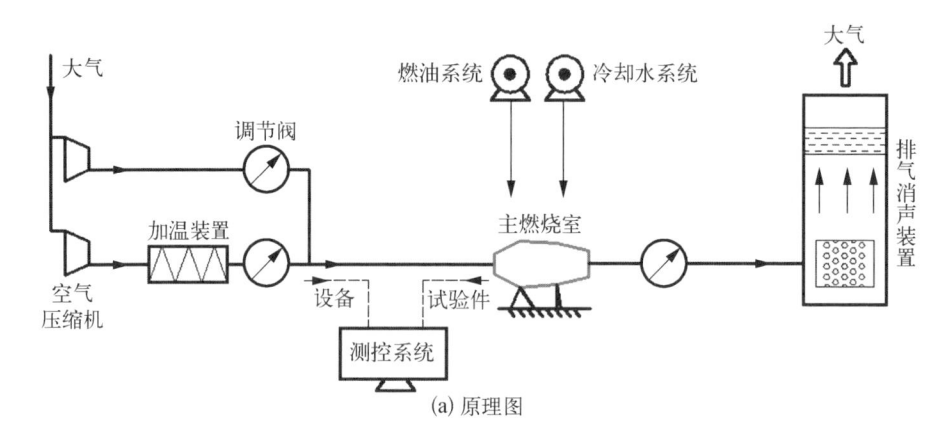

(a) 原理图

(b) 实物图

图 2.1 典型主燃烧室综合性能试验器原理及实物图

1) 空气系统

空气系统用于模拟发动机压气机出口气流环境,为主燃烧室试验件提供确定压力、温度和流量的燃烧用新鲜空气,由气源(如风机等)、管路和阀门、压力/温度/流量测量装置等组成。排气系统与空气系统同属于试验器的气路部分,用于将高温燃气降温和消声后排放,由管路和调压阀门、除油除沫装置、消声装置等组成。

2) 加温系统

加温系统用于给供入的空气进行加温,可通过直接加热或间接加热的方式将进气温度调节至试验所需温度,其关键设备为加温器,决定了试验器的加温能力。

3) 燃油系统

燃油系统用于提供确定压力、温度和流量的燃油,由油泵、管路、阀门以及压力/温度/流量测量装置组成。燃油系统应确保燃油持续供应。

4) 冷却水系统

冷却水系统为处于高温环境中的测试受感部和燃气排气管路提供冷却水,由水泵、管路和阀门以及流量测量装置组成。冷却水系统应确保冷却水持续供应。

5) 测控系统

测控系统用于采集空气和燃料的压力、温度和流量,燃气的压力脉动、温度和组分,燃烧室试验件壁面温度、冷却水流量等数据,该系统由总压、静压探针,以及压力传感器、热电偶和多支热电偶组成的水冷测温耙、流量计、燃气取样分析系统等组成。其中,流量计有多种类型,流量孔板、流量喷嘴多用于空气流量测量,而涡轮流量计和质量流量计多用于燃油流量计量。燃气取样分析系统包括水冷取样耙、保温输气管路、除水装置和分析仪器。此外,试验器常配有火焰探测器等辅助设备。

6) 电气控制系统

电气控制系统用于试验器电力配送和电气控制、试验件进口空气状态模拟、试验件出口状态模拟、燃料状态模拟、冷却水控制、试验状态监视、试验安全等。电气控制系统由硬件和软件两部分组成。软件由人机界面和底层逻辑控制单元两部分组成,试验用控制软件通过通用开发平台定制开发后得到。该系统基本功能包括人机界面(包括工艺流程展示、参数显示、参数配置、操作控制等)、逻辑控制、参数测量、数据的存储与回放、通信、智能配电等。

2. 工作过程

试验器启动和工作的基本过程是:连续气源提供新鲜压缩空气,然后由进气阀调节试验工况所需的流量,由排气阀调节所需的工作压力,由加温器将空气加热到确定温度;启动冷却水系统,使所有高温零组件冷却到位;打开燃油系统阀门,供给所需燃油量,点燃喷嘴,使燃烧室进入稳定工作状态;录得燃烧室性能试验数据。

在加温过程中,加温器热惯性大,当其出口温度超过所需温度而短时间无法降低时,可开启旁通管路,将加温器前的"冷"空气引到后面与热空气掺混,加速降温。

3. 技术指标

现有的先进主燃烧室综合性能试验器的进气压力达 4.5 MPa 以上,进气温度达 1 000 K 以上,进气流量超过 120 kg/s。

2.2.2 关键设备

主燃烧室综合性能试验器的关键设备包括空气加温器、水冷装置和位移机构。

空气加温器代表试验器的最大升温能力;水冷装置用以降低高温燃气和排气管路壁面的温度,保障管路工作的安全性;位移机构安装于试验件出口,是一种可以带动参数测量耙按指令移动的机械装置,可同时满足燃烧室出口温度场测点密度和出口流场堵塞比的要求,在全环或扇形燃烧室出口处不允许安装较多固定受感部的情况下使用。位移机构需要在高温燃气环境中持续稳定地工作,并需要具备足够的位移精度和良好的密封性,因此技术难度较大。

1) 空气加温器

空气加温器的加温方式分为两种,一种是目前已很少使用的直接加温,即新鲜空气先经过直接加温器,在直接加温器内喷入少量燃油燃烧加热后再进入主燃烧室试验件;另一种是间接加温,即通过换热器进行加热,保证新鲜空气不受污染。

直接加温器一般是现有成熟的航空发动机燃烧室,或根据试验器指标设计的新型燃烧室,在进口温度不高(<500 K)的燃烧室试验中仍然使用。其优点是加温效率高、调节惯性小;缺点是消耗了部分氧气,所产生的污染物直接混入主燃烧室试验件的排气中而无法甄别。为弥补氧气消耗,可用制氧机给加温后的空气补氧,但需求量较大。例如,将流量为 20 kg/s 的空气加热到 800 K,补氧量约为 0.7 kg/s。

采用直接加温方式时需要注意以下两个问题。

(1) 应确保直接加温器供入的燃油完全燃烧,否则必须修正被试燃烧室的燃烧效率,可采取的措施有:① 在加温燃烧室前加装流场整流装置;② 采用与加温燃油量相适应的喷嘴,确保小流量下仍有足够高的喷油压降和良好的雾化性能。

(2) 需要测定直接加温器的燃烧效率,确定其燃烧完全程度,通过测量空气流量和被试燃烧室的进口温度,校核两个燃烧室进口之间的热损失。

由此可见,直接加温方式带来许多不确定因素,使试验数据处理复杂化、准确度降低,相比之下,间接加温方式简单得多。

间接加温方式的优点是热源灵活,如用被试燃烧室的高温燃气、天然气冲天炉或电加温。

循环利用高温燃气的余热有节能优势,不足之处是燃气温度和流量随试验状态变化,难以主动控制进口空气的加热程度。此外,试验器布局复杂,设计制造难度高,占地面积和投入均增大。

天然气冲天炉是通过燃烧天然气加热炉膛内的热管和空气,结构相对简单,投入少,缺点是占地面积大,热效率和能源利用率极低,热惯性大,加温和降温时间很长,温控精度低。

电加温是通过电热转换的方式加热空气,与前两种方式相比,其优势显著,在国内外诸多大型试验器和基础研究用的小型试验器上均得到广泛应用。该方式换热效率高,一般可达到 0.9;热惯性小,加温快,能源利用率高;温控精度和自动化控制程度高;结构紧凑,占地面积小,缺点是建设及维护成本高,系统偏复杂。

一个电加温系统主要由电加温炉(含支架及维修平台)、调功装置(高压配电柜、变压器、调功柜等)、测控装置、冷却装置(含电极冷却装置等)等组成,如图 2.2 所示。

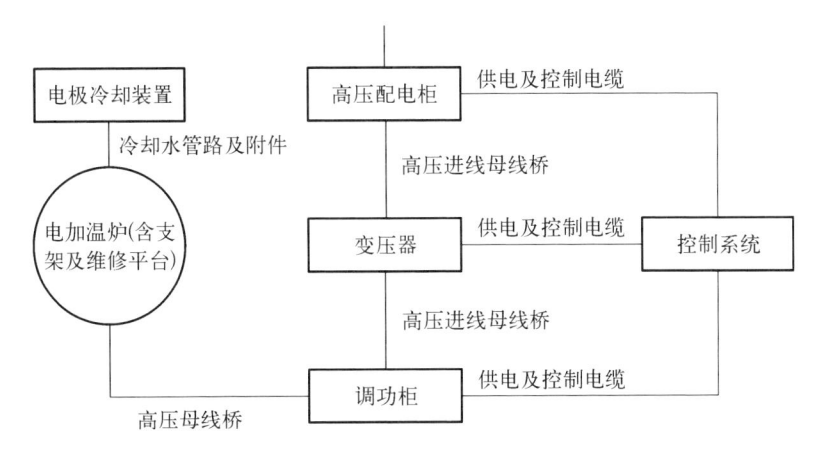

图 2.2 电加温系统的工艺原理图

其中,电加温炉是整个系统的核心装置,目前主要采用四种加温技术:① 以俄罗斯为主的列管式发热管技术,空气从高温金属材料(常用 GH 系列)制造的发热管内流过而被加热;② 以法国 Vulcanic 公司为代表的核电级加热棒技术,空气从加热棒和绝缘套管之间流过而被加热;③ 以德国欧司朗公司为代表的电热丝直接加热技术,空气流经置于绝缘陶瓷管内的电热丝而被加热;④ 常规 U 型加热元件技术,空气流过其表面而被加热。

上述四种加温技术优缺点比较如表 2.1 所示,结构如图 2.3 所示。

表 2.1 四种加温技术的优缺点比较

参　　数	列管式发热管	核电级加热棒	电热丝直接加热	常规 U 型加热元件
出口温度/K	1 173	1 173	1 173	973
发热元件温度/K	1 473	—	1 573~1 673(铁铬铝合金电阻丝)	—
升温速率	极快	极快	极快	快
单台功率/MW	≤15	≥10	<2	<3

续 表

参　数	列管式发热管	核电级加热棒	电热丝直接加热	常规 U 型加热元件
体积	小	小	大	大
流阻损失	小	小	小	很小
发热元件材料	耐腐蚀/抗氧化	耐腐蚀	抗氧化；铁铬铝合金电阻丝不耐氯离子腐蚀	耐腐蚀
结构/可维护性	结构简单/整体件不易维护	结构简单/单体简便	结构简单/易维护	结构简单/易维护
控制系统	变压器、调功系统为非标设备	常规元器件	常规元器件	常规元器件
带电部件与空气是否绝缘	否（高湿环境应去湿）	是	否（高湿环境应去湿）	是
价格	低	高	极昂贵	低
占地面积	—	—	功率大且占地面积大，配管复杂	
额外要求	进气温度>100℃或大功率时，电极需水冷	无	无	无
适用介质	空气	空气，耐沿海区域含氯离子高湿空气	空气	空气、水、易燃易爆或具有腐蚀性的各种流体

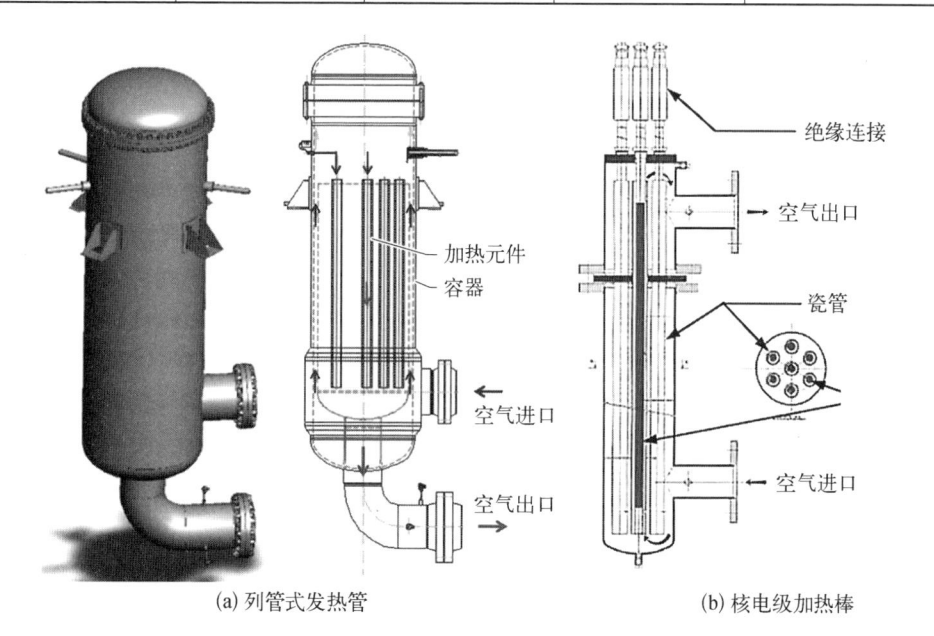

(a) 列管式发热管　　(b) 核电级加热棒

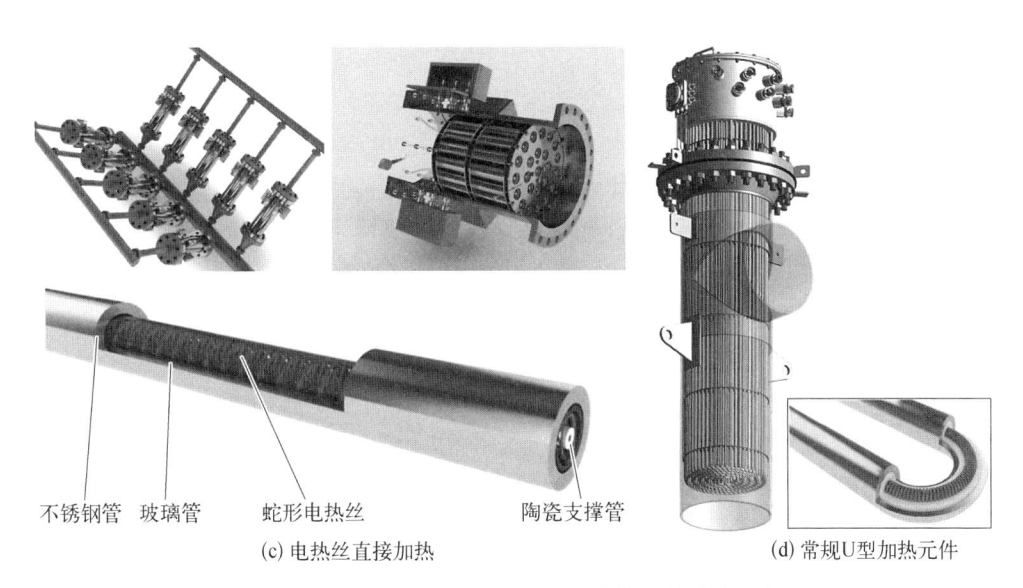

不锈钢管　玻璃管　　蛇形电热丝　　　　陶瓷支撑管

(c) 电热丝直接加热

(d) 常规U型加热元件

图 2.3　四种加温技术的电加温炉及发热元件结构示意图

表 2.2 为若干现有燃烧室试验器在用的列管式发热管电加温器的技术指标。

表 2.2　若干现有列管式发热管电加温器规格

技 术 指 标	加温器 1	加温器 2	加温器 3	加温器 4	加温器 5
出口温度/K	≥1 050	≥1 050	≥1 050	≥923	≥923
最大温升/K	≥600	≥600	≥600	≥580	≥480
最大工作压力/MPa	5	5	5	2.5	2.5
介质流量/(kg/s)	4~18	0.5~6	0.2~2.5	1.7~9.8	2.0~21
额定功率/MW	9	6	1.2	4.5	9

电加温炉有立式和卧式两种安装方式。一般立式为多,尤其是大功率加温器。而电热丝加温炉单台功率和体积均小,立卧均可。

立式安装的优点如下:

(1) 占地面积小,但厂房高度应适配;

(2) 加热元件处于自由垂挂状态,不会在高温下弯曲变形,因此其强度通常可设计得相对低一些,以兼顾重量和成本;

(3) 加热元件是整体串联形式,更换方便,可一次完成抽芯作业。

电加温炉有侧面进气和上部进气两种进气方式,其内部结构因此而有差异,如

图 2.4 所示。进气方式取决于试验厂房的空间高度和管网布局,出气方式则由炉高与试验器空气管网设计标高的关系确定。

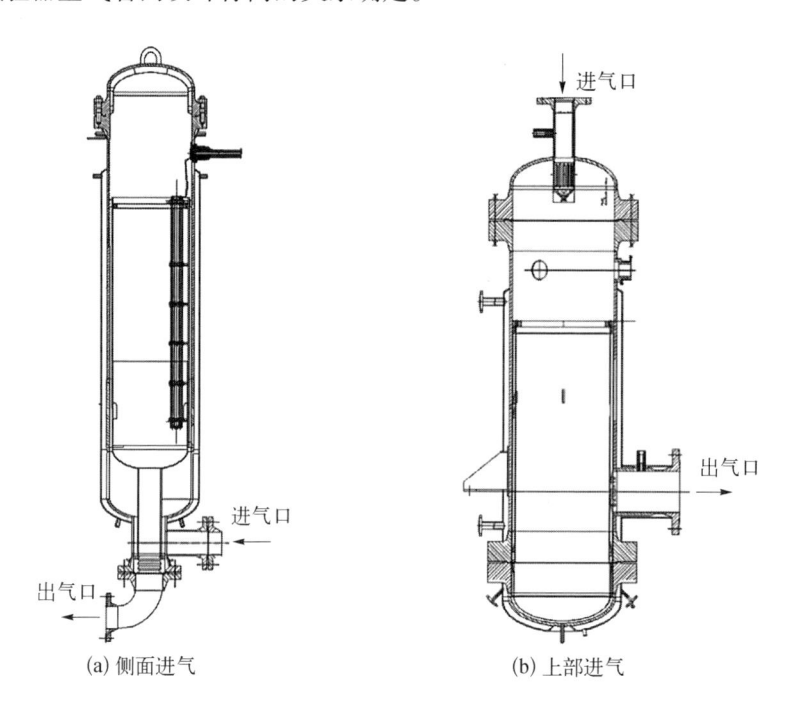

(a) 侧面进气　　　　(b) 上部进气

图 2.4　电加温炉的两种进气方式

侧面进气:通常进气口与出气口同在炉体下方,空气进入后首先通过炉体与炉芯之间的夹层向上回流到炉顶,从封头与电极连接容腔进入加热元件区,同时起到了冷却炉体并将从炉芯吸收的热量带回到加热元件区的作用。炉体从进气端到炉顶无须采用水冷设计,因此降低了成本。

上部进气:没有侧面进气方式的回流过程,空气从炉顶封头处容腔直接进入加热元件区。炉体与炉芯之间为隔热层,向外散热量比侧面进气多,因此炉体温度偏高,需要采用水冷设计。显然,这对试验器配套能力和电加温炉的操作工艺提出了更高要求。

电加温系统中的调功装置也是重要的组成部分,目前采用的基本调功方式主要有晶闸管周波控制和移相触发控制两种。晶闸管周波控制是通过控制占空比达到调功的目的,该控制方式具有功率因数高、不影响电能质量的优点,但其存在控制精度差、对前端供电设备及电网冲击较大的缺点。移相触发控制是通过调节导通角达到调功的目的,该控制方式具有控制精度高的优点,但存在降低功率因数、产生谐波的缺点。

通过变压器多抽头技术将较大的总功率合理地细分为几组,依据功率需求选择其中一组或两组完成调功控制工作,使晶闸管周波控制与移相触发控制两种控制方式完美结合、扬长避短,同时兼顾调功控制精度与电能质量指标,这种调功技术即叠层控制技术。

整个电加温系统还须配置高质量配电、变压设备和先进的控制系统,才能稳定可靠地运行,满足试验需要。

2) 水冷装置

水是良好的冷却介质,其具有比热容大、换热效率高、易取得、无污染等优点,因此在燃烧室试验器,尤其是排气管路上,广泛应用水冷装置。水冷装置主要有两种:① 带壁面水冷夹层的高温排气管段,俗称"水冷段";② 冷却高温燃气的"喷水冷却装置"。

水冷段包括出口转接段和装有测试受感部的出口测量段,壁面均为双层结构,外层称为外壁,内层称为内壁。外壁上设有进、出水接口,冷却水从进水接口进入内、外壁之间的水流通道,最后从出水接口流出,使接触高温燃气的内壁温度降到金属材料尚能保持一定强度的温度,一般内壁平均温度不超过 400℃。

水冷段夹层设计必须考虑承压问题,若设计为外壁承压,则夹层内的水压应与燃气压力接近,一般压差为 0.3~0.5 MPa,需要用增压水进行冷却(燃气压力高)。此时,内壁受压程度小,可减小壁厚,提高导热能力,减小热应力。反之,如果设计为内壁承压,就要增大内壁厚度,相应地会降低导热能力,增大热应力,带来强度上的风险,但优点是可用常压水进行冷却。

当水冷段展开面积较大时,应在夹层内设置导流条,使整个内壁得到均匀冷却,避免出现局部死腔和壁面过热现象,引发事故。冷却水量必须足够,避免水温过高导致汽化,产生结垢堵塞水流通道并降低换热效率。

喷水冷却装置用于冷却高温燃气,使其温度降至安全控制需要温度以内,以保护下游的排气调节阀、消声塔等装置。若燃烧室性能试验是正压试验,排气管阀后与大气直接相通,则可将压力高于燃气压力的冷却水直接喷入高温燃气中,通过水汽蒸发、吸收汽化潜热而降温。

喷水冷却装置结构如图 2.5 所示,该装置壁面带有水冷夹层,以防自身被烧坏,为了根据燃气流量灵活地控制喷水量,设计有多个独立的喷水段。

喷水方式有三种。

(1) 壁面喷水孔方式,即在内壁上开设许多喷水孔。该方式的优点是流阻损失小、结构简单。缺点是喷射速度低,液滴大,穿透深度小,不利于冷却管路中心部位的燃气;雾化效果差,易造成沿壁面的冷却水蓄积,使管道冷热不均而变形;喷水孔直径不易掌握,直径过大则喷射速度过低,直径过小则容易被水中的杂质或水垢堵塞,降低冷却效果。

(2) 喷水杆方式,即在流道内装有若干带喷水孔的细管,可根据燃气流动方向

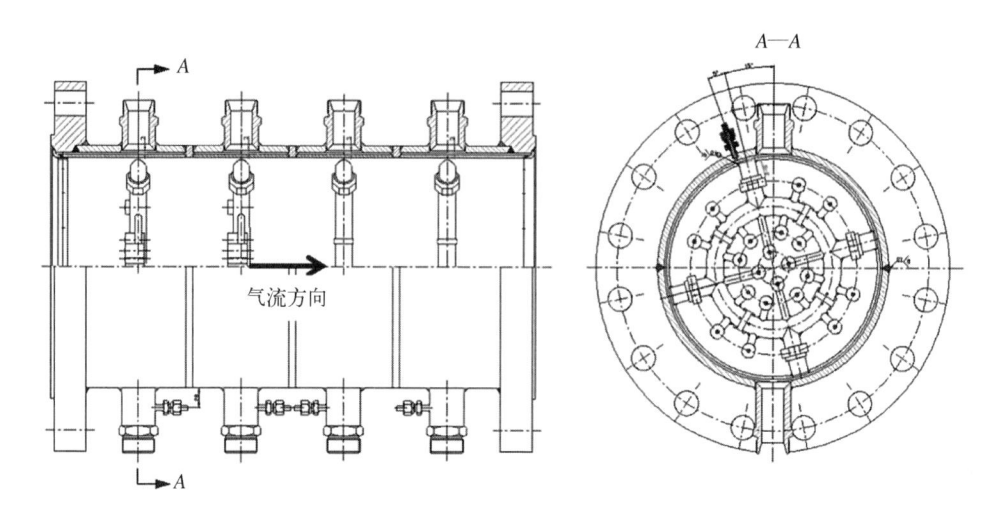

图 2.5 喷水冷却装置结构图

调整喷水方向。喷水杆结构比较简单,喷水分布比壁面喷水孔方式更均匀,但也有雾化效果差、易造成冷却水蓄积的问题。为保证在整个横截面上均匀地冷却燃气,需要沿轴向布置多组横穿的喷水杆,且彼此相互错开角度;将喷水杆设计成伸至流道中心的悬臂结构,但仅适用于直径较小的排气管道,且燃气速度不能过大,否则会引起振动甚至折断,严重影响冷却效果,并威胁下游设备。

(3) 多喷嘴冷却方式,即在流道中设置若干组喷水环,上面装有多个雾化喷嘴,喷出的雾炬可覆盖整个截面,实现高效冷却,目前这种结构应用最为普遍。

3) 位移机构

位移机构多在全环或扇形燃烧室性能试验中使用,由支撑部件、转动部件和驱动部件三大件组成,其中驱动部件又分为外置式和内置式两种,如图 2.6 所示。

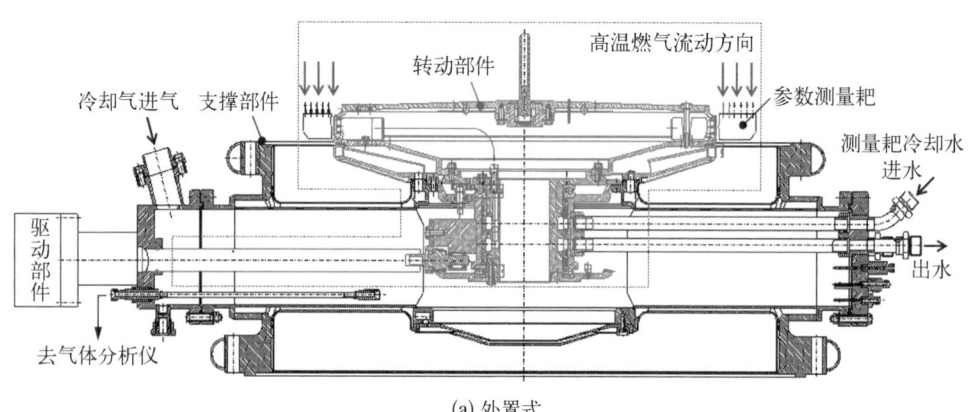

(a) 外置式

(b) 内置式

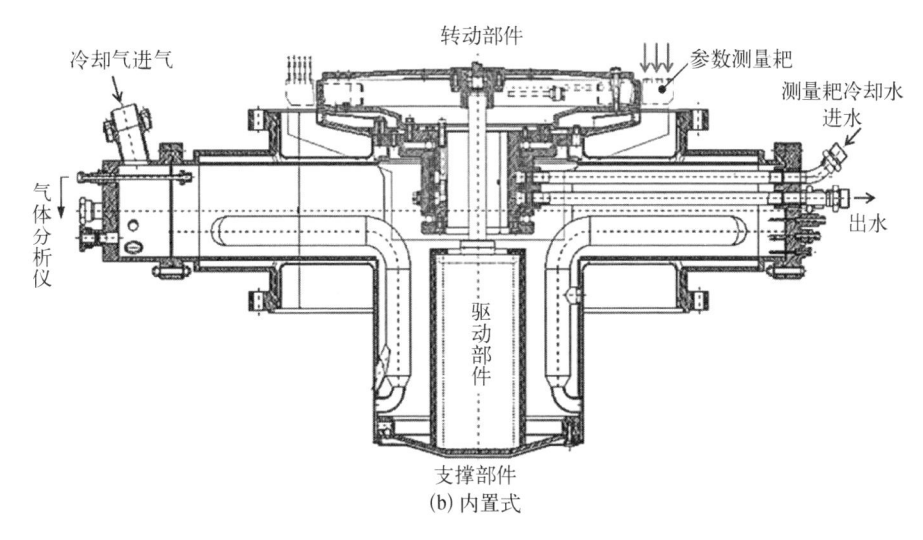

图 2.6　两种驱动部件布置方式的位移机构

驱动部件外置的位移机构应用较多,其优点是可以处于高温环境且工作稳定,在试验中可直观地查看其工作状态;易于安装与维护,可在线更换,位移机构长度较小。但其缺点是齿轮传动的转动精度相对较低。

驱动部件内置的优点是与转动部件直接连接,转动精度高;缺点是装配过程复杂,试验中看不到驱动部件的工作状况,一旦出现故障,无法在线更换,且工作环境恶劣,故障率高,位移机构偏长。

位移机构的制造成本高、通用性低,因此对每个型号的燃烧室试验件都设计制造一套位移机构是不经济的。位移机构数量根据具体试验任务与时数需求确定,对于试验量大的情况可配备多套位移机构,但对于试验量不大的情况,若有尺寸相近的现成位移机构,可通过加装转接法兰,并适配测试受感部来满足试验需求。根据经验,一般配备 3~4 台不同尺寸等级的位移机构可基本满足大部分试验需求。

对于扇形燃烧室试验件,位移机构受感部只能在试验件出口的两个侧壁之间移动,转动角度有限,因此结构设计更加复杂,强度等问题需要特别考虑。典型的扇形位移机构如图 2.7 所示。

位移机构工作时,其冷却、密封和驱动部件的正常运转都很重要。为此,在安装到试验器上使用之前,要装上受感部,在试验现场进行调试,检查驱动特性、驱动精度、冷却结构密封可靠性等。

2.3　主燃烧室高空点火试验器

2.3.1　系统组成、工作过程和技术指标

主燃烧室高空点火试验器主要用于模拟航空发动机在高原或空中起动时,点

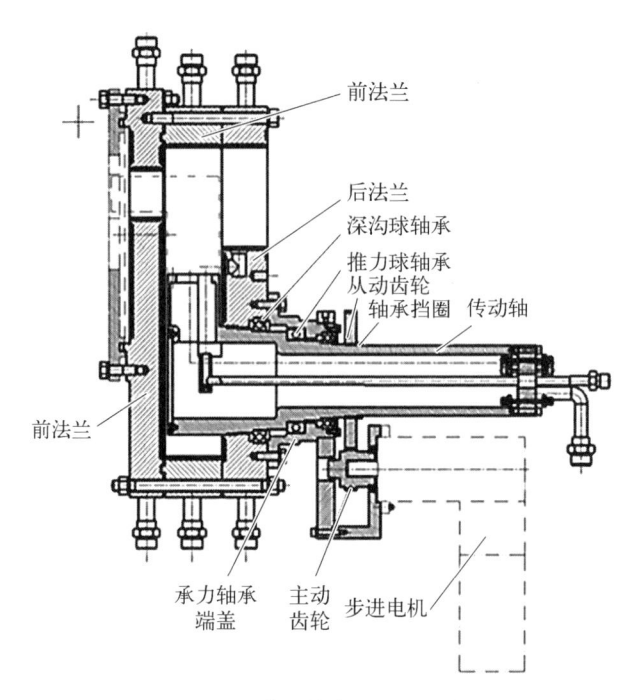

图 2.7 典型的扇形位移机构

火转速对应的燃烧室进气压力、温度、流量、供油量等条件,进行燃烧室点火试验,获取其点火边界。燃烧室慢车贫油熄火试验也可在该试验器上进行,录得燃烧室慢车贫油熄火边界。

1) 系统组成

与第 2.2 节的主燃烧室综合性能试验器类似,主燃烧室高空点火试验器也主要由空气系统、加温系统、燃油系统、冷却水系统、测控系统和电气控制系统等组成。但不同的是,根据试验器功能需要增设了负温、负压环境构设所需的降温装置和抽气系统(或引射系统),如图 2.8 所示。

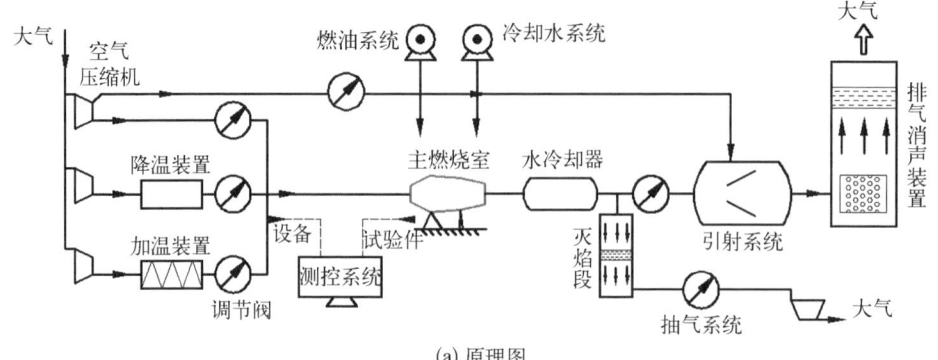

(a) 原理图

(b) 实物图

图 2.8　主燃烧室高空点火试验器原理图及实物图

2) 工作过程

主燃烧室高空点火试验器启动和工作的基本过程是：由空气压缩机连续提供新鲜空气，由进气阀门调节试验工况所需的流量，由加温系统或降温系统调节所需的燃烧室进口温度，由抽气系统将工作压力调节到所需的负压状态；启动冷却水系统，使所有高温零组件冷却到位；按油气比供入燃油点火，录得燃烧室的点火边界数据，还可在对应于发动机慢车状态的燃烧室进口参数下，逐步降低燃油量至熄火，录得燃烧室的熄火边界数据。

3) 技术指标

目前，国内主燃烧室高空点火试验器的主要技术指标为：绝对进气压力 6.5~150 kPa，温度 -60~150℃，空气流量 ≤7 kg/s。

2.3.2　关键设备

由于主燃烧室高空点火试验器的特殊性，除 2.2 节所述关键设备，其关键设备还包括空气降温制冷设备和抽气系统。

1. 空气降温制冷设备

空气降温制冷设备的作用是将空气压缩机气源供给，并经过喷淋、干燥、除尘后的空气进行深度制冷，以模拟燃烧室在高寒地带、高空的工作环境。例如，空气温度能降到 -60℃ 以下，基本上就能满足同温层以下飞行状态的点火试验要求。

可供选择的降温措施有水或盐水、冷冻机（这两种措施多用于第一级冷却）、透平膨胀机、气波制冷机等。在国内外大型气体处理、空气深度制冷等行业,普遍采用透平膨胀机和气波制冷机制冷。

1) 透平膨胀机

透平膨胀机工作原理是利用气体的压力差在变截面流道中产生绝热膨胀流动,将气体内能转化为动能,再通过透平叶片与气体相互作用,将气体动能转化为透平叶片外输机械能。经过这个过程,气体内能大大降低,从而达到降温制冷的目的。

透平膨胀机通常用油润滑,更高转速则用气体润滑,近年来随着技术的发展和进步,无润滑的电磁悬浮膨胀机应运而生。透平膨胀机按制动方式可分为风机制动、油制动器制动、增压机制动、电机制动等不同类型。

透平膨胀机主要由流通部分、机体部分、制动部分、辅助系统等组成,如图 2.9 所示。其中,流通部分包括冷端蜗壳、导流器或喷嘴、膨胀叶轮、扩压器等。冷端蜗壳的作用是均匀布气,即使气体均匀分布到导流器进口;气体经过喷嘴后膨胀,压力能转化为速度能,产生焓降,并以一定角度进入膨胀叶轮继续膨胀,同时把膨胀功传递给主轴,然后在扩压器中继续降速。

机体部分主要包括用于定位和支撑的机身、轴承(滑动轴承居多)和密封系统(含轴封、轮盖密封、轮背密封等)等。

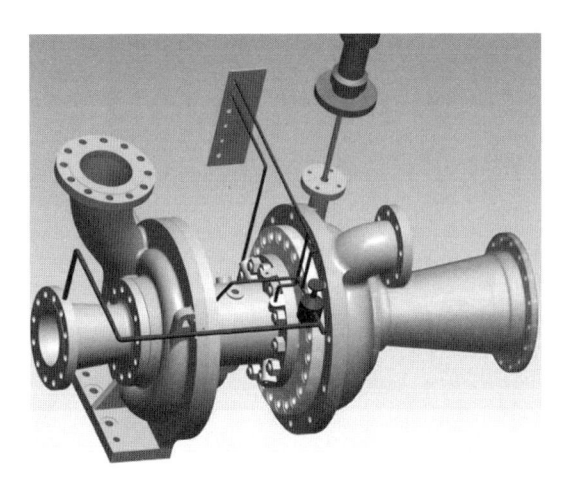

图 2.9 典型的透平膨胀机

制动部分主要包括蜗壳、叶轮、扩压器和转子,通过对外做功,平衡或消耗膨胀机发出的功等。

辅助系统包括润滑系统、控制系统等,以保证机器安全、可靠、可控地运行。

透平膨胀机有如下优点:

(1) 连续运行,膨胀工质的运动速度高;

(2) 通流部分无摩擦,无须润滑,利于保持气体纯度;

(3) 效率高,可达 80%~90%;

(4) 体积和表面积小,因此冷损少。

国内生产、技术成熟的透平膨胀机流量一般在 10 kg/s 左右,国外的流量可达 90 kg/s。国外主要生产厂家生产的透平膨胀机规格如下。

(1) GE:透平膨胀机进口压力最高可达到 200 bar[①];进口温度最高可达 475℃,

---

① 1 bar = 10^5 Pa。

最低可达-270℃;流量最大可达500 000 kg/h;转速最高可达120 000 r/min;介质范围包含所有碳氢化合物。

(2) 美国德莱赛兰公司:透平膨胀机可分为高温(870℃)与中温(535℃)两种类型,输出功率最高可达130 000 kW,主要应用在流化床催化裂化(fluid catalytic cracking, FCC)装置、硝酸装置、压缩空气蓄能(compressed-air energy storage, CAES)发电装置和航空发动机等能量回收装置中。

(3) 德国MAN TURBO公司:进口温度最高可达760℃,进口压力可达20 bar,输出功率可达30 000 kW,主要应用在煤气化联合循环发电(integrated gasification combined cycle, IGCC)装置、催化裂化装置、硝酸装置、精对苯二甲酸(puer terephthalic acid, PTA)装置、高炉煤气余压透平发电装置(blast furnace top gas recovery turbineunit, TRT)中。

(4) 德国西门子公司:进口温度最高可达550℃,气量可达600 000 m³/h,回收功率最高可达45 000 kW,主要应用于精对苯二甲酸装置、硝酸装置等。

2) 气波制冷机

图2.10为气波制冷机一个振荡管单元制冷的工作原理图。在一个工作周期内,带压气体通过喷嘴产生间歇式射流和激波,对振荡管内的循环气体压缩。同时,入射激波会传播到振荡管封闭的端部并形成反射,使气体迅速升温。通过管外的自然对流或强制水冷的方式带走其中的热量Q。由此带压气体完成对循环气体进行非定常膨胀做功和传递能量的过程,其自身温度降低形成冷气排出[2,3]。

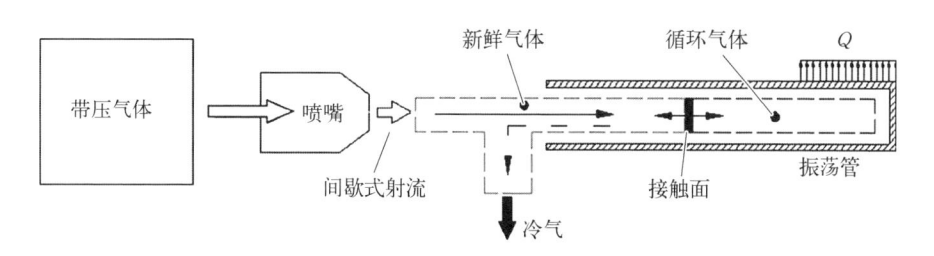

图2.10 气波制冷机一个振荡管单元制冷的工作原理图

气波制冷机由一系列振荡管单元组成,即沿周向排布一圈振荡管管束,通过主轴带动一个装有喷嘴的气体分配器旋转,每掠过一个振荡管喷射一次,形成周期性射流,其具有结构简单、性能稳定、运行维护方便等优点。图2.11为某35 kg/s气波制冷机主体结构图。

在气波制冷机的工作过程中,振荡管内部反复经历射气、封闭和排气三个阶段,如图2.12所示。

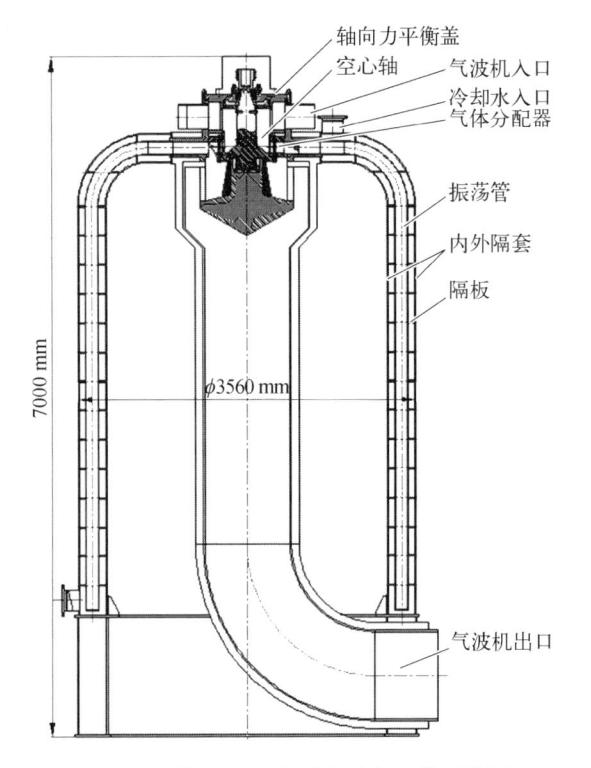

图 2.11　某 35 kg/s 气波制冷机主体结构图

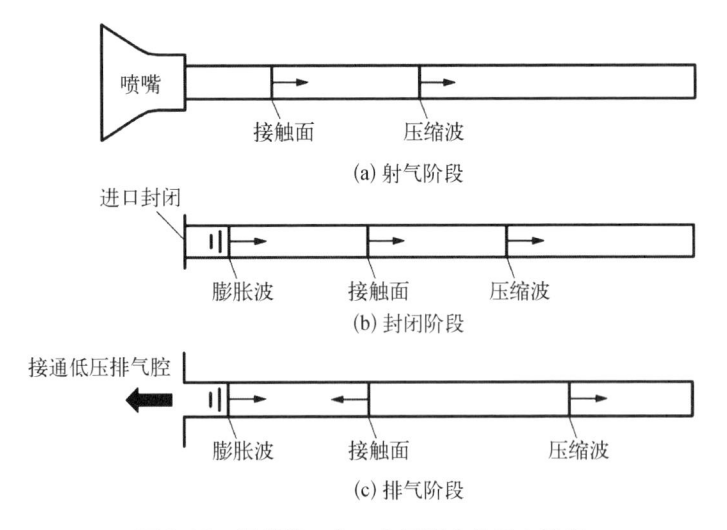

图 2.12　振荡管一个工作周期中的三个阶段

具体来讲,射气阶段就是带压气体通过空心轴导入旋转的气体分配器中,从其上的喷嘴口喷出高速新鲜气流,与管内原有循环气体之间形成一个接触面。由于接触面两侧的气流速度和压力都不相等,为满足相容条件,在接触面前端连续生成压缩波,并汇聚成入射激波,向振荡管封闭端传播。激波扫过之处,当地气体温度和压力均升高。

在封闭阶段,射气停止,振荡管进口被迅速封闭,当地速度骤然降至零。但从进口到接触面之间的气体仍维持向右的运动,进口处产生向右传播的膨胀波,使这部分气体膨胀降温。同时,入射激波会进一步压缩循环气体使其升温。

在排气阶段,当振荡管入口与低压排气腔接通时,振荡管内部压力高于外部压力,管口会生成另一束膨胀波,并传向管内,使管口与接触面间气体温度再度下降,变成冷气排出管外。此时,接触面向进口方向运动,而激波也抵达封闭端并形成反射激波,波后温度还会再度升高。

振荡管内激波波系位置随时间的变化如图 2.13 所示。旋转式气波制冷机凭此制冷机理能够在较低转速下高效地工作。与透平膨胀涡轮相比,气波制冷机无高速运转部件,具有转速低、结构简单、抵抗两相流能力强、性能稳定、制造和运行成本低、操作维护简便等优点,目前在用气波制冷机最大进气流量为 35 kg/s。

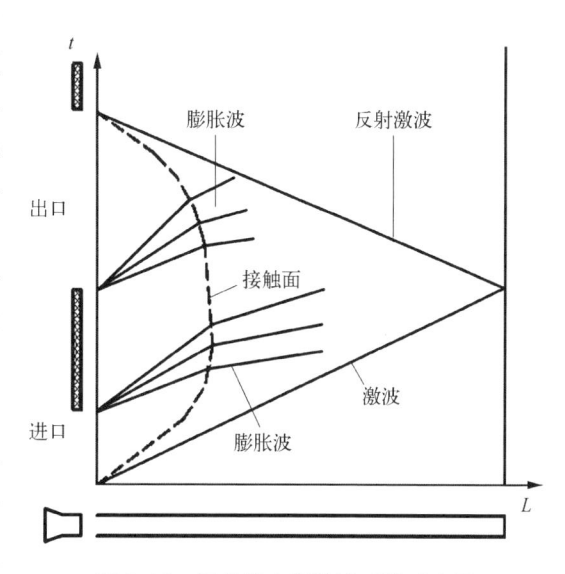

图 2.13 振荡管内激波波系的时空图

2. 抽气系统

抽气系统能力是决定燃烧室高空点火试验器能力的关键因素。

抽气系统有两种工作模式,一种是直接抽气模式,另一种是引射抽气模式,在国内外试验器上均广泛使用。

1)直接抽气模式

(1)系统组成。

直接抽气模式的优点是效率高、容量大,但对抽气设备进口气体的品质要求高,尤其要防止高温燃气中可能残存的可燃气体和火焰,造成抽气压缩机的叶片损伤或折断等事故。因此,在抽气系统之间,要先对燃气排气进行降温、灭焰、除油等工艺处理。

直接抽气模式的主要系统配置是压缩机组,由空气系统、空气管网、油系统、冷却水系统、排气消声装置、自控系统、技术状态监测与故障诊断系统、电气控制系统(变频、高低压配电)组成，还有其他辅助设施、易损备件及专用工具等。

压缩机组一般选用电机+齿轮箱+轴流压缩机形式，采用膜片联轴器连接，如图 2.14 所示。

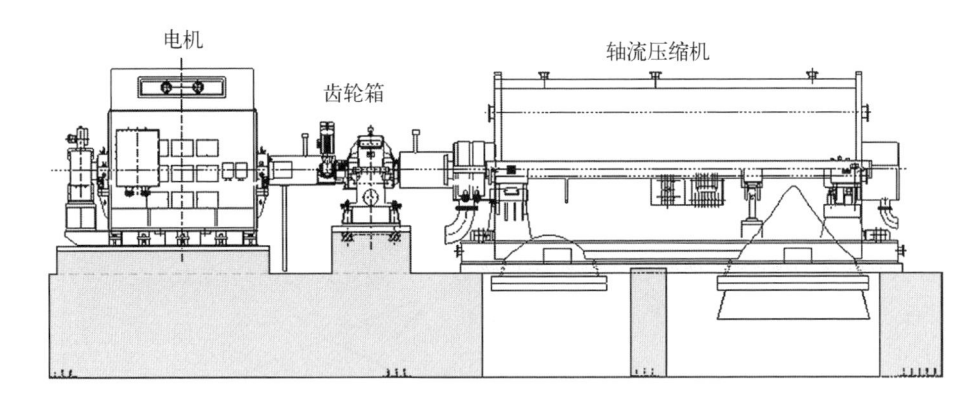

图 2.14　压缩机组示意图

空气系统组成包括轴流式压缩机、防喘振调节阀、空气流量计、阀门配电及控制系统、配对法兰(紧固件及密封垫)等。

压缩机运行时尤其要防止发生喘振。为此，其控制系统设置有喘振报警线、防喘振线和喘振线，并由压缩机进气压力和温度、出气压力、静叶角度、防喘振阀门及防喘振控制器构成防喘回路。运行时通过不断测量上述参数来监测压缩机的实际运行工况，若靠近或达到防喘振工况点，则控制系统会发出指令，系统联锁会在 1.5 s 内打开防喘振调节阀，使压缩机回到安全运行工况。

空气管网包括机组进口管道、出口管道、防喘管道及相关管件；油系统包括润滑油、动力油、顶油、滤油等，一般每套压缩机组均配置 1 套；冷却水系统为压缩机组的空气冷却器、电机冷却器、润滑油站冷却器等提供冷却水；排气消声装置包括消声器、消声砖、圈梁包封及安装附件等。

自控系统用于整个抽气系统的运行参数检测、报警、联锁停车，对油泵、顶油、盘车、加热器等配套辅助设备以及抽气总管空气阀门监控，实施机组安全保护逻辑(防喘)与工艺联锁。

技术状态监测与故障诊断系统可在线连续监测各个旋转机械的振动、温度等各项工艺参数，自动存储振动分频、相位、波形、起停机等数据，通过网络传输数据，提供多种专业诊断图谱和报表。

电气控制系统中的变频装置用于实现压缩机组配套驱动主电机(同步电动机)的启动、并网与工频运行。配电系统主要包括同步电动机变频起动相关开关柜，用于机组所有辅助电气设备控制的辅机控制柜，为整个厂房建筑电气设备与所有工艺电气设备配电的低压配电开关柜、配电变压器、直流电源、不间断电源（uninterruptible power supply，UPS）等，满足整个厂房高、低压配电相关功能，并最终服务于压缩机组的运行。

辅助设施指气动阀、疏水阀、逆止阀等所需的工艺电气系统机组和巡检平台、安全防护栏等，主要包括螺杆压缩机、储气罐、空气管道及管道附件等，管道附件包括支座、支架、阀门、紧固件等。

（2）压缩机选配计算。

在主燃烧室高空点火试验器上，根据环境压力的高低和流量大小，可能需要多台抽气压缩机同时工作，并可组成一级并联抽气、二级串并联抽气和三级串并联抽气。为此，需要计算压缩机串联级数 n 和单台机组的抽气流量 W_e，以确定不同连接方式下的台套数[4]。

压缩机串联级数 n 的计算公式如下：

$$n = \frac{\ln(1.1768 \times 10^5/P_e)}{\ln \pi_k}$$
$$P_e = 1.5 P_H \tag{2.1}$$

式中，P_e——压缩机进气压力，Pa；

P_H——大气压力，Pa；

π_k——压缩机压比。

进气压力越低，选择的压比越小。压缩机串联级数的计算是根据选定的级增压比和抽气机逐级进行的。

实际的抽气流量 W_e 通过将标准大气状态下的流量 W_0 按实际进气状态折算得

$$W_e = W_0 \frac{P_e}{101.325 \times 10^3} \times \sqrt{\frac{288}{T_e}} \tag{2.2}$$

式中，T_e——压缩机进气温度，K。

显然，用总抽气流量除以单台抽气流量可得并联压缩机的台套数。

2）引射抽气模式

引射抽气模式的主要设备是气体引射器，其结构简图如图 2.15 所示，主要由吸入室、喷嘴、混合室、扩压室等组成。

高压气体由引射喷嘴流出，将压力能转变为动能，形成高速引射流，高速气流不断从喷嘴流向混合室并带走喷嘴附近的吸入流，因此在吸入室形成了一个低压区，喷嘴出口截面上吸入流的静压必小于吸入室上游流体的静压。在压差作用下，吸入流不断被抽吸进混合室，亚临界情况下，吸入流与引射流在混合室入口截面上

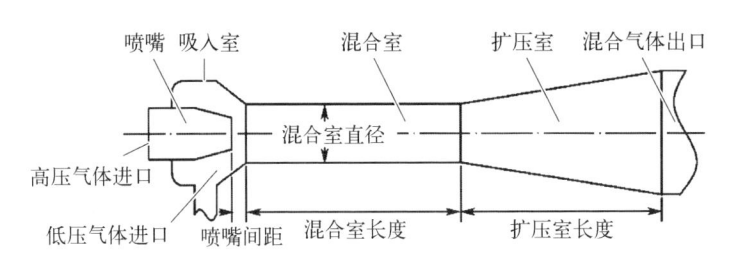

图 2.15 气体引射器结构简图

静压相等。在混合过程初期阶段,两股气流进行动量交换,吸入流速度增大,被引射的吸入流越来越多,两股流体边界层外未扰动区则越来越小。离喷口一定距离后,气流边界层将占满整个截面,在此截面后,两股流体将充分混合,出口截面上气流参数达到均匀一致。超临界情况下,引射流及吸入流在混合室入口截面处静压不等,引射流速度系数 $\lambda_{p1}=1$。引射流流出喷嘴后将继续膨胀,压力降低,速度增大,成为超声速气流,气流本身形成一扩张的拉伐尔喷管。吸入流在拉伐尔喷管外沿收缩截面流动,速度增大,压力减小。这时,两股流体互不掺混,在离喷口一定距离的截面上,两股流体的静压将拉平,该截面称为等压截面。等压截面后的流动与亚临界流动情况相同。

引射器的性能评价用引射系数和工作效率来衡量。引射系数是低压流体与高压流体的质量流量之比;工作效率是低压流体获得的工作能力与高压流体损失的工作能力的比值,在两股流体都是气体的引射器中,工作效率也可理解为低压气体被压缩至中压所吸收的能量与高压气体膨胀至中压所释放的能量之比。

引气抽气模式的优点是使用安全、结构简单、费用低、引射能力可调、适应性强;缺点是效率低、需要一定压力的引射气源等。从理论上来讲,引射工质压力、温度高,被引射气流压力、温度低的引射效果最好。因此,常用带压的压缩空气比较理想,也可采用喷油燃烧加热或喷热水以增加工质能量,提高引射能力。

喷管:要求真空度高时,最好选用超声喷管,主要视气源条件而定。超声引射在低真空度时效率较低。

喷管布置形式:真空度高、引射比小时,采用中心喷管引射较好;真空度低、引射比大时,为了加强两股气流的动量交换,最好采用环形喷管。

引射级数:最好采用单级引射,真空度高时可选用多级引射,多级引射器可使流体更好地均匀混合,以减少能量损失,一般以两级为宜,但要考虑各级匹配和变工况时的调节问题。图 2.16 为一种多喷管二级引射器结构。

引射器数量:采用多个并联引射器时,可根据试验需求选择使用合适的引射器组合,使试验器的机动性大一些。

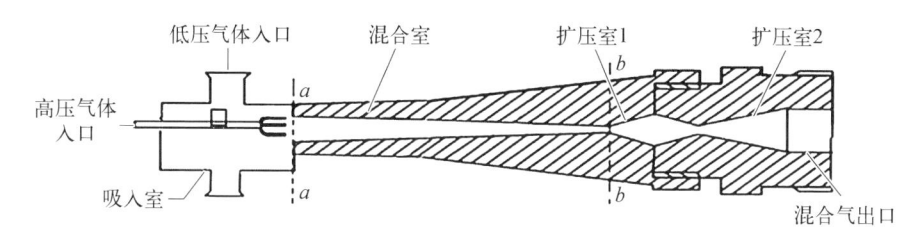

图 2.16 多喷管二级引射器结构

2.4 加力燃烧室综合性能试验器

2.4.1 系统组成、工作过程和技术指标

加力燃烧室综合性能试验器主要用于获取矩形、扇形、缩比和全尺寸加力燃烧室的气动性能、燃烧性能(点/熄火特性)、结构可靠性、不稳定燃烧特性等。

1) 系统组成

如图 2.17 所示,加力燃烧室综合性能试验器主要由内涵(直接加温)进气系统、外涵(间接加温)进气系统、试验段(包括内外涵混合器、试验舱)、排气系统(包括排气扩压器)、排气冷却除油装置(包括排气冷却器、除沫段)、抽气系统(或引射系统)、补气系统(也称为大气进气、二股流进气系统)、燃油系统、冷却水系统、电气控制系统等组成,还包括常规声讯监控系统、进/排气消声装置等。

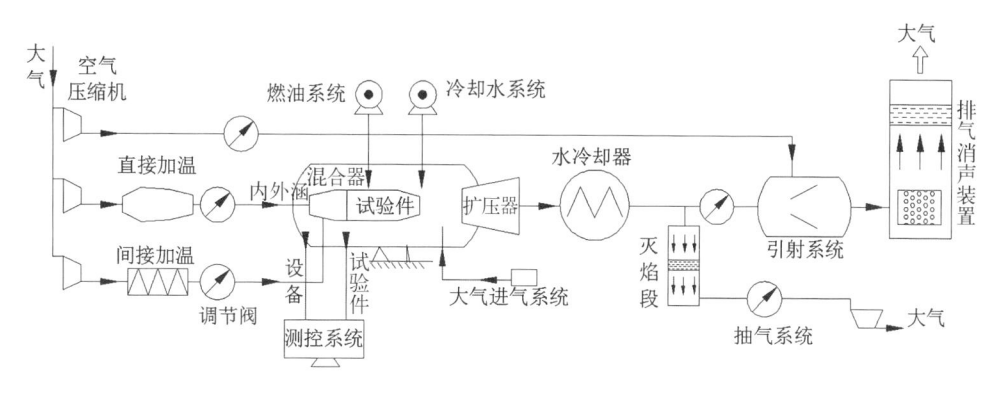

图 2.17 加力燃烧室综合性能试验器

内涵进气系统一般采用直接加温器加温,模拟加力燃烧室进口对内涵进气温度、压力的要求,燃气成分可采用补氧或对外换热(采用水冷却器)等方式模拟。目前,国内部件级加力燃烧室综合性能试验器均未对燃气成分进行模拟。

外涵进气系统模拟加力燃烧室进口对外涵进气温度、压力的要求,加力燃烧室外涵为洁净空气,因此外涵空气加温一般采用间接加温的方式,如电加温、天然气冲天炉加温等。

内外涵混合器的作用是将内外涵管路供给的空气按照试验件进口结构形式汇合到试验件进口,内外涵空气温度存在较大差异(内涵 1 000~1 400 K,外涵 600 K 左右),其结构形式复杂,设计难度较大,是加力燃烧室综合性能试验器关键设备之一。

试验舱的作用是为试验件提供试验环境,试验时,需要二股流进气保护试验舱内安装的电气元件不受高温损坏。

排气扩压器为连接试验舱与排气系统的关键设备,用于将高温燃气与试验舱二股流的高温掺混气体导入排气冷却系统,将部分排气动能恢复为压力能,从而将排气系统中的气体压力提高,保证直排或经抽气机组引射排出。

排气冷却除油装置作为试验器关键设备之一,用于将高温燃气降温除油排入大气或抽气机组,一般由排气冷却器和除沫段组成。为节约空间、减少流阻损失,也可以将排气冷却器与除沫段结合在一起,设计为一体化排气冷却除沫器。

2) 工作过程

试验时,内外涵空气加温后经内外涵混合器导入安装在试验舱内的加力燃烧室试验件,实现温度模拟,通过连接在加力燃烧室后端的可调喷管,配合抽气系统和进气系统调节加力燃烧室进口压力,实现压力模拟;喷管出口排出的高温燃气经过排气扩压器、排气冷却除油系统进入抽气系统或经引射器排入大气。补气系统将大气导入试验舱,以冷却保护试验舱内的测试、控制等元器件。

3) 技术指标

表 2.3 给出了目前国内使用的全尺寸加力燃烧室综合性能试验器的主要技术指标,国内试验器的最高内涵进口温度已达 1 400 K,外涵进口温度达 700 K。

表 2.3 全尺寸加力燃烧室综合性能试验器的主要技术指标

参　数	常压状态	低压状态
总空气流量 W_a/(kg/s)	0~220	17~40
涵道比 B	0~2	0~1.5
最大外涵气流量 W_{16}/(kg/s)	103	—
最大内涵气流量 W_6/(kg/s)	145	—
外涵进口总压 P_{t16}/MPa	0.12~0.6	0.043~0.095

续　表

参　数	常压状态	低压状态
外涵进口总温 T_{t16}/K	≤573	≤573
内涵进口总压 P_{t6}/MPa	0.12~0.6	0.043~0.103
内涵进口总温 T_{t6}/K	≤1 200	≤1 200
加力室出口总温 T_7/K	≤2 150	≤2 100
燃油流量 $W_\mathrm{f}/(\mathrm{kg/h})$	0~45 000	0~45 000

2.4.2　关键设备

加力燃烧室综合性能试验器的关键设备主要有空气加温器(参见 2.2.2 节)、内外涵混合器、抽气系统(参见 2.3.2 节)、排气扩压器、冷却器和除沫器等。

1. 内外涵混合器

内外涵混合器的作用是将内外涵高温气体导入加力燃烧室进口,一般分为外涵进气组件和内涵进气组件,如图 2.18 所示。

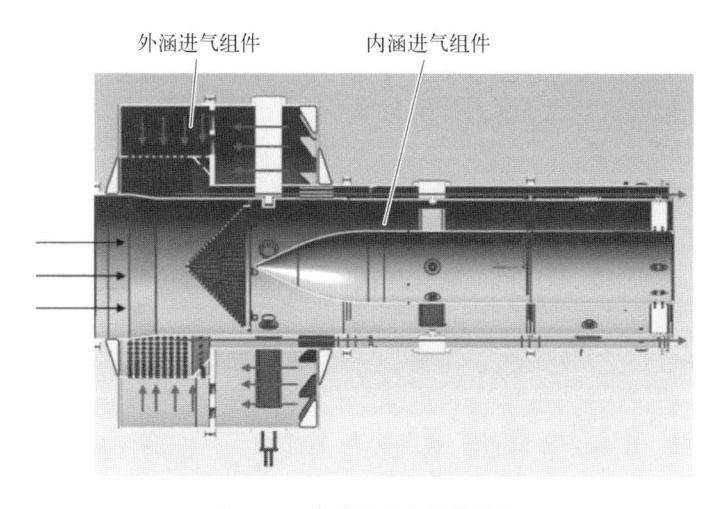

图 2.18　内外涵混合器结构图

内涵进气组件冷却形式主要分为气冷和水冷两种方式,可根据需要选择。从加温器出口流入内涵的气体并不均匀,转接段内涵流道需要具备整流功能,使加力燃烧室进口截面流场不均匀度满足试验需要。试验器外涵管路气流沿切向进入外涵进气组件的转接段,转接段外涵流道需要将外涵气流方向由切向转变为轴向,并使加力燃烧室外涵进口截面流场均匀。

2. 排气扩压器

排气扩压器一般根据试验状态需要进行匹配设计。排气扩压器设计时，除了按照设计规范确定结构、尺寸、热力负荷和气动负荷，还应满足以下基本要求：

（1）被试对象进行全包线试验时，试验舱内不出现回流、堵塞等流场异常情况；

（2）壁面采用双层水夹套结构，确保不出现过烧现象，设计时需要考虑喷管矢量试验中导致壁面局部高温的因素；

（3）应设计进口直接喷水装置，用于被试件矢量试验时的燃气降温。

排气扩压器设计包括气动设计、传热设计、结构设计、强度分析等。结构设计在保证功能实现的前提下，还需要考虑可靠性、经济性及加工与安装的可行性，同时，受试验环境、安装布置空间的影响，结构设计也不同；强度分析一般采用有限元分析软件（Abaqus）对排气扩压器进行详细的应力分析，采用弹性应力分析法评定应力强度是否满足要求。

1) 气动设计

对于加力燃烧室主要试验工况，喷管出口主流压力与舱内被引射二股流压力之比大于临界压比。喷管外廓直径远小于排气扩压器直径，主流从喷管出口高速流出射入排气扩压器，形成引射，把舱体尾部二股流吸走，二者在排气扩压器内部掺混，进行能量交换。排气扩压器增压比一般为 1~2。依照喷射器相关理论，该过程与采用圆柱形混合室气体喷射压缩器流动模型相符。

依据圆柱形混合室气体喷射压缩器流动模型的相关理论，设计排气扩压器特性曲线，在主流流动参数和二股流温度、压力确定的条件下，排气扩压器可达到的增压比仅与二股流引射比相关。二股流引射比越大，排气扩压器设计可达到的增压比越小。在主流和二股流流动参数确定的前提下，最佳排气效率的排气扩压器各截面设计几何尺寸仅与主流流动临界截面积（超声速流动）或喷管出口面积（亚声速流动）有关，称为排气扩压器型面的设计工况。

对于采用固定结构的排气扩压器，设计时需要满足全部试验工况下的排气需求。排气扩压器可达到的增压比与二股流引射比之间的关系特性称为排气扩压器的实际工作特性，实际工作特性曲线与设计曲线存在一定的偏差。不同工作环境确定引射比条件下，排气扩压器可达到的增压比小于设计工况。排气扩压器圆柱形混合直段横截面与主流流通面积之比越小，可达到的增压比越大，其引射能力越弱，即相同引射比时，主流流通面积越大，排气扩压器增压比越大，主流引射能力越弱。同时，在保持不同工况引射比不变的前提下，随着主流流通面积的增加，排气扩压器的增压比增大。因此，排气扩压器设计分为以下三个步骤：

（1）计算并确定所有试验工况主流流通面积；

（2）在最大主流流通面积的矢量工况下进行排气扩压器气动型面设计，使得最大角度矢量状态下主流进入排气扩压器时不发生堵塞和回流；

（3）在最小主流流通面积的工况下统计设计出的排气扩压器增压比，评估排气扩压器气动型面是否满足扩压要求。

2）传热设计

根据排气扩压器工作工况进行传热分析计算，传热分为对流传热和辐射传热两种方式，辐射传热主要为高温燃气中 CO_2 和 H_2O 的辐射热。

假定换热量或者壁面温度，进行传热核算，将核算的换热量或壁面温度与假定值进行对比，当迭代误差小于1%时，视为迭代收敛。传热计算公式如下。

对流传热：

$$0.0162\left(\frac{4}{\pi_k}\right)^{0.82} c_p (g\mu)^{0.18} \frac{G^{0.82}}{d^{1.82}}\left(\frac{T_1}{T_2}\right)^{0.35} \frac{1}{Pr^{0.18}} \tag{2.3}$$

式中，c_p——比定压热容；

g——重力常数；

μ——运动黏度；

Pr——普朗特数；

d——特征长度；

G——空气流量，kg/s；

T_1——热侧温度，K；

T_2——冷侧温度，K。

辐射传热：

$$q_{CO_2} = 3.5\sqrt[3]{pl}\,(T_1^{3.5} - T_2^{3.5}) \tag{2.4}$$

$$q_{H_2O} = 3.5 p^{0.8} l^{0.6} (T_1^3 - T_2^3) \tag{2.5}$$

式中，p——相应的气体分压，kg/s；

T_1——气体温度，K；

T_2——壁面温度，K；

l——特征长度。

根据以上计算方法进行传热计算。

3. 冷却器

冷却器设置在排气扩压器的下游，其作用是通过热传导把来自扩压器的高温燃气温度降至抽气系统的温度限值以下。其采用列管式换热器，管内通冷却水，带走管外燃气热量。

燃气压力可能为正压或负压，因此冷却器外壳通常设计为球形等具备足够承压能力的结构，如图2.19所示。列管式换热器置于球体的中部。

列管式换热器内包含多组换热管束,如图 2.20 所示,冷却水进入冷却器后,从上部流入换热管束Ⅰ和Ⅱ,再从下部进入换热管束Ⅲ,然后从其上部流入壳体夹层,最后从壳体下部总管排出。这样,同时冷却了高温燃气和球形壳体壁面。

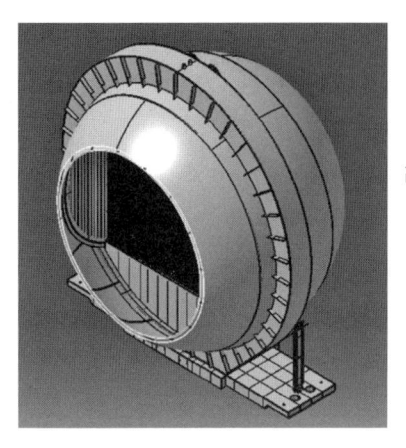

图 2.19　球形冷却器　　　　　图 2.20　三管束冷却水路流程图

由于冷却器的结构形式复杂,尺寸大,质量大(直径 10 m 的冷却器质量达 400 t 以上),球形外壳壁面为双层,加上内部的换热管束,无论是加工制造,还是吊装组装,都有一定的难度。加工的重点和难点部位主要为支撑框架、连接座和冷却器管板。

支撑框架由环筋和纵筋组焊成井字结构,焊接时容易产生扭曲变形,且不便修复,因此不仅要慎重选择焊接方法、焊接顺序和焊接参数,还需要在大型退火炉中退火。

连接座的底座为箱式结构,由钢板组焊而成,焊接时容易产生扭曲变形,且端面为螺栓固定的安装面,平面度要求高,需要在大型退火炉中退火,并上机床加工。

冷却器管板为主要受力件,焊接的关键是控制变形,焊接完成后进行退火和机加工。

4. 除沫器

试验件排气及二股流气体在经过冷却器冷却后,温度在 200℃ 左右,还需要进一步降温,以满足抽吸机组的抽吸要求;同时排气中含燃油液滴,一般采用喷淋的方式使排气中的燃油沉降、汇聚,在喷淋段之后需要设置除沫段,除去喷淋的水雾液滴及燃油液滴,以满足抽吸机组的入口或引射环保需求。

燃气经水帘喷水降温,并由除沫器装置高效除油、除水后达到抽吸机组或引射排气环保的使用要求。

水帘根据需要可设置多层喷水帘,每层喷水帘上均设置一定数量的喷嘴。供水系统供给高压水,通过喷嘴雾化后喷出到灭焰段中,与来流的排气进行掺混,使来流气体温度进一步降低;同时水雾也可起到净化作用,掺混汇聚来流气体中的燃油液滴;喷水帘喷出的部分液滴及燃油滴在重力的作用下汇集在喷水帘处的底面上,然后通过负压排水系统排出。经过喷水帘冷却之后的气体中仍会包含水滴、油滴,因此在喷水帘下游设置除沫器。气体通过除沫器时,气体中的水滴、油滴在波折板结构(或其他除油、除水结构)的作用下聚集在波折板的板面上,板面上的水滴、油滴汇聚到一定程度后,将在重力的作用下沿排水槽向下流动,最终汇聚至地面,由负压排水系统排出。

除沫器的设计要求如下:
(1) 水帘降温应使燃气的最终温度降至抽气系统的许可限值;
(2) 水帘降温和除沫单元均用不锈钢材质,要可靠地连接在设备内,不允许有任何松动的可能性和任何形式的异物脱落;
(3) 粒径 8 μm 以上的油水液滴的分离效率应≥90%;
(4) 应有液滴分离后的单独汇集流道或隔离措施,避免气体对液流的二次夹带;
(5) 除沫段需要自带清洗装置;
(6) 可拆卸,便于保养维修。

2.5 零组件综合性能试验器

需要通过试验获取性能的零组件主要包括主燃烧室扩压器、火焰筒、头部旋流器、燃油喷嘴、加力燃烧室混合扩压器、稳定器、喷嘴、隔热屏等。其中,主燃烧室扩压器试验、头部旋流器试验可在主燃烧室综合性能试验器上开展,加力燃烧室混合扩压器试验、稳定器试验可在加力燃烧室综合性能试验器上开展,试验器的工作过程也相同,区别仅是试验进气条件(空气流量、温度、压力等)有所不同,因此本节主要介绍火焰筒冷却试验所需的传热试验器和燃油喷嘴试验器。

2.5.1 传热试验器

传热试验器以主燃烧室火焰筒(加力燃烧室隔热屏)局部切块(图 2.21)为试

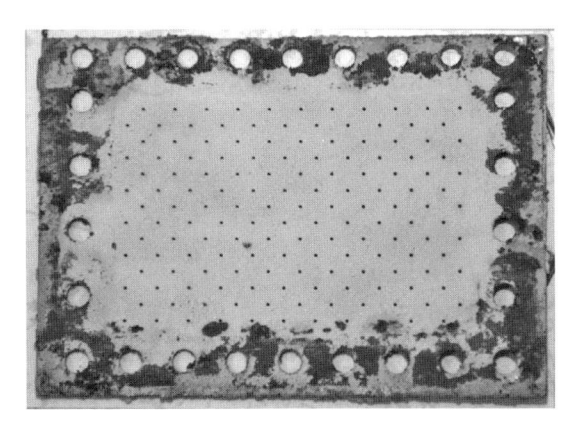

图 2.21 某带涂层斜孔结构实物图

验件,通过模拟主燃烧室火焰筒(加力燃烧室隔热屏)内外壁气体间的相对静压差、温度比和马赫数(试验中,一般保持两个变量不变,组合多个试验状态),获得不同壁面气膜冷却开孔方式、涂层结构等的性能(如绝热冷却效率、换热系数等),选取合适的冷却结构,为火焰筒壁面的冷却设计和改进提供数据支持。

传热试验器主要由空气系统、加温系统、燃油系统、冷却水系统、电气控制系统、测控系统等组成,如图 2.22 所示。其中,空气系统分主(热)流和次(冷)流,便于模拟和灵活调控壁面冷却气量与高温燃气的比例,高温燃气即通过直接加温器加热空气获得。

(a) 原理图

(b) 实物图

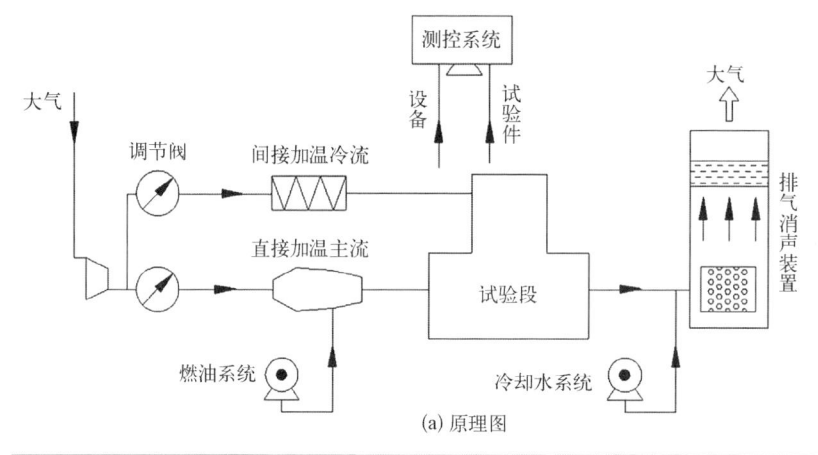

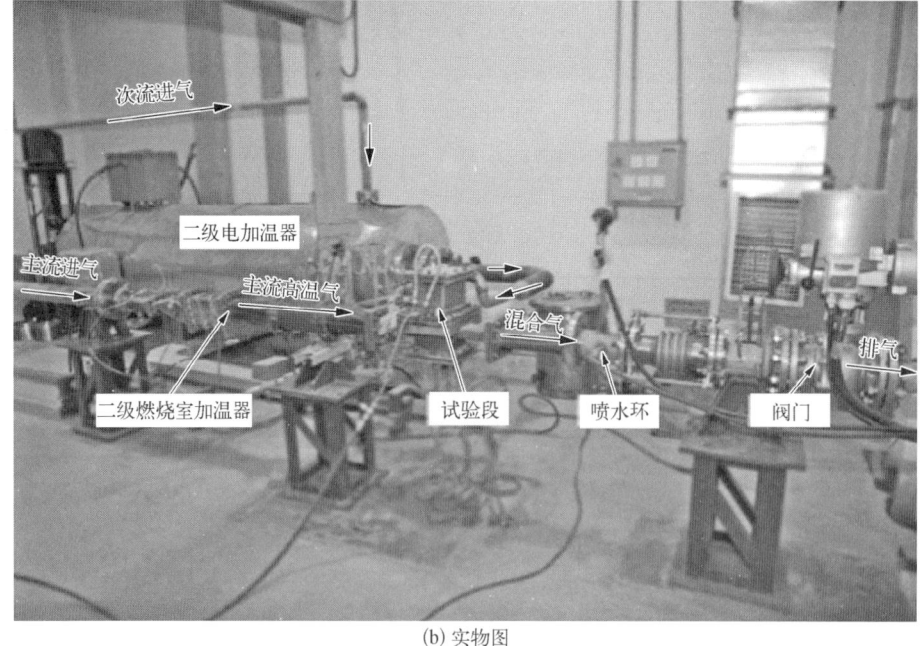

图 2.22 传热试验器的原理图及实物图

传热试验器试验段常见结构如图 2.23 所示，主要包括冷流组件及热流组件两部分，气体流路如图所示。

传热试验器同时可开展燃烧室机理性研究试验，如燃烧室内流场可视化研究、非接触测温等。目前，国内传热试验器已达到较高水平，最大进气压力为 4.8 MPa，温度达 900 K，流量达 10 kg/s。

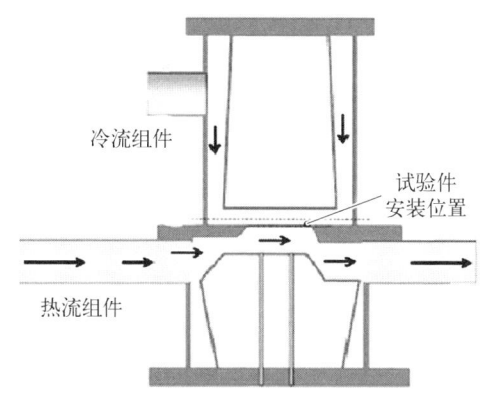

图 2.23　传热试验器试验段常见结构

2.5.2　燃油喷嘴试验器

燃油喷嘴试验器主要用于评价燃油喷嘴的技术状态和雾化特性。

燃油喷嘴的技术状态是指在实际供油压差范围内，喷嘴的流量特性是否符合设计要求，安装在同一个燃烧室（同一根燃料总管）上的所有同类型喷嘴的流量均匀性是否符合装机要求。对于装机使用前的新喷嘴，需要合理选配，以剔除加工工艺的影响。对于使用后的喷嘴，其特性可能会因热变形、杂质堵塞流道等发生改变。因此，对喷嘴技术状态的试验评价十分必要和重要。

燃油喷嘴试验器分为总管特性试验台和喷嘴雾化特性试验台。

总管特性试验台（图 2.24）采用油库供油外循环方式进行试验或者采用试验器自备油箱供油内循环方式进行试验，通过测量安装在总管上每个喷嘴的燃油流量获取燃烧室燃油喷嘴在不同供油压差下的流量特性。总管特性试验台主要包括

图 2.24　总管特性试验台

燃油系统、台架系统（包括总试验平台、喷嘴流量测量系统等）、测控系统。需要指出的是，由于试验台燃油测量过程中存在油雾挥发，为确保安全，试验厂房应装有燃气浓度报警装置。总管特性试验台供油能力根据试验需求配置，压力在 0～12 MPa，燃油供应量不低于 15 t/h，最大喷嘴数不小于 30。

喷嘴雾化特性试验台包括空气系统、燃油系统、测控系统、附属系统等，其原理与主燃烧室综合性能试验器基本相同，通过模拟喷嘴在燃烧室内的工作环境，采用光学测量系统测量喷嘴的喷雾锥角、雾化液滴的平均粒径和粒径分布，以及雾炬参数的空间分布等性能参数，获取喷嘴雾化特性。与主燃烧室综合性能试验器不同的是，喷嘴雾化特性试验台技术指标较低，其空气进气温度一般为常温，压力一般为 0～0.5 MPa，空气流量不超过 1 kg/s。

2.6 燃烧室试验器设计方法

2.6.1 总体方案论证

进行燃烧室试验器总体方案论证时，首先要明确试验器建成后可以满足的"需求"（指标参数方面）和能够具备的"功能"（操作运行方面）。需求与功能，一方面来源于航空发动机产品设计部门，针对正在研制或预先研制的各型发动机对零组件、模型件或部件试验验证的需求而提出。在此基础上，考虑到兼容性与可持续发展，设计过程中试验器建设部门在条件允许的前提下，会尽量进行功能与参数扩充。另一方面，试验器建设及运行时也需要满足绿色、高效、安全等方面的要求。

试验器总体设计技术人员将需求与功能分析至一定成熟度时，形成试验器设计技术要求。技术要求对试验器试验工艺流程、总体指标、各分系统与关键非标设备主要指标及功能等进行准确地定义与描述，作为开展试验器后续设计工作的指导性文件。

燃烧室试验器开展设计时，须遵循一定的设计指导思想，以免设计过程中出现较大的修改，造成资源的浪费，影响项目的进度。目前，燃烧室试验器的设计以满足试验工艺方案为前提，试验器总体设计（布局、指标、能源需求等）、各分系统及关键设备详细设计均围绕试验工艺方案开展。同时，燃烧室试验器设计还要遵循继承性、可靠性（安全性）、经济性、环境适应性、智能智慧性等理念。

继承性：燃烧室试验器设计过程中常涉及高温高压管网布局与应力分析技术、大型非标设备（如混合器）结构设计与性能评估技术等。上述关键技术对试验器建成后能否如期满足需求的影响很大，需要慎重对待。因此，若有成熟的设计案例或经验可供参考，则应尽量采用，这样可有效规避设计风险。

可靠性（安全性）：燃烧室试验器常以高温高压气体或液体为工作介质，存在较大的安全风险。例如，管道、设备或元器件失效，极有可能引起高温高压介质泄漏,造成人员伤害或设备破坏。因此,试验器必须有足够高的可靠性,在经历长期复杂工况运行后各系统及设备依然能满足需求。

经济性:燃烧室试验器需要关注运行成本与投入产出比,做到以最小的能耗代价完成相关的试验验证,取得有效的试验数据。

环境适应性:原指装备(或产品)的一项重要且基础的质量特性,在其寿命期预计可能遇到的各种环境作用下,可以实现其所有预定功能、性能且不被破坏的能力。对于燃烧室试验器,是指其包容性强,能满足不同试验件的不同试验需求。

智能智慧性:通过智慧化建设,燃烧室试验器主要能够实现试验自动化、作业数字化、设备健康管理、试验仿真、数据库建设与数据利用等功能。

具备明确的技术要求和设计指导思想后,可以开展试验器设计方案的论证。设计方案主要包括试验器总体设计方案、试验器分系统(空气系统、水系统、燃油系统、测控系统等)设计方案、试验器关键非标设备(试验舱、冷却器、混合器等)设计方案等。编制上述设计方案,必须依据试验器设计技术要求中的相关内容。其中,试验器总体设计方案主要给出试验器工艺原理图、总体布局图、总体技术指标、关键设备或系统可行性分析、能源需求指标、环保方面(排放、噪声)的指标等;试验器分系统设计方案主要给出各分系统的详细工艺原理及工作流程、布局图、详细技术指标、系统关键技术解决方案等;试验器关键非标设备设计方案主要给出设备结构总图、设计指标、性能评定(强度、传热、气动等)初步结果等。

2.6.2 试验器设计过程

1. 设计流程

燃烧室试验器的设计,从接到任务(接到项目需求)开始,直到完成设计任务(提供工程图及设计说明书等),主要遵循图 2.25 所示的流程。

2. 设计准则和计算公式

燃烧室试验器设计过程必须依据一些设计准则,设计准则主要包括压力管道系统、压力容器、电气控制系统等方面,设计准则来源于国家或行业标准规范。例如,《工业金属管道设计规范》(GB 50316—2000)中对压力管道系统的管道组成件的选用进行了较为详细的规定,简单列举如下。

管道组成件的压力-温度额定值应符合下列规定。

(1)选用管道组成件时,该组成件标准中所规定的额定值不应低于管道的设计压力和设计温度。对于只标明公

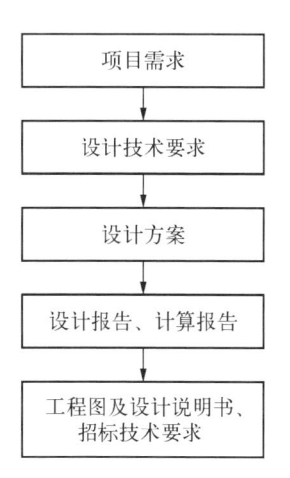

图 2.25 燃烧室试验器设计流程图

称压力的组成件,另有规定,在设计温度下的许用压力可按式(2.6)计算:

$$P_A = P_N \frac{[\sigma]^t}{[\sigma]^x} \tag{2.6}$$

式中,P_A——在设计温度下的许用应力,MPa;

P_N——公称压力,MPa;

$[\sigma]^t$——材料在设计温度下的许用应力,MPa;

$[\sigma]^x$——决定组成件厚度时采用的计算温度下材料的许用应力,MPa。

(2)国家现行标准中没有规定压力-温度额定值及公称压力的管道组成件,可用设计温度下材料的许用应力及组成件的有效厚度,通过计算来确定组成件的压力-温度额定值。

(3)两种不同压力-温度参数的流体管道连接在一起时,分隔两种流体的阀门参数应按较严格的条件决定。位于阀门任一侧的管道,应按其输送条件确定。

(4)多条设计压力和设计温度不同的管道,用相同的管道组成件时,应按压力和温度相耦合时最严格条件下某一条管道的压力和温度条件来设计。

持续载荷的计算应力应符合下列规定:

(1)若管道组成件的厚度及补强计算满足本规范的要求,则由内压所产生的应力应认为是安全的;

(2)若管道组成件的厚度及稳定性计算满足本规范的要求,则由外压所产生的应力应认为是安全的;

(3)管道中压力、重力和其他持续载荷所产生的纵向应力之和,不应超过材料在预计最高温度下的许用应力。

持续载荷与偶然载荷产生的应力应符合下列规定:

(1)地震烈度在9度及以上时,应进行地震验算;

(2)不需要考虑风和地震载荷同时发生。

燃烧室试验器设计过程中需要参考大量的数据库,内容包括材料(金属、非金属)数据库、压力管道系统受力分析及支撑方案、非标压力容器的分析设计方法等。上述数据库或设计方法主要来源于国家或行业标准,以及公开发行的行业技术丛书,如《压力管道规范 工业管道[合订本]》(GB/T 20801.1 ~ GB/T 20801.6—2020)、《承压设备用不锈钢和耐热钢锻件》(NB/T 47010—2017)、《发电厂汽水管道支吊架设计手册》(D—ZD2010)、《钢制压力容器分析设计标准》(JB 4732—1995)、《〈压力容器〉标准释义》(GB 150.1 ~ GB 150.4—2011)、《动力管道设计手册》等。

燃烧室试验器主要涉及的压力管道系统、大型非标设备等,在完成方案设计(确定了总体布局或结构、材料选型等)后,对管道系统进行应力计算,以确定布局方案、支撑方案及材料选型的合理性，一般采用专业的管道应力分析软件（如 CAESAR Ⅱ、AutoPIPE 等）辅助完成。对于大型非标设备，需要进行强度、流场品质、脉动等性能评估，以证明上述指标满足要求，主要采用 ANSYS、FLUENT 等软件来辅助完成。

在完成燃烧室试验器各系统及设备相关的设计和计算后，就具备了提供交付物的条件。交付物一般分为两大类，一类是按图施工的系统或设备，如压力管道系统或非标（压力容器）设备，交付物为工程图及设计说明书；另一类是需要委托专业厂家进行设计及制造的设备，如空气电加温器，交付物为设计方完成详细的方案论证后，提出的采购技术要求。按照工程图或采购技术要求完成压力管道系统、非标设备、电气控制系统等的制造或集成后，在用户现场完成设备或系统的安装，最后通过分系统调试及试验器联合调试运行的方式，检验试验器是否达到预定的设计要求，以证明试验器设计的准确性、可靠性等。

2.6.3 非标设备设计案例

1. 直接加温器

1）设计流程

直接加温器是基于航空发动机与地面燃气轮机燃烧室技术设计制造的非标产品，具有相应的设计流程，主要包括设计条件的输入与确认、设计点的选取、主要几何尺寸的确定、火焰筒各进气位置的流量分配以及三维（3D）数值分析评估。

2）设计输入条件

根据试验器总体运行参数开展设计，一般需要给出以下几个方面的设计输入条件。

（1）直接加温器稳定工作范围：加温器进口空气流量、压力、温度参数范围；加温器出口燃气温度范围。

（2）直接加温器基本性能指标：工作范围内压力脉动限制值；燃烧效率；出口燃气温度、压力分布。

（3）直接加温器典型工作状态点：典型工作状态点是指设备常用的工作点，主要包括进口空气流量、压力、温度，出口燃气温度范围等，加温器设计过程中需要重点校核这些状态点的各项性能指标，使其满足设计技术要求。

3）设计点选择

选取典型工作状态点中的最大功率状态点作为直接加温器的设计点，其余状态点作为性能校核点。

4）直接加温器结构

典型的单管燃烧室直接加温器结构如图 2.26 所示，主要由承压壳体、燃料喷嘴、点火电嘴和火焰筒组成，头部采用轴向旋流器与离心喷嘴相匹配的油气雾化混合装置,火焰筒壁面采用多斜孔气膜冷却方式,火焰筒头部采用冲击冷却方式。火焰筒前端采用定位销定位,后端采用沿轴向自由热膨胀的固定方式。

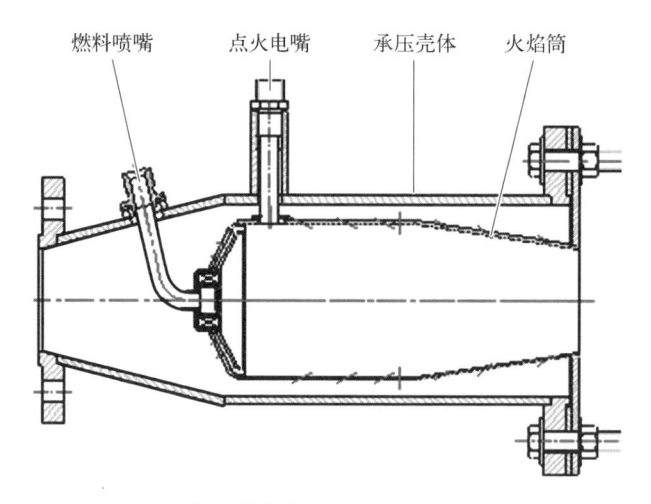

图 2.26 典型的单管燃烧室直接加温器结构图

5) 几何尺寸确定

根据直接加温器设计输入条件,计算直接加温器主要几何尺寸,主要几何尺寸包括燃烧室参考截面面积、火焰筒参考截面面积、火焰筒的直径与长度、主燃区长度等。

(1) 燃烧室参考截面面积。

根据燃烧室综合参数 θ 计算燃烧室参考截面面积:

$$\theta = \frac{P_{t3}^{1.75} A_{ref} D_{ref}^{0.75} \exp(T_{t3}/b)}{W_3} \tag{2.7}$$

$$A_{ref} = \pi D_{ref}^2 / 4 \tag{2.8}$$

式中,P_{t3}——直接加温器进口空气总压,MPa;

A_{ref}——直接加温器参考截面面积,m^2;

D_{ref}——直接加温器参考截面直径,m;

T_{t3}——直接加温器进口空气总温,K;

W_3——直接加温器进口空气流量,kg/s;

b——燃烧室综合参数,一般取 0.8。

(2) 火焰筒参考截面面积。

火焰筒参考截面面积为

$$A_L = K A_{ref}, \quad K = 0.75 \tag{2.9}$$

（3）火焰筒直径。

火焰筒直径为

$$D_L = \sqrt{4A_L/\pi} \tag{2.10}$$

（4）火焰筒长度。

为满足出口温度分布要求,火焰筒长度需要按照式(2.11)校核:

$$L_L = D_L \left\{ 0.05 \frac{\Delta P_L}{q_{ref}} \ln[1/(1-\mathrm{OTDF})] \right\}^{-1} \tag{2.11}$$

式中,ΔP_L——火焰筒压力降,MPa;

OTDF——直接加温器出口温度分布系数。

（5）主燃区长度。

主燃区长度指旋流器出口至主燃孔中心的距离:

$$L_p = 2D_L \left(\frac{0.123 L_L}{D_L} + 0.09 \right) \tag{2.12}$$

6）流量分配

对火焰筒主要进气部位进行流量分配,主要包括头部和主燃区、火焰筒冷却孔、主燃孔以及掺混孔。

（1）头部和主燃区空气流量。

头部与主燃区空气流量由余气系数确定,头部余气系数 α_h 一般取 0.3~0.85,主燃区余气系数 α_p 一般取 1.0~1.4。头部和主燃区空气流量分别表达为

$$W_h = W_3 \frac{\alpha_h}{\alpha} \tag{2.13}$$

$$W_p = W_3 \frac{\alpha_p}{\alpha} \tag{2.14}$$

式中,W_h——头部空气流量,kg/s;

W_p——主燃区空气流量,kg/s;

α——燃烧室总余气系数。

（2）火焰筒冷却孔空气流量。

火焰筒冷却孔空气流量一般取总空气流量的30%左右。

（3）主燃孔空气流量。

主燃孔空气流量按照式(2.15)计算:

$$W_{ph} = \frac{W_p - W_h}{0.5} \tag{2.15}$$

主燃孔直径选取范围一般为 6~20 mm,主燃孔周向尽量均匀布置,相邻孔间距一般取 1~4 倍孔径。

(4) 掺混孔空气流量。

掺混孔空气流量按照式(2.16)计算:

$$W_d = W_3 - W_h - W_c - W_{ph} \tag{2.16}$$

式中,W_c——冷却空气流量,kg/s。

7) 燃烧效率估算

$$\eta = 1 - 0.8K_1^2 \tag{2.17}$$

$$K_1 = \frac{W_3}{P_{t3}^{1.25} T_{t3} V_L} \times 10^6 \tag{2.18}$$

式中,V_L——火焰筒容积,m³。

8) 数值分析评估

根据初步设计结果,建立三维几何模型,并进行三维流场、温度场数值分析,重点查看是否存在气流分离、溢出现象,回流区形状、尺寸是否合理,主燃孔、掺混孔等射流孔射流深度是否能够满足要求(不小于火焰筒半径的 2/3),查看火焰筒壁温及出口燃气温度分布是否满足要求。

图 2.27 和图 2.28 分别为喷嘴中心截面速度场分布云图和速度矢量图,可以看出头部及二股通道没有明显的气流分离。气流经过旋流器后,在火焰筒头部形成一个环形低速回流区,有利于火焰的稳定;主燃孔与掺混孔的射流深度适中,有利于主燃区回流量的增加。图 2.29 为喷嘴中心截面温度分布云图,由图可以看出,主燃区燃烧反应强度较大,温度较高,大部分燃料在此区域完成了燃烧反应,未完成反应的

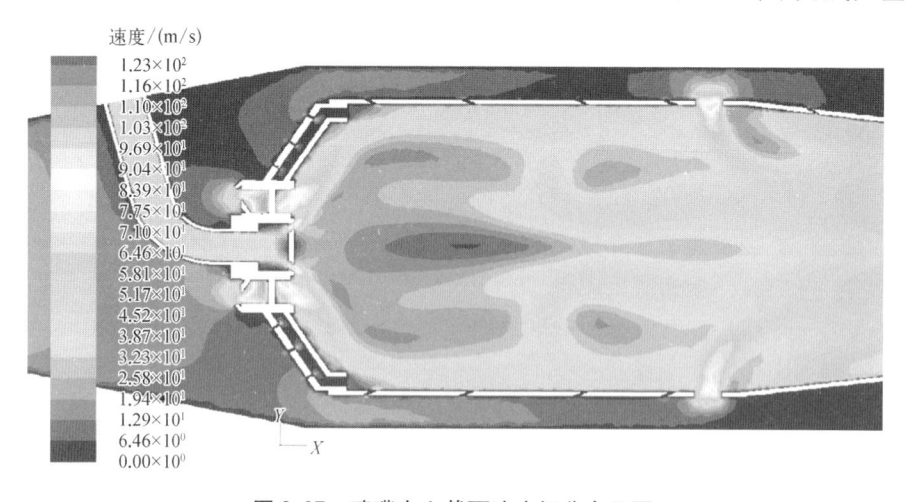

图 2.27 喷嘴中心截面速度场分布云图

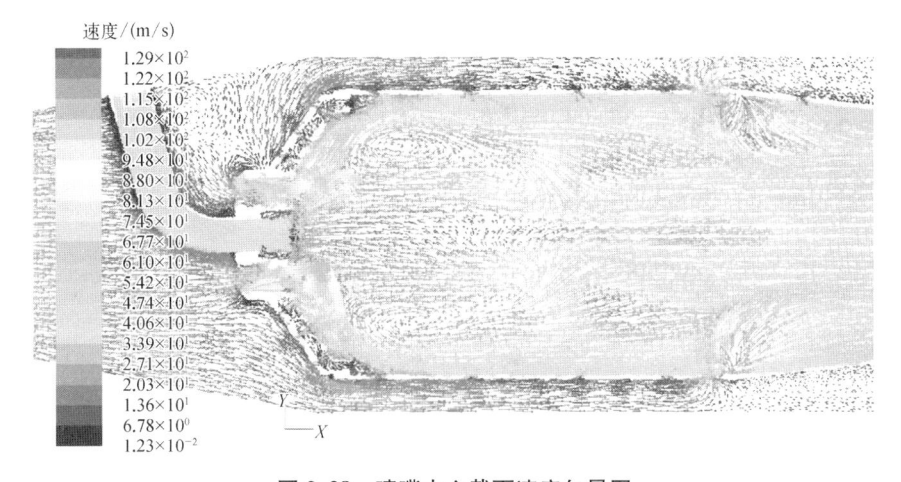

图 2.28 喷嘴中心截面速度矢量图

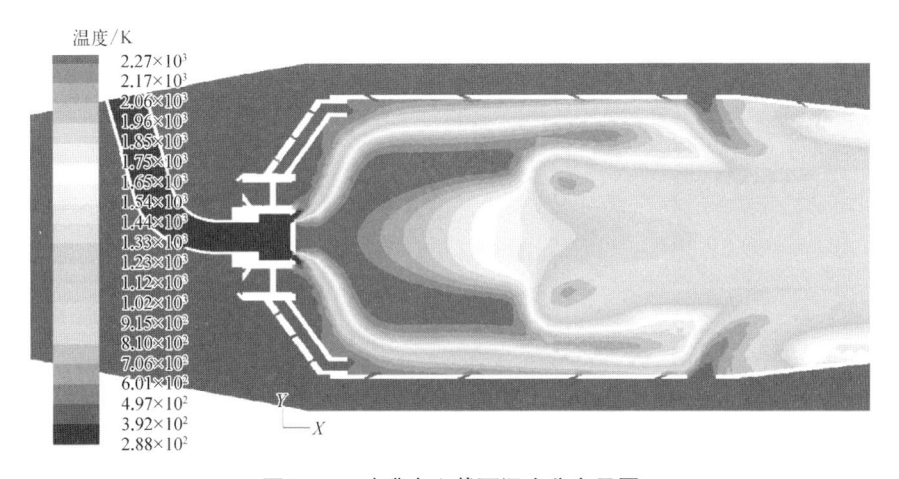

图 2.29 喷嘴中心截面温度分布云图

少量燃料在主燃孔后的角回流区内继续燃烧,并在掺混孔之前燃烧完全,掺混气流与核心高温燃气高效掺混,在直接加温器出口形成满足设计要求的温度分布。

2. 喷水冷却装置设计

1) 设计条件

以某试验器喷水冷却装置为例进行说明,根据某试验器最大来流工况,喷水冷却装置设计指标如表 2.4 所示。为减小喷水后对管路气流的阻塞作用,按喷嘴组件的阻塞面积比不超过流道截面面积的 30% 进行设计。

表 2.4 喷水冷却装置设计指标

管道通径	最大燃气流量/(kg/s)	压力/MPa	燃气温度/K	冷却后温度/K
DN460	30	1	2 300	500

2) 喷水冷却装置总体结构设计

(1) 喷水冷却装置设计特点。

由于试验空气流量为变值,当试验空气流量小于最大空气流量时,为保证喷水冷却的效率,喷水冷却装置采用分段喷水结构,通过分段喷水来满足不同空气流量下喷水冷却的效率。喷水冷却装置结构简图如图 2.30 所示,该装置的特点主要有:① 采用压力雾化喷嘴的喷水方案;② 通过多段独立的喷水组将不同流量的高温空气降到所需温度;③ 由于高温燃气对金属具有较强的腐蚀作用,喷水装置全部采用不锈钢材料;④ 压力雾化喷嘴采用环形喷嘴组的布置方式逆高温气流方向喷射水雾,通过直接换热的方式进行冷却;⑤ 喷嘴供水与水冷夹层换热供水相互独立;⑥ 压力雾化喷嘴参考燃烧室燃油喷嘴的雾化机理及结构设计。

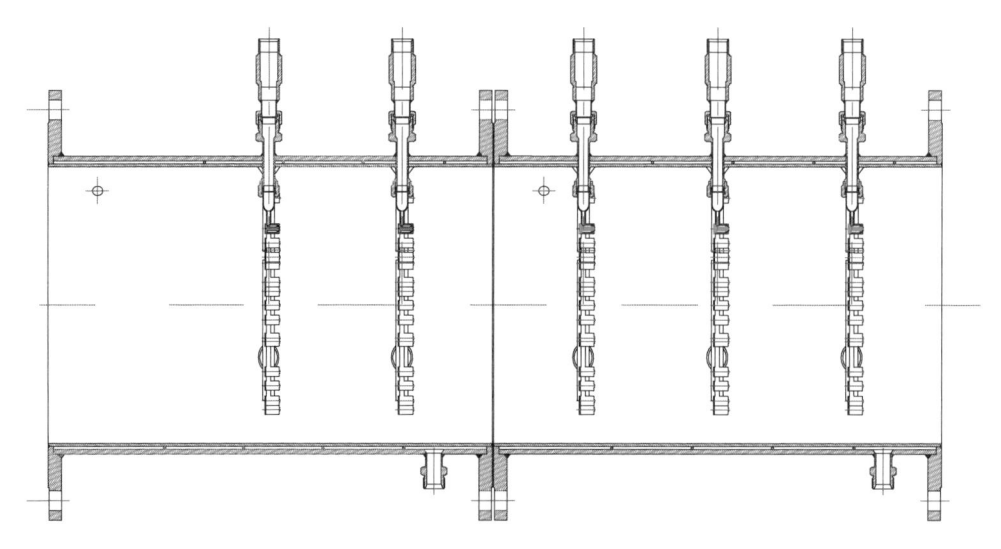

图 2.30 喷水冷却装置结构简图

(2) 喷水冷却装置法兰参数。

喷水冷却装置两端法兰采用钢制带颈对焊法兰,喷水冷却装置法兰与试验器排气管道法兰连接,结构参数与之对应。

3) 喷水冷却装置的计算

喷水冷却装置的计算主要包括喷水量计算、喷嘴性能计算、喷水装置结构设计计算、喷水环受力与强度计算、冷却水套传热计算以及双层冷却水套的强度计算。

(1) 喷水量计算。

参考试验数据,估算燃气温度为 2 300 K 时,当量比大约为 1。根据介质温度、压力及当量比查找对应介质的焓值。为使喷水量有一定的裕度,喷水压差按 1.0 MPa 计算。

冷却水全部汽化为过热水蒸气所需的理论喷水量为

$$W_{\text{spray}} = W_{\text{T}} \times (H_{\text{T1}} - H_{\text{T2}})/(H_{\text{W2}} - H_{\text{W1}}) = \left(W_{\text{a}} + \frac{W_{\text{a}}}{\alpha L_0}\right) \times (H_{\text{T1}} - H_{\text{T2}})/(H_{\text{W2}} - H_{\text{W1}})$$
(2.19)

式中，W_{spray}——所需喷入燃气管道的冷却水量，kg/s；

W_{T}——排气管道的燃气流量，kg/s；

W_{a}——试验段空气流量，kg/s；

α——余气系数；

L_0——1 kg 燃料完全燃烧所需的空气量，大小为 14.87，kg(空气)/kg(燃料)；

H_{T1}——在 P_{T}（试验段总压）下，1 kg 燃气在 T_{T}（燃气温度）、当量比 $\phi = \dfrac{1}{\alpha}$ 时的热焓值[5]，kJ/kg；

H_{T2}——在 P_{T} 下，1 kg 燃气在 T_{M}（冷却后燃气温度）时的总热焓，kJ/kg；

H_{W1}——在 P_{W}（供水压力）为 1.0 MPa，1 kg 水在 T_{W}（供水温度）时的总热焓，kJ/kg；

H_{W2}——在 P_{T} 下，1 kg 过热水蒸气在 T_{M} 时的总热焓，kJ/kg，通过查热水蒸气表可得。

将数据代入式(2.19)可得理论喷水量为

$$W_{\text{spray}} = \frac{W_{\text{T}} \times (H_{\text{T1}} - H_{\text{T2}})}{(H_{\text{W2}} - H_{\text{W1}})} = \frac{30 \times (-167.93 + 2653.28)}{2897.8 - 83.8} = 26.5(\text{kg/s})$$
(2.20)

安全起见，实际喷水量按 1.1 倍理论喷水量进行取值，因此实际喷水量为 29.2 kg/s。

(2) 喷嘴性能计算。

计算参数：环形喷嘴组采用单路压力雾化喷嘴。在已知喷嘴结构尺寸的条件下，计算喷嘴在工作压力下的流量和喷雾锥角等。采用动量方程计算喷嘴性能，结果如表 2.5 所示，压力雾化喷嘴结构如图 2.31 所示。

表 2.5 喷嘴尺寸计算结果

参　　数	数　值
旋流室长度 L_{s}/mm	6
旋流室半径 R_{s}/mm	6

续表

参 数	数 值
切向槽长度 L_d/mm	2
切向槽宽度 b/mm	2.5
切向槽深度 h/mm	2
喷口长度 L_c/mm	0.5
喷口入口处收敛锥角 θ/(°)	110
切向槽入射角 β/(°)	32
喷口半径 R_c/mm	2
旋流半径 R/mm	4
喷水压差/MPa	1.0

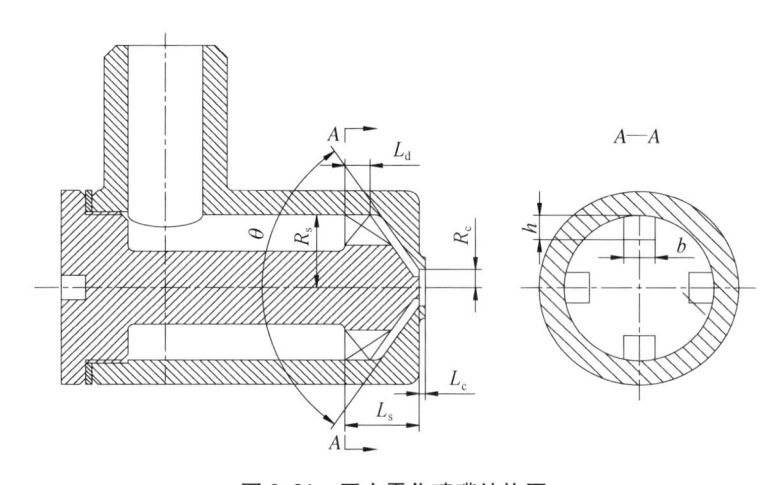

图 2.31 压力雾化喷嘴结构图

几何特性计算：参考《航空发动机设计手册》第九册进行计算，结果为喷雾锥角 $\alpha \approx 75°$，流量系数 $\mu_A = 0.35$ 满足设计指标。

(3) 喷水装置结构设计计算。

喷水装置结构设计时主要考虑以下几个方面：① 满足最大状态的供水量(30 kg/s)；② 保证喷环内水的流速在安全范围内；③ 保证喷环的结构强度；④ 减小阻塞比。

考虑以上因素后，将喷水装置设计为 5 级喷水，每级分为 3 个喷环，每个喷环的喷嘴数目为 33 个。当喷嘴压差为 1.0 MPa 时,每级最大喷水量为 6.435 kg/s,5 级同时工作时,总喷水量为 32.175 kg/s,该喷水量大于最大状态的喷水量,因此将喷水装置设计为 5 级可以兼顾最大状态,且有一定余量。新设计的喷水降温装置喷嘴空间布局如图 2.32 所示。

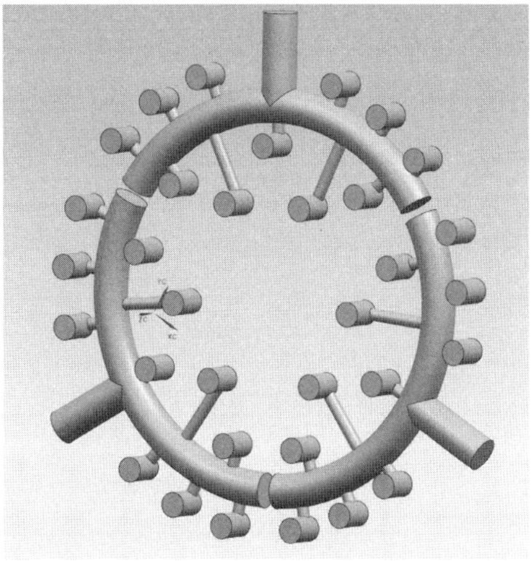

(4) 喷水环受力与强度计算。

气流通过喷水环对其产生的总作用力为

图 2.32 喷嘴空间布局

$$F = \frac{4W^2RT}{\pi PD^2} \times \frac{S_h}{S}$$

$$= \frac{4 \times 30^2 \times 287.41 \times 2\,300}{\pi \times 1\,000\,000 \times 0.46^2} \times \frac{0.045\,41}{0.166\,19} = 978.2 \quad (2.21)$$

式中,F——气动力,N;

W——流量,kg/s;

R——燃气气体常数,287.41 J/(kg·K);

T——空气温度,K;

S_h——喷嘴组件迎风面积,mm²;

S——喷水段总通道面积,mm²;

P——空气压力,取常压,Pa;

D——管径,m。

一级喷水装置有 3 个喷环,每个喷环受到的气动力约为 326 N。

喷环管道属于空心圆管,其所受到的最大弯曲正应力为

$$\sigma = \frac{M}{Y_x \times W_p} \quad (2.22)$$

式中,M——圆管受到的弯矩,$M = F \times L = 326 \times 0.2 = 65.2$ (N·m);

Y_x——截面的塑性发展系数,对于圆管截面,取 1.15;

W_p——净截面模量。

对于空心圆管,其净截面模量计算公式为

$$W_p = \frac{\pi D^3}{32}(1 - \alpha^4) \quad (2.23)$$

式中，$\alpha = \dfrac{d}{D} = \dfrac{22}{28}$，代入数据可得 $W_p = 1.34 \times 10^{-6}\ m^3$。

将以上数据代入式(2.22)，可得喷环圆管所受的最大弯曲正应力为 42.6 MPa，小于不锈钢的屈服强度(210 MPa)，因此喷环强度足够。

(5) 冷却水套传热计算。

双层冷却水套结构：壳体采用外承压双层冷却水套结构，对承压壳体进行冷却。冷却水套单独供水，导流筋呈螺旋状焊接在内环的外壳体上，由外环下方的进水口进水，通过导流筋的分流作用，在壳体中依次流过，并从壳体上方的出水口流出。导流筋的结构尺寸如表 2.6 所示。

表 2.6 导流筋的结构尺寸

导流筋横截面尺寸/mm	同一平面上导流筋间距/mm	导流筋与水套轴向夹角/(°)
$\phi 5$	180	78

双层冷却水套的一维传热计算：对喷水降温装置冷却水套进行传热计算，采用热平衡方程。由已知条件和部分假设条件按顺序进行计算，计算方法采用迭代法，即先估计，再用计算结果修正预估值，逐次逼近，使预估值与计算结果一致(在一定的允许误差范围内)，直至计算结果表明冷却水带走的热量达到平衡。喷水降温装置冷却水套计算参数及结果如表 2.7 所示。

表 2.7 喷水降温装置冷却水套计算参数及结果

参　数	工况 1(理论设计工况)	工况 2(最小工况)
燃气流量/(kg/s)	30	3
燃气温度/K	1 447.5	1 000
燃气侧壁面温度/K	436	341
水侧壁面温度/K	335	329
壁厚/mm	6	6
喷水段内筒长度/m	0.984	0.984
水套进出水温差/K	50	50
冷却水流量/(kg/s)	2.8	0.32
导流条直径/mm	5	5
导流条间距/mm	180	180

续 表

参　数	工况1（理论设计工况）	工况2（最小工况）
流通面积/mm^2	900	900
水的流速/(m/s)	3.1	0.36
燃气侧对流换热/kW	580.5	67.1
水侧对流换热/kW	584.6	69.3
误差/%	0.7	3.3

双层冷却水套的三维传热计算：参考一维传热计算结果，对喷水段水套建立模型，进行三维传热计算。两个喷水段水套结构形式相同，导流条布局也类似，因此选取其中一个水套进行三维传热计算，结果如表2.8所示。

表2.8　三维传热计算结果

边　界	最高温度/K		平均温度/K		水流压力损失/kPa	
	工况1	工况2	工况1	工况2	工况1	工况2
燃气壁面	700	400	504	348	796.4	13.9
水侧壁面	518	331	333	319		
水　域	504	348	305	305		
水出口	—	—	329	326		

（6）双层冷却水套的强度计算。

水套外筒强度计算：水套外筒属于内压圆筒，利用内压圆筒公式计算出名义厚度δ_n。计算得到名义厚度为2.045 mm，圆筒实际厚度取8 mm，水套外筒强度是满足要求的。

水套内筒强度计算：水套内筒属于外压圆筒，按压力容器设计提供的方法步骤对水套内筒进行强度计算[参考《压力容器[合订本]》(GB 150.1~GB 150.4—2011)]。通过计算可知，水套在使用时，压力保证在0.673 073 MPa以下，失稳强度满足要求，不会发生失稳。

水套三维强度计算：进行水套三维强度计算时，采用ANSYS Workbench软件中热固耦合分析模块，首先将水套三维换热计算结果（壁温）导入水套模型中进行稳态热分析，热分析计算完毕后将结果导入结构应力分析模块，添加相应载荷后再进行结构强度分析，结构强度分析云图如图2.33所示。

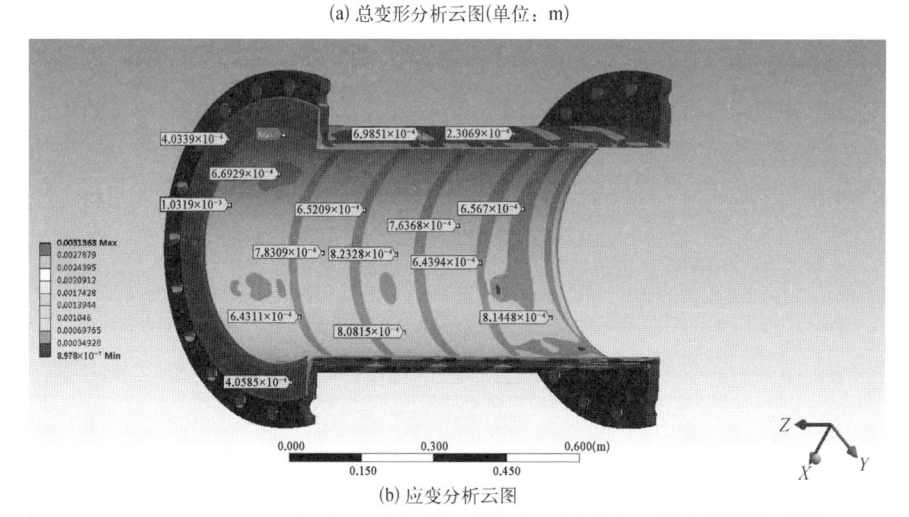

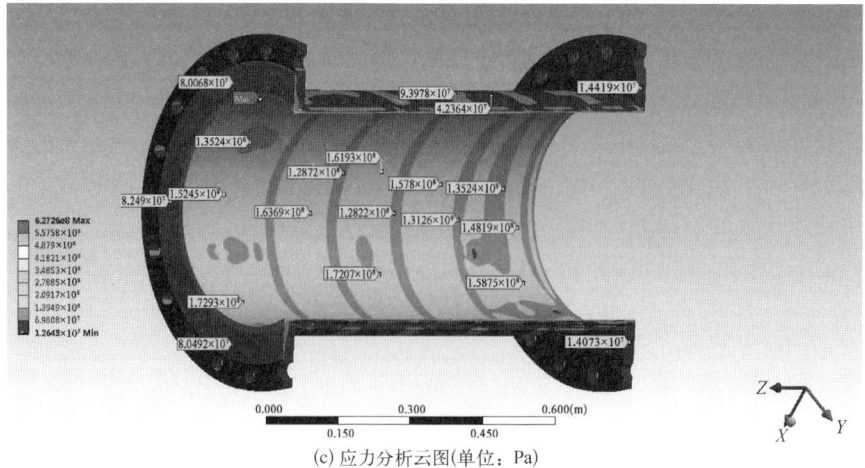

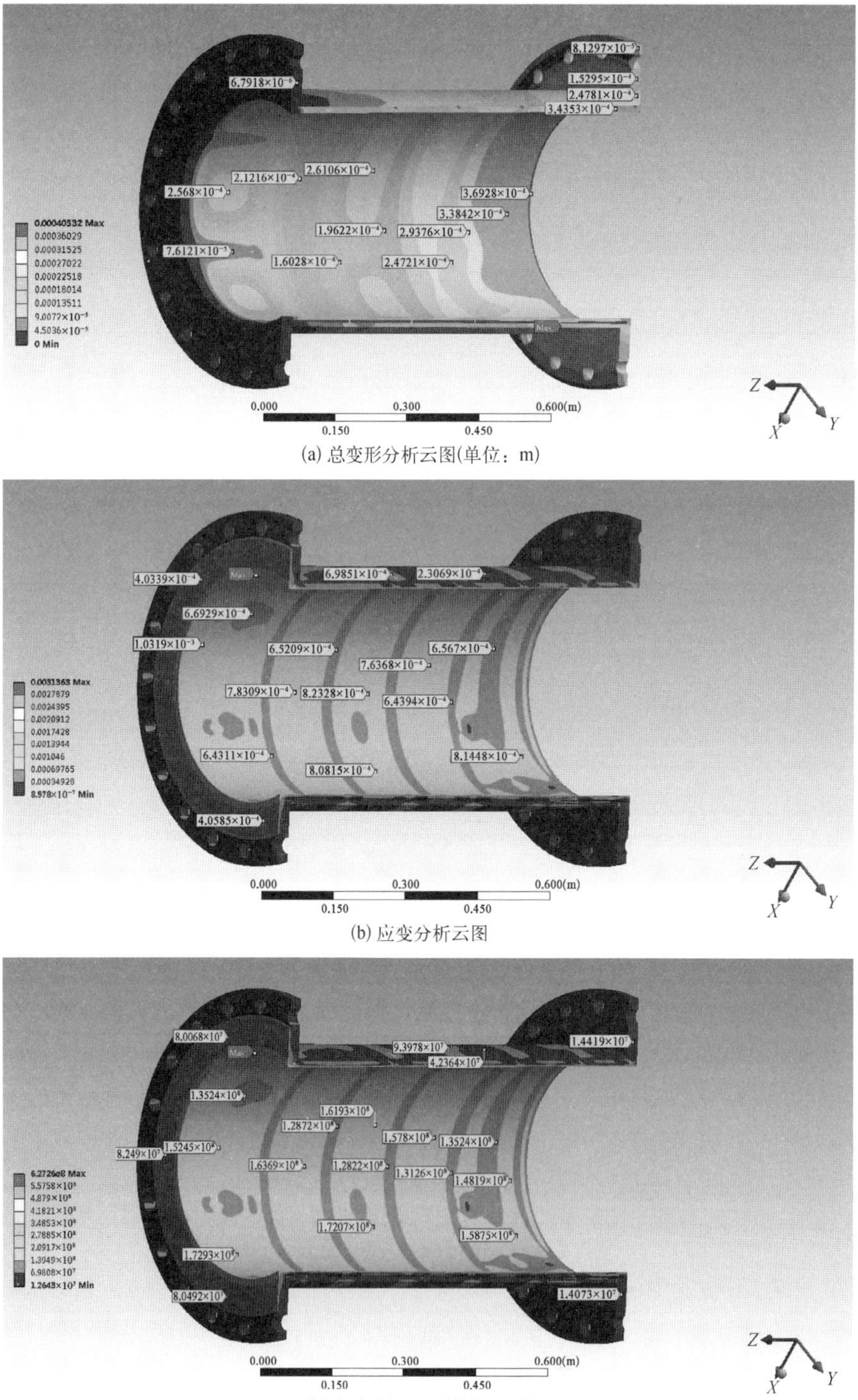

(a) 总变形分析云图(单位: m)

(b) 应变分析云图

(c) 应力分析云图(单位: Pa)

图 2.33　结构强度分析云图

由图 2.33 可以看出,喷水段总的最大变形量为 0.360 29 mm,最大等效弹性应变为 0.002 787 9,应力主要集中在喷水装置的内侧水套,除局部应力较大,总体应力均在不锈钢的屈服应力(250 MPa)以下。也可以发现,局部最大应力出现在水套左侧边壁尖锐处。这主要是因为该处处于边壁尖锐区,正好处于热载荷、压力载荷以及固定约束区,所以计算时出现局部应力过大的现象。从总体来看,水套强度符合要求,没有破坏失稳的危险。

高温燃气喷水降温数值计算:建立喷水段模型,对高温燃气喷水降温能力进行数值计算,结果如表 2.9 所示。

表 2.9　降温能力计算结果

截　面	总温/K	水蒸气质量分数/%	总压/kPa	速度/(m/s)	密度/(kg/m³)
1	1 244	25.3	136.1	289	0.52
2	858	37.1	125.5	243	0.83
3	607	43.7	106.3	204	1.08
4	500	46.9	86.8	183	1.15
5	437	48.8	46.9	171	1.25
6	436	48.8	19.1	163	1.25

参考文献

[1]　张宝诚.航空发动机试验与测试技术[M].北京:北京航空航天大学出版社,2005.
[2]　方曜奇.一种新型的制冷技术——气波制冷机[J].辽宁化工,1990,19(5):51-53.
[3]　李兆慈,徐烈.气波制冷机的研究与应用[J].低温工程,2002,24(2):22-27.
[4]　侯敏杰.高空模拟试验技术[M].北京:航空工业出版社,2014.
[5]　范作民,傅巽权.热力计算过程与燃气表[M].北京:国防工业出版社,1987.

第 3 章
燃烧室试验方法

3.1 概　　述

针对不同类型的燃烧室试验,必须采用适当的方法,才能高效地完成燃烧室试验任务,达到试验目的,获取合理、准确、可靠的数据信息。

本章主要内容包括试验总体设计、模化试验方法、燃烧室试验件设计、具体的性能试验方法四部分。其中,试验总体设计主要是根据试验任务要求进行试验相关的总体规划,需要对燃烧室试验件类型选择、试验器选择和适应性改造、试验内容和工况设置、测试和数据处理方法、试验流程等内容进行安排,由此形成合理可行的试验工作方案,进而指导试验高效有序地进行。

模化试验方法是当试验的空气流量、压力和温度等参数低于燃烧室设计参数,或试验用燃烧室尺寸小于设计原型时所采取的相似化处理方法,以保证试验结果能够反映设计原型的性能。当受试验条件制约,或在不同研制阶段,不要求进行全参数或全尺寸试验时,需要根据相似理论和优先性能保障原则,降低部分试验参数及燃烧室尺寸。

燃烧室试验件是指由燃烧室本体、进出口转接段和测量段组成的一个整体。试验件设计的目的是使不同形式和大小的燃烧室能够安装到现有试验器上,与空气、燃料、冷却、测试等各个系统平顺衔接,并满足机械强度、气密性、热膨胀、装配便捷性等要求。主燃烧室试验件有单头部、多头部矩形/扇形和全环等类型之分,加力燃烧室试验件也有扇形和全尺寸的区别,故转接段和测量段的结构形式和尺寸各异,需要专门设计。

性能试验方法分为主燃烧室、加力燃烧室和零组件三部分。前两类燃烧室的综合性能均包括冷热态的气动性能、点/熄火性能和燃烧性能;零组件性能试验主要包括主燃烧室喷嘴、涡流器、扩压器、火焰筒以及加力燃烧室的二元稳定器等的特性试验。待测参数主要包括总压、总温、静压、流量、压力脉动以及火焰形态。因此,必须掌握工况设置和调节方式、测点布局和数量、测试技术选择、测量模式(固定或移动)选择等具体的试验方法。

本章详细阐述燃烧室试验方法、所累积的相关经验以及重要的数据，为燃烧室试验提供参考。

3.2　试验总体设计

试验总体设计的目的是综合考虑试验效率、试验成本、试验风险等多种因素，依据相关试验标准和设计原则，制订合理可行的试验方案，完成规定的试验任务。试验方案的内容包括明确试验目的、选择试验器、确定试验件形式、试验工况、测试方案、数据处理方法、试验流程等。

3.2.1　总体设计的基本原则

总体设计的基本原则有以下几方面：

（1）通过合理规划试验内容，在满足研制要求的前提下尽量降低试验成本；

（2）根据试验工况选择合适的试验器开展试验，试验过程中状态参数不得超过试验器设计指标，确保人员与试验器的安全；

（3）试验过程需要严格遵循相关质量要求，确保试验数据的有效性。

3.2.2　总体设计的主要内容

根据总体设计人员承担的角色不同，可将试验总体设计分为广义的总体设计和狭义的总体设计。

若相关人员承担的是项目研制总负责人的角色，既负责产品设计，又负责开展试验工作，则需要从整个项目研制的角度对项目研制过程中的试验工作进行广义的总体设计，还需要根据产品研制的阶段和产品的技术成熟度，选择适合的试验件类型，并针对每一次试验确定试验工况，选择合适的试验器，制订试验方案，完成试验准备工作并组织开展试验，对试验数据进行处理与分析，最终形成试验报告。试验结果用于验证设计工作，提供改进的依据，通过技术迭代，最终完成研制任务。

若相关人员承担的角色只是试验负责人，则只需要根据试验委托方（通常是产品设计部门）的试验技术要求，对指定的试验件开展狭义的总体设计。试验负责人根据试验技术要求选择合适的试验器，制订试验方案，完成试验准备工作，在指定的试验件上开展试验，将试验数据处理后形成试验报告，并提供给试验委托方即可。需注意的是，试验负责人应在试验技术要求下达之前，根据拟选择的试验器的设计指标与委托方协商确定试验工况，确保不开展超过试验器设计指标工况下的试验。

对比可知，广义的总体设计和狭义的总体设计所包含的内容主要区别在于对不同阶段试验件类型的选择，后期对具体试验开展的要求是一致的。

对于主燃烧室，在研制的不同阶段，试验目的的侧重点不同，所需试验件类型也不同。在燃烧室研制的初期阶段,需要确定采用的头部涡流器类型、燃油喷嘴类型、点火喷嘴位置等,虽然可以根据燃烧室的设计准则通过计算和经验确定一些基本设计参数,但是相同设计参数也可以有不同的结构方案,具体哪种方案的性能最好还需要通过试验来验证。另外,设计过程还有可能采用新的技术,也需要通过试验来验证新技术的可行性。在此阶段试验目的侧重于方案筛选和技术验证,燃烧室每一种重要组件都可能有数量不等的设计方案,按一定规律组成不同的试验件,并进行横向比较,最终选定少量试验结果较好的方案进入下一阶段。方案筛选阶段需要开展大量的对比试验,适合采用单头部试验件进行试验。采用单头部试验件有以下优点:试验件结构相对简单,装配难度小,可灵活更换不同组件,试验准备时间短;单头部试验通常所需空气流量小,可在小型燃烧室试验器上开展试验,能源消耗低,试验开展更灵活。但需注意的是,筛选试验的内容需要进行合理的规划,避免产生浪费。首先,试验件组合方案不是简单的排列组合,而是要结合以往设计经验及数值仿真等手段尽量减少试验件的数量,在开展试验前尽量去掉明显不合理的组合方案,保留适当数量的试验件开展真实试验;其次,在试验中发现某种方案有明显短板,且修改后仍无法满足基本要求时,应及时停止开展后续试验。例如,当发现某种组合点火性能很差,无法稳定燃烧时,就不必继续开展后续性能试验了。

单头部试验件通常不带有扩压器,火焰筒结构一般也较为简单,在试验中是无法验证其影响的,因此在下一阶段的研制中必须进行验证,在此阶段适合采用扇形燃烧室试验件。一般做法是根据上一阶段方案筛选试验的结果挑选一到两种方案,再匹配上不同的扩压器和火焰筒设计方案,设计出少量扇形试验件,继续开展对比试验。扇形试验件通常是全环燃烧室 1/4 或 1/6 切块,具有 2~3 个头部,它的优点是基本具备与全环燃烧室相同的结构特征尺寸,可以开展所有燃烧室相关的试验,且所需的空气流量相对于全环燃烧室小得多,因此更容易满足开展全参数试验所需条件。但扇形试验件最大缺点是侧壁的存在会导致燃烧室出口温度场与全环燃烧室的试验结果差距较大,因此通常不在扇形试验件上开展出口温度场试验。另外,扇形试验件还存在承压能力较差,机匣、前后测量段、转接段设计难度较大,开展高压试验时风险较高等缺点。

经过扇形试验件的筛选后基本可以确定燃烧室各组件最佳的设计组合方案,下一步就是设计全环试验件,开展相应的试验,验证是否满足设计指标。在全环试验件试验过程中,会暴露很多前期试验中未体现出来的问题,需要根据试验结果进行改进,并继续通过试验进行验证,直到完成燃烧室的研制工作。

3.2.3 一般试验流程

对于单次(或单项)试验的流程,是指从接受试验任务到试验完成的整个过程,一般分为试验前、试验中和试验后三个阶段,如图 3.1 所示。

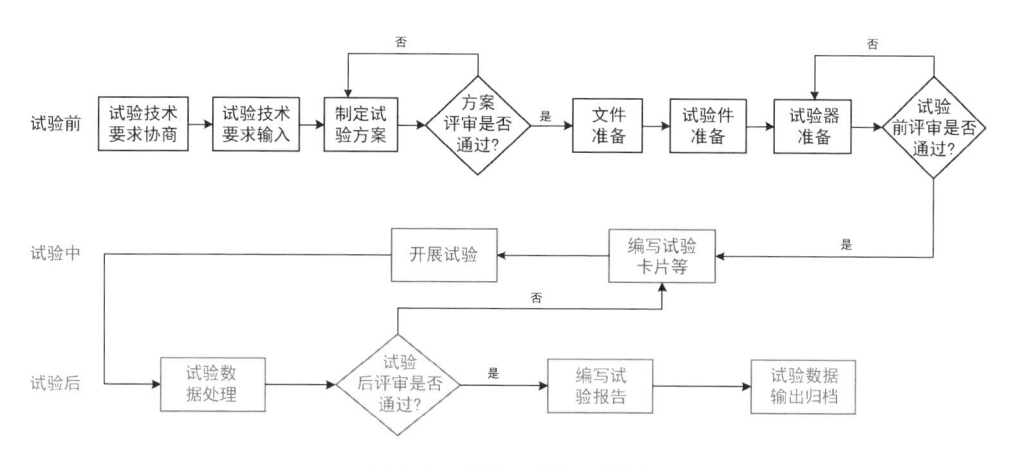

图 3.1　燃烧室试验流程图

试验前阶段的主要工作是确定试验方案和进行试验准备。

在开展某项试验前,首先试验委托方与试验承担方需要进行初步的协商,由试验委托方初步提供拟开展的试验项目、试验工况、需要获得的试验数据、想要达到的试验目的等信息,试验承担方根据自身条件,选定开展试验的试验器,反馈可开展的试验项目、试验工况具体参数、为保证达到试验目的需要进行的准备工作、试验时数、经费等信息,待双方意向基本达成一致后,由试验委托方输入正式的试验技术要求文件。该步骤不是燃烧室试验的必需流程,而是为了保证试验顺利开展的前置步骤,可视情开展。

试验承担方获得试验技术要求输入后,着手制订试验方案。方案的主要内容是制订试验器的适应性改造方案,确定试验测试方案,对试验时数进行规划。确定试验方案后按要求准备相关试验文件,包括编制试验大纲、受感部设计要求、试验测试方案等。试验大纲是整个试验如何开展的指导性文件,将试验方案策划阶段确定的信息进行细化,另外还要包括试验数据处理方法、试验报告编写方面的要求。

完成文件准备工作后,开展试验准备工作,主要工作分为两部分:① 试验件准备,试验件通常由试验委托方提供(也有由试验委托方提供主要部件,试验承担方进一步深化设计加工的情况),试验承担方接收试验件后需要检查试验件,确保试验件技术状态正常后安装到试验器上待试;② 试验器准备,试验器需要进行适应性改造,确保试验开展前完成所有改造工作,并调试正常。试验器测试系统也要完成试验准备,与试验件完成连接,确保数据通信正常。

试验中阶段的主要工作是在试验器上开展试验,每次试验前都需要编写试验卡片,试验都应按试验卡片进行,试验卡片中需要写明本次试验的目的、试验工况,以及试验步骤。试验步骤即试验器各系统的启停、改变工况的顺序和程度,这是根据试验工况的顺序确定的。试验过程中应严格按照试验卡片规定的步骤开展试验，若出现需要调整的情况，则根据质量体系的要求办理相关手续后才能调整。

试验后阶段的主要工作是将试验数据及试验过程中发生的情况整理为试验报告，并提交给试验委托方。试验后还需要将试验的原始及处理后的数据一并输出，并提交给档案部门进行整理。

根据试验的重要程度和风险大小，在试验中全流程的重要环节按需开展不同级别的评审，根据专家意见确认是否转入下一阶段工作。若评审不通过，则需要重新转入前面的工作流程进行整改，直到评审通过后再转入下一流程。

3.3 模化试验方法

模化试验是指这样一类试验：试验中燃烧室试验件的几何尺寸比实际产品小，或只是实际产品的一部分，或试验参数低于实际产品的设计值，或几种情况组合，并且需要根据相似理论和一定的模化准则来确定试验件尺寸或试验参数。

基于对试验成本（包括试验器建设成本和运行成本）和试验技术难度及风险两方面的考虑，目前航空发动机燃烧室大多采用模化试验。例如，为了加快研制进度，提高试验效率，有效降低成本，在燃烧室研制的前期和中期阶段，多采用单头部或扇形等模化试验件进行试验。随着燃烧室参数（进气温度、压力和流量）的不断增大，起飞、爬升等高工况点的全参数试验成本提高，技术难度和风险也都增大，加上现有大多数试验器不具备全参数试验能力，因此必须采用模化试验。经验表明，模化试验结果有足够的可信度，是燃烧室研制中不可或缺的手段。

3.3.1 模化试验分类

模化试验中模化的内容可分为试验件几何尺寸模化和试验参数模化。

试验件几何尺寸模化通常有两种方式，一种是按实际燃烧室的结构等比例缩小，这种方案不适用于航空发动机燃烧室试验件，现在已较少采用；另一种是采用"切块"的方式截取实际燃烧室的一部分，此时试验件内结构组件的尺寸或特征与实际燃烧室是一致的（如单头部燃烧室的涡流器、扇形燃烧室扩压器的扩张比和扩张角、火焰筒结构等）。采用模化试验件开展试验时，通常保持试验件进口的温度及压力不变，只需要按试验件进口面积与实际燃烧室进口面积的比例降低试验件的进口流量，同时保持燃料种类不变，降低燃料流量，使试验件内油气比不变。

试验参数模化更多的是在全尺寸试验件上进行，即试验件的尺寸与真实燃烧室保持一致，根据模化准则将实际工况参数换算为较低的试验工况。换算的原则是改变尽量少的试验参数，被改变的试验参数下降程度尽量小，具体做法就是尽量只改变试验件进口压力和流量而不降低进口温度，改变后的试验参数应在保证安全的前提下尽量接近试验器设计指标。

若试验条件有限,则需要同时进行几何尺寸模化和试验参数模化。

3.3.2 模化准则

航空发动机燃烧室内的流场是一个非定常、亚声速、高湍动的多组分两相反应流。因此,在量纲分析的基础上,利用两相反应流动量方程和能量方程可得到航空发动机燃烧室中的相似准则。依据这些相似准则开展燃烧室试验,可确保试验模化条件和真实条件下主要的两相反应流动过程具有可比性,这对燃烧室试验的设计和实施具有重要的指导意义。

常用的燃烧室模化准则有三类,涉及流动相似准则、传热相似准则、燃烧反应相似准则,具体如下。

1) 流动相似准则

斯特劳哈尔数(Sr):

$$Sr = \frac{非定常运动惯性力}{惯性力} = \frac{l}{vt} = \frac{fl}{v} \tag{3.1}$$

欧拉数(Eu):

$$Eu = \frac{压力}{惯性力} = \frac{P}{\rho v^2} \tag{3.2}$$

雷诺数(Re):

$$Re = \frac{惯性力}{黏性力} = \frac{\rho v l}{\mu} \tag{3.3}$$

马赫数(Ma):

$$Ma = \frac{惯性力}{弹性力} = \frac{v}{c} \tag{3.4}$$

普朗特数(Pr):

$$Pr = \frac{动量交换}{热交换} = \frac{\mu c_p}{\lambda} \tag{3.5}$$

2) 传热相似准则

佩克莱数(Pe):

$$Pe = \frac{对流速率}{扩散速率} = \frac{lv}{a} = \frac{lv}{\lambda/(\rho c_p)} = Re \cdot Pr \tag{3.6}$$

3) 燃烧反应相似准则

达姆科勒数 I（Da_I）：

$$Da_I = \frac{反应热}{对流热} = \frac{流动时间}{反应时间} = \frac{\tau_f}{\tau_c} \tag{3.7}$$

达姆科勒数 II（Da_{II}）：

$$Da_{II} = \frac{反应热}{导热} = \frac{扩散时间}{反应时间} = \frac{\tau_d}{\tau_c} \tag{3.8}$$

Da_I 反映了湍流尺度与火焰尺度的相互关系，Da_{II} 反映了化学反应速率与传质速率的关系。

若两个现象可以用同一物理方程描述，则称为同类现象，能够把一个现象从同类现象中区分出来的条件，称为单值条件。单值条件一般有几何条件、物性条件、边界条件、时间条件等几类。根据相似理论，两个现象完全相似的条件是单值条件相似，且所有的相似准则参数对应相等。然而，对于燃烧室这种包含多个过程的复杂系统实际上很难做到完全相似。研究表明，并非所有的相似准则都同等重要，只要令主要相似准则相等，试验结果依然是可以接受的。对于航空发动机燃烧室而言，试验模化工况和真实工况下的燃烧室均属于低马赫数燃烧系统，要使两个低马赫数燃烧系统相似，通常需要保证 Ma、Re、Pr 和 Da_I 保持不变。当燃烧室内的流动处于自模化区，即其无量纲速度剖面和沿程阻力损失不再随 Re 变化时，可将 Re 排除在外。

由流体力学可知，可压黏性管流一般有两个自模区：第一自模区为 $Re<2\,000$ 的层流区域，第二自模区为 Re 达 10^5 量级的湍流区域，燃烧室内流动属于后者。

3.3.3 模化准则的应用

燃烧室的模化准则由 3.3.2 节所述的相似准则和其他模化条件组成，并且会因试验项目不同而异，如表 3.1 所示。该表适用于主燃烧室不同试验项目。表中的空档表示某些模化条件在一些试验项目中无须考虑，但其他条件须同时满足。

表 3.1　主燃烧室不同试验项目所需的模化条件

模化条件	流态显示	流动阻力 冷态	流动阻力 热态	燃烧效率	出口温度	点/熄火边界	火焰筒壁温	污染物排放量
几何尺寸相同	●	●	●	●	●	●	●	●
进口流场相似（含引气）	●	●	●	●	●	●	●	●

续　表

模化条件	试验项目								
^	流态显示	流动阻力		燃烧效率	出口温度	点/熄火边界	火焰筒壁温	污染物排放量
^	^	冷态	热态	^	^	^	^	^
Re 相同或处于自模区	●	●	●	●	●	●	●	●
进口总温 T_{t3} 相同			T_{t4}/T_{t3} 相同	●	●	●	●	●
进口空气容积流量相同: $\dfrac{W_{a3模}}{P_{t3模}^n} = \dfrac{W_{a3真}}{P_{t3真}}$ $P_{t3} < 0.3$ MPa 时, $n = 1.15$; $P_{t3} \geq 0.3$ MPa 时, $n = 1$				●	●		●	●
燃料相同			●	●	●	●	●	●
燃料雾化良好；喷雾角和燃油分布相同			●	●	●	●	●	●
余气系数 α_B 相同				●	●	~		●

注:"T_{t4}/T_{t3} 相同"意味着不严格要求进口温度 T_{t3} 相同,相应地,对余气系数也不作要求;"~"表示点/熄火边界是由一组试验得到变化的余气系数连接而成的边界线;● 表示包含。

除了上表的模化条件外,还需遵循以下准则:
(1) 点/熄火边界试验与真实进口状态相同;
(2) 火焰筒壁温(含冒烟和排气污染物)试验,尽量采用全压力试验;
(3) 对于全环试验件,总管的燃油分布保持相同或相近。

加力燃烧室的模化条件与主燃烧室类似,但由于试验件结构存在差异,还需遵循更多的准则:
(1) 内涵直接加温器所用燃料与加力燃烧室试验件相同;
(2) 内、外涵进气总温与真实状态相同;
(3) 内、外涵进气总压与真实状态相同;
(4) 内、外涵速度系数或马赫数与真实状态相同;
(5) 外涵为纯净空气(间接加温);
(6) 试验件中燃油分布与真实状态相同或相似;

(7) 内涵进口余气系数与真实状态相近。

试验中若完全满足表 3.1 中的条件,则可认为主要相似参数相同,但如果实际试验工作中某些条件无法满足(如无法满足进口总温 T_{t3} 相同),则主要遵循保持试验件进口马赫数 Ma 不变的原则进行模化参数换算。

下面给出三个模化参数换算示例,下标"模"和"真"分别代表模化工况和真实工况。

例 1 开展某航空发动机燃烧室的"切块"试验件模化试验,试验件为 90°扇形燃烧室试验件,试验件进口总温和总压与真实工况一致,则试验件进口流量 $W_{a3模} = 0.25 W_{a3真}$。

例 2 某航空发动机燃烧室全尺寸试验件某设计点降压模化试验。真实工况参数为:进口总压 $P_{t3真} = 4.0 \text{ MPa}$,进口总温 $T_{t3真} = 900 \text{ K}$。若保持 $T_{t3模} = T_{t3真}$,进口总压降为试验器最大允许压力,假设 $P_{t3模} = 2.0 \text{ MPa}$,则模化试验进口流量 $W_{a3模} = (P_{t3模}/P_{t3真}) \times W_{a3真} = 0.5 W_{a3真}$。

例 3 某航空发动机燃烧室全尺寸试验件某设计点试验,因受外部条件限制,模化试验需要同时降低进口压力和温度。假设真实工况参数与例 2 相同,$P_{t3模} = 2.0 \text{ MPa}$,$T_{t3模} = 800 \text{ K}$,当进口马赫数 Ma 不变时,模化试验进气流量为

$$W_{a3模} = \frac{P_{t3模}}{P_{t3真}} \sqrt{\frac{T_{t3真}}{T_{t3模}}} \times W_{a3真} = 0.53 W_{a3真}$$

3.4 燃烧室试验件设计

燃烧室试验件设计的目的是使不同尺寸和形式的燃烧室部件或零组件与现有试验器工艺管道平顺连接,并实现参数测量的功能。为此,一方面,需要对燃烧室外机匣等部位进行特殊设计,增加机匣强度;另一方面,需要设计燃烧室进出口转接段和用于安装测试受感部的测量段。

对于主燃烧室,单头部试验件机匣常设计为圆形或矩形,机匣中有一个头部;多头部试验件一般有三个头部,机匣可设计成矩形或扇形,若头部数更多(占全环的 1/6~1/4),则机匣需要设计成扇形。而对于加力燃烧室,有全尺寸试验件,或 1/4、1/6、1/8 的缩比试验件,或 1/4、1/6、1/8 扇面,以及火焰稳定器的矩形件等。

3.4.1 燃烧室试验件设计原则

1. 几何相似或相同原则

对于主燃烧室,以下结构形式和尺寸均需与真实燃烧室保持一致。

(1) 单头部试验件：头部涡流器组件结构和尺寸；燃油喷嘴的核心元件（如旋流槽及喷口）关键特征尺寸；火焰筒开孔面积及开孔规律、参考截面面积。

(2) 多头部扇形试验件：扩压器、头部涡流器、燃油喷嘴、火焰筒、机匣流道型面等几何结构和尺寸。

(3) 多头部矩形试验件：试验件宽度取真实燃烧室多头部中径所占的弧长；火焰筒有效开孔面积按多头部占总喷嘴数的比例计算。

对于加力燃烧室，扩压器、稳定器、隔热屏等均需与真实燃烧室保持一致。

2. 进出口气流均匀平顺原则

进口转接段的结构形式，无论是扩张还是收敛的锥形或圆转扇形，其当量扩张锥角都应不大于 $15°^{[1]}$；扇形和全环试验件的转接段要设计导流罩及进气导流锥，锥体支板为流线型横截面，支板位置应保证其尾迹不影响进口参数测量及燃烧室性能；出口转接段的扩张或收敛角根据具体结构确定。

进口测量段应为平直段，其长度与进口通道高度之比应大于6；出口测量段长度与出口通道高度之比为 2~6，长度应尽可能短，以降低转接段对燃烧室性能的影响。单头部试验件通常采用固定测量耙测量，扇形或全环试验件多在旋转移位机构上安装测量耙测量。

3. 结构简单、选材成熟及工艺性好原则

除了关键组件应保证几何相似，其他部分的结构设计应简单，便于加工、装配或更换，并设计有吊装受力点；试验件材料应选用成熟、能承受相应工作温度、持久和蠕变强度好、不易锈蚀的材料，如进口转接段和测量段宜用不锈钢或高温合金；出口测量段和转接段因接触燃气，多采用高温合金板材和棒材，必要时用锻件，少用铸件。

试验件应有良好的工艺性，以钣金、机加工、焊接为主，多采用氩弧焊，零件之间应能相互定位，减少工装投入。

4. 冷却可靠原则

试验件出口测量段和转接段一般设计有冷却水套结构，通常冷却水进、出水口采用"下进上出"的布局方式，图 3.2 和图 3.3 为某单头部试验件出口测量段和出口转接段外形及内部结构示意图。

在火焰筒出口到测量段之间有一平直的燃气导流段，一般采用冲击/发散复合冷却结构进行冷却，如图 3.4 所示。

多头部扇形或矩形试验件的火焰筒左、右两侧壁设计有双层气冷结构，如图 3.5 所示。在夹层内部设置隔断，形成多个冷却通道，以优化冷却效果，并强化换热。冷却气量和冷却流道分布规律由气动热力计算确定。

图 3.2　某单头部试验件出口测量段和出口转接段外形示意图

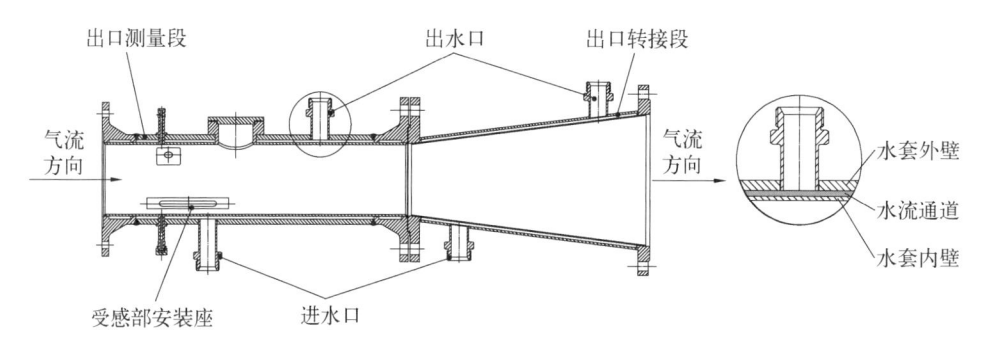

图 3.3　某单头部试验件出口测量段和出口转接段内部结构示意图

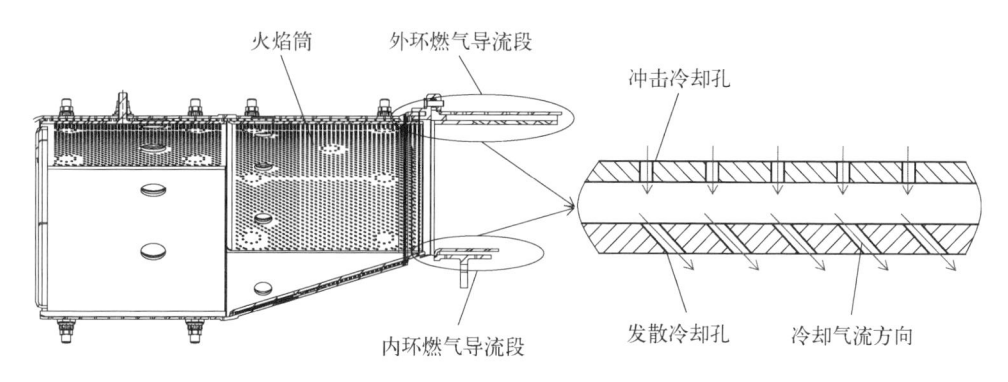

图 3.4　火焰筒出口燃气导流段采用的冲击/发散复合冷却结构

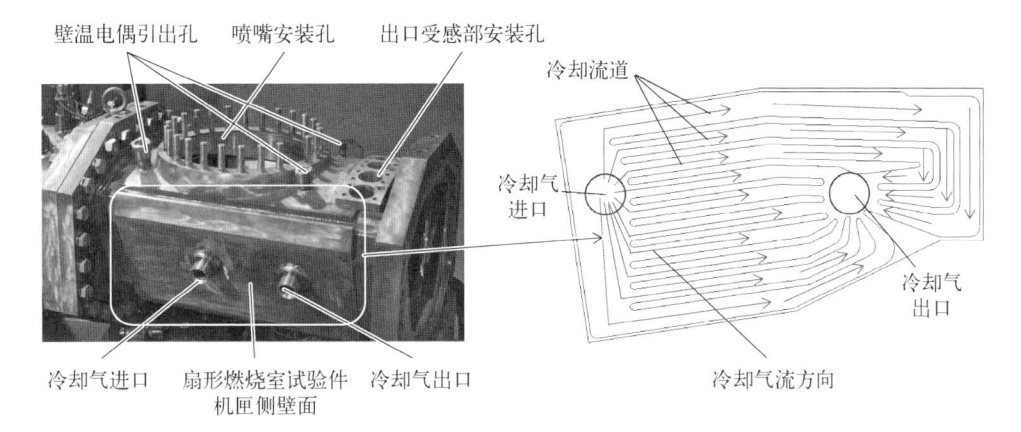

图 3.5　多头部扇形燃烧室试验件的火焰筒侧壁冷却流道结构

5. 支撑、定位设计安全可靠原则

试验件进出口转接段和测量段与试验器及测试设备的接口尺寸须协调一致；全环进、出口转接段之间需要用拉杆连接，以增强结构刚性；热端零组件需要考虑热膨胀效应，火焰筒应一端定位，另一端能有足够的伸缩空间自由膨胀。全环试验件在进口转接段外环设计膨胀节参照《压力容器波形膨胀节》(GB/T 16749—2018)进行，吸收试验导致的热膨胀。

6. 测试布局合理原则

试验件测试布局通常应遵循以下原则：

(1) 合理布置测点位置和数目，获取足够的试验数据，尽量减少对流场的影响；

(2) 进口测量段设置总温、总压、静压、压力脉动等测试安装座，录得进气状态参数；

(3) 全环燃烧室内、外机匣上设置扩压器出口总压、沿程静压、二股环腔压力脉动等测试安装座，录得沿程参数；

(4) 全环试验件各截面的总压、总温和静压测量安装座沿周向不少于4个，扇形试验件分别在各截面的内、外机匣上各布置2个；

(5) 研制初期，主要热端部件应设置壁温测点，监控典型位置壁温；

(6) 机匣壁面上应设计孔探窗口、测试引线座等结构，便于壁温监测用热电偶的引线；

(7) 出口测量段或旋转移位机构上，设置总温、总压、燃气取样、脉动压力等测量座。

7. 密封良好原则

试验件上的测试安装座、零组件密封配合端面、燃油管路接头等位置易发生泄漏,应考虑增加密封结构(如密封垫片、端面密封加柱面密封),在加工、装配过程中增加打压检查环节。

8. 按最大状态强度校核原则

试验件设计完成后,需要按最大状态校核和评估机匣强度、膨胀节应力水平、变形和进气锥的稳定性等,必要时增加评估状态点,重复多次使用的试验件,需要进行寿命评估。

3.4.2 主燃烧室试验件

1. 单头部试验件

单头部试验件主要用来研究头部燃烧组织技术与火焰筒冷却技术,验证燃烧室综合燃烧性能及火焰筒壁温。在方案设计阶段,常用于研究头部的结构特征参数对回流区尺寸、燃油雾化质量和浓度分布的影响。

单头部试验件按截面形状分为圆形和矩形两种,圆形结构的强度设计相对容易,故常用,如图 3.6 所示。进口测量段是直径为 D 的圆筒,进口参数的测量截面(受感部安装座位置)距涡流器进口 $1D \sim 1.5D$。总温和总压的测量通常设计成一个复合受感部,共用一个安装座。燃烧室由一个涡流器和一个燃油喷嘴组成,火焰筒多采用单层多斜孔冷却结构,前端固定,后端可自由膨胀。点火电嘴可用垫片调节插入深度。机匣上设置有壁温电偶引出座,保证有良好的密封性。

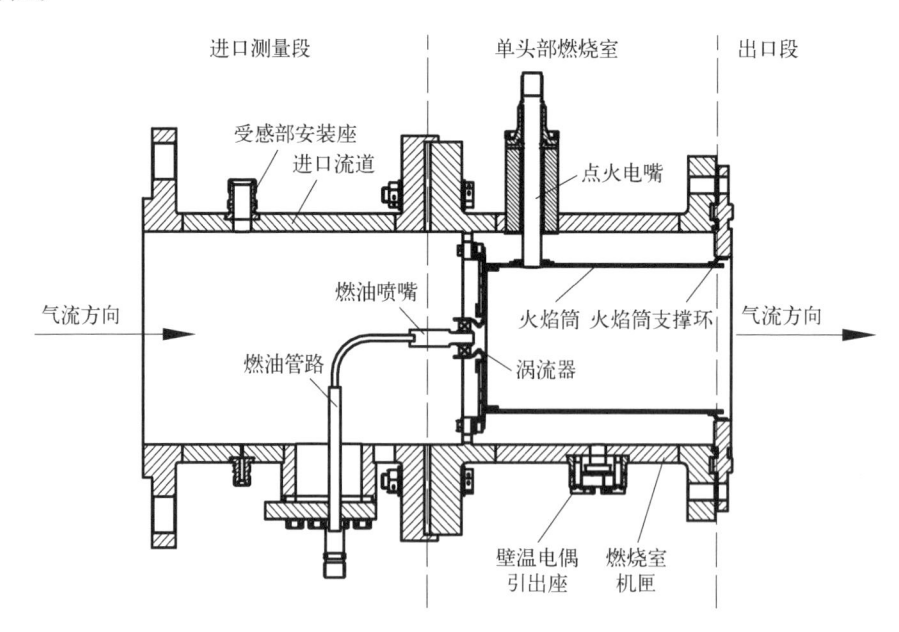

图 3.6 单头部燃烧室试验件结构布局(圆形结构)

在条件允许的情况下,一般会在单头部试验件上开展全参数试验,因此对试验件各部分的强度要求很高,必须根据试验工况计算壁厚。由于试验件持续使用时间和次数有限,各段之间一般不用常规的带颈对焊法兰,而用足够厚的平板法兰连接。试验件设计完成后,要进行整体强度校核,确保其工作安全。

2. 多头部试验件

图3.7为某多头部扇形燃烧室试验件结构布局示意图,通常情况下此类试验件包含3~4个头部,少数情况下为2个头部或更多头部。与单头部燃烧室相比,扇形燃烧室增加了流线型的导流罩,对燃烧室进口的来流进行整流,其他部位的设计应遵循前文所述的试验件设计原则。扇形燃烧室的机匣两侧存在侧壁面,通常采用气冷的方式进行冷却。

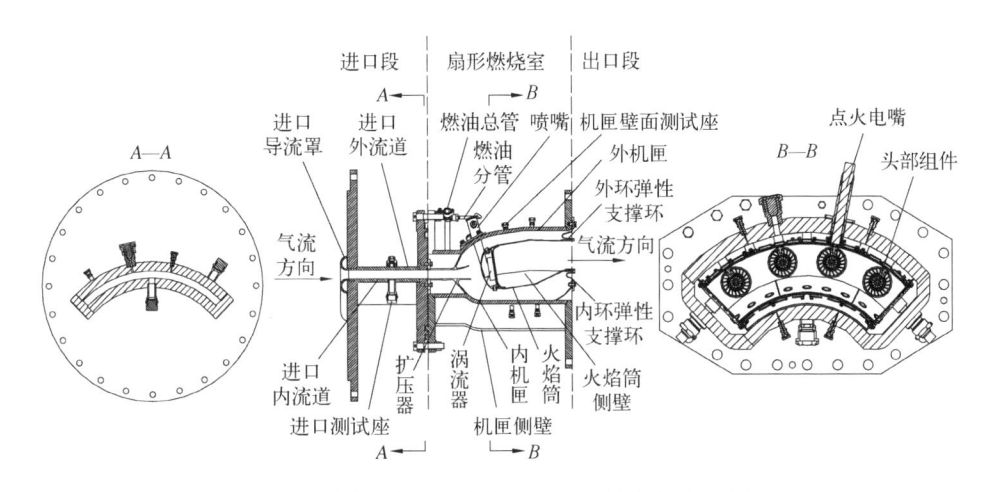

图3.7 某多头部扇形燃烧室试验件结构布局示意图

在设计扇形燃烧室内环面的受感部安装座时需要考虑受感部的尺寸,避免受感部安装后彼此干涉,导致其中某些受感部无法安装,影响测点数量。另外,由于扇形试验件外机匣型面不规则,对强度设计有很大的影响,必须对外机匣进行强度校核,在薄弱位置进行加强。

3. 全环试验件

图3.8为某全尺寸全环燃烧室试验件结构布局,燃烧室试验件的尺寸和发动机真实燃烧室的尺寸完全相同,根据安装、测量的要求,内、外机匣结构可与真实燃烧室不同,但内流道尺寸需要保持不变。开展全环燃烧室试验时,试验件前的试验器工艺管道会受热膨胀,管道内会产生热应力。全环试验件一般会设计两个大的法兰,法兰之间设置拉杆,使法兰的间距保持不变。法兰上有多圈安装孔,试验件前、后测量段(或位移机构)与法兰相连,全环燃烧室安装在两个法兰之间,这种结构的优点是管道上传递过来的热应力全部由拉杆承受,不会传递到

全环燃烧室的机匣上。试验件进口外环流道上需要设置膨胀节,用于吸收燃烧室机匣本身的热膨胀。

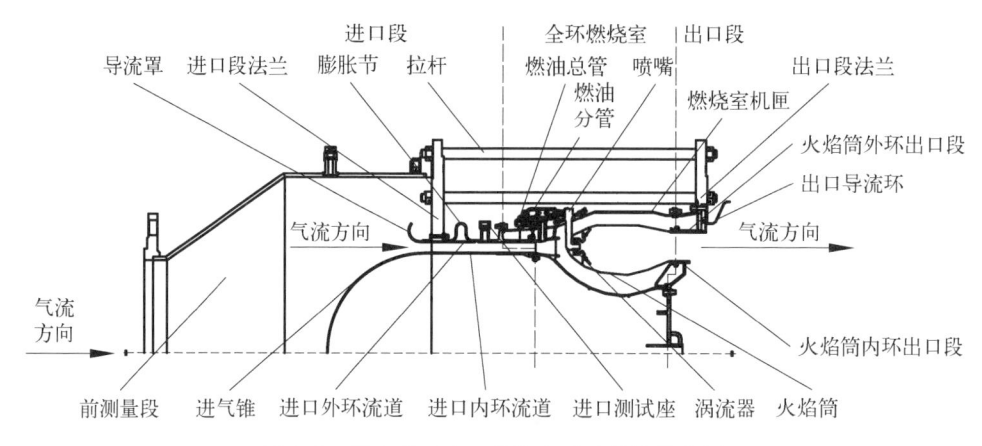

图 3.8　某全尺寸全环燃烧室试验件结构布局

3.4.3　加力燃烧室试验件

1. 矩形试验件

矩形试验件多用来验证加力燃烧室稳定器特征参数和燃油喷射特性等因素对点火性能或燃烧性能的影响。矩形试验件一般设计较小的流通面积,在试验台架气体流量有限的条件下,可以用较低成本模拟包括入口马赫数、压力、温度和稳定器尾缘处的绝对速度等关键参数对点火性能和燃烧性能的影响。加力燃烧室火焰稳定器的布置方式有三种:全部呈周向布置、全部呈径向布置、径向与周向混合布置,稳定器在周向一般按固定角度周期性分布。矩形试验件的主要结构布局由稳定器及点火油路类型决定,一般应至少包含一个周期的稳定器及点火油路。图 3.9 为

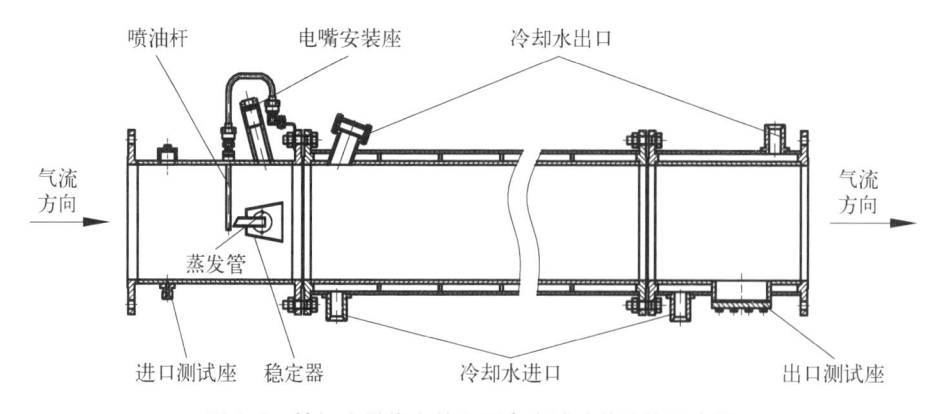

图 3.9　某加力燃烧室的矩形点火试验件结构示意图

某加力燃烧室的矩形点火试验件结构示意图。

2. 扇形试验件

扇形试验件的扇形周期通常在保证入口马赫数等关键参数相似的条件下，根据试验台架的流量、加温能力综合选取，需要考虑稳定器在周向的周期性，以消除侧壁对加力燃烧室性能的影响。一般来说，径向稳定器个数应不小于2。扇形试验件通常在混合扩压段及燃烧区域保持与部件方案相同的特征尺寸设计，混合器（或掺混方式）、稳定器、喷油杆、防振屏和隔热屏等主要构件特征与加力燃烧室部件方案相同，燃油系统油路和喷杆上喷孔可能会局部调整，试验件燃烧段根据热负荷的高低采取水冷或者气冷的方式进行冷却。某一体化加力燃烧室1/8扇形试验件结构如图3.10所示。

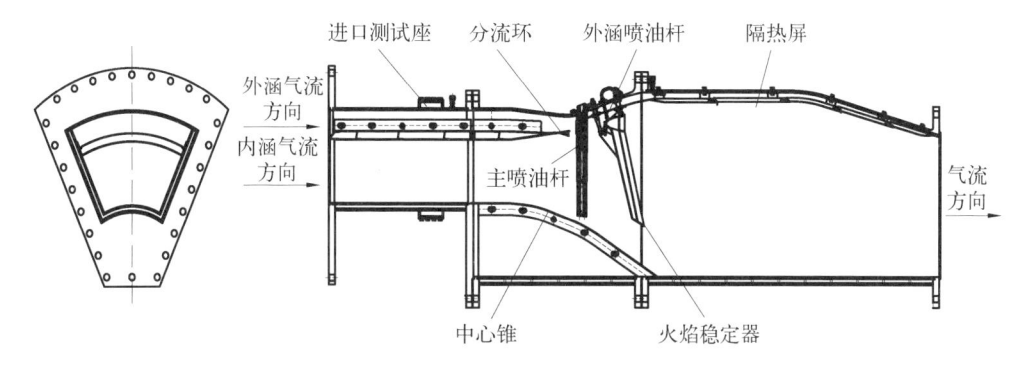

图 3.10 某一体化加力燃烧室 1/8 扇形试验件结构

扇形试验件可以用来研究加力燃烧室的点火、损失、燃烧和冷却性能的单项或综合集成验证，通常与加力燃烧室部件方案同步或提前完成设计，用来验证加力部件的综合性能，支撑部件方案后续技术成熟度更高的设计。

3. 全环试验件

加力燃烧室全环试验件通常在整机平台或加力部件试验台上对加力部件的综合性能进行试验验证，全环部件上可以消除或降低在模型级试验件上的侧壁冷却效应、漏气和入口分布等缺陷。加力燃烧室全环试验件对试验台架的流量、加温和排气等能力要求较高，导致试验成本高，通常在扇形等平台上充分验证成功后进行全环试验件的验证。全环试验件的总体结构布局保持部件方案一致，布置更多的测试内容用来验证设计目的是否达到。某加力燃烧室全环部件试验件结构如图3.11所示。

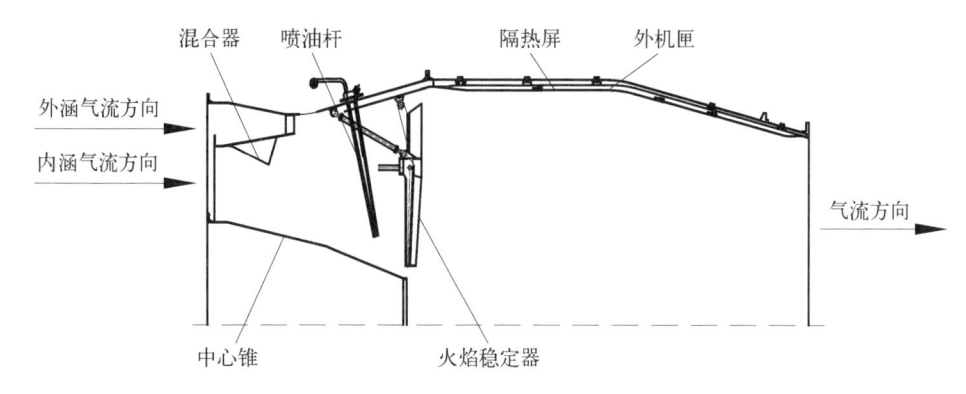

图 3.11　某加力燃烧室全环试验件结构示意图

3.5　主燃烧室综合性能试验方法

3.5.1　试验概述

综合性能试验旨在获取主燃烧室的气动性能(流阻特性和流量分配)、点/熄火性能和主要燃烧性能(包括燃料效率、出口温度场、壁温和污染物排放量)数据,以评价燃烧室设计、加工、装配等环节是否满足设计指标要求,为后续的改进和完善工作提供依据。

为此,需要根据各个设计阶段的不同要求,选择单头部、扇形或全环试验件,进行全尺寸全参数试验或模化条件下的冷态及热态试验,掌握各种性能试验的工况设置、测量参数、测点布局和数量,以及主要测试技术。

1. 气动性能试验

燃烧室的流阻特性是指气流流经燃烧室时产生的总压损失,通常用流阻损失系数、总压恢复系数或总压损失系数来表征。燃烧室的总压损失由"冷"和"热"两部分组成：① 由气流与壁面摩擦,以及射流掺混、旋流和局部涡流导致的"冷态"损失,与燃烧室结构和气流速度密切相关；② 由燃烧加热膨胀和动量变化导致的"热阻"损失,约占全部总压损失的 10%,从热力学角度来讲这是不可避免的。燃烧室气动性能试验测量的是"冷态"损失,以便与设计值进行比较。

燃烧室的总压损失直接影响发动机的推力性能,总压损失系数减少 1% 可使发动机推力增加 1% 左右。但从燃烧组织的角度来看,适当的总压损失有助于提高射流强度、促进油气混合、提高燃烧效率、改善出口温度场。此外,高压涡轮的冷却也需要一定的压差才能保证足够的冷却气量和流动速度。燃烧室的总压损失需要控制在一个恰当的水平上。现代燃烧室在发动机地面(台架)最大推力状态时的总压损失系数一般要求不超过 5%[2]。

一般对各种类型的试验件都要进行流阻特性试验,试验方法基本一致,即在包含设计点的进气速度或流量条件下,测量进出口之间的总压差,即可得到总压损失系数曲线。

燃烧室的流量分配是指气流通过涡流器、主燃孔、掺混孔、冷却孔等的空气流量占总进气量的比例,与开孔面积大小直接相关。对于不同类型的试验件,试验要求有所不同。例如,对于单头部试验件,其头部涡流器通常分为 1~3 级,因此需要分别测出每一级涡流器的开孔面积,火焰筒上各种孔的开孔面积也需要分别测出;而对于扇形试验件和全环试验件,只需要测出为内、外环引气和火焰筒总开孔流量即可。常用的流量分配试验方法是堵孔法。

燃烧室的空气流量分配直接影响燃烧室点火性能、火焰稳定性、燃烧效率、总压损失、冷却情况、出口温度分布、排烟数等。试验得到的实测值与设计值一致是开展燃烧室其他性能试验的前提。如果存在较大差异,则需要适当调整开孔面积,直到满足要求为止。

2. 点/熄火性能试验

点/熄火性能用不同状态下燃烧室能够稳定着火或维持最低燃烧状态的最大余气系数 α_B(或油气比 FAR_B)与进口气流速度 v_3 的关系曲线来衡量,如图 3.12 所示。这条曲线称为"点/熄火边界",纵坐标 α_B 值就是对应进口气流速度下的点/熄火极限余气系数,α_B 越大,点/熄火边界越宽,说明点/熄火性能越好。燃烧室在不同进口总温总压条件下有不同的点/熄火边界,因此燃烧室的点/熄火边界是一组曲线。

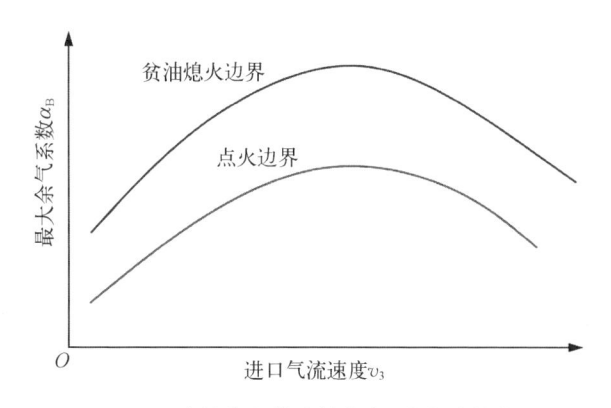

图 3.12 主燃烧室贫油状态点/熄火特性曲线

图 3.12 展示了贫油状态下点/熄火边界曲线的总体趋势,而富油时的曲线走向与此相反。通常,主燃烧室只需要考虑贫油状态性能,而加力燃烧室还要考虑富油状态性能。

由图可见,曲线呈"单峰"状,表明存在一个最佳的进口气流速度,点/熄火性能主要取决于进口气流速度 v_3。当进口气流速度 v_3 过小时,流场回流效应弱,不利于燃烧稳定;而当进口气流速度 v_3 过大时,回流效应固然强,但更多温度相对低的空气进入,会带走更多的热量,不利于维持燃烧区的温度。

对点火性能试验而言,其试验目的在燃烧室的不同研制阶段是不同的。

(1) 研制初期:需要确定点火电嘴最佳位置。

众所周知,保证点火成功的基本原则是,点火位置的气流速度低,油气比最利于着火和火焰传播,点火能量足够高。为此,需要选定适当的试验状态,改变电嘴的轴向和周向位置,以及径向插入深度,根据点火成功的概率和着火油气比的范围确定最佳位置。选用合适的试验状态有利于突出点火性能的差别。当点火性能相同时,应选择尽量靠前和相对浅的电嘴位置,避免其长期暴露于高温燃气中缩短使用寿命。

(2) 燃烧室基本定型后,确定其点火边界。

(3) 在燃烧室优化改进阶段,验证其点火性能。

在改进火焰筒、头部等某个零组件的结构后,再测定点火边界,以验证优化设计结果。

熄火性能试验的目的就是测定熄火边界,为发动机控制系统提供数据,避免发动机工作过程中出现熄火的情况。

3. 燃烧性能试验

燃烧性能,更准确的说法应该是燃烧室工作时的性能。燃烧室的主要作用就是使燃料稳定地燃烧,燃料燃烧的情况决定了燃料中的化学能转化为机械能的能力。通常而言,希望燃料能够在燃烧室中稳定、高效地燃烧,且燃烧室能够长时间安全稳定地工作。

燃烧室燃烧性能试验,就是通过试验器模拟燃烧室进口特定工况下的气流参数和余气系数,通过不同的传感器录得燃料燃烧时燃烧室不同位置的状态参数,进而计算出燃烧性能参数,评判燃烧室工作性能的好坏。燃烧室的燃烧性能参数主要有燃烧效率、出口温度场均匀性、污染物排放量、火焰筒壁面温度、燃烧稳定性、壁面振动、噪声量等。

开展燃烧室燃烧性能试验的目的主要包括以下几个方面。

(1) 验证燃烧室设计、制造是否满足性能需求。一个燃烧室性能"好不好",必须用明确的指标来评判,即燃烧室的性能参数。每一个燃烧室都有其期望达到的性能水平,但这与燃烧室的设计水平和制造水平有很大关系,因此只能通过试验录得燃烧室的性能参数来判断是否达标。其中,燃烧室的燃烧效率关系着发动机燃油经济性和污染物排放水平,燃烧效率越高,燃油经济性越好,同时 CO、UHC 等污染物的排放量也会越少;燃烧室出口温度直接影响发动机的总体性能,它是推重比的重要参数,也直接关系到涡轮的寿命和工作效率。温度分布应满足涡轮叶片可靠工作的要求。对于军用发动机,燃烧室的排气冒烟关系着飞机的隐身性能;对于民用发动机,气态排气污染的含量关系着发动机能否适航取证。燃烧室各部位的壁面温度关系着燃烧室的工作寿命。

(2) 验证燃烧室新结构、新工艺、新材料是否可行。燃烧室采用新技术之后,一般情况下都会引起燃烧室性能的变化,研究期望新技术能提高燃烧室的性能,但是否能够达到设计师的预期只能通过燃烧室性能试验来验证。

(3) 复现故障,协助排故。燃烧室在研制过程中或者在发动机上工作时可能出现故障,有时无法通过其他手段判断故障原因,可以考虑通过试验的手段复现故障情况,协助设计师找出故障原因,从而排除故障。

主燃烧室燃烧性能试验中若采用高压扇形试验件,则可以通过试验得到燃烧效率、点火、贫油熄火、总压损失及排气冒烟等性能参数,但在出口温度分布质量、火焰筒机械强度及寿命的考验上不能确切说明问题。高压扇形试验件只有90°(或60°)的一段扇形,无法表达出口温度分布周向不均匀性,因此必须用大量试验数据统计的方法,由扇形段试验推导出全环形下的出口温度分布热点指标。

降压力降温度全环形试验可以提供短环形燃烧室所需要的较真实的三维流场,在某些情况下,既节省经费,又容易解决试验件的来源问题,特别是有现成生产的环形燃烧室时,可以用现成零件组装而成,常比加工一个扇形试验件更容易。这样能够完成高空巡航状态的全环燃烧室试验,是很有实际意义的。但由于试验的压力和温度并没有达到额定值,排气冒烟量、辐射传热量、火焰筒壁温以及机械强度并不能确切说明问题。出口温度分布的数据与高压下的数据有一定的差别,需要推算。

3.5.2 气动性能试验方法

1. 流阻特性试验

1) 工况设置原则

保持进口空气温度 T_{t3} 不变,只改变进气压力 P_{t3} 和流量 W_{a3},即可调节进口马赫数 Ma_3。发动机工作时燃烧室进口马赫数 $Ma_3 \leqslant 0.3$,因此可在其前后选择约5个马赫数工况点开展试验,彼此之间应适当拉大差异。这些工况应与燃烧室实际工作点对应,尤其要包含发动机最大推力状态点。

2) 测量参数、测点布局和数量

需要测量的参数包括燃烧室进口总压、出口总压、总温和静压。

测点布局原则是沿周向均布,沿径向按等环面(或等距)原则确定,如图3.13所示,图中每个测点所代表的环面面积相等。在轴向上,进口测量截面相当于压气机出口导向叶片的后边缘截面,进口总压和静压测点位于同一截面,进口总温沿轴向变化小,测量截面可位于总压之前,通常可设置在前转接段上。出口测量截面通常设置在第一级涡轮静子导向叶片的进气边缘截面。由试验委托方给出测量截面与燃烧室进口法兰、出口法兰之间的距离,以便确定测量耙安装座的位置。

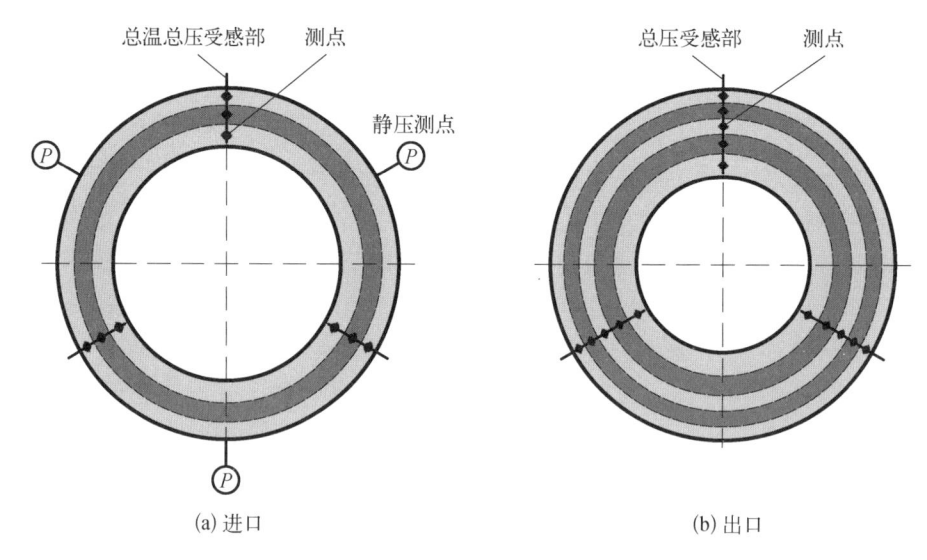

(a) 进口

(b) 出口

图 3.13　全环燃烧室的进口和出口测点布置图

进口截面的总压和总温测点通常设计为复合受感部,即在同一测点处各有一点总温和总压探头,出口截面的总压一般用梳状测量耙测量,受感部的实物图参见第 4 章相关内容。在机匣上开静压孔,静压通过测压管与压力扫描阀相连测量得到。

气动性能试验测点要求如表 3.2 所示。对于大尺寸的试验件,可以适当增加测点数目。所有测量耙对气流通道的堵塞面积不大于通道面积的 5%。

表 3.2　气动性能试验测点要求

测量参数	测量装置	测点数量
进口静压	静压测量座	周向≥3 点
进口总温	总温耙	周向≥3 支,每支测点≥2 点
进口总压	总压耙	周向≥3 支,每支测点≥3 点
出口总压	总压耙	周向≥3 支,每支测点≥5 点

根据所测得的进、出口总压,得到设计状态和发动机最大推力状态下的总压恢复系数、流阻系数等参数及其与马赫数的关系曲线。相关计算公式见第 5 章。

2. 流量分配试验

流量分配试验方法目前主要采用累积堵孔法。大量的试验结果表明，燃烧室流动处于自模状态后，燃烧室进口参数对流量分配影响可忽略不计，因此流量分配试验可以在常温常压（或低压）状态下开展。

累积堵孔法的基本思想就是假设同一时刻流过不同开孔的流量与孔的有效流通面积 ACd 成正比，因此只需要计算出孔的有效流通面积，并与燃烧室总有效流通面积 ΣACd 相比，即可得通过该孔的流量占总进气量的比例。有效流通面积可以理解为开孔的物理面积与孔的流量系数的乘积，对于燃烧室，通常可以用平方毫米（mm^2）作为单位。此处所说的"孔"通常不是指某一个特定的孔，而是指如涡流器、火焰筒冷却孔、主燃孔、掺混孔等具备相同功能的一组孔。开孔有效流通面积的计算公式如下：

$$\mathrm{ACd} = \frac{W_{a3} \times 10^3}{\sqrt{2\Delta P \rho}} \approx \frac{W_{a3}}{\sqrt{2(P_{t3} - P_{s4})\frac{P_{s3}}{RT_{s3}}}} \quad (3.9)$$

式中，W_{a3}——通过燃烧室进口的空气流量，kg/s；

ΔP——节流孔出口截面的总静压差，MPa；

ρ——节流孔出口的气流密度，kg/m^3；

P_{t3}——燃烧室进口总压，MPa；

P_{s3}——燃烧室进口静压，MPa；

P_{s4}——燃烧室出口静压，MPa；

T_{s3}——燃烧室进口静温，K。

考虑实际试验中参数测量的可行性，在忽略气流经过节流孔的总压损失和静压变化对气流密度的影响的前提下，可用燃烧室进口总压与出口静压之差代替 ΔP，用燃烧室进口气流密度代替 ρ。

由式（3.9）可以看出，计算开孔有效流通面积，需要测量的参数有燃烧室进口的空气流量 W_{a3}、总压 P_{t3}、静压 P_{s3}、静温 T_{s3}、燃烧室出口静压 P_{s4}。根据气流的静压和静温可以计算出对应状态下的气流密度。但是，气流静温难以直接测量，考虑到燃烧室进口空气马赫数较低，总静温差很小，试验中一般用气流总温 T_{t3} 代替气流静温。试验中同一堵孔状态下一般进行 5 个不同的 ΔP 工况，且不同的 ΔP 应有明显差异。

累积堵孔法一般采取"测谁堵谁"的方法进行堵孔，即如果要测某组开孔的有效流通面积 ACd，就要在试验前将该组孔进行堵塞，然后开展试验。这样可以得到燃烧室该组孔以外开孔的有效流通面积，用总有效流通面积 ΣACd 减去该面积就是想要测量的孔的有效流通面积 ACd。完成该组孔的试验后将堵塞物拆除，并将下一组孔堵塞，重复之前的步骤测量下一组孔的有效流通面积 ACd。堵孔的顺序没有特殊要求,可任意决定试验顺序。

当需要测量的孔的组数较多时,在试验过程中现场堵孔所需的时间较长,会导致试验效率较低,因此也可以在试验前将其中一组流通孔以外的孔全部事先堵好,试验中先对该组孔开展试验,试验完成后拆除下一组孔的堵塞物,并重复之前的步骤开展试验,直至将燃烧室内的堵塞物完全拆除并完成试验。通过对各组试验数据进行一定的处理,即可得到每一组孔的有效流通面积 ACd,进而得到各自的流量分配比例。

对于涡流器等面积较小、型面复杂的开孔,一般用点焊不锈钢片直接封堵的方式堵孔。现代发动机主燃烧室多采用多级涡流器组合的方式作为燃烧室头部进气装置,图 3.14 为用不锈钢片封堵某燃烧室头部副级涡流器旋流通道的图片。对于火焰筒等面积较大且型面平滑的部件,可用透明胶带或铝箔胶带堵孔。胶带应贴在迎向气流一侧,避免试验中脱落漏气。

图 3.14 涡流器堵孔示意图

3.5.3 点/熄火性能试验方法

1. 点火试验

由于航空发动机的特殊性,点火试验分为三种:地面起动点火试验、高原起动试验和高空点火试验,其流程和方法基本一致,唯一不同的是燃烧室进口状态参数。

1) 着火确认方法

着火确认方法有以下几个。

(1) 燃烧室出口温升 80 K:用安装在燃烧室出口与喷嘴位置一一对应的热电偶进行监测。当所有热电偶测到的燃烧室出口温升都大于 80 K 时,可确认燃烧室已成功着火。

(2) 直接观察:在燃烧室出口下游,用摄像头或高速摄像机逆向观察到所有喷嘴都出现持续稳定的火焰时,可确认燃烧室成功着火。

(3) 火焰探测器:通过伸入试验件内的火焰探测器接收特定波长的光线来判断是否产生火焰。由于无法分辨光线来源,不能确认是否所有喷嘴均被点燃,需要与第一种方法和第二种方法配合使用。

2) 点火成功的判据

在某一状态下,连续 3 次点着并稳定燃烧 10 s 以上,火焰筒内或燃烧室出口压力脉动峰-峰值≤5%时,才能确认该状态点火成功。该判据旨在消除偶然因素造成的着火假象,确保所录得的数据可靠。

3) 工况设置原则

通常选取不同海拔上的气压和温度,换算成燃烧室进口状态参数作为试验工况。工况参数可适当提高,以验证燃烧室点火性能。

4) 测量参数、测点布局和数量

待测参数包括燃烧室进口空气流量 W_{a3}、总温 T_{t3}、总压 P_{t3}、静压 P_{s3}、火焰筒内或出口处的压力脉动、出口总温 T_{t4},以及燃油流量 W_f 和压力 P_f。进口测点布局要求与流阻特性试验一致。根据情况需要,可加测出口总压 P_{t4} 和静压 P_{s4}。

5) 试验流程

首先根据预设的试验工况,调好进口状态参数(总温 T_{t3}、总压 P_{t3}、进口空气流量 W_{a3} 或进口速度 v_3),然后开始供油,待燃油完成供油管路填充,供油压力稳定后启动点火器开始点火,同时测量系统连续录取测量参数,并按本节所提的方法判断着火情况。

从余气系数较小的状态开始试验,根据上一次点火状态确定下一次点火余气系数的调节方向。上一次若点火成功,则增大点火余气系数(减少燃油流量);若点火失败,则减小点火余气系数(增加燃油流量)。在离点火边界较远时(表现为连续两次都点火成功),点火余气系数的变化量可以较大(如比上一次增大 0.5~1);初次出现点火失败现象后(说明接近点火边界),可采用中点逼近法调整点火余气系数,即假设初次出现点火失败是第 n 次点火,此时的余气系数为 α_{Bn},第 $n-1$ 次成功点火的余气系数为 α_{Bn-1},则取第 $n+1$ 次点火余气系数 $\alpha_{Bn+1}=(\alpha_{Bn-1}+\alpha_{Bn})/2$。若第 $n+1$ 次点火成功,则取 $\alpha_{Bn+2}=(\alpha_{Bn}+\alpha_{Bn+1})/2$;若第 $n+1$ 次点火失败,则取 $\alpha_{Bn+2}=(\alpha_{Bn-1}+\alpha_{Bn+1})/2$。按照上述方法重复开展试验,直到大于某个点火余气系数后始终无法点火成功,即可获得该状态下点火极限余气系数。在此之前,每次点火都需要保持试验件进口状态参数不变。

改变状态参数总温 T_{t3}、总压 P_{t3}、进口空气流量 W_{a3} 或进口速度 v_3 中的一个或多个,继续重复上述步骤,直至完成所有状态(试验工况)的试验,得到燃烧室点火边界曲线。

安全操作注意事项:一旦点火失败,切不可马上启动点火器再做一次尝试,必须先用氮气吹扫喷嘴残油,防止积碳或结焦,并持续吹扫试验管道 3 min,以消除管道中积存的燃油,避免再点火时发生爆燃,待吹扫完毕,再改变燃油量,继续后续点火操作。

供油及点火时序可预先设置在控制系统内,便于自动操作,单个状态下点火器持续打火时间一般不应超过 15 s。

2. 熄火试验

1) 熄火确认方法

判断燃烧室熄火的方法与判断点火状态的方法一致,最常用的方法仍然是测量燃烧室出口温度,当燃烧室出口温升小于 80 K 时,可以认为燃烧室熄火。另外,直接观察到燃烧室熄火或火焰探测器感受不到火焰信号时,也可认为燃烧室熄火。在实际试验过程中,可将空气流量突然上升、压力突然下降点作为参考熄火点。

2) 工况设置原则

熄火试验的工况由试验委托方确定,并写入试验技术要求,一般是选取在发动机工作包线中的典型设计点作为试验工况。

3) 测量参数、测点布局和数量

开展燃烧室熄火试验时所需测量的试验件状态参数和测点布局要求与点火试验的要求一致。

4) 试验流程

试验过程中燃烧室点火后,按试验工况调节试验件进口空气状态参数(总温 T_{t3}、总压 P_{t3}、空气流量 W_{a3})。空气状态参数变化的过程中,应调节燃油流量 W_f,维持燃烧室内的余气系数在 3~5,既要避免燃烧室意外熄火,又要避免出口燃气温度或火焰筒壁面温度超温。

试验件进口空气状态参数达到预定值后保持不变,慢慢减少燃油流量,同时测量系统连续录取测量参数,并判断熄火情况,获得该工况下的熄火余气系数。减少燃油流量的过程一般是先减少主油路燃油流量至停油,再逐步减少副油路燃油至熄火。燃烧室熄火后需要立刻向喷嘴内供入氮气吹除喷嘴内的余油。

完成一个试验工况的熄火试验后,调整试验件进口空气流量并重新点火,然后重复上述步骤至下一个试验工况,并通过试验获得熄火余气系数。

目前,主燃烧室一般开展的都是贫油熄火试验,若开展富油熄火试验,则试验过程中需要增加燃油流量 W_f 直至燃烧室熄火,其他步骤不变。

整理熄火试验数据结果,一般可以得到试验件在不同高度(总温 T_{t3}、总压 P_{t3})下极限熄火余气系数(α_B)与进口空气流量(W_{a3})的关系,即试验件的熄火边界曲线。

3.5.4 燃烧性能试验方法

1. 工况设置原则

燃烧室燃烧性能试验工况一般根据发动机工作包线的典型工况点(如图 1.3 中 $A\sim E$ 点)确定。某些工况是真实工况参数,某些工况则是根据模化准则换算得到的参数,是否开展模化试验主要取决于试验委托方的要求和试验器的工作能力。

2. 测量参数、测点布局和数量

燃烧室的性能参数需要先测量特定截面的状态参数,并对得到的状态参数进行处理后才能获得。燃烧性能试验中燃烧室进口参数测试要求与气动性能试验的要求一致。

燃烧室出口参数测试要求根据试验件的类型有所不同,具体要求如表3.3所示。

表 3.3　燃烧性能试验燃烧室出口测点要求

试验件类型	受感部数量	安装方式	测点数量	备 注
单头部试验件	总温耙×1 总压耙×1 燃气取样耙×1	安装在后测量段上	每支受感部3~5个测点	—
扇形试验件	总温耙×n^a 总压耙+燃气取样耙=$(n-1)^b$ (n为受感部安装座数量)	安装在后测量段上	每支受感部≥5个测点	a 代表温度场试验全部安装总温耙; b 代表其他性能试验至少安装1支总温耙,总压耙和燃气取样耙数量根据试验目的确定
	总温、总压和燃气取样复合耙×1	安装在位移机构上	同一径向位置处总温和总压测点并排布置,数量≥3;总温和总压测点之间设置燃气取样测点,取样点≥2	—
全环试验件	总温耙×2 总压耙×1 燃气取样耙×1	安装在旋转位移机构上	总温耙测点数为5~9;总压及燃气取样耙测点数为5~6	总温耙对称位置安装;必要时燃气取样耙可代替总压耙

表3.3中的测点数量是一般情况下的要求,应尽量满足。试验件出口流道的高度较低时可减少测点数量,条件允许时也可增加测点数量。

3. 性能参数测量方法

1) 燃烧效率

燃烧效率用来表征燃料的燃烧程度,燃烧效率越高,表明燃烧室的燃烧性能越好。燃烧室试验中常用的燃烧效率计算方法有两种,分别是温升法和燃气分析法。其中,温升法燃烧效率的定义是燃烧室中由燃料燃烧引起的实际温升与理论温升的比值,因此试验中要测量燃烧室的实际温升(燃烧室出口实际平均温度与进口实际平均温度之差),并根据燃料成分计算出理论温升。

采用燃气分析系统测量燃烧效率时,先测出燃烧室出口产物中一氧化碳(CO)、二氧化碳(CO_2)以及未燃碳氢化合物(UHC)的含量,将取样燃气经过催化炉使 CO 和 UHC 都补燃成 CO_2,再测量补燃后的燃气组成,最后按照相应公式(参见第4章)计算即可得出燃气分析法计算的燃烧效率。

2) 出口温度场品质

燃烧室出口温度场的品质通常用两个参数来衡量,分别是出口温度分布系数

(OTDF)和径向温度分布系数(RTDF)。燃烧室出口温度场越均匀,温度场品质越好。

OTDF 是出口截面内的最高燃气温度(也称为热点温度)和质量流量出口平均温度之差与燃烧室进出口平均温升(出口平均温度-进口平均温度)之比;RTDF 是燃烧室出口截面同一半径上各点温度,按周向取算术平均值后求得的最高平均径向温度和质量流量出口平均温度之差与燃烧室进出口平均温升之比。

出口温度的测点密度必须足够小,并均布整个截面。通常只在全环试验件上考核燃烧室出口温度场品质。试验中最常见的做法是将总温耙安装在旋转位移机构上,通过旋转位移机构按固定角度转动(一般为 3°或 6°),每个位置停留一定时间,待热电偶显示的温度稳定后录取数据,录取完成后继续转动至下一个角度,转动一周后即可取得整个燃烧室出口的温度场数据。普通的 B 型(双铂铑)热电偶只能在 1 800℃ 以内使用,因此燃气温度更高时只能采用燃气分析法来测量燃气温度,即通过测量出口燃气成分并根据公式计算出燃气温度。从现有的试验结果来看,燃气分析法测量的燃气温度与热电偶直接测量得到的结果有较大的差异,需要进一步发展相关技术。

3) 污染物排放量

燃气中的污染物主要是指 CO、UHC 及 NO_x 等。污染物排放量测量试验就是通过专用的取样装置,将燃烧室出口燃气传输到燃气分析系统进行测量,不同成分的污染物通过不同的测量仪器测量其浓度,再根据公式计算出每种污染物的排放指数(emission index,EI),即每千克燃料产生污染物的质量。

排烟数用于评判燃气中碳粒子的含量,将一定体积流量的燃气在一定时间内通过特定的滤纸,然后计算滤纸反射率的变化即可得到燃气的排烟数。

具体污染物排放量的试验方法可以参考第 4 章相关内容。

4) 火焰筒壁面温度

火焰筒壁面温度试验主要用于验证火焰筒冷却技术,常用的方法有热电偶法和示温漆法,两种方法各有优缺点。

(1) 热电偶法。

由于火焰筒温度一般不超过 1 100℃,热电偶法测量一般是先选择直径为 0.5 mm 或 1 mm 的 K 型铠装式热电偶开槽埋设在火焰筒壁面外侧,再将偶丝穿过机匣接入数据采集系统。这种方法的优点是可以实时测量火焰筒壁温变化,试验中出现超温现象时可以及时发现并中止试验,最大程度避免试验件的损坏;缺点是每个测点所代表的范围有限,且难以在整个火焰筒上埋设过多电偶,否则会影响燃烧室二股流通道内部流场,给机匣结构设计、试验数据采集系统带来一定的麻烦,因此一般只在火焰筒预测高温区域埋设电偶,存在漏测高温区的风险。

采用热电偶法测温时应遵循以下原则:① 应尽量采用直径小、导热系数小的电偶,以减少测量误差。② 壁面较厚的壁温测量热电偶宜采用开槽埋设的方法。在火焰筒外表面开槽,槽的宽度应略大于偶丝直径,深度一般不超过 0.5 mm。将电偶头部埋入壁面,待所有热电偶埋设完成后采用等离子喷涂工艺,将槽空隙填平,喷涂材料应与基体材料相同。偶丝头部固定后,在适当位置采用薄钢片点焊在壁面上固定电偶引线,具体埋设方式如图 3.15 所示。当壁面较薄无法开槽时,也可直接采用点焊薄钢片将热电偶固定在火焰筒表面。③ 电偶引线尽可能不从冷却结构开孔的正上方通过。

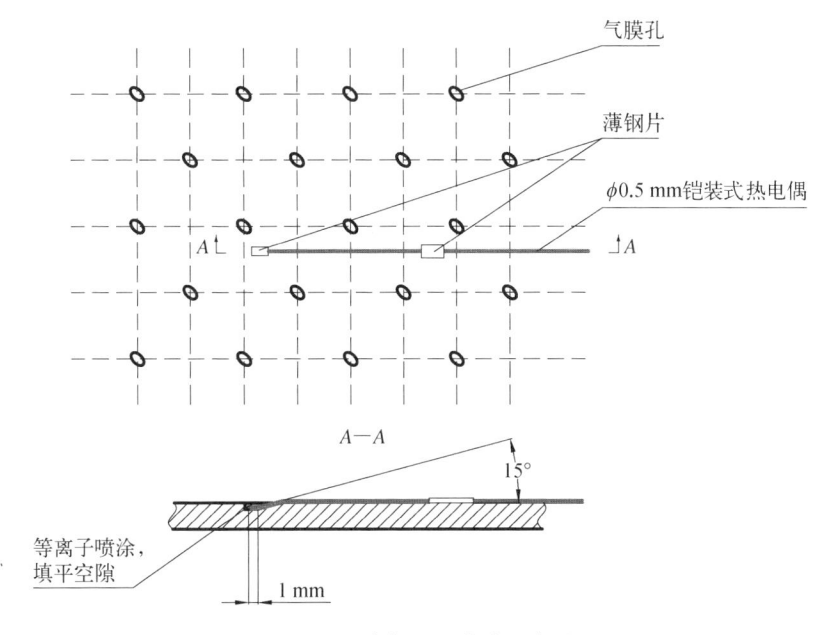

图 3.15　电偶埋设方式示意图

图 3.16 为某单头部燃烧室火焰筒上敷设热电偶的图片,图上所用的热电偶为直径 1 mm 的 K 型铠装式热电偶,敷设位置选取在火焰筒的高温区域,所有热电偶敷设完成后应集束成一股,并穿过机匣外壁面上的偶丝引出座,通过补偿导线与数据采集系统相连。偶丝引出座内需要灌注高温密封胶将热电偶之间的缝隙填充,防止漏气。

（2）示温漆法。

不同型号的示温漆能够测量的温度范围不同,示温漆测温需要根据试验中火焰筒各区域壁温可能达到的最高温度范围,选择合适型号的示温漆,均匀喷涂在整个火焰筒对应区域的外壁上。火焰筒的预估温度分布需要通过数值计算等方法得到。

示温漆的特性是在不同温度下会变换成不同的颜色,变色过程不可逆,因此示

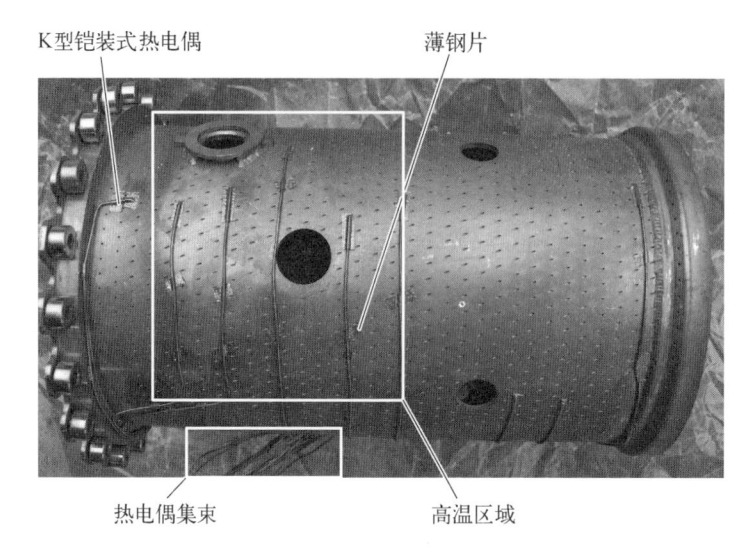

图 3.16 带壁温电偶火焰筒

温漆只能记录同一位置处曾经达到过的最高温度。示温漆法测量的优点是可以反映整个火焰筒壁温的最高温度分布趋势,缺点是示温漆试验过程中不能实时显示壁面温度的变化,需要试验后进行人工或软件判读,数据测量时效性和测量精度都较差。

因此,将上述两种方法相结合是更好的方法,在初期试验中通过示温漆法找到火焰筒的高温区域,后期试验中在高温区域埋设合适数量的热电偶实时监控壁温的变化。

图 3.17 为喷涂了示温漆的火焰筒浮动瓦块,瓦块上不同颜色的区域喷涂不同型号的示温漆,其对应的测温范围也不同。色块之间的灰色部分是未喷漆的区域。图上的代号是示温漆的型号,不同公司示温漆的型号命名规则不同,根据使用温度选择合适的示温漆即可。示温漆测温的具体喷涂施工方法和试验后温度判读方法见第 4 章。

采用以上两种测温方法,除了可以测量火焰筒壁面温度,还可以测量燃烧室内其他零组件的表面温度。

5) 燃烧稳定性

燃烧室的燃烧稳定性也是重要的技术指标,一般可以通过测量燃烧室内的压力脉动情况来反映燃烧稳定性。通过在试验件适当位置开孔,并安装测压管和压阻式动态压力传感器,可以测量出燃烧室内压力的脉动量(一段时间内压力峰-峰值与平均值的比值)及可能存在的特征频率,脉动量越大说明燃烧稳定性越差。

图 3.17 火焰筒浮动瓦块示温漆喷涂效果

6）壁面振动

燃烧室壁面振动量是通过安装在试验件表面的振动传感器测量的，在需要测量的位置安装适当的振动传感器，可以得到测点位置的振动频率、振动速度或振动加速度，从而得到当地的振动情况。

4. 试验流程

试验开始后，首先调节燃烧室进口气流状态到点火工况，副油路供入燃油点火成功后，根据试验卡片规定的流程，逐步增加试验件进口的空气流量 W_{a3}、总温 T_{t3}、总压 P_{t3}，当空气流量增大到一定程度，单靠副油路无法维持适当的余气系数时，主油路也开始供入燃油。

达到预定工况点后保持试验件处于稳定工作状态，录得试验件各处的状态参数。完成一个工况的试验后，再次调整试验件的空气和燃油状态参数至下一个工况，并在工作状态稳定后录得对应工况的状态参数。

试验一般从较低工况（低温、低压）逐步进行到较高工况（高温、高压），在试验工况调整过程中维持燃烧室内的余气系数在 3~5。

3.6 加力燃烧室综合性能试验方法

3.6.1 试验概述

加力燃烧室综合性能试验的目的是通过获取其典型状态点的气动性能、点/熄火性能和燃烧性能参数，验证设计方案，为优化设计提供数据支撑。

加力燃烧室的试验流程与主燃烧室基本一致，也分为矩形或缩尺模型、扇形、全尺寸等不同试验件类型。加力燃烧室的特殊之处是其位于低压涡轮之后，且分内、外涵两股进气，进气的状态参数和成分各不相同。内涵进气是由主燃烧室排出再经涡轮做功后的燃气，温度和压力已进一步降低，温度一般不超过 1 400 K，含氧量低于新鲜空气。外涵进气则是温度不超过 700 K 的纯净空气。两股气流的压力略有差异，但一般在 0.04~0.7 MPa 之间。因此，加力燃烧室综合性能试验多在真实工况下进行，若试验器供气能力无法满足试验要求，则进行模化试验。

由于加力燃烧室的结构差异，其试验器的供气和加温方式随之改变，设置成两条管路。在内涵供气管路上安装有直接加温器，其原理如同一个小型燃烧室，可提供所需的温度、压力、流量和含氧量。由于试验器工作范围很广，单靠调节直接加温器难以同时满足温度和含氧量的试验要求。因为这两个参数是耦合关系，即在一个确定的余气系数下，燃气温度越高，氧含量越低，反之亦然。为此，需要通过加装间接换热器和补氧机构，增加调节维度和灵活性。在外涵供气管路上，安装间接加温器即可满足试验要求。

试验器的供油系统采用"Ⅲ区 4 路"或"Ⅳ区 6 路"的分压供油模式。其中，Ⅰ区 1 路向径向稳定器的值班火焰供油，Ⅱ区 2、3 路为主要供油总管，与Ⅲ区 4 路一同提供其余的燃烧用油。Ⅲ区 4 路主要用于大涵道比状态下的外涵补油，以便在全加力包线内获得均衡合理的油气比。

加力燃烧室综合性能试验的内容除了气动性能、点/熄火性能、燃烧性能等三类试验外，还增加了冷效气动试验。未来先进战斗机高推重比发动机是发展趋势，需要不断提高加力温度、燃烧效率、燃烧稳定性、超声速巡航的中间状态推力，以及可靠性和适用性，并对加力燃烧室的流阻损失、高效冷却性能等提出了更高的要求。内涵进气温度不断提高，同时参与主流燃烧的空气量增加使冷却气量更少，推动了高效冷却隔热屏、耐高温复合材料隔热屏和先进冷却技术的发展，因此，相应的冷效气动试验十分必要。

点/熄火性能试验与主燃烧室试验不同的是，点/熄火性能试验主要关注加力燃烧室结构和气动特性、稳定器设计和安装、点火系统等因素对点/熄火性能的影响。

3.6.2 进出口状态参数测量要求

加力燃烧室各种类型的试验均需要测量进口和出口截面的状态参数,测点布局要求基本一致,具体要求如下。

1. 进口参数测量

进口测量截面一般布置在进口转接段后部,也可布置在试验件前部。进口测量截面处内外涵壁面静压、总压与总温可分别测量,并应布置在同一截面处。所有受感部的堵塞面积应不大于通道面积的5%。进口截面测点要求如表3.4所示,典型测点布置如图3.18所示,若试验件流通面积过小,则可根据实际情况适当调整[3]。

表3.4 进口截面测点要求

试验件类型	受感部数量	测点数量	其他要求
矩形、扇形或缩尺模型试验件	内涵总温总压耙≥2 外涵总温总压耙≥2	内涵每支受感部≥3 外涵每支受感部≥2	1. 全尺寸试验件受感部在周向均匀分布; 2. 每支受感部上的测点按等环分布
全尺寸试验件	内涵总温总压耙≥4 外涵总温总压耙≥4	内涵每支受感部≥5 外涵每支受感部≥3	

(a) 扇形

(b) 全尺寸

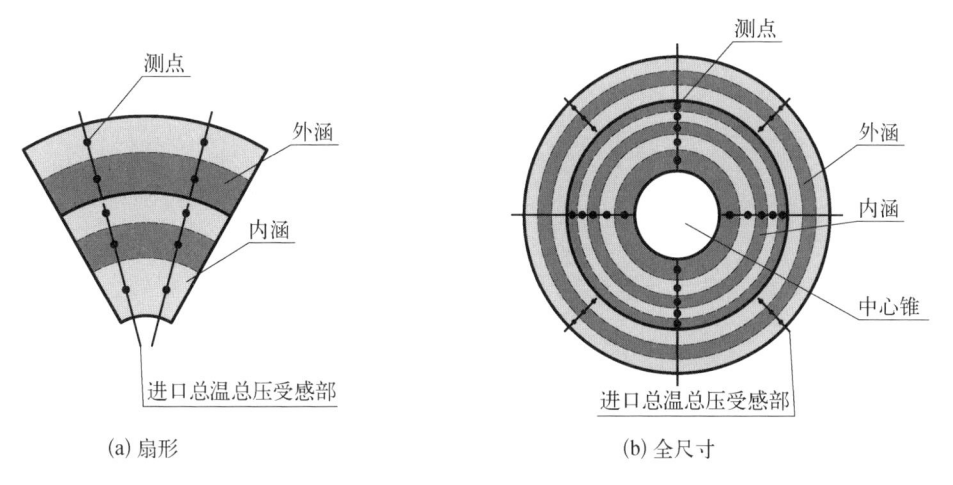

图3.18 扇形和全尺寸加力燃烧室进口受感部的测点布置图

2. 出口参数测量

出口测量截面一般布置在加力燃烧室出口处,对于全尺寸试验件,出口测量截面一般布置在加力筒体后部,对于扇形、矩形或缩尺模型试验件,出口测量截面一般布置在后转接段上。试验出口测试受感部允许采取气冷或水冷等防烧蚀措施。出口截面测点要求如表3.5所示,典型测点布置如图3.19所示,若试验件流通面积过小,则可根据实际情况适当调整。

表 3.5　出口截面测点要求

试验件类型	受感部数量	测点数量	其他要求
矩形、扇形或缩尺模型试验件	总温总压耙≥2	每支受感部≥5	1. 全尺寸试验件受感部在周向均匀分布； 2. 每支受感部上的测点按等环分布
全尺寸试验件	总温总压耙≥4	每支受感部≥5	

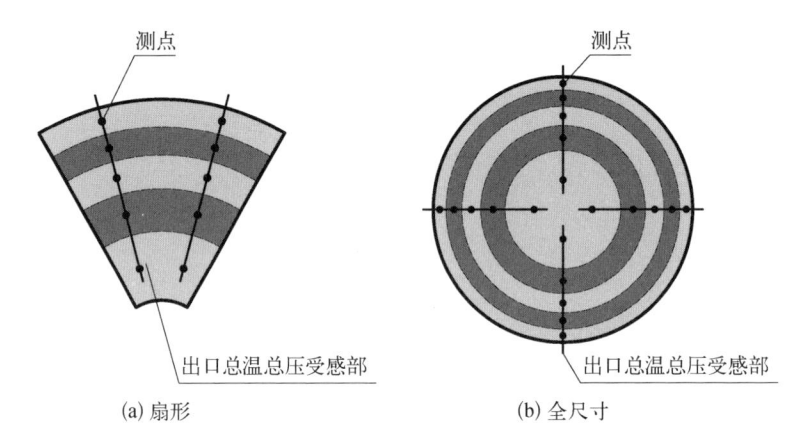

(a) 扇形　　(b) 全尺寸

图 3.19　扇形和全尺寸加力燃烧室出口受感部的测点布置图

3.6.3　流阻特性试验

加力燃烧室流阻特性试验包括冷态流阻特性试验(试验件不供油)和热态流阻特性试验(试验件供油)，其中冷态流阻特性试验又包括标准状态冷态流阻特性试验、变内涵速度系数冷态流阻特性试验和变外涵速度系数冷态流阻特性试验。流阻特性试验就是在特定工况下测量相关数据，并对数据进行处理得到上述各种系数，具体试验方法如下。

1. 冷态流阻特性试验

冷态流阻特性试验包括以下几种。

(1) 标准状态冷态流阻特性试验：调节内、外涵进口状态参数达到试验标准状态要求后，应有≥5 s 的观察时间，确认试验状态稳定后采集数据，获得该点冷态流阻损失。

(2) 变内涵速度系数冷态流阻特性试验：保持内涵总压、总温以及外涵空气流量、总温与试验标准状态一致，调节内涵速度系数(空气流量)，应有≥5 s 的观察时间，确认试验状态稳定后采集数据，获得不同内涵速度系数下的冷态流阻损失。

(3) 变外涵速度系数冷态流阻特性试验：保持内涵总压、总温、空气流量以及外涵总温与试验标准状态一致,调节外涵速度系数(空气流量),应有≥5 s的观察时间,确认试验状态稳定后采集数据,获得不同外涵速度系数下的冷态流阻损失。

2. 热态流阻特性试验

试验件Ⅰ区点着火后,调节内、外涵进口状态参数达到试验状态要求,应有≥5 s的观察时间,确认试验状态稳定后开始连续采集数据,然后降低或增加Ⅰ区燃油流量,直到火焰熄灭、燃油流量达到任务书给定值或者达到Ⅰ区燃油压力限制值,停止数据采集。Ⅰ区燃油流量增加或降低过程中,通过不断调节试验件出口可调喷口系统,保证试验过程中内涵进口压力不变。

试验件Ⅰ区点着火后,调节Ⅰ区燃油流量达到任务书给定值,调节内、外涵进口状态参数达到试验状态要求,应有≥5 s的观察时间。确认试验状态稳定后开始连续采集数据,然后依次逐渐增加各区燃油流量,达到任务书给定值或者直到火焰熄灭,停止数据采集。依次逐渐增加各区燃油流量过程中,通过不断调节试验件出口可调喷口系统,保证试验过程中内涵进口压力不变。

3.6.4　冷效气动试验

加力燃烧室冷效气动试验包括标准状态冷效气动试验和变外涵速度系数冷效气动试验,由于加力燃烧室出口燃气温度在喷气式发动机三大高温部件中是最高的,大大超过了加力燃烧室喷油杆、稳定器、隔热屏和内锥体的耐温极限,对隔热屏和加力燃烧室的使用寿命构成了极大威胁。因此,试验过程中必须控制喷油杆、稳定器、隔热屏和内锥体的温度,避免超温损坏试验件。试验内容主要是测量试验件各零组件在不同工况下的壁面温度情况,具体试验方法如下。

1. 标准状态冷效气动试验

标准状态冷效气动试验过程与3.6.3节中热态流阻特性试验过程一致,可参照前文开展试验。

2. 变外涵速度系数冷效气动试验

试验件Ⅰ区点着火后,保持内涵总压、总温、速度系数以及外涵总温与试验标准状态一致,调节外涵速度系数(空气流量),应有≥5 s的观察时间,确认试验状态稳定后开始连续采集数据,然后降低或增加Ⅰ区燃油流量,直到火焰熄灭、燃油流量达到任务书给定值或者达到Ⅰ区燃油压力限制值,停止数据采集。Ⅰ区燃油流量增加或降低过程中,通过不断调节试验件出口可调喷口系统,保证试验过程中内涵进口压力不变。

试验件Ⅰ区点着火后,调节Ⅰ区燃油流量达到任务书给定值,保持内涵总压、总温、速度系数以及外涵总温与试验标准状态一致,调节外涵速度系数(空气流量),至少应有不少于5 s的观察时间,确认试验状态稳定后开始连续采集数据,然后依次逐渐增加各区燃油流量,达到任务书给定值或者直到火焰熄灭,停止数据采集。依次逐渐增加各区燃油流量过程中,通过不断调节试验件出口可调喷口系统,保证试验过程中内涵进口压力不变。

3.6.5 点/熄火性能试验方法

点火试验中,对于试验件的点着情况,可通过试验件上的观察窗或视频来直接判断,也可以通过试验件后安装的温度受感部的温升或火焰探测器检测信号来判断,其点火成功判断标准与主燃烧室点火试验的标准相同。点火时间要求按任务书的要求执行。同一个状态下连续点火 3 次,启动点火器后延时 3 s 以内点着,2 次以上着火成功视为该状态下能够成功点火。若 3 s 内未点燃,则应立刻切断燃油,待管道内的空气将上次点火未燃烧燃油吹净后,方可进行下一次的点火,防止产生爆燃。熄火边界判定依据是火焰全部熄灭。对于富油熄火试验,由于受到现有条件限制很难做到真正意义的富油熄火,一般限制达到一定油量(相应状态下设计给定燃油量的 105%)后,如果火焰仍未熄火,就停止继续加油,认为该状态下富油熄火边界已足够宽。

1. 点火边界试验

点火边界试验按以下步骤进行:

(1) 调节试验件内外涵空气状态至点火试验状态;
(2) 调节试验件点火油量并向试验件供油;
(3) 启动点火电嘴;
(4) 根据点火结果调节油量,重复步骤(2)和(3)。

2. 熄火边界试验

熄火边界试验分为贫油熄火边界试验和富油熄火边界试验,分别按以下步骤进行。

贫油熄火边界试验步骤:

(1) 调节试验件内外涵空气状态至点火试验状态;
(2) 逐渐提高试验件供油量,并启动点火电嘴点火;
(3) 点火成功后逐渐减小供油量直至试验件熄火;
(4) 重复步骤(1)~(3)。

富油熄火边界试验步骤:

(1) 调节试验件内外涵空气状态至点火试验状态;
(2) 逐渐提高试验件供油量,并启动点火电嘴点火;
(3) 点火成功后继续增加供油量直至试验件熄火或供油量超过给定油量 5% 后停止供油;
(4) 重复步骤(1)~(3)。

3.6.6 燃烧性能试验方法

燃烧性能试验首先进行状态调节,根据设备空气工艺流程和设备原理,完成内、外涵空气流量调节,通过内、外涵加温装置完成对试验件内、外涵进口温度的调节,通过喷口模拟系统和引射/抽气系统完成对内外涵进口压力的匹配,最后通过各系统的微调,保证内、外涵空气流量,内涵进气温度和内涵进气压力。外涵进气总温不做控制要求,外涵进气总压由试验件外涵流道的流阻特性进行自适应匹配,无法进行调节。

试验件 I 区点着火后,调节内、外涵进口状态参数到试验状态要求,应有不少于 5 s 的观察时间,确认试验状态稳定后,增加燃油流量至 I 区状态值,然后依次逐渐增加各区燃油流量达到任务书给定值,供油过程中,应通过喷口模拟系统保持内涵进口压力不变;在整个加力过程中,应严密监视试验件筒体壁温、稳定器壁温、隔热屏壁温、燃烧脉动压力和出口火焰情况。若供油过程中出现壁温超温或压力脉动超限的情况,则应及时降低加力供油量。

全加力状态达到状态值时,应有不少于 5 s 的观察时间,确认试验状态稳定后,开始相关数据采集工作。

3.7 零组件性能试验方法

3.7.1 燃油喷嘴及带喷嘴燃油总管试验

主燃烧室燃油喷嘴及带喷嘴燃油总管的特性直接影响燃烧室的点火及燃烧性能。

燃油喷嘴的性能具体指流量特性和雾化特性。其中,流量特性即喷油压降与燃油流量的关系;雾化特性包括喷雾锥角、索特平均直径、粒径分布不均匀度、分布指数 N 等。

带喷嘴燃油总管的特性是指总管的流量特性和总管上各喷嘴的流量均匀性。

燃油喷嘴及带喷嘴燃油总管试验的目的是通过上述各种性能试验,获得喷嘴及总管的性能参数,从而判断单个燃油喷嘴和总管的性能是否满足设计要求。只有满足设计要求的喷嘴和总管才能安装于燃烧室内,不满足要求的喷嘴和总管则需要返工修配直至满足要求,返工后还不满足要求的则需要报废或另行处理。

对于气动雾化类喷嘴,除了需要进行上述试验外,还要进行喷气压降、气速、气液比等参数对雾化特性的影响试验。

试验用流体一般为航空煤油或喷嘴的设计燃料,当无法提供上述燃料时,可用水替代燃料开展试验。

加力燃烧室喷嘴有供油总管喷嘴、点火喷嘴、加力喷嘴等类型,均需要开展流量特性、雾化特性等试验。试验方法与主燃烧室基本相同。

燃油喷嘴及带喷嘴燃油总管不同类型试验的方法如下所述。

1. 流量特性试验

流量特性试验方法是：在燃油喷嘴试验器上（第2.5.2节），以大气环境为喷嘴背压，依照喷嘴设计状态选取一系列的试验供油压降，并记录对应的燃油流量，由此得到流量特性曲线。以压降的平方根为横坐标整理数据，可得到一条直线。按照设计指标或使用规范，要求每个喷嘴的实际燃油流量与设计值之间的偏差不能超过某个限定值，一般情况下这个限定值取±3%。

主燃烧室燃油喷嘴大都采用双油路设计，目前常用的有两种类型：一种是由单一进油口和流量活门组成的喷嘴，按设计要求确定的流量活门节流特性，供油压降达到设定值后，主油路会自动接通并开始供油，因此只需要测量不同压降下的喷嘴总供油量即可；另一种是主、副油路分别供油的喷嘴，即有两个独立的进油口，因此先分别对两条油路单独开展流量特性试验，获取两条油路各自的流量特性，再根据试验要求对两条油路同时供油，获取喷嘴的流量特性。根据设计要求分别选取5~8个单独供油状态或共同供油状态点。

供油压降用压力变送器或压力表测得。燃油流量用流量计和称重法测量，这两种测量方式都具有测量精度高、可远程传输信号、实时性强的优点。其中，流量计适合在单喷嘴或者总管流量特性试验中使用。当需要同时测量总管上每个喷嘴各自的流量时，由于无法单独为每个喷嘴安装流量计，更适合用称重法进行测量。试验时只需要给每个喷嘴配备对应的称重装置（带称重传感器的集油容器），然后记录一定时间内喷嘴喷出的燃油质量即可算出燃油流量。

2. 雾化锥角测量试验

在燃油喷嘴雾化锥角测量试验中，一般都将喷嘴竖直安装，因此距离燃油喷嘴喷口越远，油雾受喷嘴结构的影响就越弱，再加上重力的作用，就会导致距离喷口越远，雾锥表面的锥角越小。喷雾锥角随着喷口距离的变化有明显改变，靠近喷口处难以观察，因此一般测量锥角时，需要在离喷口一定距离处测量。试验中一般需要根据每个喷嘴的具体情况确定测量距离，通过专用工装实现喷口与测量处的距离调节。例如，在主燃烧室中，比较关注主燃孔位置的雾化情况，因此可把喷口至主燃孔的距离设定为测量距离。

在轴向测量位置确定后，为了更全面表示喷雾锥角的情况，还应在雾锥周向不同位置进行测量，取平均值以表示油雾锥角。周向位置一般按周向四等分取点，采用旋转喷嘴的方式实现。

喷嘴燃油流量和喷雾角度随着供油压差的变化而变化，可以选取某一个特征压差为检测标准点，该特征压差能够恰当地反映出喷嘴的工作优劣。大量试验表明，喷嘴工作压差大于一定值后才会形成稳定油雾，随后供油压差越大，工作越稳定。因此，从喷嘴的工作稳定性来讲，选取的检测标准点应在大压差范围内，但是压差过大容易掩盖喷嘴本身的缺陷，从而使得获取的结果不能准确表征喷嘴的情况。因此，选取的检测点不仅应使喷嘴工作稳定，还必须有一个较大的变化范围。

一般情况下，试验中的检测点应根据该燃油总管的工况来确定，选取 5~8 个检测点。以某燃油喷嘴试验检测点的选取为例，根据表 3.6 所示结果，供油压差选取在 2.6 MPa 以下比较合适，在此范围内喷嘴工作稳定性较好，并且 $\Delta W_f/\Delta P_f$ 和 $\Delta \theta/\Delta P_f$ 的变化率较大。

表 3.6　某燃油喷嘴试验结果

参　数	试　验　结　果								
压差 ΔP_f/MPa	1.4	1.6	1.8	2.0	2.2	2.4	2.6	2.8	3.0
喷雾角度 θ/(°)	15.3	28.2	40.2	52.5	58.3	62.4	65.8	70.3	72.1
流量 W_f/(g/s)	8.1	12.5	16.7	20.5	26.4	32.3	38.7	40.3	42.1

雾化锥角有两种测量方法，下面分别介绍。

1) 机械法

机械法测量系统如图 3.20 所示。当燃油在一定压力下从喷嘴以一定锥角喷出时，在雾锥旁设有机械感受装置（如挡板或探针），当机械感受装置与油雾雾锥接触时，所形成的角度即喷雾角度。在挡板的基础上发展了探针测量方法，相对而言，探针测量精度更高。在《航空发动机燃油喷嘴性能试验》(HB 7667—2000) 中规定的机械法为探针测量，根据探针与喷口之间的距离 (H) 和探针与喷口中心线的距离 (L)，可以计算出喷雾锥角。在此基础上，将探针设计成固定式，可提高批量定性检查试验的效率。具体做法是在所需测量的喷嘴设计雾化锥角角度上下限处各设置一根探针，当喷雾锥角超过上限时，油雾会喷溅到两根探针上；当喷雾锥角低于下限时，油雾喷不到任何一根探针上；当喷雾锥角在标准范围内时，只能喷在一根探针上。

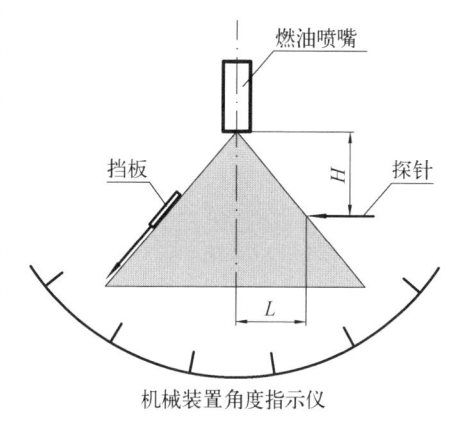

图 3.20　机械法测量系统示意图

机械法测量装置结构简单，成本低廉，经久耐用，可以直接获取或间接换算出喷雾锥角，但是需要人工肉眼判读，精度及重复性较差，并且没有测量信号输出，过程记录或者数据保存停留在人工笔录方式，可作为工厂加工的批量定性检查手段。

2) 图像测量法

图像测量法测量准确度较高,如今行业内大都通过计算机图像处理技术对喷雾图像进行角度测量,自动化程度高,并且测量精度很高,能够完全排除人为因素带来的误差,重复性高,还可通过标准尺寸固体模块进行标定,测量误差可溯源。图像测量法唯一的不足就是受光源的影响较大,因喷雾油雾具有透明的特性,且动态变化大,光源给定的角度和亮度对油雾锥角边界的认定影响尤其明显。试验表明,同一个燃油喷嘴在相同测量条件下(供油压力、测量位置),光源给定的角度影响十分明显,误差极大。因此,光源的调试是油雾锥角图像测量法中比较重要的环节,基本原则是光源应能将整个油雾照全,无明显反射光斑。

喷雾图像测量系统主要由燃油喷嘴、CCD 相机、计算机(内置图像采集卡及图像处理程序)和光源等组成,如图 3.21 所示。其测试原理是:燃油通过喷嘴雾化后,喷入集油器,待油雾稳定后,下发命令使 CCD 相机获取油雾图像,然后通过实时图像处理技术在图像中识别出喷雾边界并得出喷雾锥角。使用图像测量法时,轴向距离可以在图像处理软件中进行设置,也可以通过喷嘴安装架上下移动调整,周向位置一般布置多个 CCD 相机同时获取图像。

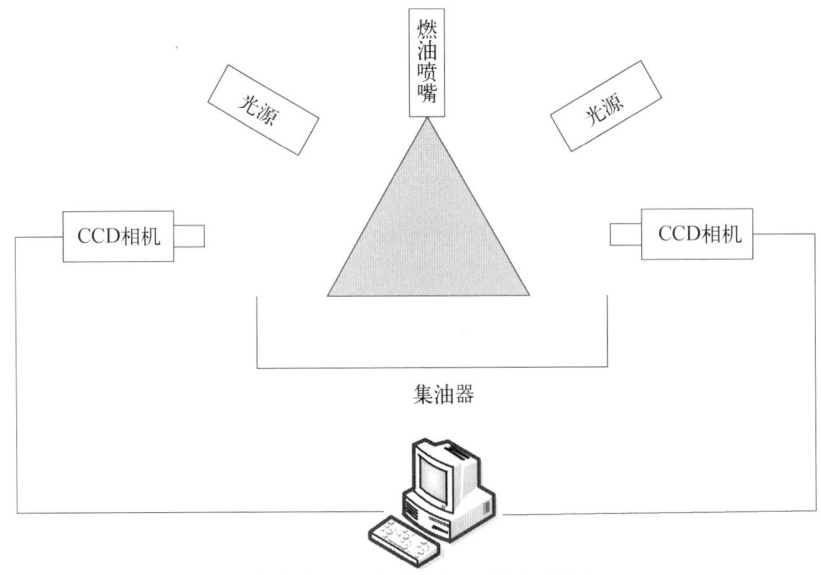

图 3.21 喷雾锥角图像测量系统示意图

除了采用喷雾锥角测量装置获取角度参数,还需要对雾锥的形态进行目视检查,主要检查有无明显的成股油线或缺缝、雾锥中心与喷嘴轴心有无明显偏斜等问题。

3. 燃油分布不均匀度试验

燃油分布不均匀度试验根据试验对象可分为单喷嘴燃油分布不均匀度试验和带喷嘴燃油总管流量分布不均匀度试验，两种试验的方法基本一致，但所需试验装置不同。

单喷嘴燃油分布不均匀度是用来评价单喷嘴雾锥中不同区域燃油流量差异的。一般认为雾锥横截面为圆形，将圆形截面划分为多个面积相等的区域，可以通过测量相同时间内各区域的累积燃油质量来计算雾锥内不同区域的燃油流量，对比它们之间的差异。测量截面内划分的区域越多，试验的精度越高。

目前，单喷嘴燃油分布不均匀度一般是按照传统的雾锥周向若干等分质量收集法测量，在喷嘴喷雾锥角下方周向放置一个若干等分的圆形分布器，记录相同时间内每个区域所收集到的燃油量来分析该喷嘴的燃油分布情况，并计算其燃油分布不均匀度。各个区域的燃油质量可通过容积法或称重法获得。由于单喷嘴流量较小，通常情况下燃油累积时间较长。累积流量收集法检测燃油周向分布不均匀度的测点区域过粗（一般每 20°~30°布置一个测点），还受收集装置精度的影响，测量精度较低。

另外，也有采用激光透射法检测燃油周向分布不均匀度的技术，其基本原理是利用激光穿透油雾的锥面，燃油浓度与光强呈对数关系，通过对穿透后的激光强度进行检测，可得出激光所穿过油雾体积燃油流量的情况。试验中通过旋转喷嘴，可得出喷雾锥角周向 360°任意点的燃油分布不均匀度。激光透射法检测燃油周向分布不均匀度具有精度高、响应快、数字化信号输出稳定的优点。

带喷嘴燃油总管流量分布不均匀度是用来评价在相同供油压力下，燃油总管上各个喷嘴之间的流量差异情况。带喷嘴燃油总管的周向分布不均匀度试验方法与单喷嘴流量特性试验基本相似，试验中主要测量的是总管上每个喷嘴的燃油流量，单个喷嘴的燃油流量相对来说比较容易测量，且测量手段多样。

通常单喷嘴的燃油周向分布不均匀度要求控制在±15%，带喷嘴燃油总管的周向分布不均匀度要求根据所装配的燃烧室来确定，具体要求可以参见 5.4.12 节内容。

4. 喷雾特性试验

喷雾特性是指喷嘴中喷出的雾化燃油的粒径分布情况，不包括喷雾锥角及燃油分布不均匀情况。

影响离心喷嘴喷雾特性的因素主要有燃油性质、喷嘴压降、喷嘴几何尺寸和空气压力。绝大部分的雾化试验在常压环境下进行，只有在研究空气压力的影响时，才会进行带压雾化试验。带压雾化试验需要在压力容器内进行，这种情况就给测量带来了很多不便。例如，高压下燃油的空间浓度加大，光束穿透率就会下降，导致测量效果较差。

影响空气雾化喷嘴喷雾特性的因素有气动参数、气油比（air-fuel ratio，AFR）等，为了得出各个因素对其雾化特性的影响关系，需要孤立各个因素进行试验。而在实际中，除了几何参数，其他主要状态参数很难与实际工况参数保持一致。在喷入大气的雾化特性试验中，通常只能保持几个对雾化性能有显著影响的且容易实现的参数与实际工况一致。雾化空气流量试验中需要注意的是雾化空气压差，压力测点位置应尽量靠近喷嘴。

随着技术的进步，燃油喷嘴喷雾特性试验的测量方法已经从传统的印痕法或石蜡模拟法过渡到光学法，应用光散射原理技术来测定雾滴直径，该方法简捷、方便、准确，不干扰原有的流动及过程，尤其在气流中测量更显优越。其中，雾滴索特平均直径（SMD）记为 D_{32}，其意义是一设想的直径为 D_{32} 的单分散颗粒群，它的体积和表面积均与被测颗粒相同；质量中值直径（MMD）是指被测颗粒群中小于该直径的各种颗粒的总质量占全部颗粒总质量的 50%。

喷嘴喷雾特性试验主要是用激光粒度仪测量喷嘴出口下游特定截面处雾滴的特征直径、雾滴尺寸分布和雾滴参数空间分布（雾滴数密度、雾滴速度和雾滴质量通量等参数的空间分布测量）。实际使用中除了用 SMD 和 MMD 来表征，还有其他平均直径的定义方法，具体采用哪一种定义方法，应由所应用的测量方法和研究目的确定。雾滴尺寸分布是指每个直径区间的液滴数量占总液滴数量的比例，常用的分布函数有 Rosin‐Rammler 函数（简称 R‐R 函数）[4]。R‐R 函数是一个累积分布函数，公式为

$$V(D) = 1 - \exp[-(D/\bar{D})^k] \tag{3.10}$$

式中，$V(D)$——直径小于 D 的颗粒累积体积百分率；

$\bar{D}$——特征尺寸参数，表示小于这个尺寸的颗粒体积占总体积的 63.21%，μm；

k——分布参数。

k 越大，颗粒分布越窄；k 越小，颗粒分布越宽。$k \to \infty$ 为单分散颗粒。在实际应用中，$k>4$ 即可认为是单分散性（粒径均匀性）较好的颗粒。

在使用 R‐R 函数时，应注意雾滴 SMD 和分布指数 N 的拟合对数误差，其数值不应大于 4.5%。

激光粒度仪所用每种透镜的测量范围均是有限的，因此在试验中应当根据测量的粒子尺寸范围正确地选用合适焦距的透镜。每种透镜所能测量的粒子尺寸量程比为 1∶100，例如，焦距为 100 mm 的透镜能测量的粒子直径范围为 2～197 μm，焦距为 300 mm 的透镜能测量的粒子直径范围为 5.8～564 μm，因此为了测量更多的粒子，需要配备多种规格焦距的透镜，只有针对所测粒子的尺寸范围选用合适焦距的透镜才能得到正确的测量结果。另外，为防止多重衍射带来的误差，光束沿程的遮光度不应大于 0.5。夫琅禾费（Fraunhofer）衍射理论要求粒子的直径（粒径）

要比激光束的波长大得多才能保证测量的精度。例如,粒径小于 5 μm 后,激光粒度仪的测量精度就不精确了。

在进行雾化特性试验前,先用标准粒子对激光粒度仪进行标定,标定结果与标准物质的粒径误差在±3%方可满足要求。先将雾化喷嘴连接到燃油系统,再根据试验状态调节喷嘴工作参数,并采用激光粒度仪给出被测雾滴的 SMD 和分布指数 N。

对于常规试验中合格的同一批喷嘴,选择 1~2 个喷嘴做雾化特性试验即可;对于一般工作喷嘴,只选择 1~2 个工况做雾化特性试验;对于研制的新型喷嘴,应选择 5~8 个工况做雾化特性试验,并做出 SMD(或 MMD)和分布指数 N 随 ΔP_f、ΔP_a、AFR 变化的特性曲线等。

3.7.2 涡流器试验

航空发动机燃烧室为保证主燃区内火焰稳定燃烧,需要在主燃区内形成空气及燃烧产物回流区,现在最常用的结构方案是空气涡流器和与之相对的主燃孔射流组合。全环燃烧室具有多个头部,每个头部都有涡流器,必须保证每个涡流器的流通特性满足设计要求,这需要通过涡流器试验来验证。这不仅需要保证单个涡流器的流通能力,还需要保证多个涡流器在相同状态下的流通能力基本一致。

涡流器试验的主要内容是验证单个涡流器的有效流通面积和流量特性与设计值是否一致、多个涡流器同时工作时的流量均匀性是否满足要求。从多个型号主燃烧室的工程经验来看,一般要求单个涡流器的有效流通面积与设计值的偏差不超过±3%,越接近设计值越好。根据有效流通面积偏差对涡流器进行分组,安装在同一个燃烧室上的涡流器偏差应基本一致,从而保证多个涡流器在燃烧室内工作时单个涡流器的流量与平均流量(W_a/n,n 为涡流器个数)的偏差不超过±1.5%。

涡流器试验件结构如图 3.22 所示,除了涡流器本身,还包括进口转接段、涡流器支撑段、模拟喷嘴等组件。试验时,进口转接段与试验器供气管道相连,涡流器出口与大气直接相通,调节通过涡流器的空气流量,在涡流器上游测量气流压力和温度。每个涡流器记录多组不同压差下的流量,得到流量与压差之间的关系曲线,并按式(3.9)计算涡流器的开孔有效流通面积,然后将试验值与设计值进行比较,计算其偏差。根据偏差对涡流器

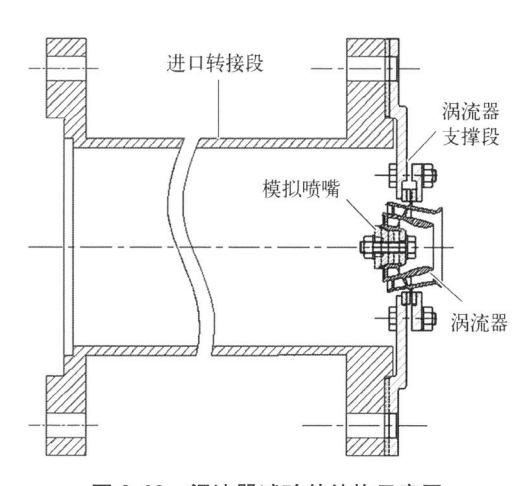

图 3.22 涡流器试验件结构示意图

进行分组后,按流量特性曲线计算指定压差下的流量,或将试验实测流量换算为标准状态下的流量,对比每个涡流器的流量与平均流量的偏差是否满足要求。试验过程中应保证气流压力的稳定性,一般要求其波动不大于±1 kPa,同一工况应记录多组数据,确保试验数据的准确性和重复性。

典型的涡流器结构如图 3.23 所示。涡流器可分为多级,若需要分别测量涡流器单级流通能力,则需要在试验中堵住其他开孔后再开展试验。堵孔法除了采用与流量分配试验类似的装置,还可以加工专门的堵孔工装(一般采用橡胶材质)安装在涡流器进口或出口处。

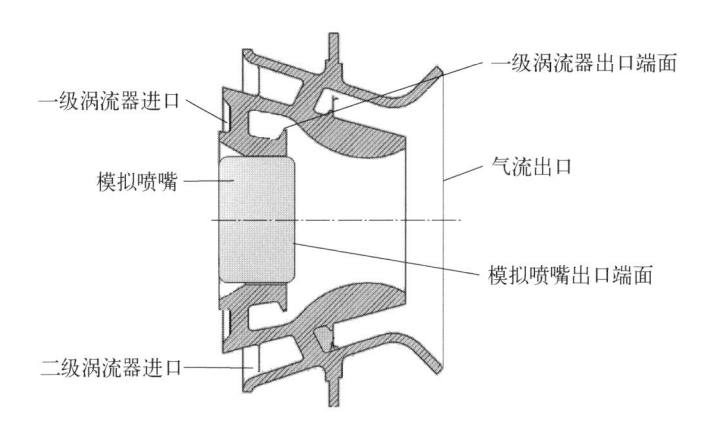

图 3.23 典型的涡流器结构示意图

3.7.3 扩压器试验

燃烧室的总压损失由性质上完全不同的两部分组成:① 为保证正常燃烧所必需的燃烧压力损失(热阻损失)及空气经过火焰筒孔的进气混合损失;② 空气流经扩压器及环腔空气通道的损失。在燃烧室设计中,希望总压损失中第一部分占的比例大,第二部分占的比例小,第二部分的损失也称为无用损失。一般力求把空气通道设计为进口到供给主燃区空气环腔的压力损失为最小,这样可以增加空气进入主燃区时的压力降,有助于主燃区的混合。要实现上述目的,减小扩压器损失是有效的途径之一,因此需要开展扩压器试验,确定扩压器的流阻特性是否满足设计要求。另外,通过扩压器后的流场对燃烧室的燃烧稳定性和温度场的均匀性也有很大的影响,因此还需要在进气压力发生畸变的情况下,考察扩压器的流场特性。

扩压器流阻特性试验、进气压力畸变特性试验的方法和流程与主燃烧室流阻特性试验类似,可参考前文内容开展试验。其中,进气压力畸变特性试验需要在试验件上游一定位置安装进气畸变模拟板,用于模拟压力畸变情况,这与流阻特性试验不同。

扩压器试验件如图 3.24 所示。扩压器试验主要测量不同结构参数的扩压器进口、出口截面,以及沿程总、静压在不同气流马赫数下的变化情况,根据试验件尺寸设置合适数量的总、静压测量座和温度测量座测量相关参数。

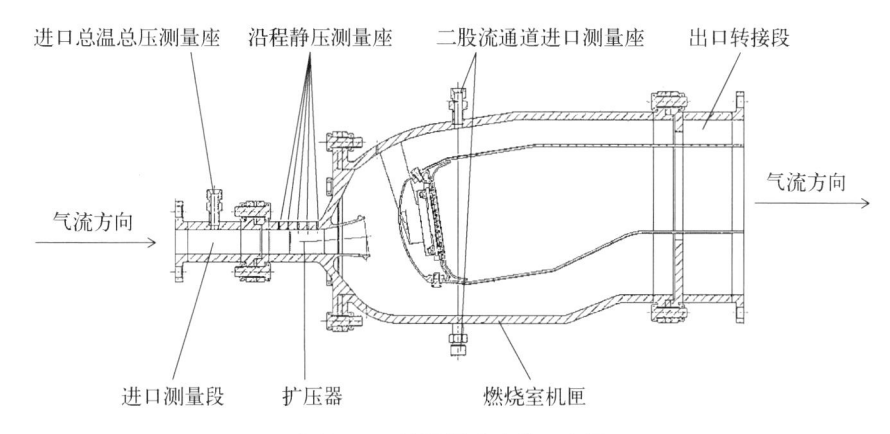

图 3.24 扩压器试验件示意图

试验后对试验数据进行整理,除了可以得到总压损失系数、总压恢复系数、流阻损失系数随马赫数的变化关系曲线,还可以得到静压恢复系数与马赫数的关系曲线及扩压器出口总压径向分布曲线。

3.7.4 火焰筒冷却试验

火焰筒冷却试验主要是测定为满足火焰筒冷却需求而开发的各种冷却结构形式的气动、换热性能,如冷却通道的压降、流量系数、换热系数以及气膜绝热冷却效率等,确定最佳的结构尺寸,为燃烧室火焰筒壁面冷却结构设计提供支持。开展火焰筒冷却试验所用的试验件通常是一块与火焰筒及冷却结构材料相同的金属板。火焰筒冷却试验主要开展两种,一种是气膜绝热冷却效率试验,主要目的是测量试验件的气膜冷却效率和流量数;另一种是换热系数试验,主要目的是测量试验件的换热系数,两种试验所用的试验装置相同,但试验方法不同。

图 3.25 是火焰筒冷却试验装置的示意图和实物图,其主要作用是安装试验件,并将主流进口、次流进口分别与对应的供气管道相连。火焰筒冷却试验一般采用降温模拟方式,遵循几何相似、气动相似和运动相似准则进行试验。

1. 气膜绝热冷却效率试验

气膜绝热冷却效率试验方法主要采用壁温法:试验件两侧有两股气流,分别称为主流和次流,通常主流温度 T_{tg} 高于次流温度 T_{ta}。主流模拟火焰筒内气流,次流模拟冷却气流。在试验参数达到预设值要求时,通过测量主流温度、次流温度和冷效试验板的壁温计算气膜绝热冷却效率,通过测量次流流量和次流压力计算冷效试验板开孔流量数。试验需要按试验任务书中给出的性能试验工况进行。在试

(a) 示意图　　　　　　　　　　(b) 实物图

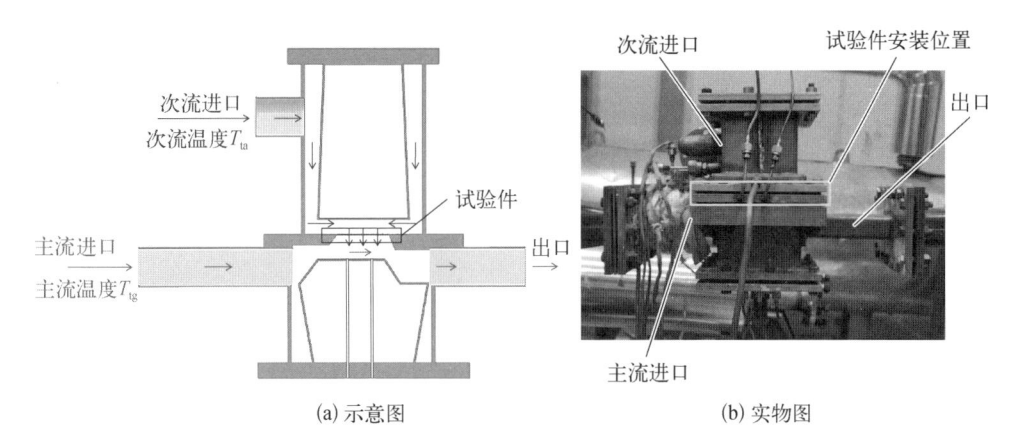

图 3.25　火焰筒冷却试验装置的示意图和实物图

验中次流的温度、速度基本保持不变,在给定的主流温度、流速下,调节主流和次流之间的静压差达到预设值,待试验状态稳定后录得所需参数,如冷效试验板壁面温度、主流和次流的温度和流量、主流和次流的静压差等,并按第 5 章中的公式计算主次流温比 θ、吹风比 B_C、流量数 G_P 等参数。

2. 换热系数试验

换热系数试验方法有两种,即静态法和动态法,具体试验方法如下。

1) 静态法

静态法是采用电加温的方式加热试验件,测量试验件壁面温度和次流温度,按式(5.33)来确定静态换热系数 α_{st}。

采用静态法开展试验时必须对试验装置采取绝热措施,以减小功率损失。采取绝热措施后,其损失功率与输入电功率的比值应控制在 3% 以下,从而可以忽略这一损失。

采用静态法必须使系统处于热平衡,壁面温度达到平衡后,方可录取试验数据。

2) 动态法

在主流不供气的情况下,用次流冷却气体冲击试验板,通过测量一定时间间隔内的壁面温差来计算试验板的换热系数。试验一般按试验任务书中给出的试验工况进行。在试验中,次流温度、流速基本保持不变,在主流不供气的情况下,取不同的主、次流压降对试验板进行冷却冲击,记录冷效试验板壁面温度随冲击时间的变化关系,计算得到不同主、次流压降下的换热系数。动态法最适用于壁面有质量交换的情况,测量试验板壁面温度随时间的变化关系,按式(5.34)计算动态换热系数。

壁面温度测量主要采用壁面埋设热电偶测量或喷涂示温漆测量,具体测温方法与火焰筒壁面温度测量方法一致。采用热电偶测量壁面温度时,平板试验板测温电偶布局如图 3.26 所示。图 3.27 所示的测温电偶一般在试验板中心区域沿气流方向布置 4~6 点,测点数可根据试验板冷却区域的大小进行调整。

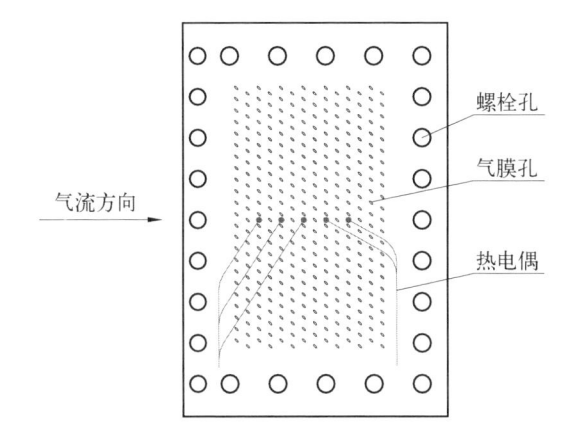

图 3.26 平板试验板测温电偶布局示意图

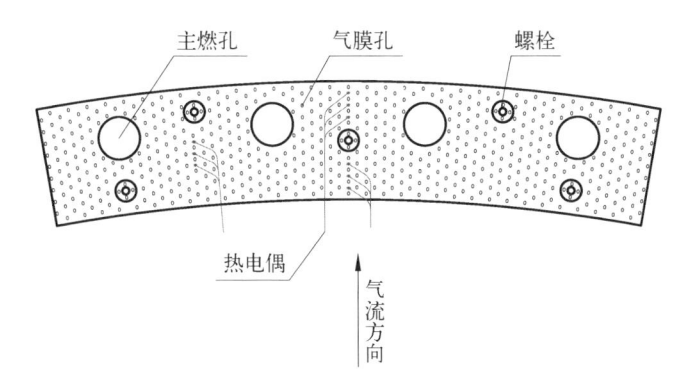

图 3.27 切块试验板测温电偶布局示意图

3.7.5 二元稳定器试验

二元稳定器是加力燃烧室中的重要组件,通常将一段同尺寸的二元火焰稳定器和燃油总管的一段放在矩形试验段内,在要求模拟的进口参数下进行试验。二元稳定器试验可分为低压试验和常压试验,其中低压试验主要调试火焰稳定器的性能,在给定的进口参数范围内,调试稳定器的燃烧效率、点火性能以及火焰稳定范围;常压试验重点进行火焰稳定器的选型,在常压非加力状态下进行火焰筒稳定器流阻损失试验。各种试验方法与加力燃烧室相关试验类似,但试验内容有所不同,具体如下。

1) 点火边界和稳定边界试验

点火边界和稳定边界试验内容如下：

（1）在给定进口参数范围内，通过改变所试验的火焰稳定器内的余气系数，作出点火边界和贫、富油熄火边界；

（2）在给定试验状态范围内，改变试验件进口某一参数，如进口混气压力、温度、速度、涵道比，作出对所试验的火焰稳定器点火边界和贫、富油熄火边界；

（3）可以进行两相燃烧和均匀混气对火焰稳定器的点火边界和贫、富油熄火边界的影响试验；

（4）改变喷油系统结构、喷油杆的喷油形式、火焰稳定器与喷油杆的相对位置，调试点火边界和贫、富油熄火边界；

（5）给定试验状态下，改变火焰稳定器的几何形状和尺寸，试出对点火边界和贫、富油熄火边界的影响；

（6）调试加力点火器与火焰稳定器的相对位置和点火能量对点火边界的影响。

2) 火焰稳定器选型试验

加力火焰稳定器的选取目标是争取一个燃烧效率高、流阻小、稳定范围宽的稳定器。在常压和低压状态下，录得不同结构、不同类型火焰稳定器的性能数据，并横向对比选取性能最优的方案。

3) 新型火焰稳定器稳定燃烧机理试验

通过二元火焰稳定器试验，研究新型火焰稳定器稳定燃烧后的轴向和径向速度计湍流度分布情况。试验过程中需要测量试验件进口和出口的气动参数、供油压力及流量、燃烧效率等，还需要通过照相、录像等方式观察燃烧时火焰的抖动、稳定情况以及火焰的传播情况。

参考文献

[1] 国家国防科技工业局.航空燃气涡轮发动机燃烧室性能试验方法：HB 7485—2012[S].北京：中国航空综合技术研究所，2013.
[2] 金如山.航空燃气轮机燃烧室[M].北京：宇航出版社，1988.
[3] 国家国防科技工业局.航空燃气涡轮发动机加力燃烧室性能试验方法：HB 20357—2016[S].北京：中国航空综合技术研究所，2017.
[4] 王乃宁.颗粒粒径的光学测量技术及应用[M].北京：原子能出版社，2000.

第4章
测量方法

4.1 概 述

测量是深入认识和优化燃烧室设计的基础,燃烧室测量参数通常用以反映和计算燃烧室的工作状态和综合性能,试验过程主要记录的信息包括数据、图像、视频等。掌握科学的测量方法,是合理规划、设计燃烧室试验器和试验件,保证测试结果的可靠性、有效性和准确性,实现试验目的的基础。

燃烧室试验通常采集的参数包括截面尺寸、温度、压力、流量、速度、燃气成分、振幅、频率以及应力应变等。多数燃烧室试验是在稳态条件下开展的,测量通常也是在稳定状态下进行的。测量内容主要包括燃烧室进出口截面参数、燃烧区的速度和压力、燃料浓度和温度以及热端构件壁面温度。由于热态试验具有高温、高压、高速的环境特点,测量装置的受感部设计时必须考虑工作的安全性,即耐温、耐压和耐气流冲击性,通常设计水冷却系统来满足环境要求。

燃烧室试验的测量方法主要有接触式和非接触式两类。接触式测量方法,如热电偶测温、压力探针测压、燃气分析仪测成分等,均已得到成熟应用,可以满足目前燃烧室试验的绝大部分需求。接触式测量的主要缺点是受感部插入气流中会干扰局部流场,影响局部区域的测试精度。但是通过高精度数值模拟分析和长期应用所累积的工程经验,可以判断工程应用中测量结果的可靠性和准确性。

非接触式测量方法(图 4.1)如粒子图像测速法(particle image velocimetry,PIV)、相位多普勒粒子分析法(phase Doppler particle analysis,PDPA)、可调谐半导体激光吸收光谱术(tunable diode laser absorption spectroscopy,TDLAS)等,主要是随着激光等光学技术的发展和常规方法不易满足高维空间的测试要求(如平面的流场、温度等分布)而逐渐发展形成的,具有不干扰流场、动态响应快、多参数同步测量等优势,代表了未来燃烧测量技术的发展方向。

但是,非接触式测量方法目前多用于成熟度较低、环境温度相对较低的基础研究或关键技术攻关上,对于高温、高压环境的测试,还处于探索阶段。制约非接触式测量广泛应用的主要因素包括:① 燃烧试验现场的环境通常难以满足光学仪器

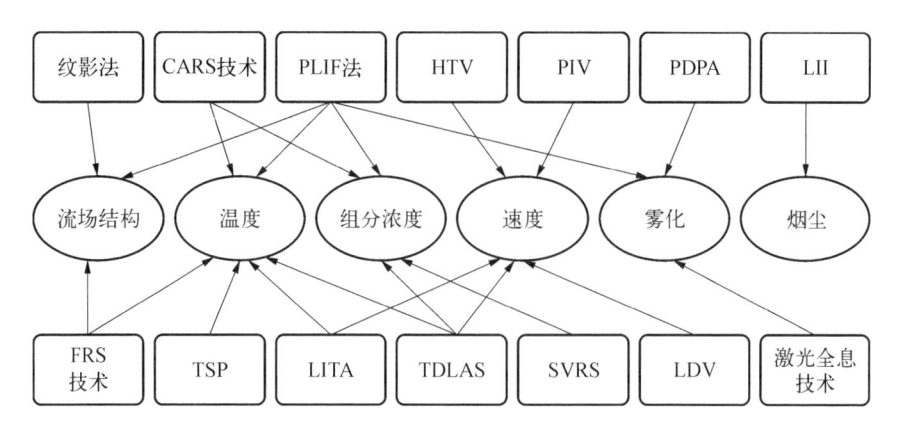

图 4.1　现有光学测量技术及其可测量的参数

对使用环境的要求;② 满足光学测量的试验件设计和制造存在困难。因此,目前在航空发动机燃烧室性能试验中,非接触式测量还未得到广泛应用。

本章将重点阐述现有常规测量方法的原理、系统组成、技术参数、使用经验和校核方法等,简要介绍非接触式测量方法,如 PIV、PDPA、TDLAS 等新型光学测试方法。

4.2　温 度 测 量

高温是航空发动机及燃气轮机燃烧室部件的典型特征。燃烧室的多数工作性能都与温度相关,如热态流阻损失、点熄火特性、燃烧效率、火焰筒壁面温度、出口平均燃气温度和温度场品质、NO_x/CO/UHC 等污染物的生成与排放以及材料强度和热膨胀特性等。因此,温度测量是燃烧室试验中最基础的环节[1]。

需要测量温度的对象主要有两类:第一类是空气、燃油、燃气、冷却水等流体的温度;第二类是火焰筒、隔热屏和外机匣等固体壁面的温度。主要的测量模式有固定式和移动式,测量方法主要是接触式测量和非接触式测量,测量技术要求主要包括宽温域、高精度、响应速度快、受感部小型化等。

4.2.1　流体温度测量

燃烧室常见的被测温流体包括空气、燃油、冷却水和高温燃气。前三种流体的温度相对较低,多采用热电阻或低温热电偶测量,而高温燃气采用高温热电偶或非接触式测量。

1. 测点布局

科学、合理的测点布局(包括位置和数量)是获得真实、准确和有代表性信息数据的基础。温度测点布局通常遵循以下程序:① 选择能够表征发动机特征的截面或试验关注特征的测量位置,如代表燃烧室进、出口状态的截面,应选在图 4.2

所示的 C—C 和 D—D 截面处;② 合理设计测量截面的测点布局和数量,主要包括测量截面的耙子数量、单支耙子测点数以及耙子类型,测量总温总压一般根据试验件尺寸、测量需求、气流堵塞比要求、试验效率等来确定。例如,某型发动机燃烧室进口总温和总压通常用固定在安装座上的3支3点总温总压复合耙测量,3个测点沿径向按等环面积布置;出口总温耙、总压耙及燃气取样耙则安装在摆动式位移机构上,进行扫描式测量,测点数量为3支6点,布局同样采用等环面积方式布置。

典型燃烧室部件试验件进气段总温测点、进气段总压测点和二股环腔脉动静压测点布置如图 4.2 所示的 A—A、B—B 和 E—E 截面,各截面分别采用单点总温探针、总压测量耙和脉动静压测量管测量。

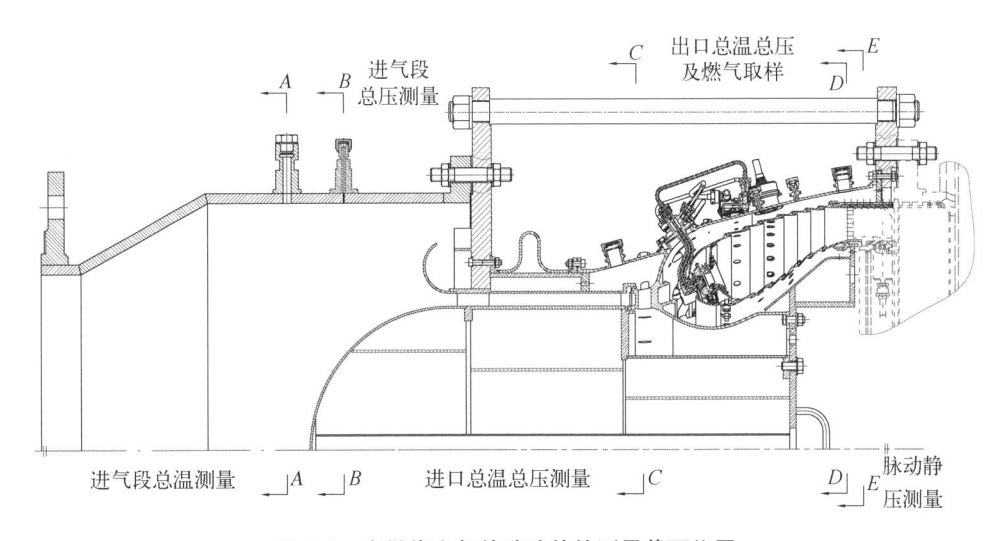

图 4.2 主燃烧室部件试验件的测量截面位置

2. 热电阻测温

热电阻一般用于800℃以下的温度测量,在燃烧室试验中应用广泛,如孔板前温度、进气段温度等。热电阻的测量精度高、性能可靠稳定、机械强度高[2]。其中,铂热电阻的精度最高,除了用于测温,还被制成标准基准仪,用于校准其他材料制成的热电阻。常用的热电阻主要由铂、铜、镍、铁、铁-镍等纯金属材料制成,其外形结构如图 4.3 所示。

1) 热电阻测温原理

热电阻测温主要利用金属导体或者半导体材料的热电特性,即电阻 R_T 随温度 T 的变化来测

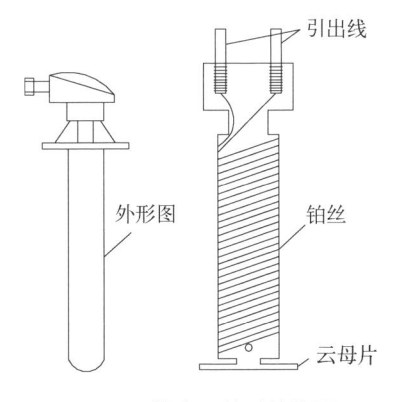

图 4.3 热电阻外形结构图

温,关系式为

$$R_T = R_0(1 + AT + BT^2 + CT^3) \quad (4.1)$$

式中, R_0——温度 $T=0$℃时的电阻;

A、B、C——与热电阻材料相关的常数。

制作热电阻的材料特性要求如下:

(1) 在测温范围内物理和化学性能稳定;

(2) 重复性好,经过多次冷热冲击后热电特性不变;

(3) 热电特性尽量呈线性关系(例如,Pt100 的电阻公式中常数 B 约为常数 A 的 0.014 8%,常数 C 则更小);

(4) 电阻温度系数(最常用的电阻温度系数为 $3.851×10^{-3}$/℃)大,温度分辨率高;

(5) 电阻率大,可实现微小化元件制造(常用金属导体的电阻率基本在 10^{-7} 量级)。

2) 热电阻技术参数

带变送器一体化的热电阻温度计的测量精度一般都可达 0.2 级,可满足燃烧室试验的温度测量需求。常用的铂、铜两种热电阻的技术参数如表 4.1 所示,表中 T 为当前温度,即 $-200 \sim 0$℃、$0 \sim 500$℃中某一温度。

表 4.1 常用的铂、铜两种热电阻的技术参数

类型	分度号	R_0/Ω	精度等级	R_{100}/R_0 及其允许测温误差	R_0 允许测温误差/%	最大允许测温误差/℃
铂	Pt50	50	I	1.391 0±0.000 7	±0.05	$-200 \sim 0$: $±(0.15+4.5×10^{-3}T)$ $0 \sim 500$: $±(0.15+3.0×10^{-3}T)$
	Pt100	100	II	1.391 0±0.001	±0.1	$-200 \sim 0$: $±(0.3+6.0×10^{-3}T)$ $0 \sim 500$: $±(0.3+4.5×10^{-3}T)$
铜	Cu50	50	I	1.425±0.001	±0.1	$-50 \sim 150$: $±(0.3+3.5×10^{-3}T)$
	Cu100	100	III	1.425±0.002	±0.1	$-50 \sim 150$: $±(0.3+6.0×10^{-3}T)$

注: R_{100} 是 100℃时的电阻,允许测温误差是指可接受的实际测量值 A 与标准计算值 B 的偏差 B 和标准计算值 B 的百分比。

铂、铜两种热电阻一般用于 $-200 \sim 500$℃的测温范围,测量精度高且灵敏性好,温度每升高 1℃,其阻值会增加 0.4%~0.6%,能够准确反映温度变化。但由于其感温部分的体积较大,是热电偶感温部件的数倍,不宜测量固体壁面温度和动态温度,常用于流体温度测量。铂热电阻采用高纯度的铂丝绕制而成,按照 ITS-90 国

际温标的规定,温度范围为 13.81~1 234.93 K 的标准仪器均是铂电阻温度计。其缺点是在高温还原性环境中,铂丝易变脆,也会改变其电阻的热电特性,因此加保护套管才能使用。在燃烧室试验中主要用 Pt100 和 Pt50 两种规格的热电阻。

铜热电阻成本较低,且热电性能良好,一般用于测量精度、可靠性要求不太高的场合。常用的铜热电阻有 Cu100 和 Cu50 两种规格,前者的分度值是后者的 2 倍。

3) 热电阻的使用

热电阻使用之前应先对其外观等进行检查,确保热电阻保护管完整无损,无显著的锈蚀和划痕;热电阻的连接螺纹应光洁;热电阻各部分装配应牢固可靠,且热电阻不得短路或断路。燃烧室试验中热电阻主要使用要求如下。

(1) 选配热电阻:根据燃烧室试验中被测介质的温度范围和测量精度,合理、经济地选择相应规格型号的热电阻,如-200~500℃测温范围选择铂热电阻、-50~150℃测温范围选择铜热电阻、-50~100℃测温范围选择镍热电阻。

(2) 安装定位:热电阻的安装应避免距离加温器或其他加热物体太近,同时接线盒处的温度不宜超过 100℃,并尽可能保持稳定。

(3) 插入深度:热电阻的插入深度可根据现场实际需要决定,但是至少不应小于热电阻外保护管外径的 8~10 倍。同时,应尽量插至管道直径的 1/3~1/2 处,以确保测量到最真实的介质温度。

(4) 垂直安装:热电阻应尽可能垂直安装,以防高温下产生弯曲变形;接线盒的出线孔应尽可能朝下,以防密封不良而使水汽、灰尘和脏物落入接线盒中,导致信号有误。

(5) 正确接线:正确接线是能否测量到值或者测量值是否准确的关键环节。热电阻与二次仪表(变送器或显示仪表)连接好后,显示仪表与测量仪器间可选择二线制或者三线制连接法连接。

(6) 保持绝缘:热电阻丝与保护管之间、热电阻丝和保护管与大地之间的绝缘要良好,否则会带来干扰误差,影响仪表的正常工作。

(7) 监控避热:热电阻在使用过程中,应尽量避免被测温度场以外辐射源的热辐射影响及热电阻本身热传导作用的影响,以防带来附加误差。

(8) 温度测量:安装、接线等工作就绪后即可进行温度测量。对于有显示仪表的热电阻,打开显示仪表即可显示被测对象温度;对于有信号远传功能的热电阻(带变送器),可以在采集系统中监测被测对象温度。

热电阻在测温过程中,还需要特别注意的是测量线路电阻对测量精度的影响,因为线路电阻的变化会体现在被测温度的误差中。一般测量线缆敷设中应避开动力电缆或其他强电信号,且采用屏蔽线缆,以尽量减小测量线路带来的测量误差。

3. **热电偶测温**

热电偶测温是燃烧室试验最常用的测温方式,其特点是结构简单、测量范围宽、准确度高、热惯性小,可测量流体、固体的静态或动态温度。实际使用的热电偶基本结构包括热电极、绝缘套保护管、密封固定件和接线盒(补偿端插头),如图 4.4 所示。

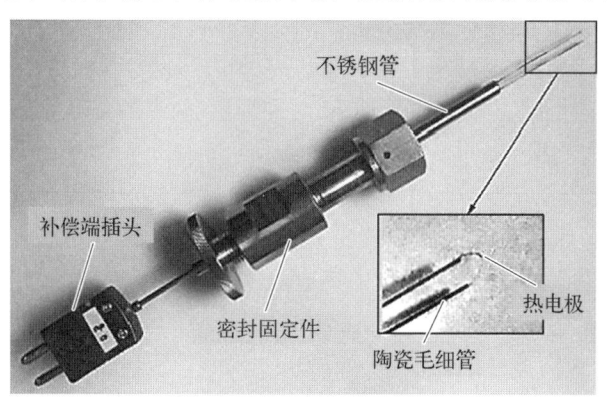

图 4.4 热电偶结构图

1) 测温原理

采用任意两种不同材料的导体(或半导体)A 和 B 组成闭合回路,只要两个接点处的温度不同,就会产生回路电流和热电势,这种现象称为热电效应,如图 4.5 所示。若 A 和 B 为同一种材料,则不产生热电效应。只要预先确定热电势与温度之间的关系,就可以通过测量热电势的大小得到温度[3,4]。不同材料组成的热电偶,其热电势与温度有确定的关系,将其列成表格形式即热电偶分度表。可以使用热电偶分度表将测量的热电势转换为相应的被测温度,也可以反过来将温度转换为相应热电偶的热电势。K 型热电偶分度表如表 4.2 所示[5],0~90℃每10℃对应一个热电动势,0~1 300℃每100℃对应一个热电动势。

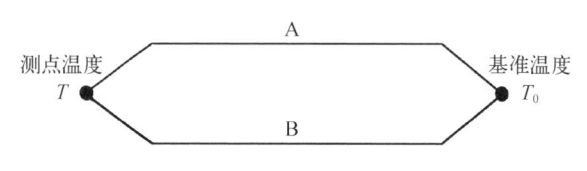

图 4.5 热电偶测温原理示意图

表 4.2 K 型热电偶分度表

温度 /℃	不同温度跨度下热电势/mV									
	0	10	20	30	40	50	60	70	80	90
0	0.000	0.397	0.798	1.203	1.611	2.022	2.436	2.850	3.266	3.681
100	4.095	4.508	4.919	5.327	5.733	6.137	6.539	6.939	7.338	7.737
200	8.137	8.537	8.938	9.341	9.745	10.151	10.560	10.969	11.381	11.793

续 表

温度 /℃	不同温度跨度下热电势/mV									
	0	10	20	30	40	50	60	70	80	90
300	12.207	12.623	13.039	13.456	13.874	14.292	14.712	15.132	15.552	15.974
400	16.395	16.818	17.241	17.664	18.088	18.513	18.938	19.363	19.788	20.214
500	20.640	21.066	21.493	21.919	22.346	22.772	23.198	23.624	24.050	24.476
600	24.902	25.327	25.751	26.176	26.599	27.022	27.445	27.867	28.288	28.709
700	29.128	29.547	29.965	30.383	30.799	31.214	31.214	32.042	32.455	32.866
800	33.277	33.686	34.095	34.502	34.909	35.314	35.718	36.121	36.524	36.925
900	37.325	37.724	38.122	38.915	38.915	39.310	39.703	40.096	40.488	40.879
1 000	41.269	41.657	42.045	42.432	42.817	43.202	43.585	43.968	44.349	44.729
1 100	45.108	45.486	45.863	46.238	46.612	46.985	47.356	47.726	48.095	48.462
1 200	48.828	49.192	49.555	49.916	50.276	50.633	50.990	51.344	51.697	52.049
1 300	52.398	52.747	53.093	53.439	53.782	54.125	54.466	54.807	—	—

热电偶测温原理方程式由式(4.2)表示：

$$E_{AB}(T,T_0) = e_{AB}(T,T_0) + 常数 = f(T) \tag{4.2}$$

由式(4.2)可知，当一个连接点的温度 T_0 已知且保持恒定时，其热电势 $e_{AB}(T_0)$ 为常数，回路总热电势 $E_{AB}(T,T_0)$ 只是测点温度 T 的单值函数；一个确定热电偶的热电势只与其两个连接点的温度有关，而与导线的直径、长度及沿程温度的分布无关。因此，通常将热电偶冷端(测量仪表插头)放置在温度、湿度相对稳定的房间或测试小屋内，以减少冷端温度变化引起的测量误差。

2）常用材料和类型

用于制作热电偶的材料，要求导电率高、电阻温度系数低、输出热电势高、与温度之间呈线性关系、在较宽的温度范围内材料理化性能和热电性能稳定。燃烧室试验中常用的热电偶依据偶丝材料主要分为 B 型、S 型、K 型、E 型和 T 型，对应的材料分别为铂铑30-铂6、铂铑10-铂、镍铬-镍硅、镍铬-康铜、铜-康铜。首先，应根据试验评估的测温范围和环境要求，选择能够满足温度范围和工作环境的电偶类型；其次，考虑试验的特性(如稳态和过渡态的特性差异对响应时间和温度分辨率的要求)和成本，选择低成本、满足热响应速度和温度分辨率的热电偶。

3) 结构设计

燃烧室试验中应用的热电偶,其工作环境通常比较恶劣,不但会面临高温环境的考验,还会受到不同组分的高速气流冲刷,容易造成机械损伤或侵蚀。因此,在实际使用中,经常会为热电偶设计支撑和防护结构。

例如,燃烧室试验中常用的冷却式热电偶受感部采用支撑和防护结构,常见的有裸露式[图4.6(a)]、屏蔽式[图4.6(b)]和叶型式三种结构形式。其中,裸露式热电偶受感部结构简单可靠、易于加工,但因其将电偶测温头部直接暴露在流体中受流体冲击,因此使用前需要经过严格的(真实使用工况下)温度校准,以确保测量的准确性及可靠性。屏蔽式热电偶受感部在热偶头部覆盖陶瓷或其他黑度小的材料制成的屏蔽罩,以减少热辐射造成的误差。

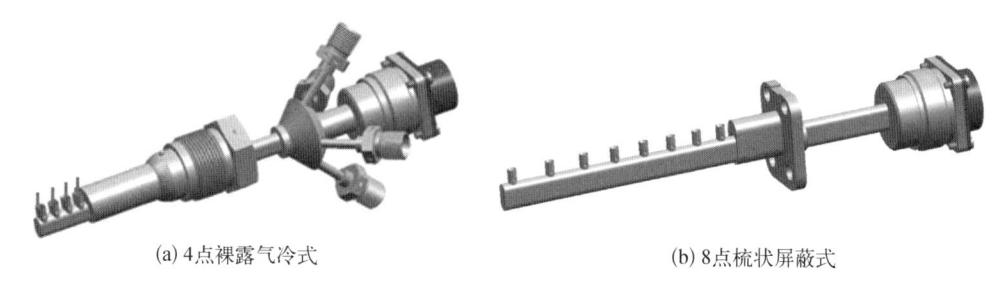

(a) 4点裸露气冷式　　　　　　　　(b) 8点梳状屏蔽式

图 4.6　两种热电偶受感部结构图

屏蔽罩(如瓷管)的直径和它与偶丝之间的平均间隙对设计屏蔽式热电偶受感部极为重要。瓷管的直径主要通过内部裸露电偶丝的长度和瓷管导热误差分析来确定。瓷管和电偶丝的平均间隙通常设计为 0.05 mm,工程实践证明该间隙大于 0.04 mm 时导热误差可以接受,但是两者的间隙也不宜太大,否则偶丝会在气流作用下摆动,不利于定点测温。叶型式热电偶受感部的安装结构设计为翼形,利用涡轮导向器的翼形结构,将偶丝设计在导向叶片上,这样具有结构紧凑、安全可靠、对流场干扰小等特点。叶型式热电偶受感部目前在燃烧室试验中应用较少,因此不进行详细介绍。

测量燃烧室出口温度场时,热电偶通常做成耙状。径向测点通常按燃烧室出口通道等环面布置;在满足堵塞比要求的条件下,布置足够多的测点来反映温度场径向分布。例如,常规设计的 10 点总温总压耙,所有测温耙的总堵塞比不超过 5%。

燃烧室出口温度场的测量通常需要设计旋转位移机构,将冷却式热电偶受感部安装在位移机构上,沿周向以固定角度(通常小于 10°)分段旋转(平面旋转),测量燃烧室出口温度分布。

常见的固定式耙状热电偶(测温耙)结构如图 4.7 所示,测温耙实物图如图 4.8 所示,扇形试验件受感部运动模型简图如图 4.9 所示,扇形位移机构三维结构图如图 4.10 所示。位移机构与燃气直接接触部分一般都是采用气膜孔冷却方式，腔内冷却气源压力要高于燃烧室出口压力[6]。

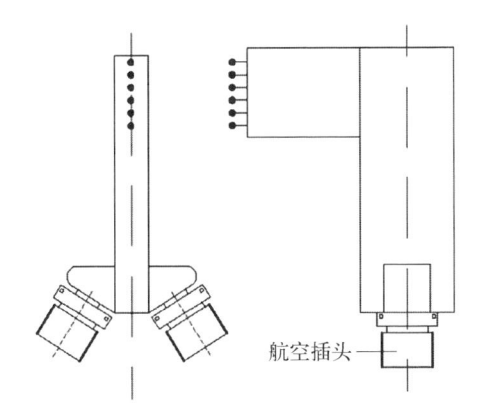

图 4.7　测温耙结构示意图

图 4.8　测温耙实物图

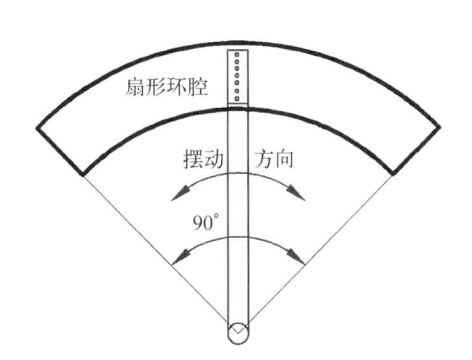

图 4.9　扇形试验件受感部运动模型简图

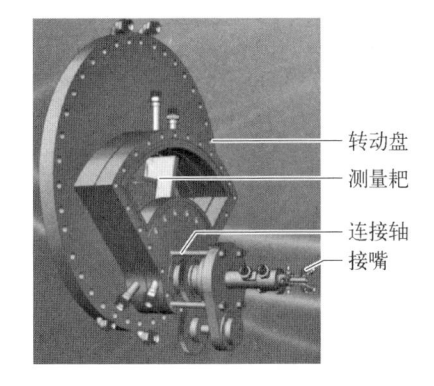

图 4.10　扇形位移机构三维结构图

4) 热电偶的使用

热电偶安装之前，应对其外观、压力通气性、密封性、电偶通断性和绝缘性进行检查，以确保其状态良好、性能合格。同时，还应在履历本性能检查记录表中做好相关记录，其余使用要求如下。

(1) 选配热电偶。根据试验测温范围选择热电偶类型，燃烧室进口温度相对较低，一般采用 T 型或 K 型热电偶；而火焰筒壁温及燃烧室出口温度相对较高，一般采用 K 型或 S 型热电偶。

(2) 安装定位。流体温度测量时热电偶一般安装在测量耙上，测量耙的设计和安装依据试验件、转接段尺寸及测试需求等确定。测量耙一般垂直于管道安装，必须牢固可靠，且探头正对气流方向。试验台架上的热电偶补偿导线冷却管路等必须与受感部连接牢固。

(3) 对热电偶进行编号。每根热电偶导线上都应套有铝制或者塑料标牌,且标牌上刻有标记符号,以准确对应内外部热电偶的位置和序号。

(4) 正确接线。总温耙或者总温总压复合耙的热电偶信号应与相同类型的热电偶补偿导线相连接,最终传至采集器,方可完成温度信号的采集。

(5) 受感部使用过程中,应密切关注其工作状况,若受感部出现故障,则应在履历本重要记事页中对故障情况进行记录。

5) 热电偶测量结果的修正

用热电偶测量高温燃气温度时存在以下几种误差。

(1) 辐射误差:由热电偶头部与高温火焰、燃气和壁面之间的辐射换热所致。

(2) 导热误差:由热电偶头部通过偶丝与被水冷却的测温耙壳体之间的导热所致。

(3) 速度误差:由于热电偶头部对燃气的流动有一定的滞止作用,燃气在热电偶接点周围形成一层附面层,越靠近热电偶接点,燃气速度越低,相应的燃气温度就越高,燃气通过附面层由里向外传热。同时,燃气与热电偶接点之间又在进行对流换热,因此与热电偶接点进行对流换热的燃气温度不是总温,即存在速度误差。

通过对冷却式热电偶测量误差因素进行分析,得到测量数据修正思路:首先,假定热电偶接点无导热损失,确定热电偶测温的辐射误差;其次,分析热电偶接点和整个偶丝的换热过程,确定热电偶的导热误差,依据这两个因素便可计算出当地燃气的有效温度;最后,根据电偶的恢复系数计算得出燃气的总温。

4.2.2　固体壁面温度测量

壁面温度测量主要涉及火焰筒、燃烧室头部和机匣,首先是确保燃烧室试验的安全性,尤其要实时监控火焰筒壁面特定区域是否存在超温,其次是检验火焰筒壁温是否满足设计要求。

燃烧室固体壁面温度测量的常用方法包括热电偶法、示温漆法等。其中,热电偶的测温原理已在4.2.1节中阐述,本节主要对热电偶的测点布局、敷设及引线方法以及铠装式热电偶测量固体壁面温度的使用方法进行介绍,然后对示温漆法的原理、发展、敷设及在燃烧室中的应用进行介绍。

1. 热电偶的测点布局

测点选择的原则是在可能出现超温的危险区域或用来判断点火温升的壁面上敷设热电偶。这些区域可通过试验前的数值模拟,或通过对涂有示温漆的火焰筒进行初步燃烧试验后确定。

2. 热电偶的敷设及引线方法

热电偶敷设应参考以下要求开展:

（1）热电偶敷设应牢固可靠、接触良好；

（2）测点头部及电偶线应紧贴试验件表面；

（3）测点头部及电偶线应采用不锈钢片点焊固定，焊接用不锈钢片的材料为 0Cr18Ni9；

（4）所埋设的热电偶应沿轴向、周向依次顺序编号；

（5）电偶引线须贴近火焰筒，走线应绕开冷却孔，冷却孔附近若需引线，则可在适当位置另开引线孔，引线长度≤2 m；

（6）试验件安装边表面的电偶引线采用薄板钢片点焊固定，焊点对称分布；

（7）试验件装配完成后，引线孔间隙处用红色高温胶填塞，热电偶补偿导线就近从引线孔引出。

常规固体壁面热电偶周向布局及引线座位置如图4.11所示，图中周向分布测点数及每个测点温度布置数依据实际需要增减。引线座用于将热电偶引线从火焰筒壁面等处集中引出至试验件外围与采集系统相连接。

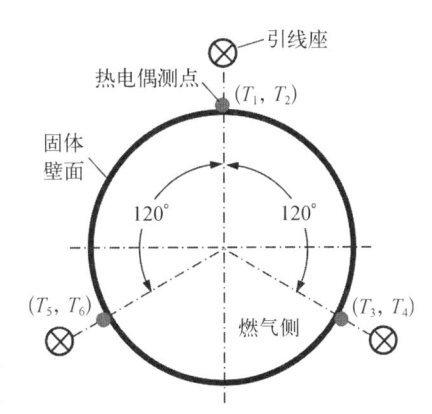

图 4.11　常规固体壁面热电偶周向布局及引线座位置

3. 铠装式热电偶的使用

铠装式热电偶是将热电极、绝缘材料和金属保护套管三者组合后，经过拉伸加工而成的一种结构坚固的组合体。它具有热惯性小、性能稳定、结构紧凑、牢固稳定、抗震、柔韧性好等特点，能及时准确地获取火焰筒壁面温度，且操作工艺较为简单。铠装式热电偶外径从 0.2~12 mm 不等，其长度可以根据使用需求自由截取或定制。铠装式热电偶结构和类型如图4.12所示。

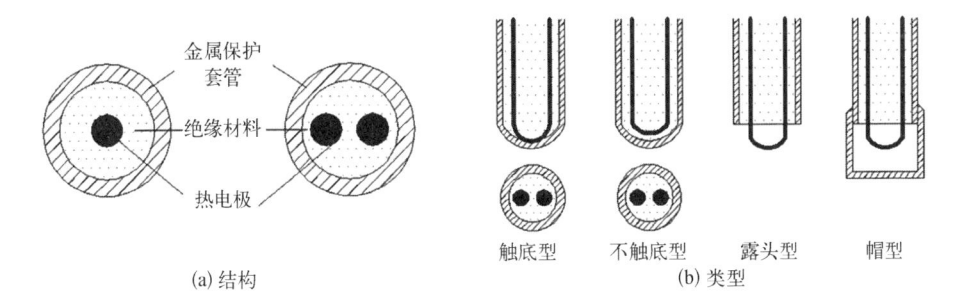

图 4.12　铠装式热电偶结构和类型

铠装式热电偶在布置时需要注意热电偶与试验件壁面的接触形式和固定形式。其中，接触形式主要有点触式、片触式、等温线接触式等。点触式是将热电偶的测量端直接与被测表面相接触;片触式是先将热电偶的测量端焊接或者黏在一片导热性能良好的金属薄片(如铜片)上,再与被测表面接触;等温线接触式是将热电偶测量端固定在被测表面后沿着被测对象表面等温线绝缘敷设一定距离后再引出。选用哪种接触形式取决于被测对象的型面结构和空间尺寸,但无论哪种接触形式,都会有测量误差的存在,主要是沿热电偶丝的导热损失。总体来说,壁面温度测量时应优先考虑选用等温线接触式,被测材料为非良导热体时可选用面接触方式,开槽孔布置热电偶有利于提高测量精度。

铠装式热电偶的一个使用缺点是,将其从火焰筒壁面经燃烧室机匣测量安装座引出时存在密封问题。密封不严会造成高温高压气体泄漏,不仅会导致燃烧室内部的气流参数偏离设计工况,还是一个重大的安全隐患。

4. 示温漆法

示温漆是一种温度敏感涂料,涂敷在物体表面,当物体温度发生变化时,其涂层颜色也会发生变化,通过颜色变化来指示物体表面最高温度及温度分布。示温漆是一种以涂膜颜色的变化来测量航空发动机等高温部件表面最高温度及温度分布的特种功能性涂料,是一种非干涉、非侵入式的测试方法,可以获得所测试部件的表面全域连续温度场分布[7]。示温漆法的优势是,在连续旋转部件、大面积表面、构件表面上使用时不受任何限制,且不会破坏被测物体的表面形状,也不会影响气流状态,使用方便,测量结果直观。示温漆法的缺点有不能在线监测、测量结果需要试验后获得、测量精度较低、温度判读误差大、只能区域性地指示最高温度等。示温漆法的测温原理为:涂覆在试验件表面的示温漆漆膜随温度的变化而发生理化反应,从而使得漆膜颜色也随之发生变化,温度主要通过识别示温漆变色等温线的温度来确定的。等温线是示温漆变色后不同颜色区域的分界线,等温线处的温度相同,等温线判读以标准试片为依据[8]。目前,等温线的判读有人工判读和计算机自动判读两种方法。

示温漆的喷涂方法如下:

(1)喷涂前,应将示温漆在搅拌机中滚动搅拌 1 h;

(2)喷涂几种示温漆时先喷涂最低变色温度较高的示温漆,在所需烘干温度下烘干,冷却至室温后,再喷涂最低变色温度较低的示温漆;

(3)喷漆应雾化良好、均匀,涂敷厚度需要进行控制,太厚易脱落且会使变色温度偏高,太薄则会使变色温度偏低,且火焰筒壁形成的背景颜色影响温度判读;

(4)火焰筒试验件沿轴向喷涂;

(5)喷涂示温漆时,应对不需要喷涂的区域进行遮挡,不能喷涂或气膜孔容易堵塞的位置喷涂前应将其封住。

MS02 示温漆是中国航发四川燃气涡轮研究院研制的,该产品在某试验件上的试验效果如图 4.13~图 4.15 所示。

图 4.13 MS02 示温漆标准试片

图 4.14 MS02 示温漆喷涂效果图

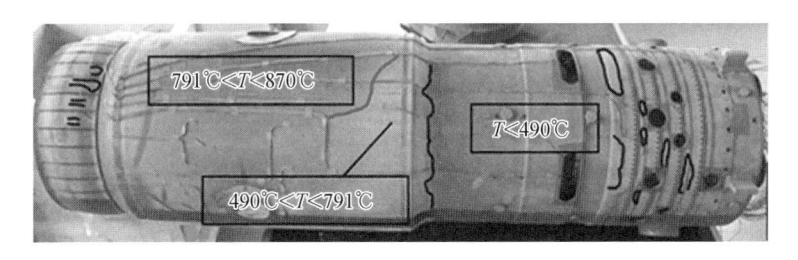

图 4.15 MS02 示温漆试验效果图

示温涂料的研究和应用在国外已有五六十年的历史。目前常见产品的技术参数如表 4.3 所示。

表 4.3 现有常用的国外示温涂料参数

国　　家	测温范围/℃	精度/℃	最少应答时间/min
德　国	55~1 300	35	5
	65~340	35	5
英　国	450~1 100	30	3
	600~1 070	30	3
美　国	285~1 400	40	10

目前,德国示温漆产品已有几十种,典型的产品主要有:9种双变色示温涂料,测温范围为55~1 300℃;5种三变色示温涂料,测温范围为65~340℃,精度约为35℃,最少应答时间为5 min。美国TP-TT公司对示温涂料的研究也很早,其产品主要用于气动加热温度测量、超温报警以及无损探伤等方面。美国示温漆产品的示温范围为285~1 400℃,精度在40℃以内,最少应答时间为10 min。英国示温漆技术的发展较快,其中英国RR公司生产的有测温范围为450~1 100℃的八变色示温涂料、测温范围为600~1 070℃的十变色示温涂料,还有测温范围为500~1 150℃的六变色示温涂料、测温范围为600~1 070℃的七变色示温涂料、测温范围为420~910℃的八变色示温涂料,它们的最优测温精度均为30℃,最少应答时间均为3 min。英国RR公司的资料表明,目前其示温涂料的测温上限已达到1 400℃,但尚未商用。俄罗斯的门捷列夫化工大学等重点研究了不可逆示温涂料。

4.3 压 力 测 量

压力与温度类似,是航空发动机燃烧室的重要状态参数之一。压力测量的精度直接决定气流速度、马赫数、燃烧效率和压力损失等关键参数和性能的精度。在燃烧室试验中,为了掌握燃烧不稳定性规律和热声对燃烧性能的影响,除了需要测量稳态压力,还需要测量脉动压力。需要注意的是,燃烧室试验通常使用绝对压力,即仪器仪表所测压力(表压)与大气压之和。

4.3.1 稳态压力测量

稳态压力是指压力随时间变化的脉动很小,对燃烧室性能的影响可以忽略。

燃烧室试验稳态压力测量通常包括空气和燃气的总压,以及静压、燃油压力和冷却水压。燃油压力和冷却水压主要供监测用,通常在靠近被冷却构件(如测温耙)的来流管路上开设壁面静压孔取值即可。喷嘴的喷油压降 Δp_f 就是用所测的油压减去燃烧室内气流压力而得到的,再通过已知的喷嘴流量特性确定燃油流量 W_f。

气流压力的测量截面与温度相同,位于燃烧室进、出口处,即图4.2所示的 B—B、C—C、D—D 和 E—E 截面。静压测量采用壁面静压孔法或静压管(也称为压力探针)法,总压测量在进出口处略有不同,进口采用固定在机匣安装座上的总温总压复合耙,出口则根据试验目的选择固定方式或安装于旋转位移机构上。

1. 壁面静压孔法

壁面静压孔法是基于流体力学即横截面连通区域上各点静压相等原理测量压力,壁面开孔对壁面内流无干扰,在静压孔设计合理、加工符合要求的前提下,具有较高的测量精度[9]。壁面静压孔如图 4.16 所示,测量截面(顺气流方向)6 点壁面静压测试布局如图 4.17 所示。

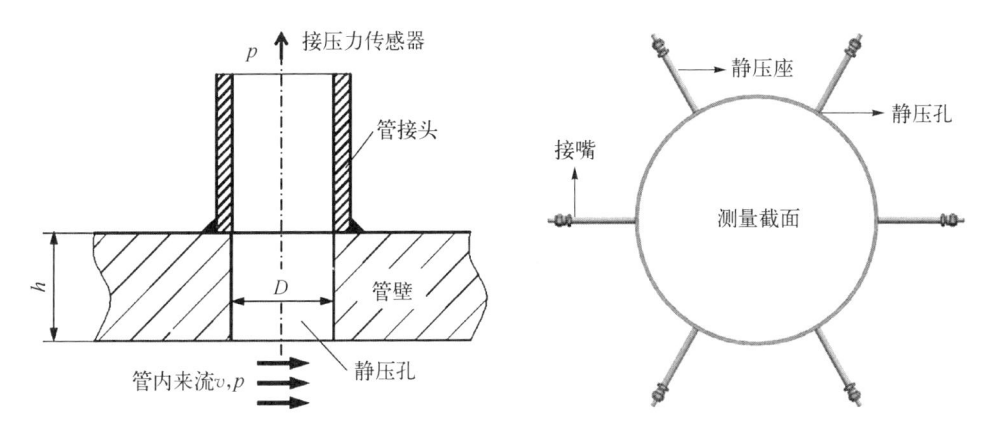

图 4.16　壁面静压孔示意图

图 4.17　6 点壁面静压测试布局图

静压孔的设计加工要求如下:

(1) 开孔位置应选在内壁光滑平整的直管段,否则会产生 1%~3% 的误差;

(2) 孔径 $D=0.5\sim1$ mm,长径比 $h/D\geqslant3$ 为宜;若孔径过大,则会使其附近的流线变形;若孔径过小,则会使加工变得困难、易堵塞,且测量反应滞后;

(3) 孔轴线应与管壁垂直,边缘保持尖锐,但无毛刺和倒角,孔的内壁保持光滑;

(4) 外接管接头可螺纹或焊接固定。

2. 静压管法

静压管测量静压通常应用于不宜在壁面外接螺栓座或焊接连接结构的区域,如扩压器出口、机匣内部附近等。置于气流中的静压管对气流的干扰较大,为了减少测量误差,在满足刚度要求的前提下,它的几何尺寸应尽量小,并做到对气流方向的变化尽量不敏感;同时,静压管测点端面轴线应垂直于气流方向。静压管的结构形式多种多样,最常用的是 L 形静压管,其结构简单,容易加工,测量性能也不错,应用较为广泛[10]。在 L 形静压管的头部与支杆之间选择适当的位置设置静压孔,可以得到接近真实静压的测量值。L 形静压管的管径常取 1~1.5 mm,孔径一般为 0.3~0.4 mm。除了 L 形静压管,燃烧室试验中偶尔还会采用圆盘形静压管和带导流管的静压管,因其应用较少,本章不做详细介绍。静压管分布一般沿周向布置,静压管外形及安装如图 4.18 所示。

燃烧室静压管布置好后同样要经引线才可有效采集压力,引线要求一般有以下两点:

(1) 静压管引线尽可能贴紧各被测壁表面,以减少对流场的影响;

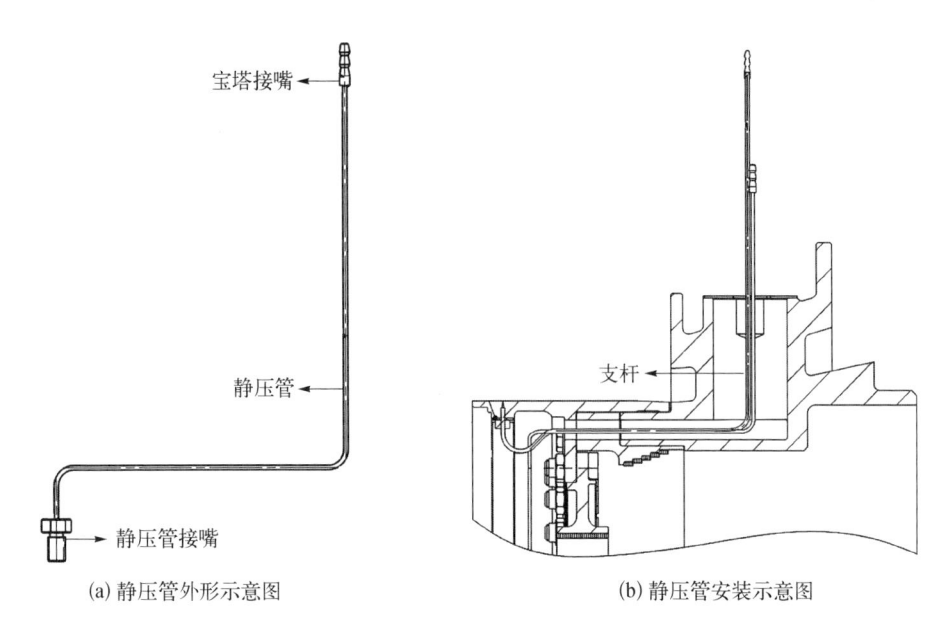

(a) 静压管外形示意图　　　(b) 静压管安装示意图

图 4.18　静压管外形及安装示意图

（2）静压管引线不允许与转动机构干涉。

3. 总压管

气流总压就是气流滞止压力，用于总压测量的测压管称为总压管。燃烧室试验中总压测量通常采用 L 形总压管，其测量精度为±0.5%，图 4.19 为常用 L 形总压管的简要示意图。

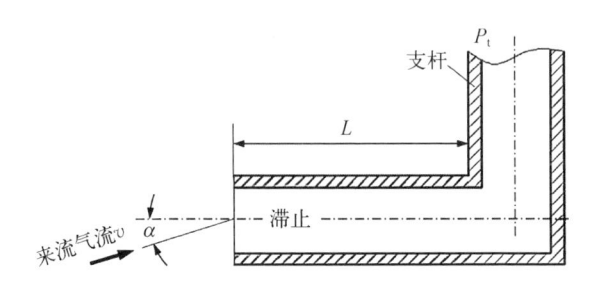

图 4.19　常用 L 形总压管的简要示意图

总压管测量气流时，气流通常无法完全垂直于总压管管口，经常存在一个偏角 α（图 4.19）。偏角 α 的取值在一定范围内，测量值仍能够正确反映气流的总压真值，说明它对偏角不敏感。因此，习惯上将对应测量误差 $\delta \leqslant 1\%$ 时的偏角 α 视为总压管的不敏感偏角 α_p。对于常用的 L 形总压管，$\alpha_p \approx \pm 15°$。改变总压管结构形式，实际上都是为了扩大 α_p 的范围。

总压管有单支总压管以及多支总压管组合而成的总压耙等形式。若只需要测量单点总压,则选用单支总压管,单点总温总压耙实物图如图 4.20 所示。但是,通常情况下,燃烧室进、出口总压测量从截面分布需求考虑应测量气流在不同环面的总压,此时多采用多支总压管集成设计的测量耙,形象地称为梳状总压受感部,典型的多点梳状总压耙结构简图和实物图分别如图 4.21(a)和(b)所示。入口总压测量通常与总温测量集成在同一支测试耙上,称为总温总压复合耙。出口总压耙与入口总压耙不同:① 出口总压管通常单独集成设计,不与总温耙复合集成;② 出口总压耙通常会设计冷却水系统,以适应试验件出口的高温环境;③ 出口总压耙有时会集成设计在旋转位移机构上,随着位移机构的转动沿周向采集总压。

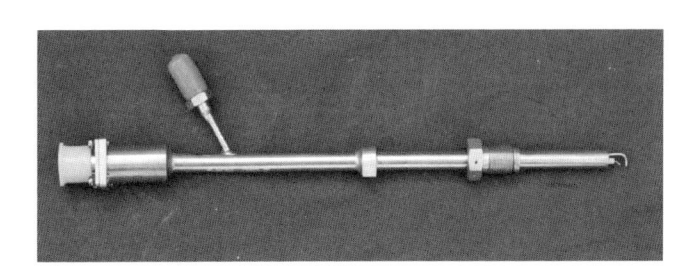

图 4.20　单点总温总压耙实物图

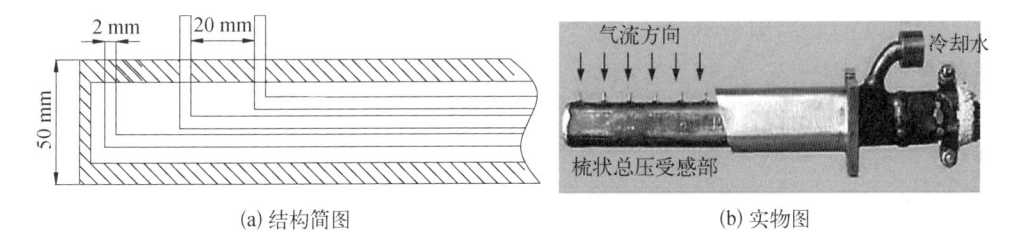

(a) 结构简图　　(b) 实物图

图 4.21　多点梳状总压耙结构简图和实物图

燃烧室总压耙的使用要求:

(1) 总压耙不敏感角不小于 15°,测量精度为±0.5%;

(2) 测量耙伸入流道部分截面应尽量为流线型,以减少对流场的干扰,插入深度应尽量靠近流场中心,周向有多支总压耙分布时其间应有一定距离,以免碰触;

(3) 安装于位移机构上的燃烧室出口总压耙,其壳体与燃烧室壁面最近距离不应小于 3 mm;

(4) 为了获取贴近真实的测量结果,要求管口无毛刺、壁面光洁,并要求感受孔轴线对准来流方向。

图 4.22 为进口总压受感部测量截面(顺气流方向)周向布置示意图,其中包含总压耙和壁面静压孔(两者错开位置设计)。对于多点总压耙,其引出方式可依据实际需要选择几点合一的形式,也可以将每个点单独引出,以供分析判断。安装于

位移机构上的燃烧室出口总压耙安装位置如图 4.23 所示,其中包含 1 支 5 点总压耙和 2 支 6 点总温耙,试验过程中它们随着位移机构的转动而转动,进而采集不同的周向温度和压力[11]。

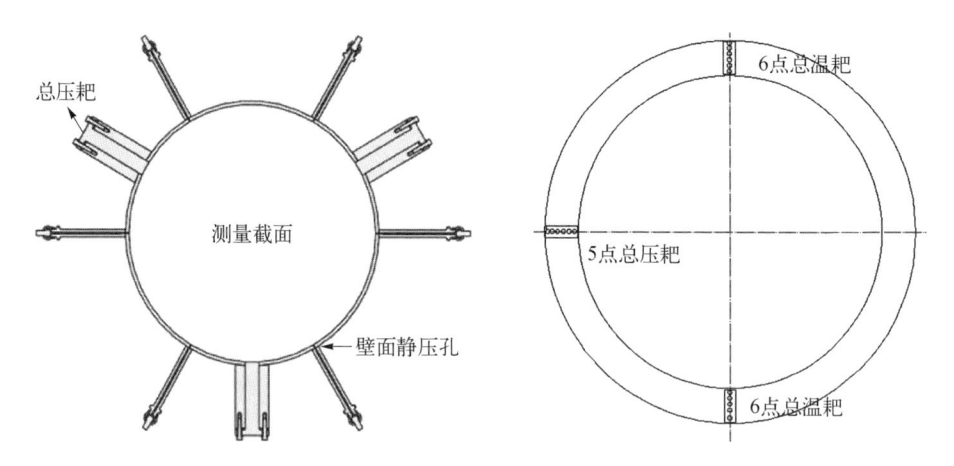

图 4.22　进口总压受感部测量截面周向布置示意图　　图 4.23　出口总压耙安装位置示意图

总压管的结构形式和气流偏角对总压测量误差有很大影响。对于任一结构形式,气流偏角越大,测量值越小,误差越大。随着结构形式的改进,不敏感偏角的范围已从最初的 ±5° 逐渐扩大至 ±15°,部分总压管的不敏感偏角甚至可达 ±45°。同样,总压管测量误差还与气流速度系数有很大关系。由图 4.24 可见,同一气流偏角下,气流速度系数 λ 越小(气流速度定义见 4.5 节),总压管测量误差越小。

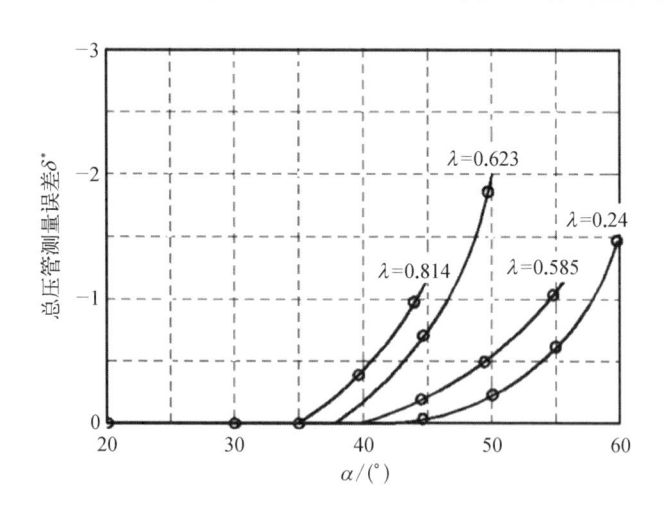

图 4.24　总压管的不敏感性与气流速度的关系

总压管测量误差 δ^* 表达式为

$$\delta^* = \frac{P_{\text{mea}} - P_t}{P_t} \tag{4.3}$$

式中，P_{mea}——总压实测值。

因不同结构总压管测量误差与测试环境相关，在选用总压管时，要根据气流的速度范围、流道的条件以及对气流方向的不敏感性，决定所采用的总压管的结构形式。在满足测试精度要求的前提下，其结构形式越简单越好（如 L 形总压管等）；同时，在保证结构强度的前提下，总压管的结构尺寸应按最小化原则设计（测量截面的总堵塞比不能超过 5%），以减小对流场的干扰。

总压管在使用前都必须经过试验校准，以获取总压恢复特性等曲线，确定各工况下的不敏感角，满足设计要求后方可使用。总压探针气动特性试验一般在亚声速风洞中进行，试验方法可参照《压力探针亚音速气动特性校准试验规范》（Q/11S248）（中国航发四川燃气涡轮研究院规范）进行。以某试验件用的 5 支单点总压探针为例（5 支是同一批次、同一规格探针），其校准曲线如图 4.25 所示。

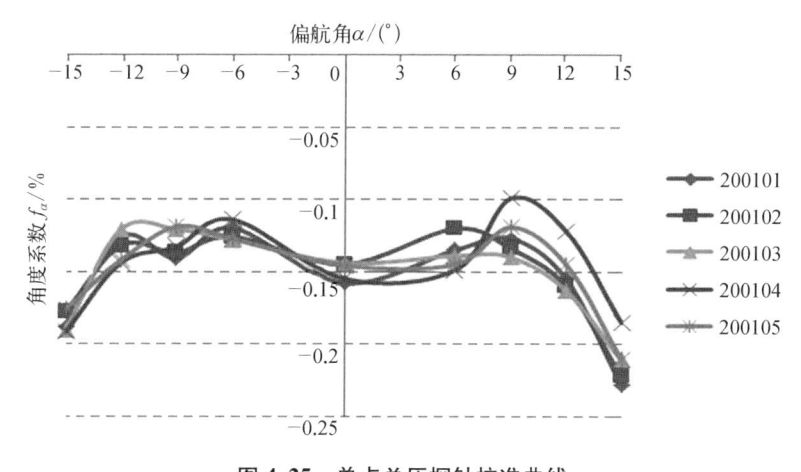

图 4.25 单点总压探针校准曲线

由单点总压探针气动特性试验结果可以看出，校准角度从 -15°~15°，5 支总压探针测量精度均优于 ±0.3%，满足使用要求。

4.3.2 脉动压力测量

燃烧室在特定试验或工作环境下会发生振荡燃烧，其进出口的气体压力会发生大幅度变化，流量、火焰长度也会随之脉动，并伴随有噪声和机械振动，严重时会导致熄火或与金属部件共振，造成机械损伤。民用航空发动机低污染燃烧室、军用航空发动机加力燃烧室和冲压燃烧室易发生振荡燃烧，因此在这些燃烧室的试验中，脉动压力测量是十分重要和必要的。同时，脉动压力的测量也是开展燃烧室试验的重要目的之一。燃烧不稳定时伴随着明显的燃烧脉动增大的现象,脉动压力监测作为目前最有效的测试手段,是评估流场稳定性的重要手段之一。测量燃烧瞬变过程中的脉动压力和流场特性并掌握其变化规律,对燃烧室的设计和调试是极其重要的。

振荡燃烧时的脉动压力幅度最高可达 20%,高频振荡燃烧频率超过 2 000 Hz。这就要求测量用的压力传感器响应速度、灵敏度和分辨率足够高。试验时主要录取脉动压力的时序数据,即压力随时间的实时变化(对于固体壁面,一般还需要采用加速度计测量其壁面振动);再通过数据处理得出脉动压力的特征参数,如振幅的时均值、峰-峰值、特征频率等。

1. 测点布局

通常,主燃烧室主要测量进口脉动压力、二股环腔脉动压力、火焰筒内脉动压力以及燃烧室出口脉动压力。

2. 测量系统及技术参数

一个典型的脉动压力采集系统主要由前端脉动压力传感器和后端动态采集系统组成,影响其频响范围的因素包括传感器的动态特性和采集系统的动态特性。燃烧室试验常用的脉动压力传感器量程为 45 bar(绝压),最高工作温度为 500℃,精度为±0.1%,固有频率不低于 700 kHz;且根据测试目的的需求,一般要求脉动压力测试具有一定的动态频响范围,频率上限在 1~2 kHz。

实际应用中,受限于测量对象结构、传感器尺寸以及来流高温等,壁面脉动压力测量通常采用类似于壁面静压孔方式的测压孔+引压管+压力传感器的方式。虽然引压管给非定常压力测量带来了不少便利,但是引压管中的气体对压力信号有滤波作用,致使测压孔附近的动态压力变化难以实时、准确地被传感器捕捉到,从而导致测量结果与真实值相比有一定的畸变。因此,引压管长度不宜过长(应小于 0.5 m)。

脉动压力测量中受感部的安装形式主要有三种:齐平安装、管腔安装和半无限长管安装。齐平安装形式受传感器尺寸、工作温度、受感部成本等限制,不能适用于所有测量要求。管腔安装结构通过一根引压管将压力引出后再与传感器连接,大大降低了对传感器的工作温度和安装尺寸等的要求,但由于管腔效应的影响,严重限制了测量信号的带宽。半无限长管安装形式在理论上可以消除管腔效应,能够提高动态响应范围,同时又保留了管腔安装的优点,使用成本远低于齐平安装。虽然在实际应用中半无限传感器会使压力传播产生失真,但总体来说测试结果已相对准确,因此在燃烧室试验中应用较多。

目前,常用的动态压力测量系统有德国 HBM 公司的 Genesis 系列产品[图 4.26(a)]、美国 Kulite 公司的 XTEH 系列产品以及奥地利 Dewesoft 公司的 Sirius 系列产品。国内能系列化生产成套通用的动态测量系统的地点主要有江苏东华测试技术股份有限公司和北京东方振动和噪声技术研究所,研制出的软件和硬件从指标上均可满足动态压力测量要求。但总的来说,国外系统的优势体现在系统底层和软件架构较好、功能相对完善、人机操作效果良好、软件可靠性高和适用性好,海量数据分析能力强。

压力传感器一般选用美国 Kulite 公司生产的 XTE – 190M 型压阻式脉动压力传感器,如图 4.26(b)所示。

(a) Genesis系列动态压力测量系统　　(b) XTE-190M型压阻式脉动压力传感器

图 4.26　脉动压力传感器及动态采集系统

典型动态压力测量系统的采样速率为 200 kSa*/s,AD 分辨率为 16 bit 或 24 bit,最大模拟带宽为 20~30 kHz,测量范围为±10 mV~10 V,测试精度为 0.1%,支持电压、IEPE、桥路测量,通道间互相隔离,具有曲线显示、统计、数字滤波、频谱分析、公式计算等功能。此处提示一条实操建议,由于脉动压力测试为单独的系统,建议试验前核对其余测试系统的时间与脉动测试系统的时间是否同步,并最终确保一致。

某型发动机燃烧室部件脉动压力频谱如图 4.27 所示。

燃烧室试验过程中偶尔会发生脉动压力超限或气流与管道发生共振等现象,此时继续进行试验或者提高试验状态,很可能出现损坏试验件或者试验管网等事故。因此,测试系统通常会设置脉动压力超限或发生共振现象的限制值。脉动压力在主燃烧室和加力燃烧室取不同的限制值,主燃烧室一般设置脉动压力限制值为3%,加力燃烧室一般设置脉动压力限制值为均值的±6%,超过脉动压力限制值时应根据脉动的发展情况决定是降低试验状态,还是采取停止试验等措施,以确保试验安全。

3. 脉动压力误差评定

目前,动态测试系统的误差一般都在 0.3%以内,带宽都在几十千赫兹以上,而

---

* Sa 即 sample,采样 1 次。

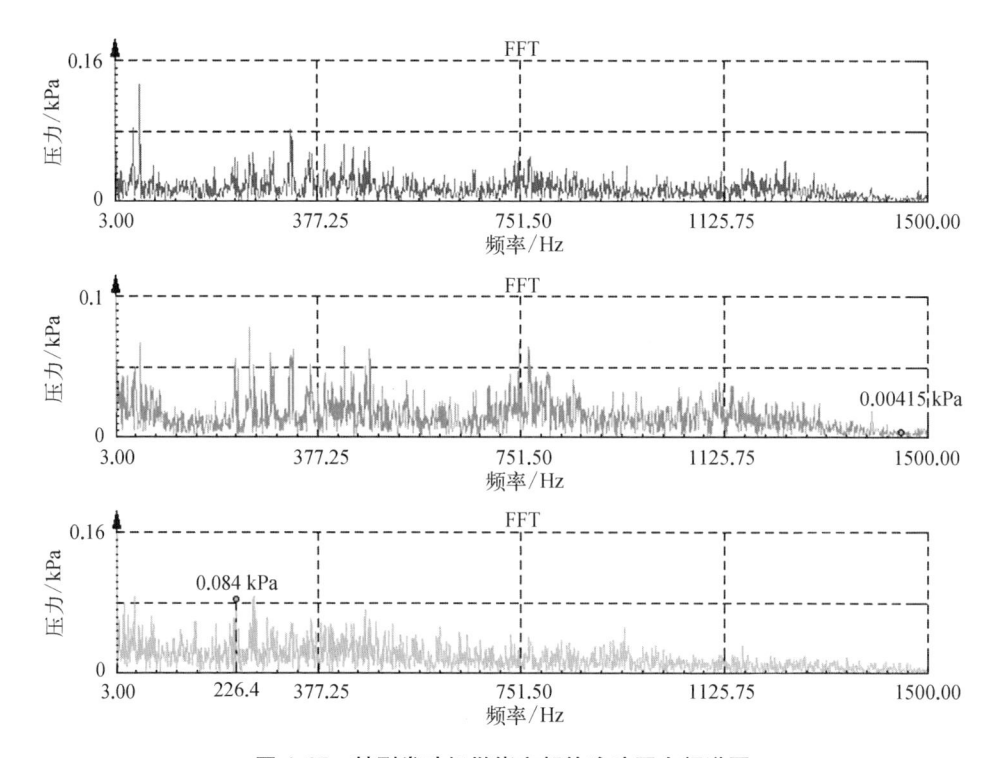

图 4.27　某型发动机燃烧室部件脉动压力频谱图

且系统的动态特性可通过信号校验仪进行量化评定，对脉动压力测试的影响较小。

常规情况下，测试所采用的动态传感器的谐振频率都在 100 kHz 以上，上升时间仅有几微秒。动态压力传感器可以简化为一个阻尼系数很小的二阶系统模型，通过数学模型可以得出，谐振频率越高，其可用带宽越高。例如，当测量频率不大于传感器谐振频率的 10% 时，传感器输出的幅值误差不大于 1%，相位落后 1° 左右。因此，对于脉动压力测量，传感器动态指标完全满足。

4. 脉动压力误差动态校准技术

激波管是用来产生压力瞬态变化的装置，所产生的压力先呈阶梯式上升，其上升时间约为 0.01 ms，比其他系统响应速度更快，待达到一定高度后呈稳定状态，最终恢复到初始压力。因此，对于高频扰动，激波管是在压力探针气动、校准计算中应用最多的系统。激波管内部被一层薄膜分成两个腔，且两个腔体中的气体压力不同。薄膜的破裂会产生振动稀疏的波动，并从薄膜的位置分别传向低压腔室和高压腔室。这两个波会在低压室末端壁面发生反射，它们在管中不断反射、往返运动产生一系列升高或降低的压力梯度。

激波管设备一般由一个 8 m 长的管子(高压室为 2 m，低压室为 6 m)组成，如图 4.28 所示。激波管中所使用的塑料薄膜允许的最大压差是 0.8 bar。

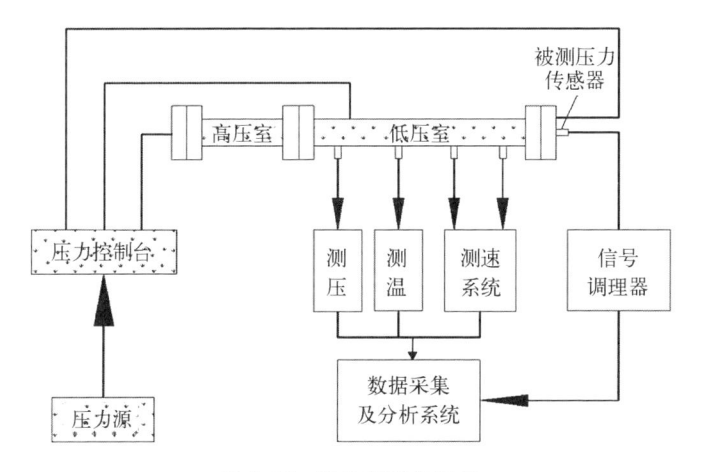

图 4.28 激波管校准装置

为满足不同管径探针校准需要,校准装置设计 $\phi 1.0$ mm、$\phi 1.5$ mm 和 $\phi 2.0$ mm 三个管径的准无限长管压力探针。探针安装在低压腔室末端的金属板上,其引压管的长度为 105 mm。激波管测试结果如图 4.29 所示,显示了准无限长管测量系统和参考传感器的时间信号,证明其能够有效进行脉动压力误差动态校准。

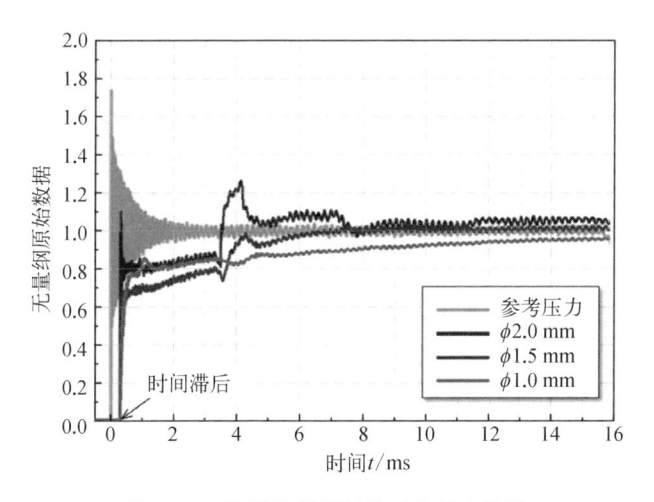

图 4.29 不同管径探针的动态压力特性

4.4 流量测量

燃烧室试验中的流量测量主要包括燃料流量测量和气体流量测量,通过这两个参数的测量值,可以计算试验件的余气系数(或油气比)、燃烧效率、马赫数等性能参数,其测量的准确性直接影响试验的有效性。

4.4.1 燃料流量

1. 流量计测量原理

燃烧室试验用到的流量测量仪表有涡轮流量计、容积式流量计、浮子流量计和科里奥利质量流量计,部分流量计实物图如图4.30所示。

(a) 涡轮流量计　　　　(b) 科里奥利质量流量计

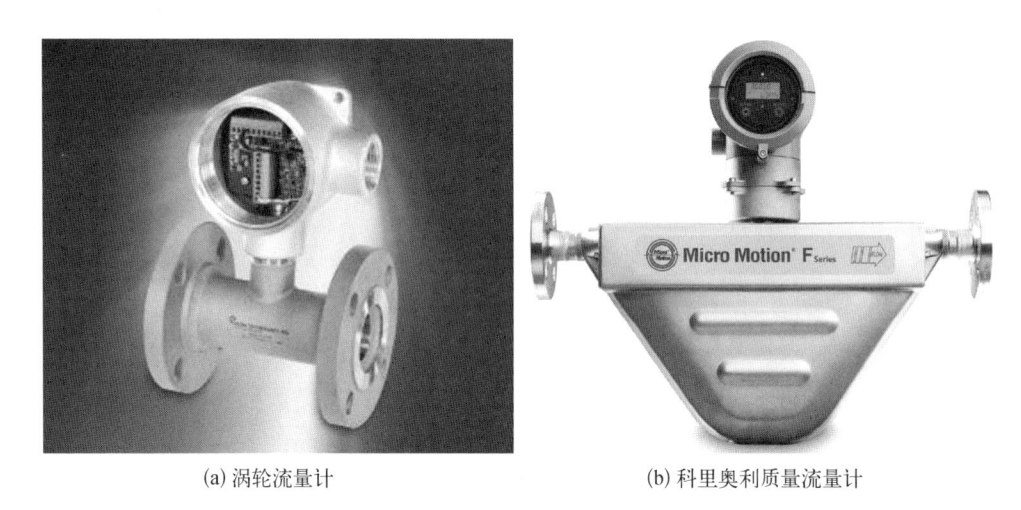

图4.30　涡轮流量计和科里奥利质量流量计

其中,涡轮流量计适用于低黏度流体的流量测量。其工作原理是,流体流过涡轮并推动其旋转,转速可被电磁转速传感器转换为脉冲信号,信号频率与转速成正比,而转速又与流量有确定的函数关系。只要测得传感器信号输出频率即可得到流量[12]。

质量流量计可直接测量流体的质量流量,它具有测量精度高、稳定性好、使用方便、可实现多参数测量等特点。科里奥利质量流量计的工作原理是牛顿第二定律$F=ma$。当流体在质量流量计振动管中流动时,将产生与质量流量计成正比的科里奥利力;当没有流体流过时,质量流量计振动管不产生扭曲,振动管两侧电磁信号检测器检测到的信号是同相位的;当有流体经过时,振动管在力矩的作用下产生扭曲,两检测器间将存在相位差。变送器测量左、右检测信号之间的滞后时间,这个时间差乘以流量标定系数(流量计检定合格后出厂时提供)就可以确定质量流量[13]。

容积式流量计是直接根据排出流体体积进行流量累积的仪表,由测量室、运动部件、传动和显示部件组成。浮子流量计是以浮子在垂直锥形管中随着流量的变化而升降,改变它们之间的流通面积来进行测量的体积流量仪表。容积式流量计和浮子流量计相对于涡轮流量计和质量流量计,在燃烧室试验中应用较少,因此对其安装、使用等不做详细介绍。

表 4.4 为常用流量计的性能比较。

表 4.4 常用流量计的性能比较

名　　称	量　程　比	精度/%	特　　点	价格
涡轮流量计	6∶1~10∶1	0.15~1.5	耐高压(15 MPa),适用于中大流量(可达 1 000 g/s)	中
容积式流量计	10∶1~80∶1	0.15~2.0	类型多,应用范围广	低
浮子流量计	10∶1~750∶1	0.50~2.5	压力损失小,适用于小流量	中
科里奥利质量流量计	10∶1~50∶1	0.15~1.0	测量精度高,直管段要求低,但压力损失大,对振动敏感	高

2. 流量计的选型

燃油流量计的选型应考虑以下要求[14]：

（1）流量、温度、压力等状态参数应满足试验工况要求,尽量使燃油流量置于 20%~80% 量程,若流量变化较大,则可用多个流量计；

（2）对于精度与成本,通常流量测量不确定度不大于 1%,因此流量计精度也应优于 1%,若成本许可,则尽量选择更高精度等级；

（3）重复性好,可靠性高；

（4）对于压力损失,若需要控制整个燃油管路的压力损失,则尽量选择压力损失较小的流量计；

（5）安装环境应满足流量计使用的温度、湿度、电磁场、振动等条件,甚至防爆等特殊要求。

3. 安装和使用

除浮子流量计,若无特殊要求,则其他流量计均应选择水平安装,如图 4.31 和图 4.32 所示。

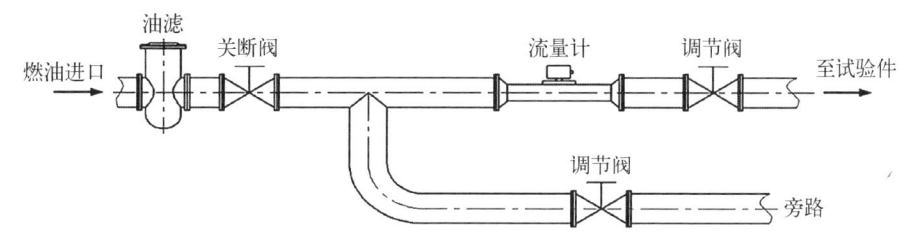

图 4.31　燃油流量计水平安装示意图

图 4.32　燃油流量计安装实物图

流量计安装的共性要求如下：

（1）安装前充分清洁燃油管道，并在流量计上游安装油滤，保护其不受杂质损害；

（2）按要求水平或竖直安装，管道的倾斜度应小于 5°，流量计具有单向计量特点，因此务必使流量计的指示箭头与燃油流动方向一致；

（3）对于上下游管道长度，流量计进口流体的流动均匀性直接影响测量的准确性，为此要求上游有足够长的直管段，其长径比 L/D 介于 5~50，取决于上游安装的弯头和阀门等情况，下游也需要一定长度的直管段，如表 4.5 所示；

（4）对于阀门位置，按照管路设计规范，燃油管路上装有隔离阀和流量调节阀。隔离阀装在流量计上游，除了需要与流量计保持一定距离，还需要在流量计工作时保持全开；流量调节阀若无特殊要求，则必须装在流量计下游；

（5）对于电气连接，流量计与测试、显示系统连接，以传输电信号；连接时需要仔细核对流量计的电源、线制与阻抗匹配性，以及流量计传感器的输出特性与显示仪表的输入特性的匹配性；考虑传感器与传输电缆的电磁屏蔽和防水、防灰等措施；

（6）流量计工作时，其所在管道不能有振动。

表 4.5　涡轮流量计上下游直管段长径比 L/D 随管路条件的变化

管路条件	上游 90° 弯头			同心渐缩管	阀门全开	阀门半开	下游
	1 个	2 个（同一平面）	2 个（不同平面）				
长径比 L/D	20	25	40	15	20	50	5

流量计的使用应遵循产品附带使用说明书，不同类型流量计共同关注点如下[15]：

（1）燃油的流量、温度、压力等参数不应超出流量计要求值，以确保测量准确度，避免缩短使用寿命和出现可能的损坏；

（2）增加流量时应避免阀门开关过快，如 DN25 的管道阀门全开关时间应大于 1 s、DN100 管道阀门全开关时间应大于 4 s；

（3）试验时应保持燃油温度稳定，若需要调节燃油温度，则温度变化速率应控制在 3℃/min 以内；

（4）停机时应逐步关闭调节阀和关断阀，避免产生水锤效应损害流量计；

（5）试验开始前 24 h 内，视现场需要，可用称重法检查流量计的工作状态，以及时发现问题，避免试验数据失效；

（6）定期清洗所有油滤滤网；

（7）每使用 1~2 年，应将流量计及其相应传感器送交有资质的单位，参照相应的标准进行检定，如《涡轮流量计检定规程》（JJG 1037—2008）、《浮子流量计检定规程》（JJG 257—2007）等。

4.4.2 空气流量

1. 测量原理

目前，燃烧室试验中空气流量测量最常用和成熟的方法是标准节流装置测量法。其工作原理是基于节流效应，在充满流体的管道内固定放置一个流通面积小于管道截面积的节流件，管内流束在通过该节流件时就会造成局部收缩。在收缩处，流体流速增加，静压力降低，因此在节流件前后产生一定的静压力差。在标准节流装置、管道安装条件、流体参数一定的情况下，节流件前后的静压力差与流量之间具有确定的函数关系。因此，可以通过测量节流件前后的静压力差来测量流量。其流量计算公式与节流阻力件类型、节流装置在管道中的安装形式和取压方式有关。需要说明的是，燃烧室试验中空气流量测量范围较大且测量精度要求较高，因此 4.4.1 节介绍的涡轮流量计和科里奥利质量流量计不常应用于空气流量的测量[16]。

获得国际标准组织认可的标准节流装置（简称流量计）有许多种，如标准孔板（图 4.33）、标准喷嘴[图 4.34(a)]、经典文丘里管[图 4.34(b)]、临界流文丘里喷嘴[声速喷嘴，图 4.34(c)]等，它们的优缺点比较如表 4.6 所示。使用时可依据试验空气流量、压力、管道结构等选用，且它们一般均安装在空气加温器前。

2. 安装要求

标准节流装置对上下游流动尤其是上游来流的均匀稳定性要求高，因此在上下游均设有一定长度的直管段，长度因节流件的具体结构形式而异，如图 4.35 所示。

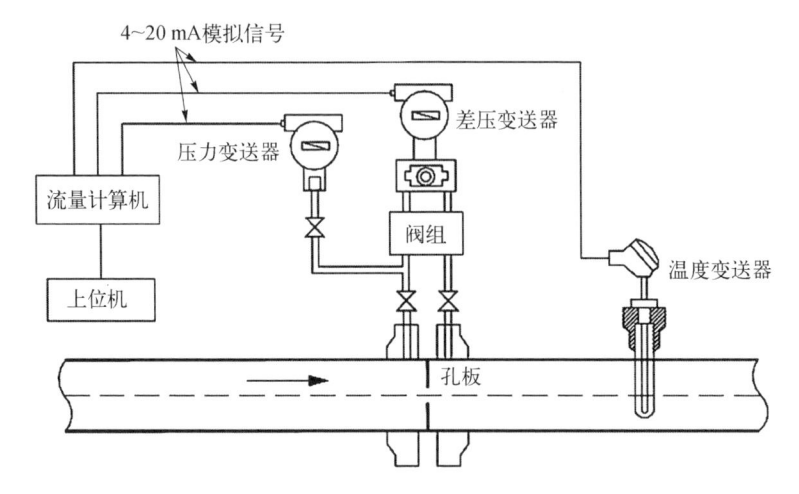

图 4.33　标准孔板及其测量系统

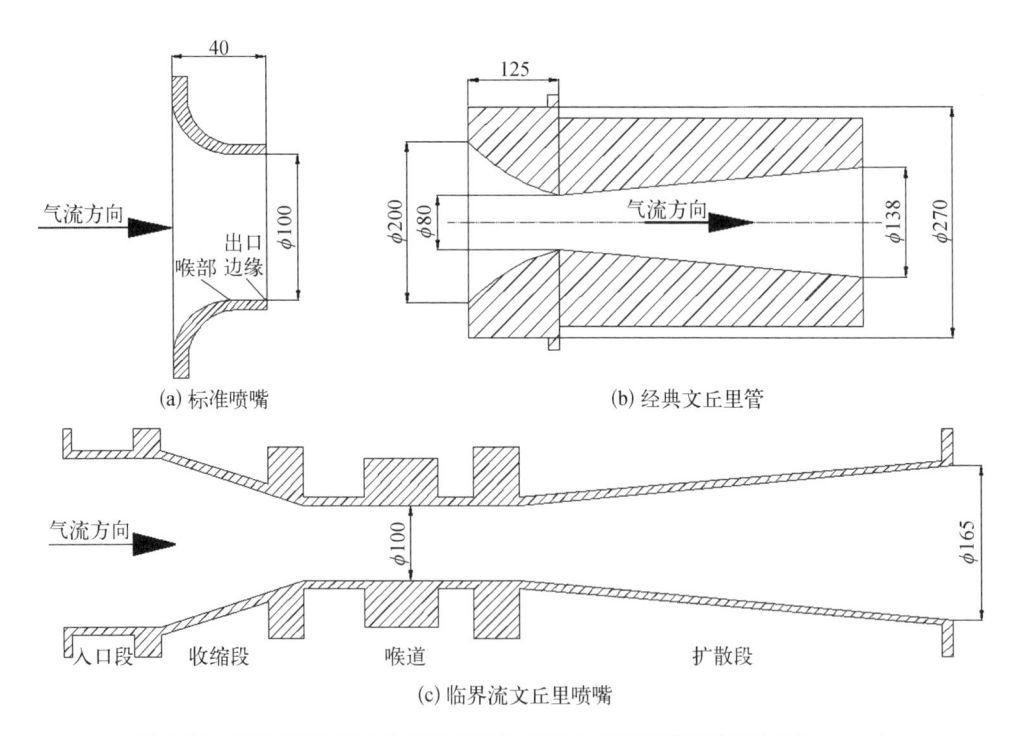

(a) 标准喷嘴

(b) 经典文丘里管

(c) 临界流文丘里喷嘴

图 4.34　标准喷嘴、经典文丘里管及临界流文丘里喷嘴示意图(单位：mm)

表 4.6 标准节流装置的优缺点比较

节流装置	精度/%	优 点	缺 点
标准孔板	0.5~1.5	简单、牢固、性能可靠、使用期限长、价格低	压力损失大,上游直管段长达 $20D$~$50D$,孔板开口锐利度的钝化将影响测量精度
标准喷嘴	0.1	抗磨蚀和高流速介质侵蚀,适用于高速流体,性能稳定可靠,使用期长,压力损失比标准孔板低 50%以上	加工工艺复杂,要求上游直管段较长,价格较贵
经典文丘里管	0.1~1.5	抗磨蚀,压力损失小	量程比较小,要求上游直管段较长,不适用于含湿气体,若用于大口径管路,则体积庞大且笨重,价格昂贵
临界流文丘里喷嘴	0.25	结构牢固、轻便、耐用,无钝化缺陷,测量位置几乎不受限制,测量重复性好,不受下游流态影响	压力损失大,供气压力高

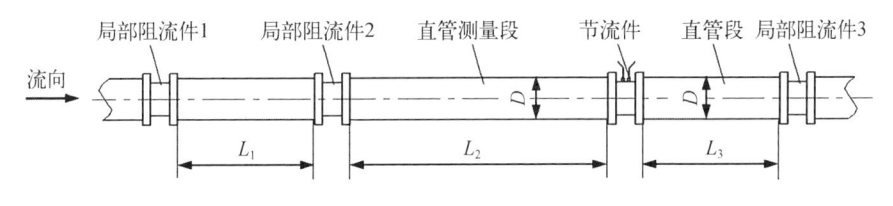

图 4.35 标准节流装置的安装

标准节流装置基本安装要求如下[17]。

(1) 上下游管道轴线的直线偏差小于 0.4%;管道内壁表面无焊缝、沟槽等缺陷;管内须预先吹扫或清洗,不得有杂物。

(2) 若上游未装整流器,则直管段长度 L_2 应满足要求(一般至少 $20D$);若上游装有整流器,则 $L_2 \geq 15D$。

(3) 流量计与上下游管道连接法兰间的垫圈保持与管道内壁平齐,无毛刺、缺口或凸起。

(4) 流量计及环室、夹持环端面、法兰端面等与上下游管道的轴线保持垂直,最大许可偏差为 1°;流量计轴线与管道轴线的偏差 δ 控制在

$$\delta \leq 0.005D/(0.1 + 2.3\beta^4) \tag{4.4}$$

式中,D——管道内径;

β——流量计喉部直径与管道内径之比,$\beta = d/D$。

3. 使用要求

为保证测量精度，非临界节流装置在使用过程中应使上游压力 p_1 和下游压力 p_2 应满足式(4.5)，否则无法满足使用需要[18]：

$$p_2/p_1 \geq 0.75 \tag{4.5}$$

对于临界流文丘里喷嘴，为使空气在喷嘴中达到临近状态，必须使喷嘴前后存在一定压差，即

$$p_2/p_1 \leq 0.5 \tag{4.6}$$

非临界节流装置的流量 W 按式(4.7)计算：

$$W = CE\varepsilon A\sqrt{\frac{2\Delta P}{\rho}} \tag{4.7}$$

式中，C——流出系数；

E——渐近速度系数；

ε——可膨胀性系数；

A——流通面积，mm^2；

ΔP——流量计前后压差，Pa；

ρ——气流密度，kg/m^3。

临界流文丘里喷嘴的流量公式为

$$W = AK\frac{P}{\sqrt{T}} \tag{4.8}$$

式中，A——喷嘴面积；

K——流量公式的系数；

P——空气压力；

T——空气温度。

标准节流装置的流量测量不确定度对压差或压力最为敏感，因此要求压力传感器的精度等级不低于1级。

4. 流量计的校验

根据流量计的工作环境和使用频率，需每隔1～5年进行一次校验，长时间使用可能出现变形、孔板边缘钝化、喷嘴流道表面损伤或附着污垢等问题，导致测量精度下降。流量计的校验一般是将流量计本体及其相应变送器外委至有相应检定资质的单位，参照相应的标准进行校验。校验分为几何校验和实流校验两步[19]。

几何校验是在符合校验要求的工作环境中，用标准量具检查表面粗糙度、几何

结构尺寸、孔板边缘破损程度、喷嘴廓形等。

相对而言,孔板流量计具有易变形、易损伤等结构特点,且难以量化其对流量测量的影响,因此即使通过了几何校验,也需要进行实流校验。而喷嘴类、带有外廓型的流量计只要通过几何校验,即可继续使用。

实流校验是用水或空气复核其流量变化。对于孔板,可用精度更高的临界喷嘴流量计在相同的条件下进行校验。假设孔板和临界喷嘴流量计测得的流量分别为 W_{ori} 和 W_{noz},则有

$$W_{noz} = \xi W_{ori} \tag{4.9}$$

若修正系数 ξ 满足 $0.98 < \xi < 1.02$,则孔板的流量误差小于 $\pm 2\%$ 时仍可继续使用,但计算流量时,要用 ξ 进行修正,即乘以原来的流量式(4.7)进行计算。

4.5 速度测量

燃烧室试验中,通常需要进行两类气流速度的检测或实时计算:① 燃烧室进、出口(截面平均)的气流速度 v_3 和 v_4,用来与其他参数共同衡量燃烧室的综合性能,如用 v_3 和余气系数 α(或当量比 φ)表征点熄火特性;② 燃烧区域的旋流流场的气流速度,其气流速度大小和方向差异较大。

对于燃烧室进、出口气流速度,通过测量参考截面的流通面积、流量静压和总温,计算出流动马赫数 Ma_3[式(4.10)],再结合式(4.11)可得到速度。

$$Ma_3 = \sqrt{\frac{\sqrt{\left(\frac{k+1}{2}\right)^{\frac{2(k+1)}{k-1}} + 2(k-1)\left(\frac{k+1}{2}\right)^{\frac{k+1}{k-1}} y^2} - \left(\frac{k+1}{2}\right)^{\frac{k+1}{k-1}}}{(k-1)\left(\frac{k+1}{2}\right)^{\frac{k+1}{k-1}}}} \tag{4.10}$$

$$y = \frac{W_3 \sqrt{T_{t3}}}{K P_{s3} A_3}, \quad K = \sqrt{\frac{k}{R}\left(\frac{2}{k+1}\right)^{\frac{k+1}{k-1}}}, \quad k = 1.4$$

式(4.10)可推导并简化为

$$Ma_3 = \left[\frac{\sqrt{1+2(k-1)RX/k} + 1}{k-1}\right]^{0.5}$$

$$X = T_{t3}\left(\frac{W_3}{P_{s3} A_3}\right)^2, \quad k = 1.4 \tag{4.11}$$

$$v_3 = Ma_3 \sqrt{kRT_3}$$

式中,k——空气的比热比;

A_3——燃烧室进口截面面积;

T_{t3}——燃烧室进口总温;

P_{s3}——燃烧室进口静压;

R——气体常数。

对于燃烧室的旋流流场,常用的接触式测量方法是多孔气动探针。其原理是利用气流绕流探针形成表面压力分布,使探针头部各孔感受不同的压力来获得当地气流的速度、方向、压力等参数。

以图 4.36 所示的 3 孔方向探针为例进行分析。

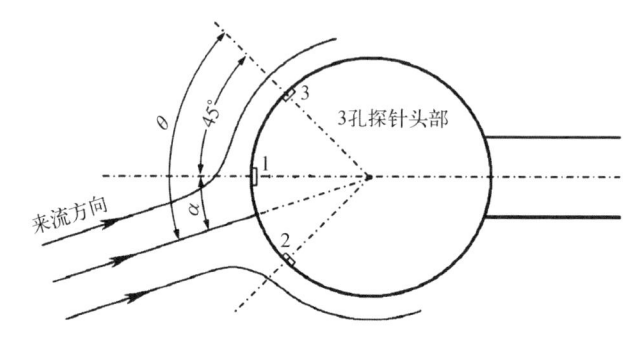

图 4.36 3 孔方向探针与来流速度方向的关系示意图

对于不可压流体,有伯努利方程(4.12)与流体绕圆柱方程(4.13):

$$P_{t0} = P_{s0} + \frac{1}{2}\rho v_0^2 = P_i + \frac{1}{2}\rho v_i^2 = \text{const.} \tag{4.12}$$

$$v_i = 2v_0 \sin\theta \tag{4.13}$$

式中,P_{t0}——当地的总压;

P_{s0}——当地的静压;

v_0——当地的流速。

P_i 和 $v_i (i=1,2,3)$ 为探针上第 i 个测压孔处的静压与流速,于是有

$$P_0 + \frac{1}{2}\rho v_0^2 = P_1 + \frac{1}{2}\rho v_0^2 \sin^2\alpha \tag{4.14}$$

$$P_{s0} + \frac{1}{2}\rho v_0^2 = P_2 + \frac{1}{2}\rho v_0^2 \sin^2(45° - \alpha) \tag{4.15}$$

$$P_{s0} + \frac{1}{2}\rho v_0^2 = P_3 + \frac{1}{2}\rho v_0^2 \sin^2(45° + \alpha) \tag{4.16}$$

式中,α——气流攻角。

显然，只要测得 P_1、P_2、P_3，即可联立式(4.14)~式(4.16)求出当地流场的静压、流速、方向等参数。

以上关系式仅适用于气流速度与三孔同处一个平面内的情形。对于空间上的三维流动，情况将变得复杂，为此设计出 5 孔探针，并得到广泛应用，但其角度测量范围仅为 ±30°。后续又设计出 7 孔甚至 18 孔探针，将角度测量范围分别拓展到±75°和±160°。3 孔压力探针结构如图 4.37 所示。

图 4.37　3 孔压力探针结构示意图

由于探针结构形式多变且存在加工误差，无法用上述方程式准确描述气流绕探针的实际压力分布，同类型探针的气动特性也不完全一致。这就要求在使用前，在校准风洞的已知流场中，做出由各孔压力组成的无因次量与来流马赫数、俯仰角和水平偏角之间的关系曲线，即校正曲线，如图 4.38 所示。图中，α 为俯仰角、β 为偏斜角、C_{pt} 为总压系数、C_{ps} 为静压系数。在实际使用时，根据探针各孔所测得的压力，即可反算出流场参数[20]。

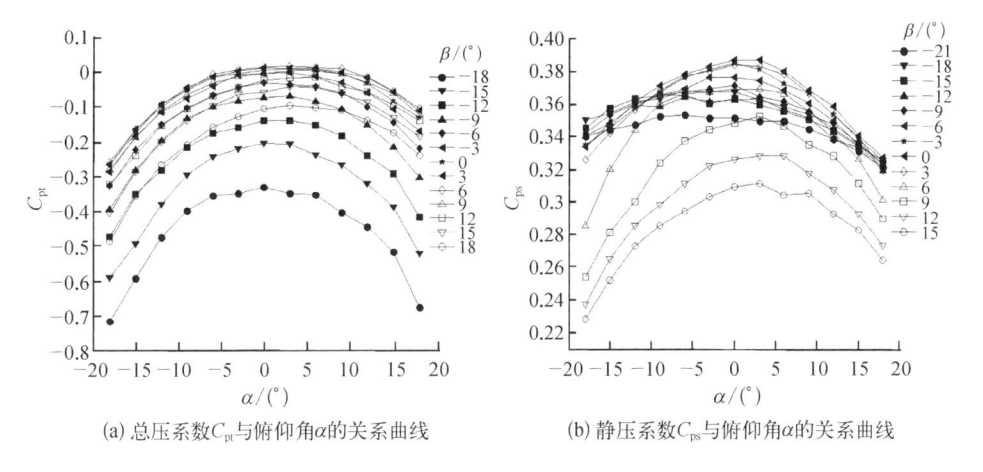

(a) 总压系数C_{pt}与俯仰角α的关系曲线　　(b) 静压系数C_{ps}与俯仰角α的关系曲线

图 4.38　探针的风洞校正曲线

气流速度的非接触式测量方法详见第 4.7 节。

4.6　燃气成分测量

燃气成分测量也称为燃气分析，是通过燃气取样装置将燃烧后的燃气引入燃气成分分析系统,获得 CO、CO_2 等特征组分含量,用于计算燃烧效率、余气系数、燃气温度、排放指数、排烟数等特性参数的一种测量方法[21],其测量精度可达 2%。

目前,国际通用的燃气分析方法是全成分分析法,通过测量 CO、CO_2、NO、NO_2、UHC 5 种组分的浓度,可直接计算出上述特性参数[22]。同时,该方法还可计及高温气体的离解效应。全成分分析法目前在国内外航空发动机燃烧室试验中广泛使用[23]。

4.6.1 燃气分析原理

不同的燃气组分存在分子特性和浓度的差异,采用不同的分析原理才能得到准确的结果。例如,对于 CO 和 CO_2,采用不分光红外线分析原理;对于 NO 和 NO_2,采用化学发光分析原理;对于 UHC,采用氢火焰离子检测原理。

不分光红外线分析(nondispersive infrared analyze,NDIR)原理是基于大多数非对称分子(单原子气体和 H_2、O_2 以及 N_2 这类有相同原子的双原子分子除外),对一定波长的红外线具有吸收能力,其吸收程度与被测气体的浓度有关。不同气体在红外谱带内都有对应最强吸收能力的特定波长,如 CO 的吸收波长是 $4.5 \sim 5$ μm,CO_2 的吸收波长是 $4 \sim 4.5$ μm。测量时,令红外线穿过被测气体,测定其经过吸收后的辐射强度,即可根据辐射强度与被测组分浓度之间的线性关系实现对特定组分的定量测定。燃气组分中的水蒸气会干扰 CO 和 CO_2 对红外线的吸收,这就是在样气进入分析仪器前,要先经过冷却器和干燥器除水的原因。

化学发光分析法(chemical luminescence analysis,CLA)测定 NO_x 的原理,是利用 NO 与过量臭氧之间的相互作用,产生激发态 NO_2^* 分子,在衰减到基态 NO_2 时会发出波长为 $590 \sim 2\,500$ nm 的光量子。这种化学发光强度与 NO 浓度成正比。对于样气中原有的 NO_2,需要先通过转换器将其分解成 NO,再用上述方法一起测定,NO 和 NO_2 浓度之和即 NO_x 浓度。

火焰离子化检测器(flame ionization detector,FID)的原理是利用 $2\,000$℃ 的纯氢火焰不产生自由离子,而 UHC 在其中燃烧时却能生成自由离子的特性,通过外加电场形成微弱的离子电流信号,而电流强弱与样气流量及 UHC 中碳原子数成正比,经电流放大器输出电流,即可定量确定 UHC 的浓度。

氧气的检测与其他气体组分不同。氧气具有顺磁性,在不均匀磁场中,氧分子会朝着磁场力增强的方向移动。当氧气浓度不同的两股气体在同一磁场中相遇时,它们之间将会产生一个压力差。根据压力差与氧气浓度成正比的特点,即可实现氧气组分浓度的定量测定。

4.6.2 系统组成

燃气分析系统由取样装置、取样管路、冷凝器、气体成分分析仪、排气冒烟测量气路和数据采集与传输系统等组成[24],如图 4.39 所示。

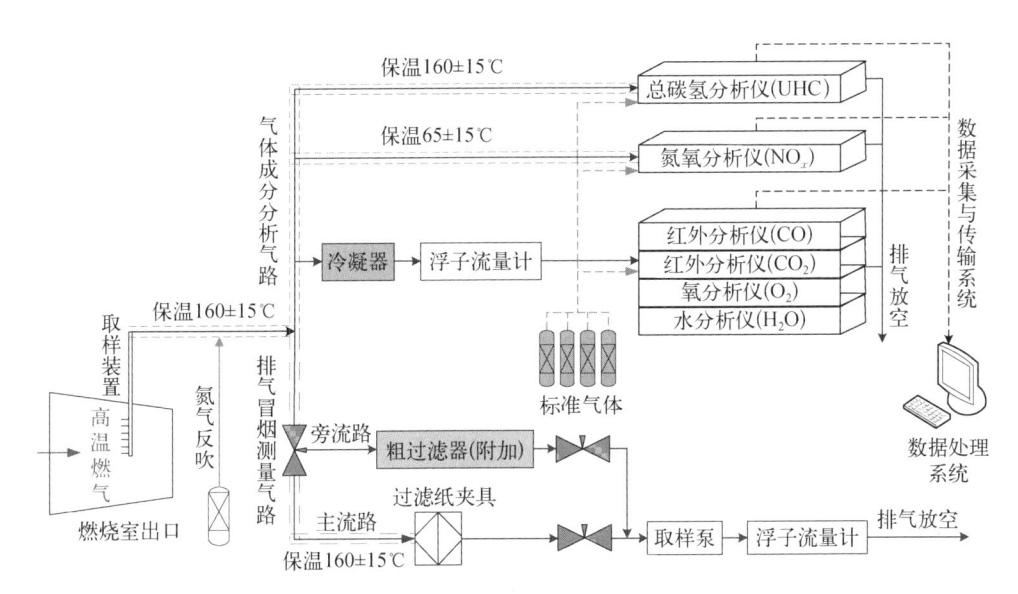

图 4.39 燃气分析系统组成原理图

待测量燃气在自身压力下，通过取样装置进入取样管路，取样管路前端须将样气保温 160±15℃，然后样气分为两路，分别进入气体成分分析气路和排气冒烟测量气路。在成分分析气路中，根据不同气体组分的测量原理，测量 UHC 组分时需要保温至 160±15℃，氮氧化物(NO_x)组分测量时需要保温至 65±15℃。CO、CO_2 等组分测量时为防止水蒸气在分析仪器的气室内冷凝，先使用冷凝器将样气快速冷却至 4℃，析出绝大部分水蒸气，随后在该段取样管路内自然升温，再进入分析仪器。为保证气体成分分析仪安全稳定地工作，样气管路上装有减压阀，将燃气压力降至该气体成分分析仪需要的进气压力(仪器型号不同，所要求的进气压力/流量不同)。最后将气体成分分析仪的测量结果由数据采集与传输系统传入数据处理系统进行后处理。气体成分分析仪在使用前和使用过程中，需要定时用标准气体进行仪器校准。

在排气冒烟测量气路中，取样管路再次分为主流路、旁流路，主流路上安装有能夹持过滤纸的松紧夹头，主流路和旁流路之间的切换通过计算机控制高温电磁阀实现。在通过控制流路上的相关阀门，调节样气流量至标准取样流量(16.2 kg/m^2)后，先用标准滤纸收集样气中的碳烟颗粒，再用反射率计测试干净滤纸与烟痕滤纸的反射率，进而计算排气排烟数。

下面详细阐述燃气分析测量系统的各主要组成部分。

1. 取样装置

取样装置是直接与高温燃气接触的受感部，其作用是将取样点处局部空间内的燃气取出并快速冷却，以终止其化学反应。这样，所取的样气能够代表取样点处的真实燃气成分。为此,必要时须在取样装置内设计水冷结构,可将样气温度迅速降至200℃左右。这样,既淬熄了样气,又保证了其中的重质烃类化合物和氮氧化物不发生冷凝而改变成分,同时也保护了取样装置本身不被高温燃气烧坏。

取样装置有单孔和多孔两种类型,如图4.40所示。单孔取样装置只有一个取样孔道,可固定在燃烧室出口下游某个位置上,用于燃烧状态的持续监控;也可用于燃烧室不同截面上的逐点取样测量,以获得参数的空间分布,此时需要将单孔取样装置安装在径向位移机构上来使用。

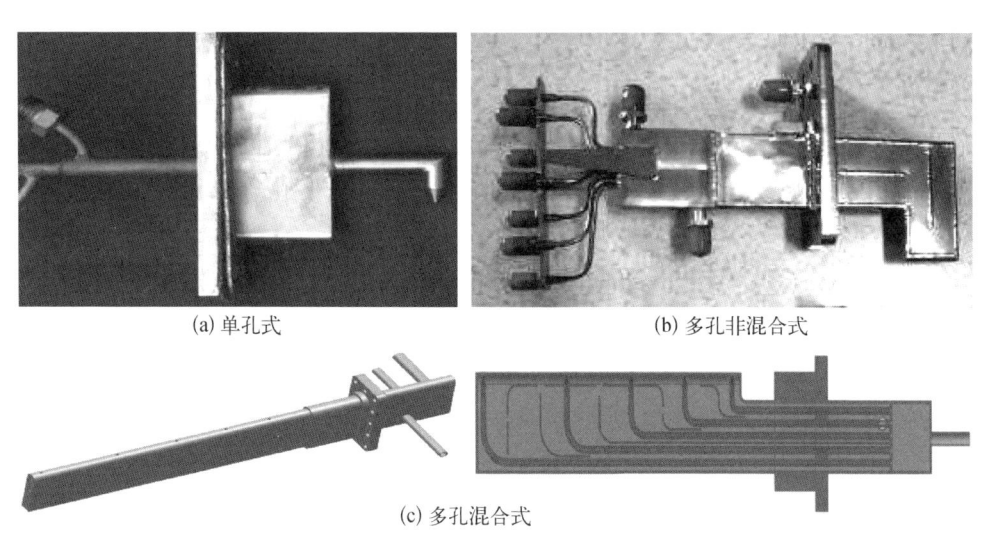

(a) 单孔式

(b) 多孔非混合式

(c) 多孔混合式

图 4.40 取样装置的不同形式

多孔取样装置通常简称为燃气取样耙,其设计目的是测量径向参数的分布,显然比单孔取样装置逐点移动的测量效率高。多孔取样装置按结构类型可细分为混合式取样耙和非混合式取样耙。其中,混合式取样耙在出口设有一个混合腔,从多个取样孔进入的样气在混合腔内混合,再通过出口流出;非混合式取样耙从多个取样孔进样后,分别进入仪器进行分析。

同一支多孔取样耙上的取样孔间距分为等距分布和等环分布两种:等距分布用于矩形测量截面,即取样孔沿截面高度等距布置;等环分布用于扇形或环形测量截面,即取样孔沿径向按等环(面积)布置,在周向取样点位置按等角度分布。

多孔取样装置可固定使用,例如,在燃烧室扇形/全环出口面上,沿周向间隔一定角度均匀安装若干支,可直接测得整个面上的参数分布,图4.41为其布置示意图与实物图,但是这种做法显然对燃气流动有一定的阻塞和干扰作用。为避免这个问题,多孔取样装置可安装在旋转位移机构上,用扫描的方式取样,如图4.42所示。

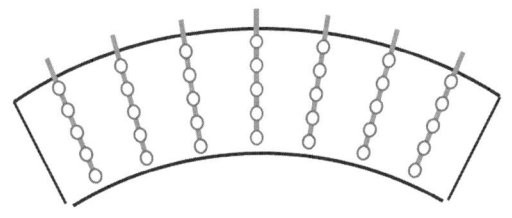

(a) 多孔取样装置固定式测量布置示意图 　　(b) 多孔取样装置固定式测量实物图

图 4.41　多孔取样装置在试验器上固定使用的情形

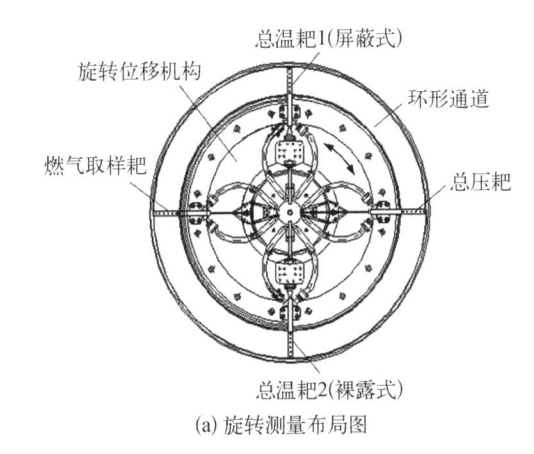

(a) 旋转测量布局图 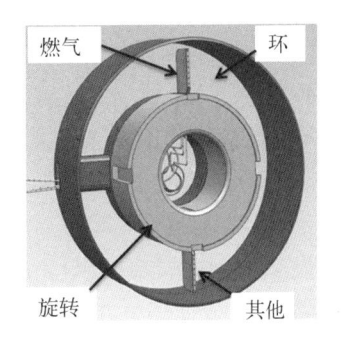　　(b) 旋转测量UG图

图 4.42　安装在旋转位移机构上的燃气取样耙和其他测量装置

2. 取样管路

取样管路是取样装置出口到分析仪进口的管路和附件的总称,一般由保温管路、调节阀门、无油真空泵、过滤器、冷凝器、流量计以及各种接头组成。

在测量燃气中的 NO_x 和 UHC 两种组分浓度时,为防止 NO_x 和 UHC 在管壁冷凝,建议使用电伴热保温管对样气进行保温。使用红外气体分析仪测量 CO 和 CO_2 组分浓度时,为防止燃气中的水蒸气在红外气体分析仪的气室内冷凝,应使样气在进入红外气体分析仪前除去燃气中的水蒸气,建议使用冷凝器使样气冷却到大约 4℃,析出绝大部分水蒸气,随后在管路内自然升温,再进入红外气体分析仪。当样气压力过高时,需要在管路上安装调压阀门;当样气压力低于 150 kPa 时,可在管路上安装无油真空泵抽取样气。

对样气进行保温的电伴热保温管结构如图 4.43 所示,保温范围为 60~175℃± 10℃。根据燃气分析标准,测量 UHC,样气保温温度应为 160±15℃;测量 NO_x,样气保温温度应为 65±15℃。样气管的直径一般为 4~8 mm,长度不超过 25 m,管线材料采用耐腐蚀的不锈钢或聚四氟乙烯。

功率恒定加热器(带镀锡铜编织层)
工作电压200 VAC

FRPVC保温层外套

保温材料

φ6 mm,316不锈钢样气管

(a) 电伴热保温管线断面结构

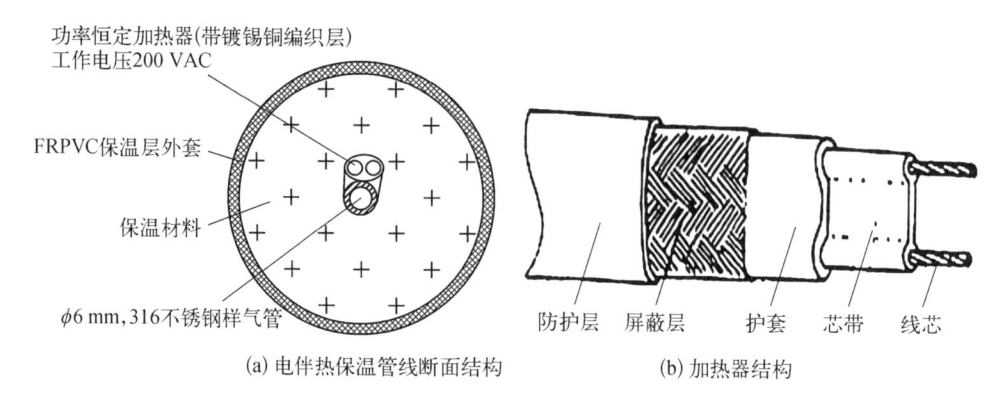

防护层　屏蔽层　护套　芯带　线芯

(b) 加热器结构

图 4.43　电伴热保温管线断面结构和加热器结构示意图

取样管路通过调节阀门、流量计、冷凝器、过滤器等附件实现对样气的稳压、过滤、冷却、干燥等功能，确保进入的样气流量、颗粒物、压力、温度、湿度等参数满足气体成分分析仪的进气条件。

3. 气体成分测试系统

航空发动机燃烧室出口排放的产物主要有 CO_2、H_2O、CO、NO、NO_2、UHC 和微小烟碳颗粒[25]。通常采用不分光红外线分析仪测量 CO、CO_2，采用氢火焰离子检测器测量 UHC，采用化学发光分析仪测量 NO 和 NO_2。表 4.7 为航空发动机燃烧室试验常用的燃气成分分析方法及量程需求[26]。

表 4.7　常用的燃气成分分析方法及量程需求

组　分	主燃烧室	加力燃烧室	测量原理	介质温度
CO	0~5 000 ppm	0~30 000 ppm	非分光红外法	常温
CO_2	0~15%	0~15%	非分光红外法	常温
NO_x	0~1 000 ppm	0~1 000 ppm	化学发光法	65±15℃
UHC	0~15 000 ppm	0~30 000 ppm	高温 FID 氢火焰离子探测	160±15℃
O_2	0~30%	0~30%	氧的顺磁性	常温
H_2O	0~10 000 ppm	0~15 000 ppm	非分光红外法	常温

国内航空发动机燃烧室试验常用的气体分析仪大多来自美国、日本、德国等，具体品牌、型号及产品特点如表 4.8 所示。图 4.44 为一些常用的气体成分分析仪实拍图。

表 4.8　国外常见的气体成分分析仪品牌

序号	品　牌	国家	型　号	产品特点
1	罗斯蒙特	美国	NGA2000	种类齐全,可满足成分测量和量程需求
2	CAI	美国	Model 600HCLD Model 600HFID	以化学发光分析仪和总碳氢分析仪为主;样气压力自动调节
3	Environnement	法国	TOPAZE32M – D	采用双气室、加热型化学发光分析法,可同时测量 NO 和 NO_2;气室需外置泵抽真空
4	西门子	德国	ULTAMAT6E OXYMAT61	仪器种类较齐全,功能配置可选
5	Signel	英国	Model 7000FM Model 9000MGA Model 3000HM	种类齐全,可满足成分测量和量程需求;NO_x 分析仪可直接进行湿基测量

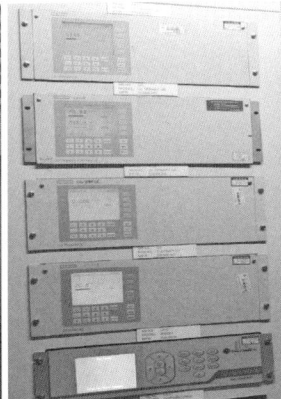

图 4.44　一些常用的气体成分分析仪实拍图

4. 排气冒烟测量系统

排气冒烟测量系统原理图如图 4.45 所示。该系统由主流路、旁流路组成,主流路上安装有能夹持过滤纸的夹头。主流路与旁流路之间的切换通过计算机控制高温电磁阀实现。在管路出口处设有监控来流温度、压力和流量的传感器。为了避免 UHC 在管壁上凝结影响取样,排气冒烟取样管路应保温在 60~175℃[27]。

图 4.45 中,取样探针可选用多点混合式或单点式,但取样平面上的取样点数不应少于 12 点,并且取样点应尽量按等面积均匀分布于取样平面上。过滤纸的性能应与国际通用的 Whatman4 号滤纸相同。过滤纸夹头应用耐腐蚀材料制造,可以牢固地夹紧过滤纸,并满足整个系统对泄漏的要求。图 4.46 为建议的过滤纸夹头内部通道的形状和尺寸。

国内常用美国生产的 SAE SN 烟碳分析仪和国产 FQD-102 型 SAE SN 烟碳分析仪,取样后带烟痕过滤纸与清洁过滤纸的对比如图 4.47 所示。

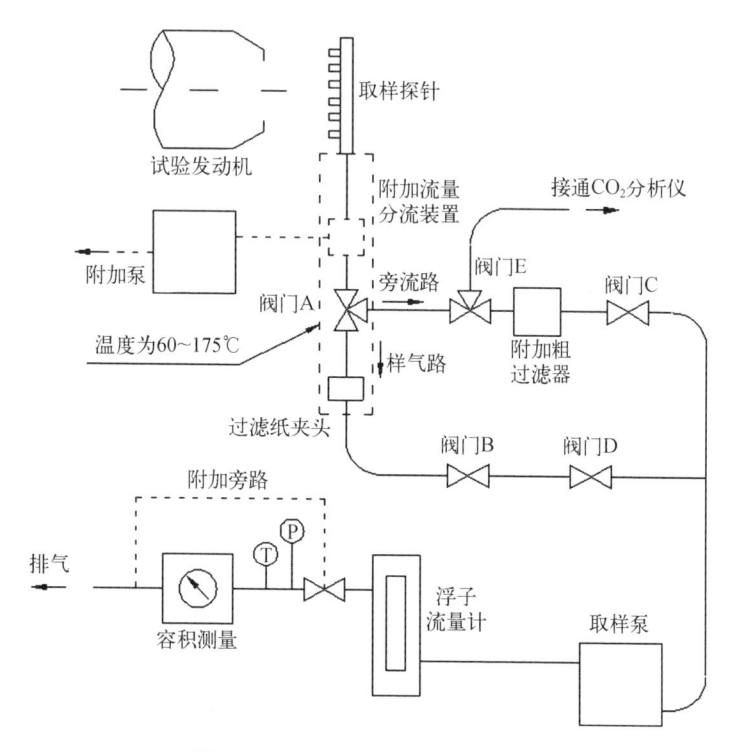

图 4.45　排气冒烟测量系统原理图

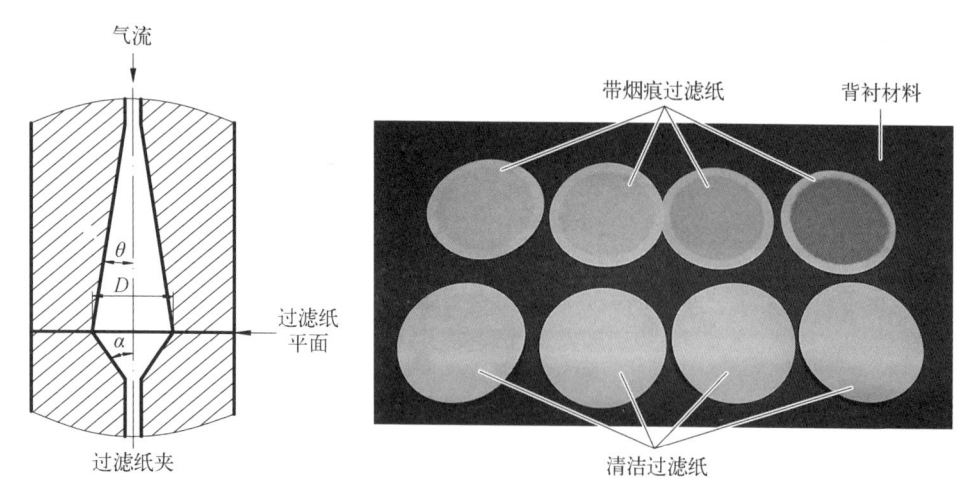

图 4.46　过滤纸夹头简图

烟痕直径 $D = 19 \sim 37.5$ mm;$\theta = 5° \sim 7.5°$;$\alpha = 20° \sim 30°$

图 4.47　带烟痕过滤纸与清洁过滤纸对比图

4.6.3 测量方法

进行燃气成分测量时,燃气分析测量系统先通过取样装置将燃烧室出口的高温燃气采出,然后经取样管路进行一系列保温、过滤、干燥处理,样气被传输至CO、CO_2、NO_x、UHC等气体分析仪进行体积浓度测量。所有分析仪器在正式记录数据前,均需要提前开启,预热1~2 h后用零点气和标准气进行仪器校准,以保证测量结果的准确性。为了满足测量仪最佳工作条件,试验中需要关注每条流路上的浮子流量计数据。调节相应阀门,使进入分析仪的气体流量满足仪器需求且保持流量稳定。测量系统将气体分析仪的电压、电流信号经PLC的A/D模块转换为数字信号,输送到数据采集计算机中,根据燃气分析计算方法实时在线计算出此取样状态下燃烧室各性能参数,包括余气系数、燃烧效率、燃气温度以及排放指数等[28]。

燃气分析作为一种在线测量手段,其测量过程中必须考虑在各种采样状态下样气从燃烧室采出到进入测试仪器响应的滞后时间,特别是在多孔混合取样且连续旋转时,测试系统中显示的各项数据均具有滞后性。针对滞后问题,需要结合从燃烧室引出的样气到测试仪器的实际距离,估算样气在取样管路里的传送时间及样气进入测试仪器并稳定的响应时间,得到样气从采样到稳定测量的滞后时间。为了消除燃气采样的滞后性,在每个试验工况下均需要对燃气分析测量数据进行瞬态采集和数据记录。待测试数据稳定后,对每个工况试验原始数据(样气的压力和温度、各气体成分体积分数)和计算数据(余气系数、燃烧效率、燃烧温度等)进行稳态采集。图4.48为某燃气分析测量系统计算程序界面。

图 4.48 某燃气分析测量系统计算程序界面

4.6.4 计算方法

1. 基本假设

假定燃烧室进气为未饱和空气,燃料主要由 C、H、O、N 等元素组成,化学分子式为 $C_mH_nO_lN_k$,这满足大部分航空燃料的要求。燃气分析适用于测量 1 100℃ 以上的燃气温度,对于燃烧室试验,此时燃烧室进口气流的加热一般采用无污染加温方式。假定燃气成分由 CO_2、H_2O、N_2、O_2、NO、NO_2、CO、UHC、H、H、O、OH、Ar 组成[29,30],燃烧室出口燃气温度不会太高(2 500 K 以下),N 原子含量极低,可忽略不计。燃料的成分、温度、低热值,燃烧空气的温度、压力和含湿量已知或同时被测量,考虑高温气体的离解效应,燃气中除了存在常见的 5 种燃烧产物(CO、CO_2、NO、NO_2、UHC)及 H_2O、N_2、O_2、Ar 等主要空气成分,还会出现离解产生的 O、H、OH、H_2 等组分。

2. 计算模型

燃料与空气的燃烧反应方程式为

$$C_mH_nO_lN_k + n_{oxider}(AN_2 + BO_2 + CCO_2 + DAr + hH_2O)$$
$$\rightarrow n_{N_2}N_2 + n_{O_2}O_2 + n_{CO_2}CO_2 + n_{H_2O}H_2O + n_{CO}CO + n_{NO}NO + n_{NO_2}NO_2 + n_{UHC}C_xH_y$$
$$+ n_{Ar}Ar + n_{H_2}H_2 + n_{OH}OH + n_HH + n_OO \qquad (4.17)$$

式中,n_{oxider}——与 1 mol 燃料燃烧的干空气的物质的量;

n_i——1 mol 燃料燃烧得到的各种成分的物质的量(下标 i 代表相应的燃气成分);

A——干空气中 N_2 的含量(摩尔浓度);

B——干空气中 O_2 的含量(摩尔浓度);

C——干空气中 CO_2 的含量(摩尔浓度);

D——干空气中 Ar 的含量(摩尔浓度);

h——空气中的含湿量,即湿空气中水蒸气与干空气的体积比。

设 1 mol 燃料燃烧得到的燃气总物质的量为 n_g,则

$$n_X = r_X n_g, \quad X = CO, CO_2, NO, NO_2, UHC \qquad (4.18)$$

$$n_g = n_{N_2} + n_{O_2} + n_{CO_2} + n_{H_2O} + n_{CO} + n_{NO} + n_{NO_2} + n_{UHC} + n_{Ar} + n_{H_2} + n_{OH} + n_H + n_O$$
$$= n_g(r_{CO_2} + r_{CO} + r_{NO} + r_{NO_2} + r_{UHC}) + n_{N_2} + n_{O_2} + n_{H_2O} + n_{Ar} + n_{H_2} + n_{OH} + n_H + n_O$$
$$\qquad (4.19)$$

将式(4.19)代入式(4.17)得

$$1 - (r_{CO_2} + r_{CO} + r_{NO} + r_{NO_2} + r_{UHC}) = r_{N_2} + r_{O_2} + r_{H_2O} + r_{Ar} + r_{H_2} + r_{OH} + r_H + r_O$$
$$\qquad (4.20)$$

根据各元素(碳、氢、氧、氮、氩)的质量守恒可得方程:

$$\frac{m + Cn_{\text{oxider}}}{n_{\text{g}}} = r_{\text{CO}_2} + r_{\text{CO}} + xr_{\text{UHC}} \tag{4.21}$$

$$\frac{n + 2hn_{\text{oxider}}}{n_{\text{g}}} = yr_{\text{UHC}} + 2r_{\text{H}_2\text{O}} + 2r_{\text{H}_2} + r_{\text{OH}} + r_{\text{H}} \tag{4.22}$$

方程中涉及的 m、n、l、k、x、y 指的是式(4.17)中 $C_mH_nO_lN_k$ 与 C_xH_y 的下标，即燃料中 C、H、O、N 与产物中 C、H 的原子数。

$$\frac{l + (2B + 2C + h)n_{\text{oxider}}}{n_{\text{g}}} = 2r_{\text{CO}_2} + r_{\text{CO}} + r_{\text{NO}} + 2r_{\text{NO}_2} + 2r_{\text{O}_2} + r_{\text{H}_2\text{O}} + r_{\text{OH}} + r_{\text{O}} \tag{4.23}$$

$$\frac{k + 2An_{\text{oxider}}}{n_{\text{g}}} = r_{\text{NO}} + r_{\text{NO}_2} + 2r_{\text{N}_2} \tag{4.24}$$

$$\frac{Dn_{\text{oxider}}}{n_{\text{g}}} = r_{\text{Ar}} \tag{4.25}$$

式中，r_i——各气体的容积浓度（下标 i 代表相应的燃气成分）。

根据 CO_2 的解离反应（$2CO_2 \Longleftrightarrow 2CO + O_2$）有

$$\frac{r_{\text{CO}}^2 r_{\text{O}_2}}{r_{\text{CO}_2}^2} = \frac{K_{\text{p1}}}{P} \tag{4.26}$$

根据水的解离反应(1)（$2H_2O \Longleftrightarrow 2H_2 + O_2$）有

$$\frac{r_{\text{H}_2}^2 r_{\text{O}_2}}{r_{\text{H}_2\text{O}}^2} = \frac{K_{\text{p2}}}{P} \tag{4.27}$$

根据水的解离反应(2)（$H_2O \Longleftrightarrow H + OH$）有

$$\frac{r_{\text{H}} r_{\text{OH}}}{r_{\text{H}_2\text{O}}} = \frac{K_{\text{p3}}}{P} \tag{4.28}$$

根据 H_2 的解离反应（$H_2 \Longleftrightarrow H + H$）有

$$\frac{r_{\text{H}}^2}{r_{\text{H}_2}} = \frac{K_{\text{p4}}}{P} \tag{4.29}$$

根据 O_2 的解离反应（$O_2 \Longleftrightarrow O + O$）有

$$\frac{r_{\text{O}}^2}{r_{\text{O}_2}} = \frac{K_{\text{p5}}}{P} \tag{4.30}$$

式中，$K_{\text{p}i}$——化学平衡常数；
P——燃烧室内压力。

根据能力守恒定律,燃烧反应前后物质的绝对焓相等,即

$$\frac{H_f + (AH_{N_2}^1 + BH_{O_2}^1 + CH_{CO_2}^1 + DH_{Ar}^1 + hH_{H_2O}^1)n_{oxider}}{n_g}$$

$$= r_{N_2}H_{N_2} + r_{O_2}H_{O_2} + r_{CO_2}H_{CO_2} + r_{H_2O}H_{H_2O} + r_{CO}H_{CO} + r_{NO}H_{NO} + r_{NO_2}H_{NO_2} + r_{UHC}H_{UHC}$$
$$+ r_{Ar}H_{Ar} + r_{H_2}H_{H_2} + r_{OH}H_{OH} + r_{H}H_{H} + r_{O}H_{O} \tag{4.31}$$

式中,H_f——燃料的摩尔绝对焓;

H_i——燃气成分的摩尔绝对焓(下标 i 代表相应的燃气成分)。

燃料的摩尔绝对焓的计算公式如下:

$$H_f = [h_D + H_u + C_{pf} \times (T - 298)] \times M_f \tag{4.32}$$

式中,h_D——燃料的等温燃烧焓差;

H_u——燃料的低位热值;

C_{pf}——燃料的比定压热容;

M_f——燃料的摩尔质量;

T——燃气温度。

对于上述 11 个方程式(4.20)~式(4.30),有 n_g、n_{oxider}、r_i(i 代表各种未测化学成分)、T 共计 11 个未知量,解非线性方程组,可得到唯一解。

3. 方程组的解法

该非线性方程组可以采用两种方法求解,一种是非线性方程组的典型解法——牛顿-拉弗森法(Newton-Raphson method);另一种是三变量迭代法。

Newton-Raphson 法先对式(4.20)~式(4.30)两边同时取对数,再以 $\ln n_{oxider}$、$\ln n_g$、$\ln r_i$、$\ln T$ 为自变量,设:

$$\Delta n_{oxider} = \ln n_{oxider} - \ln n_{oxider}^0 \tag{4.33}$$

$$\Delta n_g = \ln n_g - \ln n_g^0 \tag{4.34}$$

$$\Delta r_i = \ln r_i - \ln r_i^0 \tag{4.35}$$

$$\Delta T = \ln T - \ln T^0 \tag{4.36}$$

式中,上标 0——初值;

下标 i——各种燃气成分。

然后根据 Newton-Raphson 定律即可得到关于 Δn_{oxider}、Δn_g、Δr_i、ΔT 的线性方程,求解即可得到 11 个未知数(n_{oxider}、n_g、r_{N_2}、r_{O_2}、r_{H_2O}、r_{Ar}、r_{H_2}、r_{OH}、r_H、r_O、T)的唯一解。

在三变量迭代法中,首先设定燃气温度 T,燃气中的氧气浓度 r_{O_2}、氮气浓度 r_{N_2} 的初始值,根据燃气温度可得到各化学平衡常数,然后利用式(4.19)~式(4.30)依

次求解得到各成分浓度 n_g、n_oxider、r_i，根据式(4.31)可得到燃气温度 T，如此反复迭代，即可获得方程组的解，直接得到燃气的温度 T。

余气系数 α、排放指数 EI、燃烧效率 η 的计算公式如下。

1) 余气系数 α 的计算

根据余气系数的定义，即供给燃烧室的实际空气流量与完全燃烧所供入的燃料所需要的理论空气量之比，有

$$\alpha = \frac{n_\text{oxider}}{m} \times \frac{B}{1 + 0.25\dfrac{n}{m} - 0.5\dfrac{l}{m}} \quad (4.37)$$

式中，

$$\frac{n_\text{oxider}}{m} = \frac{2z - \dfrac{n + 2k + 2l}{m}}{4(1 + h - 0.5zC)} \quad (4.38)$$

$$z = \frac{2 + (r_{\text{NO}_2} - r_\text{CO}) + (2 - 0.5y)\dfrac{r_\text{UHC}}{x}}{r_{\text{CO}_2} + r_\text{CO} + r_\text{UHC}} \quad (4.39)$$

2) 排放指数 EI 的计算

排放指数 EI 的定义为 1 kg 燃料燃烧生成的某种发散物的克数，则有

$$\text{EI}_i = \frac{1\,000 M_i n_i}{M_\text{C} m + M_\text{H} n + M_\text{O} l + M_\text{N} k} \quad (4.40)$$

式中，n_i——排放物 i 的分子量；

M_i——1 mol 燃料 i 燃烧得到的排放物的物质的量。

由式(4.40)可得

$$\text{EI}_\text{CO} = \frac{1\,000 M_\text{CO} n_\text{CO}}{M_\text{C} m + M_\text{H} n + M_\text{O} l + M_\text{N} k} \quad (4.41)$$

$$\text{EI}_\text{UHC} = \frac{1\,000(x M_\text{C} + y M_\text{H})}{M_\text{C} m + M_\text{H} n + M_\text{O} l + M_\text{N} k} \quad (4.42)$$

$$\text{EI}_{\text{NO}_x} = \frac{1\,000 M_\text{NO}(n_\text{NO} + n_{\text{NO}_2})}{M_\text{C} m + M_\text{H} n + M_\text{O} l + M_\text{N} k} \quad (4.43)$$

3) 燃烧效率 η 的计算

根据燃烧效率的定义：

$$\eta = 1 - \varphi_\text{CO} - \varphi_\text{UHC} \quad (4.44)$$

式中，CO 的不完全燃烧度为

$$\varphi_{\text{CO}} = \frac{H_{\text{uCO}} \text{EI}_{\text{CO}}}{1\,000 H_{\text{uf}}} \tag{4.45}$$

UHC 的不完全燃烧度为

$$\varphi_{\text{UHC}} = \frac{H_{\text{uUHC}} \text{EI}_{\text{UHC}}}{1\,000 H_{\text{uf}}} \tag{4.46}$$

4.7 先进的光学测量方法

在图 4.1 所示的一系列光学测量方法中，以粒子图像测速法(PIV)和相位多普勒粒子分析法(PDPA)应用最为广泛，主要用于测量流场和粒子(固体颗粒、液滴等)尺寸及分布。而可调谐半导体激光吸收光谱术(TDLAS)也在燃烧室高温火焰和燃气的温度测量中日益显示出其独特优势。下面分别介绍这些方法及其在航空发动机燃烧室试验中的应用。

4.7.1 粒子图像测速法

PIV[31]是利用照相技术拍摄在流场中跟随流体运动的微小颗粒，通过图像处理得到全场颗粒的瞬时运动速度，进而间接得到流体速度分布乃至湍流信息的光学测量方法，具有极高的空间分辨率和精度。按照光源对流场的照明方式，目前工程应用比较成熟且相对广泛的有 2D-2c 和 2D-3c 两种采用片光源照明的 PIV 技术(3D-3c 尚不成熟，本节不进行详细探讨)。

2D-2c PIV 是传统的对某个切面内二维(2D)速度进行测量，2D-3c PIV 是对某个切面内三维速度进行测量，可以根据相邻切面的二维速度场，运用三维流动的连续性方程计算出切面法线方向的第三个速度分量，这种方式本质上仍属于二维 PIV。另一种 PIV 技术是测量某个容积内体流动的三维速度(3D-3c PIV，体积光照明)，实现真正意义上的全场三维 PIV。D 代表光源的照射维度，c 代表被测离子的速度分量。3D-3c PIV 目前运用尚未成熟，在航空发动机燃烧室试验中常规运用前两种 PIV 测试技术。

1. 2D-2c PIV 测量原理

采用脉冲激光光片照亮被测流场区域中跟随流体运动的示踪粒子，再用 CCD 相机在两个光脉冲下曝光，拍下两幅示踪粒子的图像；通过图像关联分析得到所有粒子的位移 Δs，除以脉冲时间间隔 Δt 就可以得到它们的速度矢量($v = \Delta s/\Delta t$)和方向。图 4.49 和图 4.50 分别是 2D-2c PIV 测量原理示意图和示踪粒子位移示意图。若示踪粒子对流体的跟随性足够好，即两者之间的速度差趋于零，则可认为粒子速度矢代表当地的流场速度和方向。示踪粒子原始图片如图 4.51 所示。

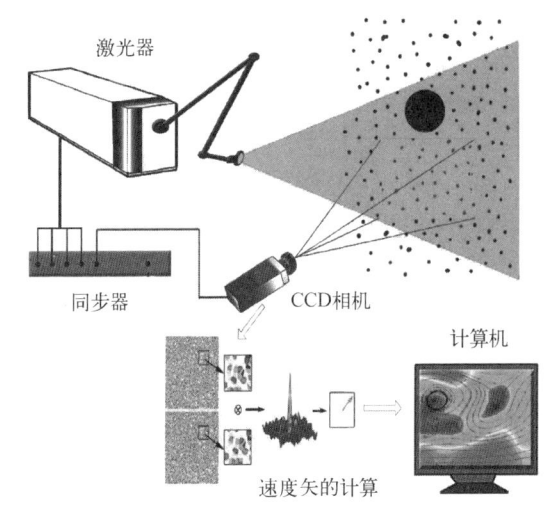

图 4.49　2D‑2c PIV 测量原理示意图

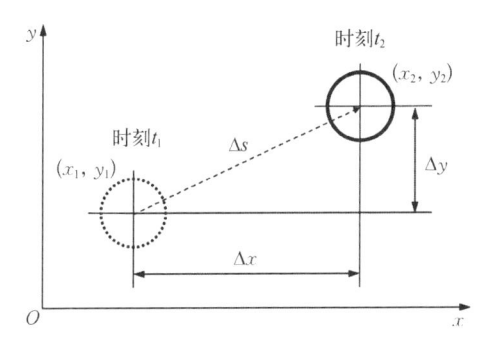

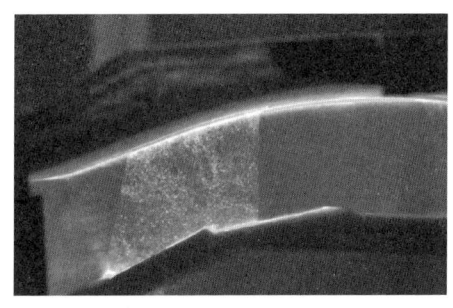

图 4.50　示踪粒子位移示意图

图 4.51　示踪粒子原始图片

由图 4.51 可见,通过两次曝光拍摄的图像,可确定同一个示踪粒子的位置坐标变化,相应的速度分量为

$$u = \frac{\Delta x}{\Delta t} = \frac{x_2 - x_1}{\Delta t}, \quad v = \frac{\Delta y}{\Delta t} = \frac{y_2 - y_1}{\Delta t} \tag{4.47}$$

激光的脉冲时间间隔 Δt 可调,只要足够小,即可认为所测得的是瞬时速度。

2. 2D‑3c PIV 测量原理

从两部 CCD 相机的粒子图像中才能提取出第三个速度分量。采用两部 CCD 相机两光轴的构成形式,模仿人眼双目测距原理,如图 4.52 所示。根据成像几何关系,计算粒子的空间坐标以两部 CCD 相机的布局形式出现(两个光轴),在测量前先标定 CCD 相机,撤离标定装置后,在被测量流场中布撒合适的示踪粒子,在激光片光源照明下,采集流场图像。根据相机模型和粒子在不同成像平面上的投影提取粒子的三维空间坐标。

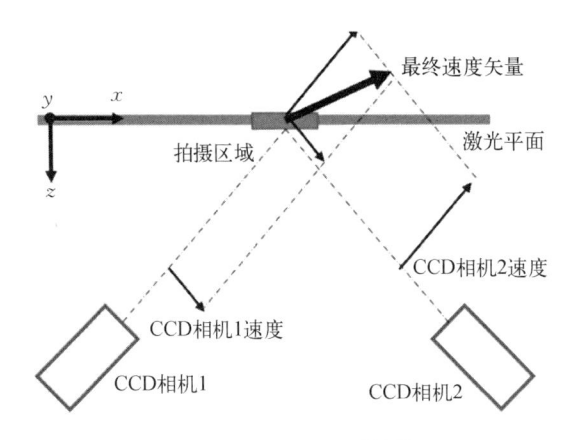

图 4.52　2D‑3c PIV 测量原理图

3. 系统组成

PIV 测试系统包括片光源系统、CCD 成像系统、示踪粒子系统、图像处理系统等，如图 4.53 所示。

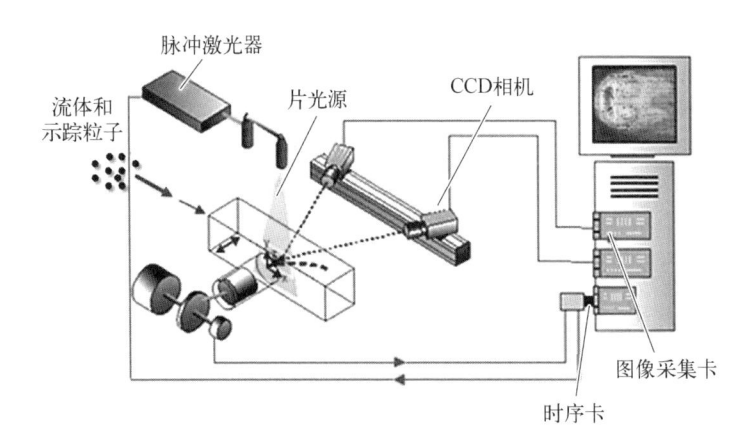

图 4.53　PIV 测试系统组成

1) 片光源系统

片光源系统由脉冲激光器、导光臂、光学部件等组成。输出激光为波长 532 nm 的可见绿光，脉冲频率一般为 10 Hz，脉冲能量不低于 200 mJ。目前常用倍频 Nd：YAG 激光器，其每个振荡器和放大器都可分别触发，通过软件控制在短时间内提供两个高功率光脉冲。导光臂将激光传输至需要的位置，再经光学部件扩展成厚度小于 1 mm 的片光。光学部件有两类，一类是固定式圆柱透镜，激光束沿半径方向从一侧入射，出射时被柱面展开成一定张角的光片；另一类是方柱透镜，透镜绕方柱轴线高速旋转，使从一侧入射的激光束连续改变入射角和出射角，而周期性地扫过并照亮流场中的粒子，进而使其在相机内留下影像。调节转速可控制两个影像之间的时间间隔。

2) CCD 成像系统

CCD 成像系统由 CCD 相机、时间同步器、帧接收器组成。CCD 相机的性能参数包括分辨率、最大采集频率、最小跨帧时间。时间同步器可保证 CCD 相机、脉冲激光器和帧接收器同步,并实现内外同步信号的控制。拍摄时采用小光圈确保景深和图像清晰度,并从最低激光功率开始,逐渐增大激光功率,直到粒子影像亮度满足要求。

3) 示踪粒子系统

示踪粒子系统由示踪粒子、粒子撒播器组成。示踪粒子要求具有良好的流体跟随性和散光性[32]。

流体跟随性的优劣决定能否用粒子速度代表当地的流体速度,通常用粒子的斯托克斯数 St 来衡量:

$$St = \frac{\rho_p d_p^2 v_f}{18\mu_f D} \quad (4.48)$$

式中,ρ_p——粒子的密度;

d_p——粒子粒径;

v_f——流体速度;

μ_f——流体速度动力黏性系数;

D——流体速度流场的特征长度。

当 $St \ll 1$,即粒子尺寸足够小时,可用粒子速度代表当地的流场速度。在气体中,$d_p \leq 6\sim 10\ \mu m$ 可满足要求。

粒子的散光性越好,其影像越明亮,越有利于获得信噪比高的 PIV 图像。散光强度取决于粒子的尺寸、材料和形状。粒子材料决定表面光洁度和反光性,而形状以球形为最佳。气体流场中常用示踪粒子的尺寸和优缺点比较如表 4.9 所示。在常温常压燃烧室试验中,多用二氧化钛颗粒(俗称钛白粉)和癸二酸二异辛酯(分子式为 $C_{26}H_{50}O_4$)作为示踪粒子。

表 4.9 气体流场中常用示踪粒子的尺寸和优缺点比较

类型	材料	平均粒径 $d_p/\mu m$	优点	缺点
烟	艾草烟雾	0.5~10	容易获取	浓度不稳定
液体	癸二酸二异辛酯	<1	跟随性好	散光性较弱
固体	氧化镁	2~7	跟随性、散光性较好	易受潮结块

续 表

类型	材 料	平均粒径 $d_p/\mu m$	优 点	缺 点
固体	钛白粉(TiO_2)	3~5	不易受潮	跟随性较弱
固体	合成棉颗粒	10~50	对环境污染小	跟随性较差
固体	玻璃球	30~100	无毒、形变小	跟随性较差

4) 图像处理系统

图像处理系统集成了硬件控制、实时数字图像显示/处理、实时数据采集分析等功能。图像分析处理软件的典型算法包括互相关理论、亚像素拟合、错误向量修正、图像偏置、迭代算法、变形窗口算法等[33,34]。

5) 测量应用

PIV 系统在试验中的应用流程如图 4.54 所示。

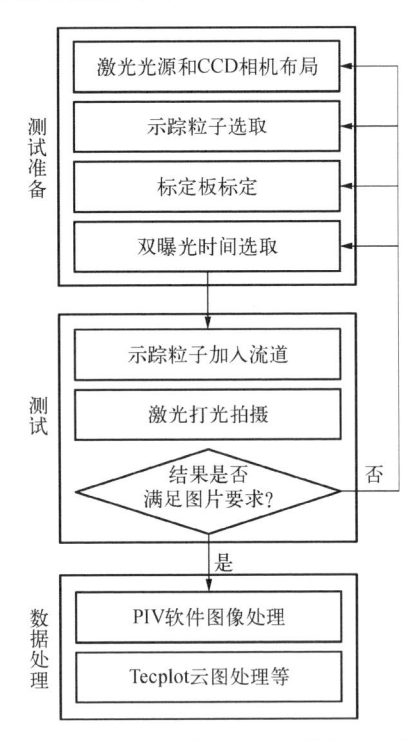

图 4.54 PIV 系统在试验中的应用流程

激光光源和 CCD 相机布局如下。

(1) 2D-2c PIV 测量布局：CCD 相机在试验件侧面拍摄其纵截面流场，激光光源置于流道端部，沿流道轴线射入，使激光光片与相机轴线保持垂直，如图 4.55 所示。

(a) 示意图

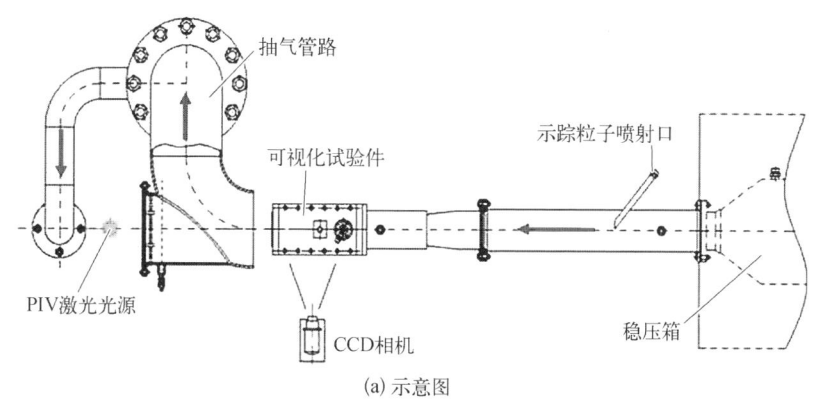

(b) 实拍图

图 4.55 纵截面二维布局图

（2）2D-3c PIV 测量布局：两部相机拍摄纵截面，两者轴线成一定角度，如图 4.56 所示；拍摄试验件横截面流场时将 CCD 相机置于试验件正后方，如图 4.57 所示。

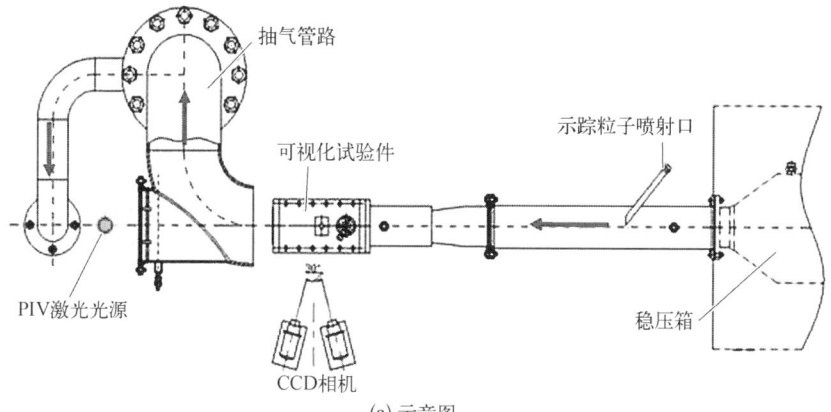

(a) 示意图

(b) 实拍图

图 4.56 纵截面三维布局图

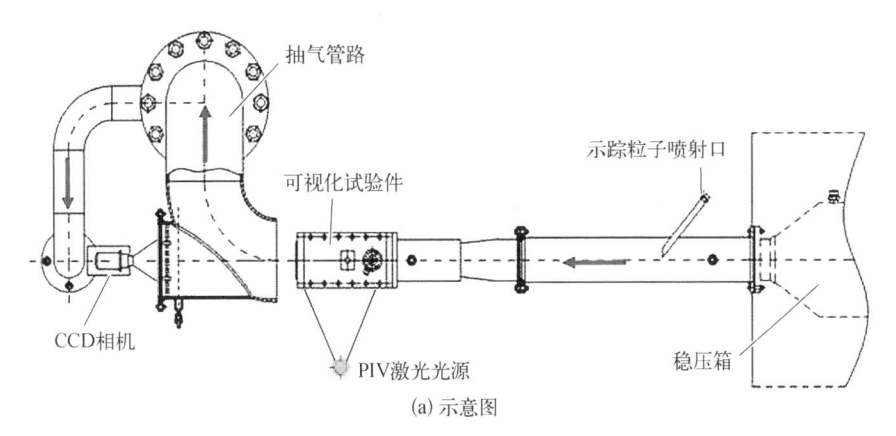

(a) 示意图

(b) 实拍图

图 4.57 横截面二维布局图(箭头为气流方向)

示踪粒子的选择参见表 4.9。为了有效显示流场细节,保证所拍摄的图像有足够高的信噪比,粒子加入气流时的基本要求如下:

(1) 有足够的浓度,正式测试前需要进行试拍,以确定最佳浓度;

(2) 进入测量区域之前,粒子应与主流充分混合均匀,因此粒子加入口要布置在距离试验件足够远的上游;

(3) 粒子加入时不应对主流产生过大扰动,以防导致测试区域流场发生变化。

图 4.58 为一种粒子存储与高压氮气输送播撒装置,箭头为气流方向。

标定板常规采用凹凸齿轮标定板,尺寸为 10 cm×10 cm,表面布满间距为 1 cm 的凹凸点。试验前标定板置于所测量截面处,片光源、所测截面以及标定板平面重合,调整好 CCD 相机的焦距,在采集到的图像上选取参考点,调节 CCD 相机焦距,直至可以从相机中清晰地看到标定板上的白点,并根据参考点之间的实际距离及标定板上的尺寸参数,程序自动完成标定。如图 4.59(a) 所示,部分试验所测截面不规则或空间过小,导致标定板无法置于其内,则需要采用原始标定法 [图 4.59(b)],即带清晰刻度的直尺置于试验窗表面,通过相机调焦,读取视场内直尺刻度,输入软件标定计算,即可完成自动标定。此方法相对于标定板标定法较

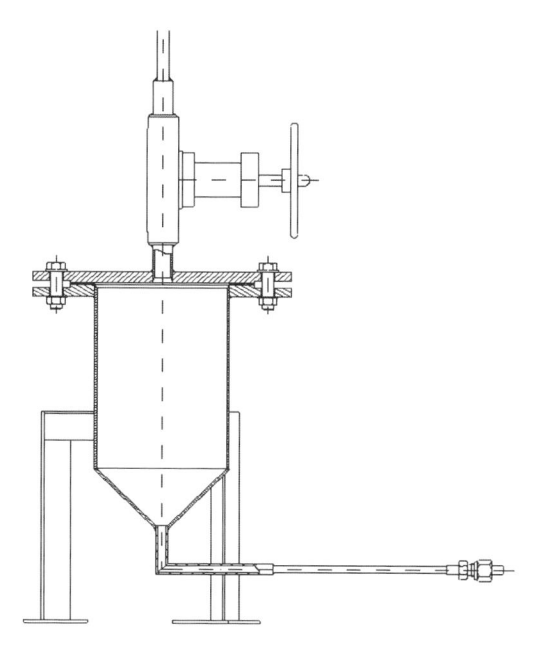

图 4.58 粒子撒播装置

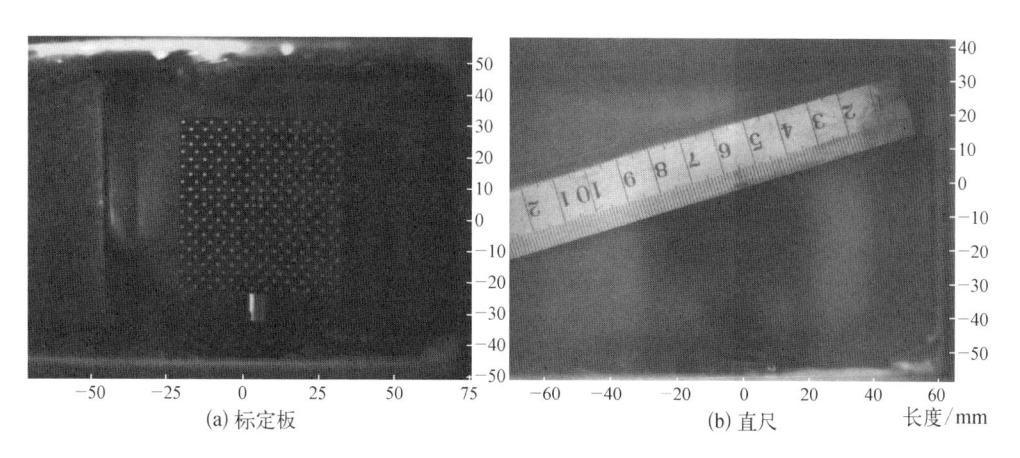

(a) 标定板　　(b) 直尺　　长度/mm

图 4.59 流场标定板

粗糙,试验过程中若流场结果不规律,则需要反复进行标定步骤。

Δt 的长短取决于气流速度(流速)和流场结构(表4.10)。流速高时,相应的双曝光时间间隔 Δt 就要短,反之亦然。尤其是对于燃烧室内的低速涡流区,Δt 要适当增大,以避免粒子位移量在CCD相机内小于1个像素,导致信噪比大大降低。总之,在双曝光时间间隔内,既要保证能识别出示踪粒子的位移,又不能使其脱离片光区域,Δt 可用式(4.49)进行估算:

$$\Delta t = \frac{\text{FOV} \times \text{IA}}{4 \times v \times P_{\text{res}}} \times 10^3 \tag{4.49}$$

式中,FOV——视场大小,如134 mm×100 mm;

IA——互相关时查问域的大小,如32像素×32像素;

P_{res}——CCD相机的分辨率,如1 600像素×1 200像素;

v——待测流体速度,m/s;

Δt——双曝光时间间隔,μs。

表4.10 双曝光时间间隔 Δt

状 态 号	$W_{a3}/(\text{g/s})$	$\Delta t/\mu\text{s}$
1	160	8
2	303	3

CCD相机拍摄的图像经分析显示软件DAVIS处理,可得到速度矢量场和速度大小。再经Tecplot软件处理后,可进一步得到云图、流线图等,图4.60为流场PIV测量结果(采用钛白粉作为示踪粒子)。

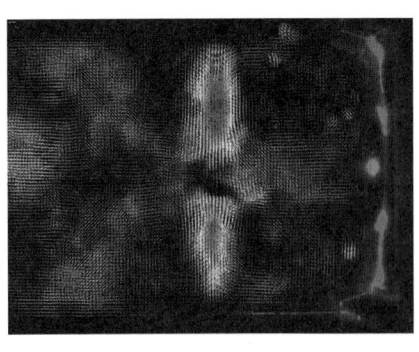

(a) 速度矢量场(DAVIS处理) 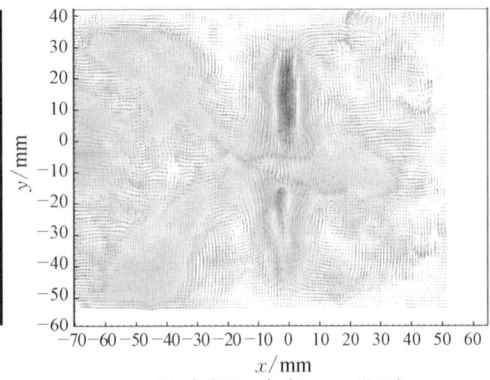　　(b) 速度矢量场(Tecplot处理)

(c) 速度云图　　　　　　　　　　(d) 带流线的速度云图

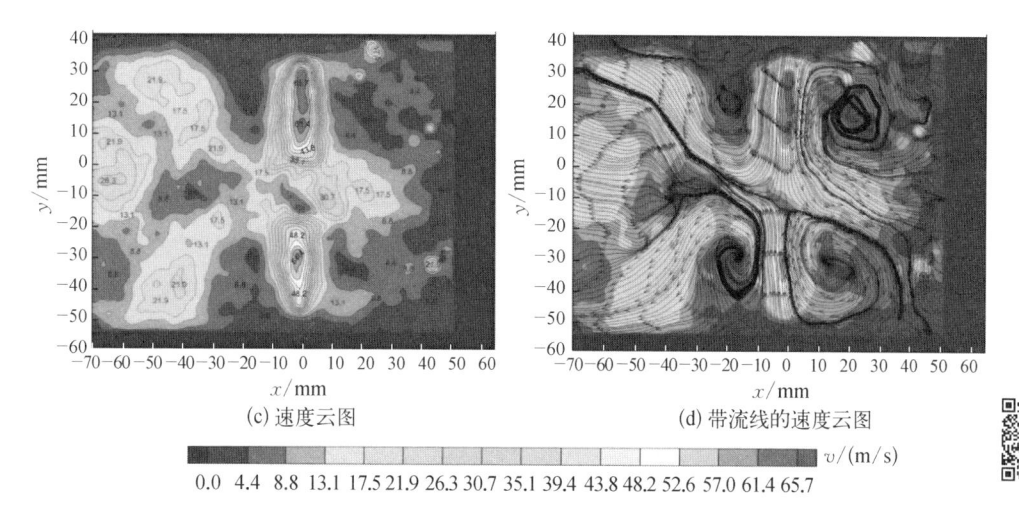

0.0　4.4　8.8　13.1　17.5　21.9　26.3　30.7　35.1　39.4　43.8　48.2　52.6　57.0　61.4　65.7

图 4.60　流场 PIV 测量结果

4.7.2　相位多普勒粒子分析法

PDPA[35]是用光学非接触式方法对液体流动或气体流动中的球形粒子、液滴或气泡的尺寸和速度进行实时测量的技术,广泛应用于燃烧系统、雾化喷嘴、燃油喷嘴、粒子输运等多相流测量中,可得到粒子速度、粒径、浓度等信息。PDPA 技术成熟,适用于各种复杂的流态。典型的 PDPA 系统组成如图 4.61 所示。

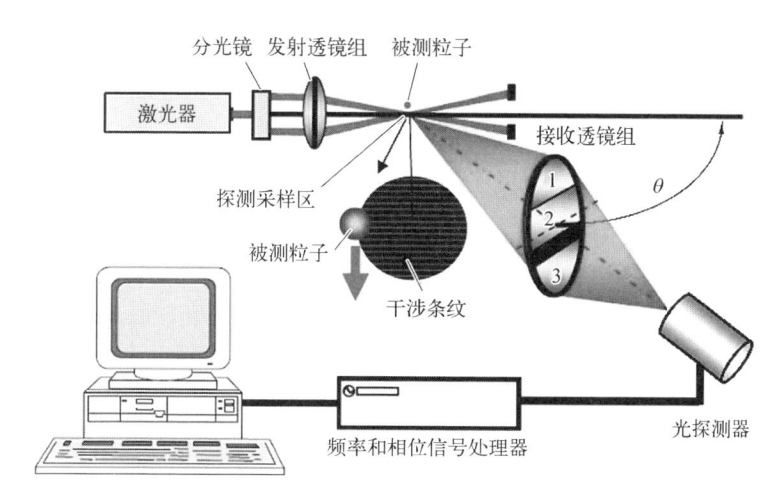

图 4.61　典型的 PDPA 系统组成

1. 速度测量原理

图 4.62 展示了运动粒子对光的散射,图中 U 为粒子运动速度,e_i 是入射光方向向量,e_s 是接收光方向向量。粒子散射光的方向是全方位的,因此只考虑接收探

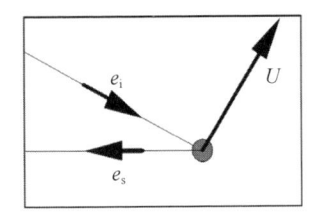

图 4.62 运动粒子对光的散射

头的方向。入射光以频率 f_i 和速度 c 照射到粒子上,由于粒子运动,接收探头接收光的频率将会变为 f_p。从接收探头的角度来看,运动粒子引入了一个多普勒频移。

运用多普勒理论,接收光的频率为

$$f_s = f_i \frac{1 - e_i(U/c)}{1 - e_s(U/c)} \quad (4.50)$$

对于超声速流动,粒子运动速度 U 远小于光速 c,即 $U/c \ll 1$,基于此,式(4.50)可简化为

$$f_s \cong f_i \left[1 + \frac{U}{c}(e_s - e_i) \right] = f_i + \frac{f_i}{c} U(e_s - e_i) = f_i + \Delta f \quad (4.51)$$

由式(4.51)可知,粒子运动速度 U 是唯一的未知量。粒子的运动速度可通过测量多普勒频移 Δf 得到。

在实践中,只有高速运动的粒子所产生的频率改变才能被直接测量出来。更通用的是,运用接收探头接收两个交叉光所散射的光,如图 4.63 所示。

在这种情况下,由于入射光的角度不同,接收探头接收到光的频率会有一些不同:

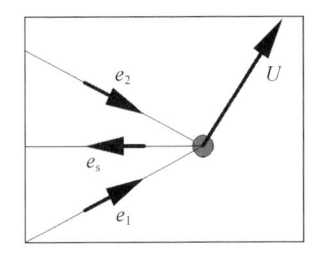

图 4.63 两束交叉光的散射

$$f_{s,1} \cong f_1 \left[1 + \frac{U}{c}(e_s - e_1) \right]$$

$$f_{s,2} = f_2 \left[1 + \frac{U}{c}(e_s - e_2) \right] \quad (4.52)$$

研究接收到的两束交叉光的频率,会得到众所周知的现象。由于两束入射光来自同一激光器,即 $f_1 = f_2 = f$,那么:

$$\begin{aligned}
f_D &= f_{s,2} - f_{s,1} \\
&= f_2 \left[1 + \frac{U}{c}(e_s - e_2) \right] - f_1 \left[1 + \frac{U}{c}(e_s - e_1) \right] \\
&= f_1 \left[\frac{U}{c}(e_s - e_2) \right] \\
&= \frac{f_1}{c} [\mid e_s - e_2 \mid \mid U \mid \cos \varphi] \\
&= \frac{1}{\lambda} 2\sin(\theta/2) U_X \\
&= \frac{2\sin(\theta/2)}{\lambda} U_X
\end{aligned} \quad (4.53)$$

式中，θ——两束入射光之间的夹角，(°)；

φ——粒子速度 U 与测量方向的夹角，(°)。

注意单位向量 e_s 已经不在式(4.53)中了，这就意味着接收探头的方向与测量多普勒频率无关。根据 Lorenz-Mie 理论，接收角度会影响接收光的强度。

根据式(4.53)，所要测量的速度为

$$U_X = \frac{\lambda}{2\sin(\theta/2)} f_D \quad (4.54)$$

2. 粒径测量原理

如图 4.64 所示，粒径测量原理可简单描述为：用两个接收器接收一个球形粒子表面散射的光，接收器位置不同，两束入射光所散射的光的路径差会不同。这就意味着当粒子经过测量体时，两个接收器接收到的信号频率相同，而相位会因接收器角度的不同而不同。两个接收器所接收到的光的相位差与粒径存在一定的关系，假设所有的光学参数保持恒定。

由图 4.65 可以看出，大粒子产生的相位差比小粒子大。用数学公式表达接

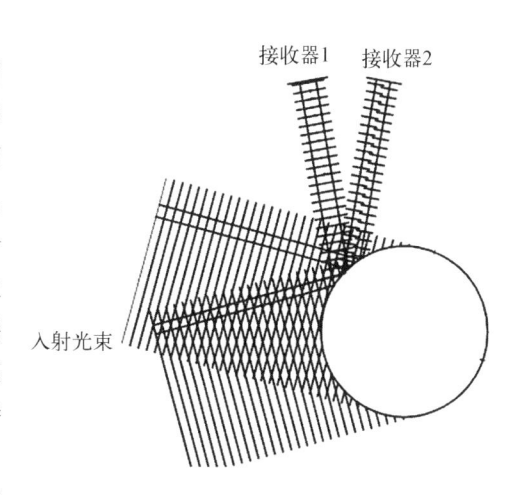

图 4.64 粒径测量原理图 1

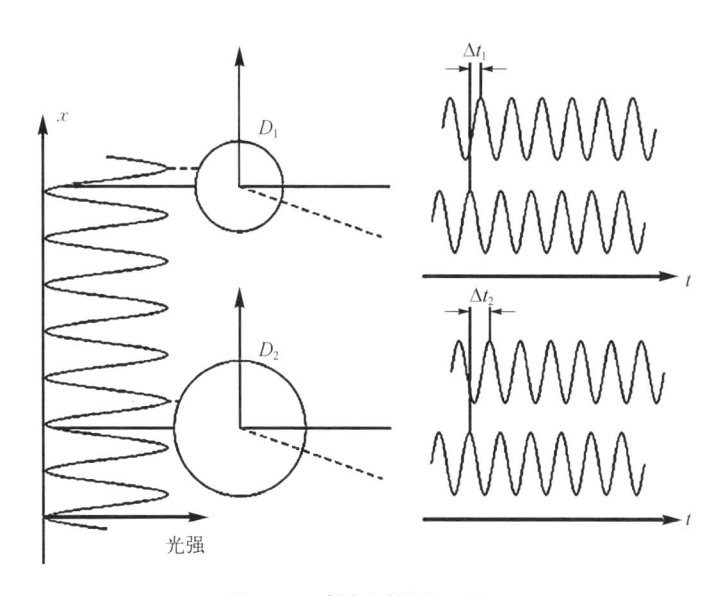

图 4.65 粒径测量原理图 2

收器 i 接收到的相位：$\phi_i = \alpha\beta_i$，α 为尺寸因子，$\alpha = \dfrac{\pi}{\lambda}D$，$D$ 为粒子粒径，β_i 为形状因子。应用两个分离的接收器，接收到光的相位差为

$$\phi_{ij} = \phi_j - \phi_i = \frac{\pi}{\lambda}D \times (\beta_j - \beta_i) \tag{4.55}$$

式中，$\beta_j - \beta_i$ ——两个接收器的相位因子。

由式(4.55)可以得到粒径和相位差之间的线性关系，如图 4.66 所示。

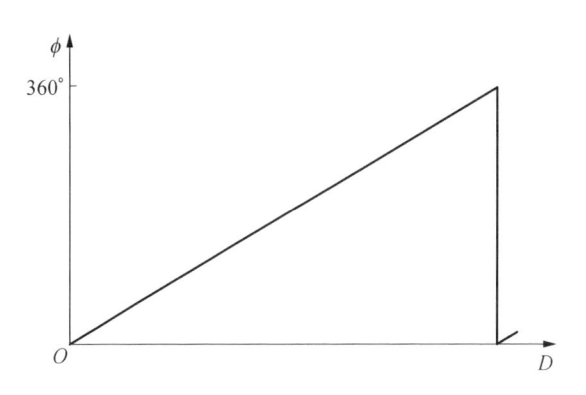

图 4.66 粒径和相位差之间的线性关系图

形状因子 β_i 与散射模式和三个角度 θ_i、φ_i 以及 ψ_i 有关，这三个角度的定义方式如图 4.67 所示。

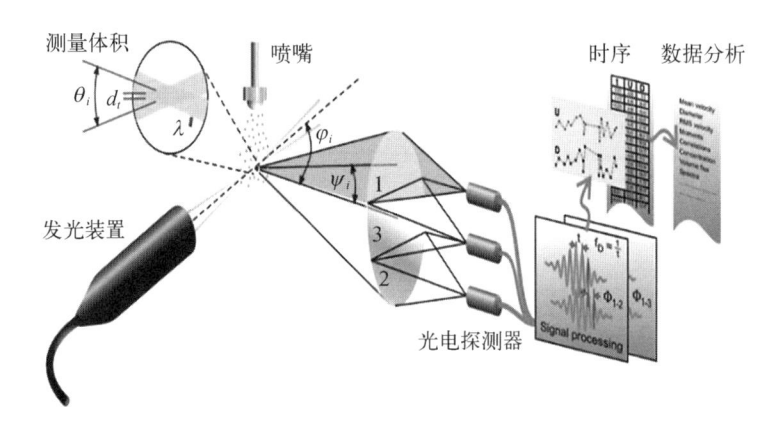

图 4.67 角度定义图

不同散射模式下，形状因子的计算公式如下。

(1) 反射模式：

$$\beta_i = \sqrt{2}\left(\sqrt{1 - \cos\frac{\theta}{2}\cos\varphi_i\cos\psi_i + \sin\frac{\theta}{2}\sin\psi_i}\right.$$
$$\left. - \sqrt{1 - \cos\frac{\theta}{2}\cos\varphi_i\cos\psi_i - \sin\frac{\theta}{2}\sin\psi_i}\right) \tag{4.56}$$

粒子的折射率没有出现在式(4.56)中,这就意味着若粒子的折射率未知,则反射模式是一个很好的选择。

(2) 一阶折射模式：

$$\beta_i = 2\left(\sqrt{1 + n_{\text{rel}}^2 - \sqrt{2}\,n_{\text{rel}}\sqrt{f_{i+}}} - \sqrt{1 + n_{\text{rel}}^2 - \sqrt{2}\,n_{\text{rel}}\sqrt{f_{i-}}}\right) \tag{4.57}$$

式中,n_{rel}——相对折射率, $n_{\text{rel}} = \dfrac{n_2}{n_1}$;

$$f_{i\pm} = 1 + \cos\frac{\theta}{2}\cos\varphi_i\cos\psi_i + \sin\frac{\theta}{2}\sin\psi_i \tag{4.58}$$

(3) 二阶折射模式：β_i 无法给出一个封闭的解,只能通过一个数值迭代过程得出,两束入射光聚焦的位置称为测量体。由于激光光束强度的高斯分布特性,测量体的形状是椭球体,如图 4.68 所示。

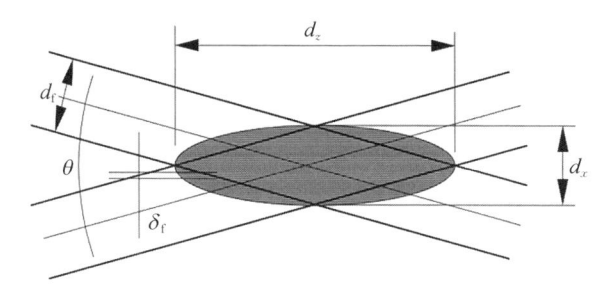

图 4.68　测量图

测量体的尺寸可以由光腰直径 d_f 和光束夹角 θ 计算得到

$$d_x = \frac{d_\text{f}}{\cos(\theta/2)}, \quad d_y = d_\text{f}, \quad d_z = \frac{d_\text{f}}{\sin(\theta/2)} \tag{4.59}$$

式中,d_x——测量体的高;

d_y——测量体的宽;

d_z——测量体的长度。

3. 系统组成

PDPA 系统由发射光路(激光器和分光元件)、接收光路、信号处理器(光电转换器和信号处理器)、软件、位移机构、附件等组成,如图 4.69 所示,光路调节工具(6)在图中未标出。激光器发射的激光光束通过分光元件(分光器)分成两束激光,经 Bragg 单元将其中一束激光添加频移后,传输到发射探头并由前置透镜将两束激光聚焦于一点,同时在相对于入射光束成一定夹角的某个空间方位上放置

软件 发射光路

发射探头和接收探头 信号处理器 位移机构

(a) 系统组成

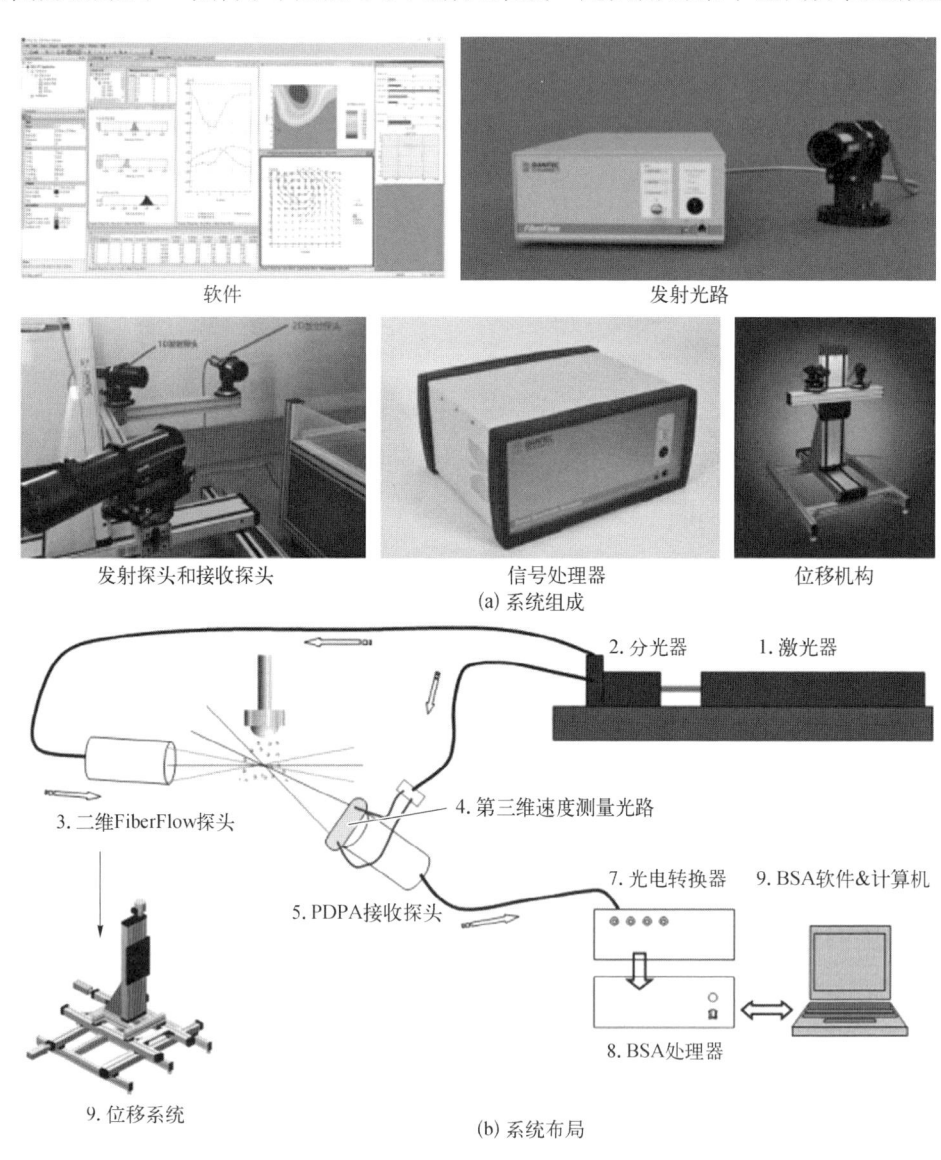

2. 分光器 1. 激光器
3. 二维FiberFlow探头
4. 第三维速度测量光路
5. PDPA接收探头
7. 光电转换器 9. BSA软件&计算机
8. BSA处理器
9. 位移系统

(b) 系统布局

图 4.69　PDPA 系统组成及布局图

BSA 代表二进制同步转换器

PDPA 接收探头,PDPA 接收探头接收到经过测量体的运动粒子散射的激光后,将接收光传输到光电转换器进行光电转换,然后传输到信号处理器(BSA 处理器)进行信号处理,最后通过 BSA 软件进行数据的分析、统计和展示。

1) 发射光路

发射光路由两台半导体激光器发射的激光(波长通常为 532 nm 和 546 nm)经过各自的分光部件后,通过高效光纤传输到第二维发射探头;由另一台半导体激光器发射的激光(波长通常为 520 nm)经过分光部件后,通过高效光纤传输到第三维发射探头。光功率损失为每米约 1%。

探头直径范围为 ϕ14~112 mm,以适应不同的试验,配合扩束器,可增加两束光的夹角,以减小测量体的尺寸,提高测量体内的能量强度,在提高测量的空间分辨率的同时,还可以测量更小的粒子。图 4.70 为不同尺寸形式的激光发射探头。

(a) 60 mm 发射探头　　　　(b) 112 mm 发射探头

图 4.70　不同尺寸形式的激光发射探头

2) 接收光路

接收光路由接收探头和光纤电缆组成。通常,一个探头上有两个接收器。但由于激光强度本身的不均匀分布(高斯分布)特性,接收散射光信号时会产生轨迹效应和狭缝效应。

轨迹效应如图 4.71 所示,是指在测量体内存在一些粒子位置(轨迹),因为入

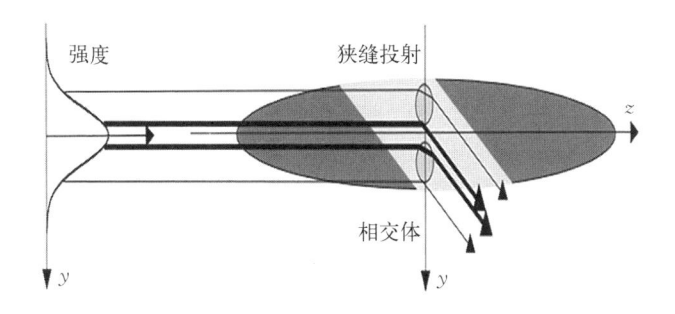

图 4.71　轨迹效应

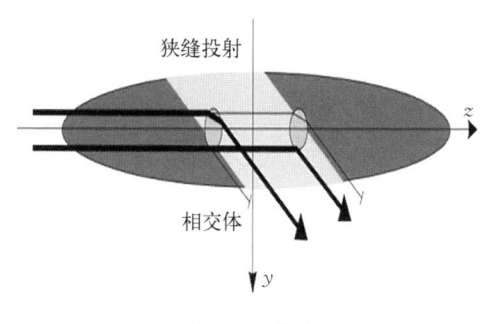

图 4.72 狭缝效应

射光的强度要高得多,其中反射可能成为主要的散射模式。在这种情况下,不需要的反射光将被接收用基于折射的相位-直径关系进行处理,从而导致不正确的粒径信息。

狭缝效应如图 4.72 所示,是指在测量体内存在一些粒子位置(轨迹),由于前面粒子的影响,后面的粒子会出现反射,成为主要的散射模式。在这种情况下,不需要的反射光将被接收用基于折射的相位-直径关系进行处理,从而导致不正确的粒径信息。

3)位移机构

位移机构由控制模块、驱动电机、位移传感器、导轨以及支架构成。控制模块接收计算机控制软件传输的信号对驱动电机进行控制,在测量时,驱动电机带动安装于支架上的发射探头和接收探头一起运动,实现测量体的运动,以实现对空间不同点的速度和粒径的测量。

4)数据处理

液滴粒径由 PDPA 自带软件分析获取,PDPA 软件可以针对采集数据输出流量与浓度计算结果、相关统计计算结果、能谱分析结果、直方图、粒径分析结果、2D 及 3D 图形、矢量图等,其数据处理界面如图 4.73 所示。

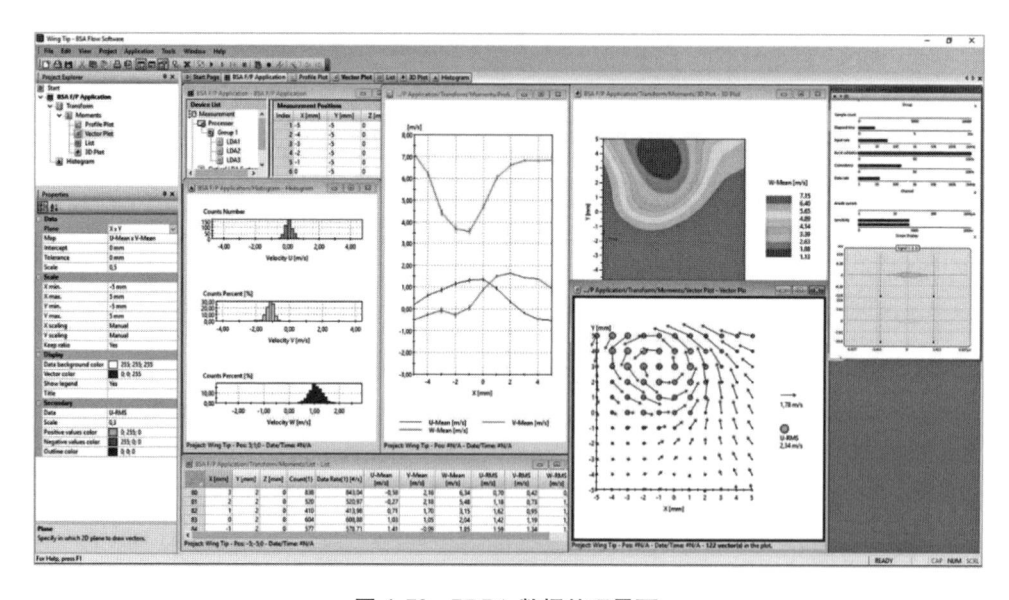

图 4.73 PDPA 数据处理界面

4. 测量应用

PDPA 采用二维发射探头，配合接收探头，布置同侧夹角 110°测试（不同试验角度不同），测试布局如图 4.74 所示。

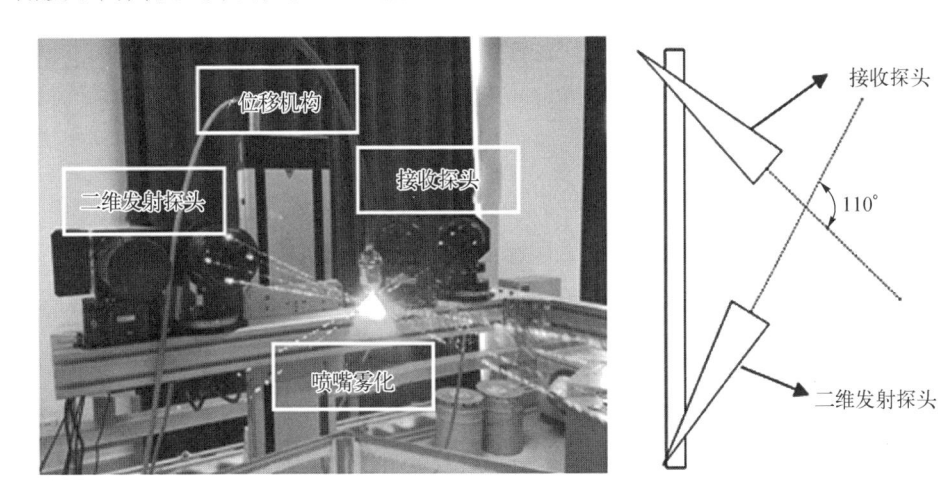

图 4.74　PDPA 测试布局示意图

对一个喷嘴开展 PDPA 摸底测试，摸底测试需要先确定喷嘴某工况下的喷雾边界，通过移动发射探头和接收探头的相对位置，观察其数据率可以大概确定喷雾边界的位置。摸底测试时，选择距离喷嘴口下方不同位置典型截面，设置测试网格点，由位移机构带动进行扫描式测试。针对喷嘴雾化场，一般选择一系列同心圆网格点测试效果较好，也符合雾化场实际分布特征。PDPA 测试点布局如图 4.75 所示。

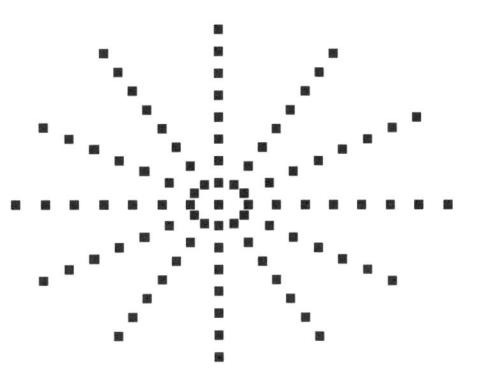

图 4.75　PDPA 测试点布局示意图

随后针对测试结果进行数据分析，以确定后续喷嘴测试特征截面、散点量和采样率，图 4.76 为粒径分布图。

4.7.3　可调谐半导体激光吸收光谱术

1. 测量原理

TDLAS 全称为可调谐半导体激光吸收光谱术，采用窄线宽可调谐的半导体激光器作为光源，通过调谐激光器波长覆盖目标气体的单根或几根气体吸收线，利用获得的高分辨特征吸收光谱来提取气体的一些特性参数，如温度、浓度、速度等[36]。

(a) 10 m

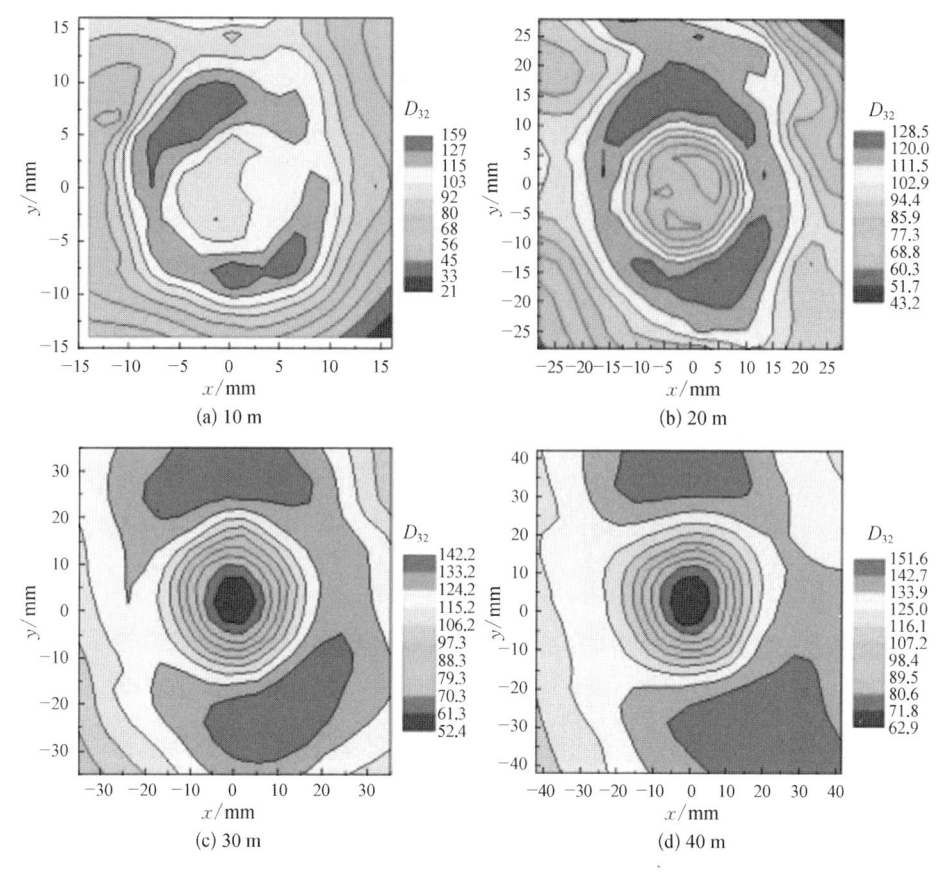

(b) 20 m

(c) 30 m

(d) 40 m

图 4.76 粒径分布图

1）温度测量原理

在吸收光谱学中，气体的光谱参数随温度的变化产生相应的改变。通常情况下，谱线的线强是关于温度的函数，不同吸收线具有不同的低态能级，其温度依赖特性不同，因此可以选取同一气体分子的两条吸收线，使其线强之比与温度存在一定的函数关系，测量谱线的线强之比进而测量气体的温度。用于测温的气体吸收线对如图 4.77 所示，在温度工况下，一个分子结构对应两个峰值，即一对谱线。温度测量装置系统如图 4.78 所示。

通过选择合适的气体吸收谱线对，吸收谱线的谱线强度 $S(T)$ 是吸收气体分子的一个基本属性。不同温度下的谱线强度 $S(T)$ 可用已知参考温度 T_0（通常取 296 K）对应的谱线强度 $S(T_0)$ 计算得到：

$$S(T) = S(T_0) \frac{Q(T_0)}{Q(T)} \left(\frac{T_0}{T}\right) \exp\left[-\frac{hcE''}{k}\left(\frac{1}{T} - \frac{1}{T_0}\right)\right] \frac{1 - \exp[-hcv_0/(kT)]}{1 - \exp[-hcv_0/(kT_0)]}$$

(4.60)

式中，$S(T_0)$——参考温度 T_0 下被测吸收谱线强度；

$Q(T_0)$——被测气体在参考温度 T_0 下的配分函数；

$Q(T)$——被测气体在不同温度 T 下的配分函数；

h——普朗克常数；

c——光速，cm/s；

k——玻尔兹曼常数，J/K；

E''——低跃迁态的能量；

v_0——谱线中心频率，cm^{-1}。

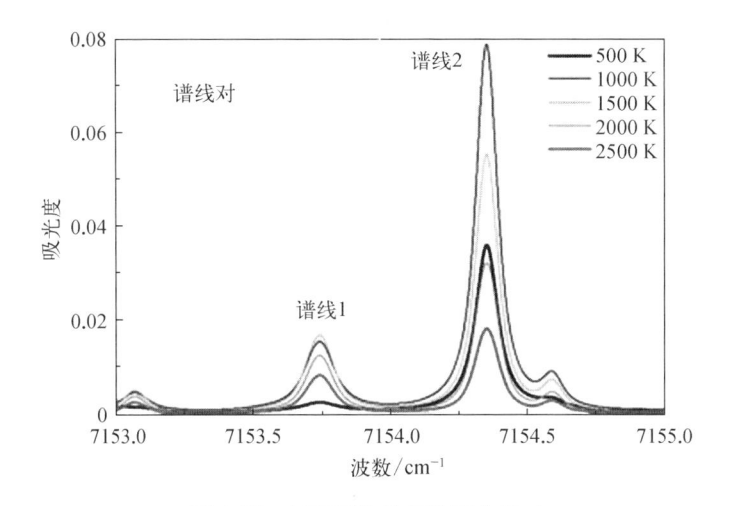

图 4.77 用于测温的气体吸收线对

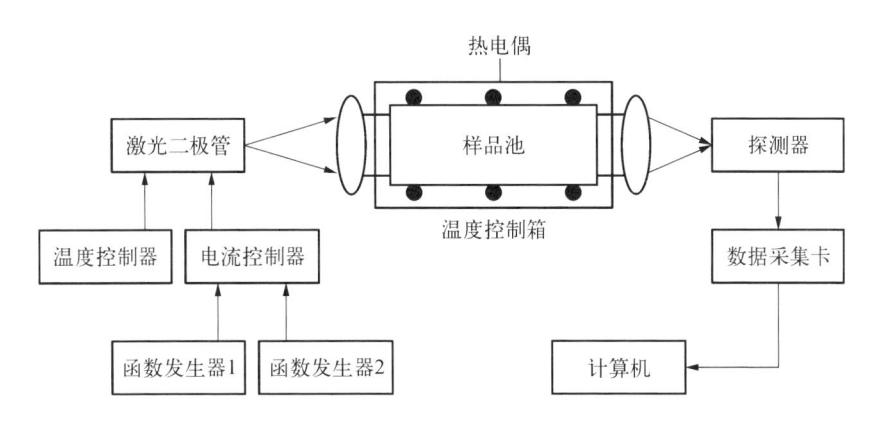

图 4.78 温度测量装置系统

两条线的计分吸收度(面积)是在同一摩尔浓度、同一压力、同一光程下同时测得的，因此两者之比可简化为线强之比 R（只是温度的单值单调函数），R 表达

式为

$$R = \frac{S_1(T_0)}{S_2(T_0)} \exp\left\{-\left[\frac{hc}{k}(E_1'' - E_2'')\left(\frac{1}{T} - \frac{1}{T_0}\right)\right]\right\} \quad (4.61)$$

可见,线强之比 R 是温度 T 的函数,通过线强之比 R 可以测量得到气体温度 T。

2) 浓度测量原理

根据 Lambert-Beer 定律,可得到吸收气体浓度 c 的计算公式:

$$c = \frac{1}{a(\nu)PL} \ln \frac{I_0}{I} \quad (4.62)$$

式中,ν——调制后的激光频率;

$a(\nu)$——介质吸收系数;

P——气体压力;

L——激光在吸收气体中通过的光程;

I——激光光强。

温度调谐多组分气体检测适用于同时检测不同成分的气体混合物,测量多种吸收气体时,Lambert–Beer 定律可以描述为

$$A(\nu) = \ln[I_0(\nu)/I_i(\nu)] = [a_1(\nu)C_1 + a_2(\nu)C_2 + \cdots + a_n(\nu)C_n]L \quad (4.63)$$

在每一个特征吸收峰位置建立一个方程,用矩阵表示为 $A = RC$,其中 R 为系数矩阵,通过最小二乘法可求解 $c = (R^{\mathrm{T}}R)^{-1}R^{\mathrm{T}}A$。采用多峰值法分离混合气体谱线,获得各个气体的多个特征吸收峰的位置与强度信息,从而进行分离得到各个组分的信息。

3) 速度测量原理

对于气流速度测量,TDLAS 利用两束激光交叉通过流场,由多普勒现象可知,双激光束谱线中心将发生频移,通过试验测量多普勒频移量 $\Delta \nu$ 可计算出流场速度:

$$\Delta \nu = \nu_0 (2\sin\theta)\frac{u}{c} \quad (4.64)$$

式中,ν_0——吸收谱线中心频率;

2θ——两激光束夹角;

u——流场速度。

图 4.79 为速度测量系统示意图。

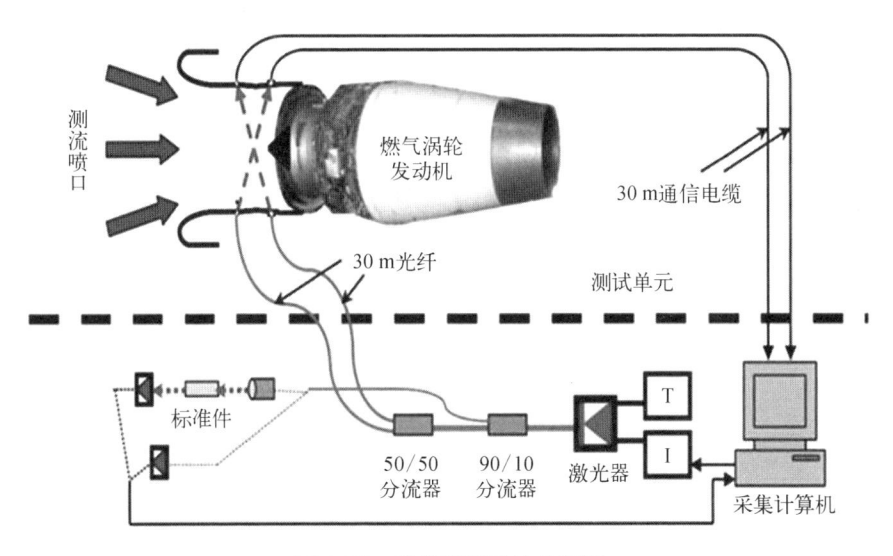

图 4.79　速度测量系统示意图

2. 系统组成

TDLAS 系统装置简图如图 4.80 所示。在系统工作时，待测气体由气体分割器配比出一定浓度的气体样品，通入多光程吸收池吸收检测。调制信号包括驱动激光器波长变化的扫描信号和高频调制信号，由信号发生器或函数发生器产生。调制信号被送至激光驱动器中，通过电流或温度输入控制激光器的发射波长进行扫描。与此同时，高频调制信号经倍频处理后送至锁相放大器，作为参考信号进行谐波检测。

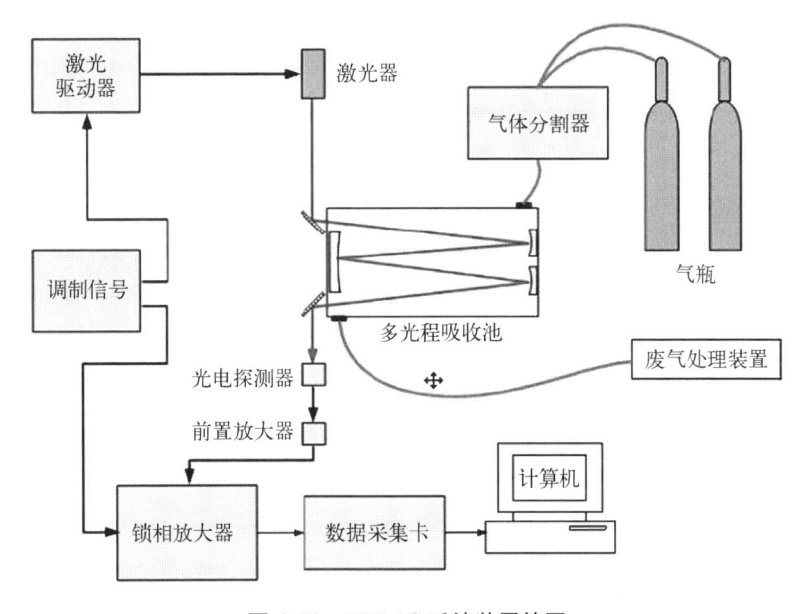

图 4.80　TDLAS 系统装置简图

3. 测量应用

以某单头部燃烧室试验件出口温度场的测量为例,压力范围为 0~700 kPa,TDLAS 测量系统在试验件上的布局如图 4.81 所示。

燃烧室出口为 ϕ120 mm 的圆管,为了方便 TDLAS 测量,在一个方形框架上构建了 4×4 的二维光束布局,如图 4.82 所示。

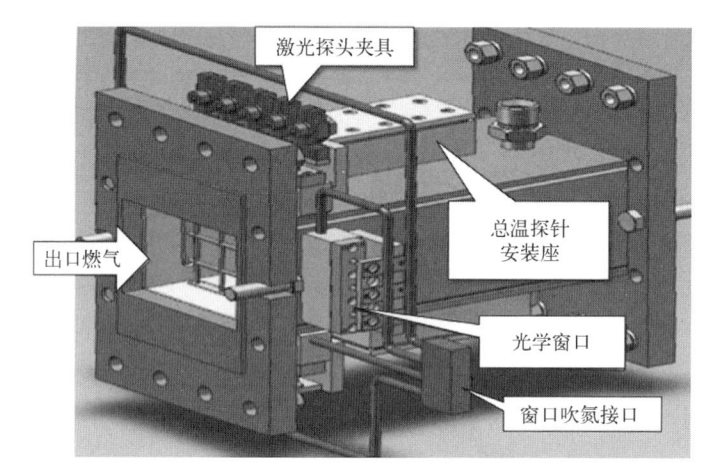

图 4.81　TDLAS 测量系统在试验件上的布局示意图

测量截面的具体布局如图 4.82 所示,测量中燃烧室出口平面与测量框架平面平行并保持中心位置同心,测量框架四角与台架工装固定,顺时针方向分别对应采集信号的通道 Ch0~Ch7,测量光束分布如图 4.83 所示。

图 4.82　4×4 二维光束布局示意图

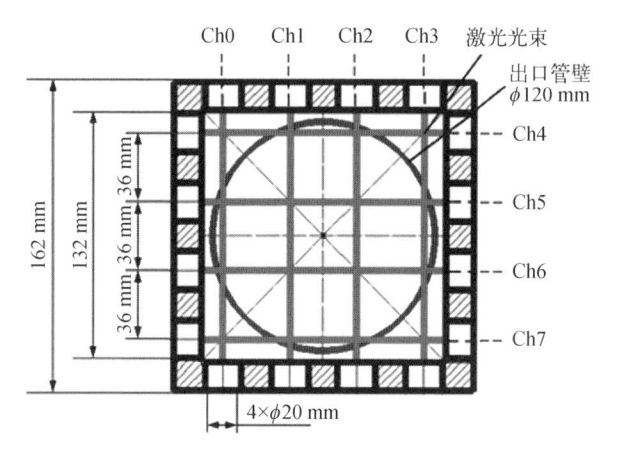

图 4.83　现场测试照片

试验的主要目的是验证超过 700 kPa 环境下的有效数据获取技术,试验过程中先升温,充氮气,作为背景信号。燃烧室工作状态稳定后,每个工况 TDLAS 系统采集

3组数据,直至所有状态测试完毕,可计算出燃烧室出口温度场(图4.84)和水蒸气浓度场,还可结合吸光度方程计算出积分吸光度,进而对燃烧场分布进行重建。

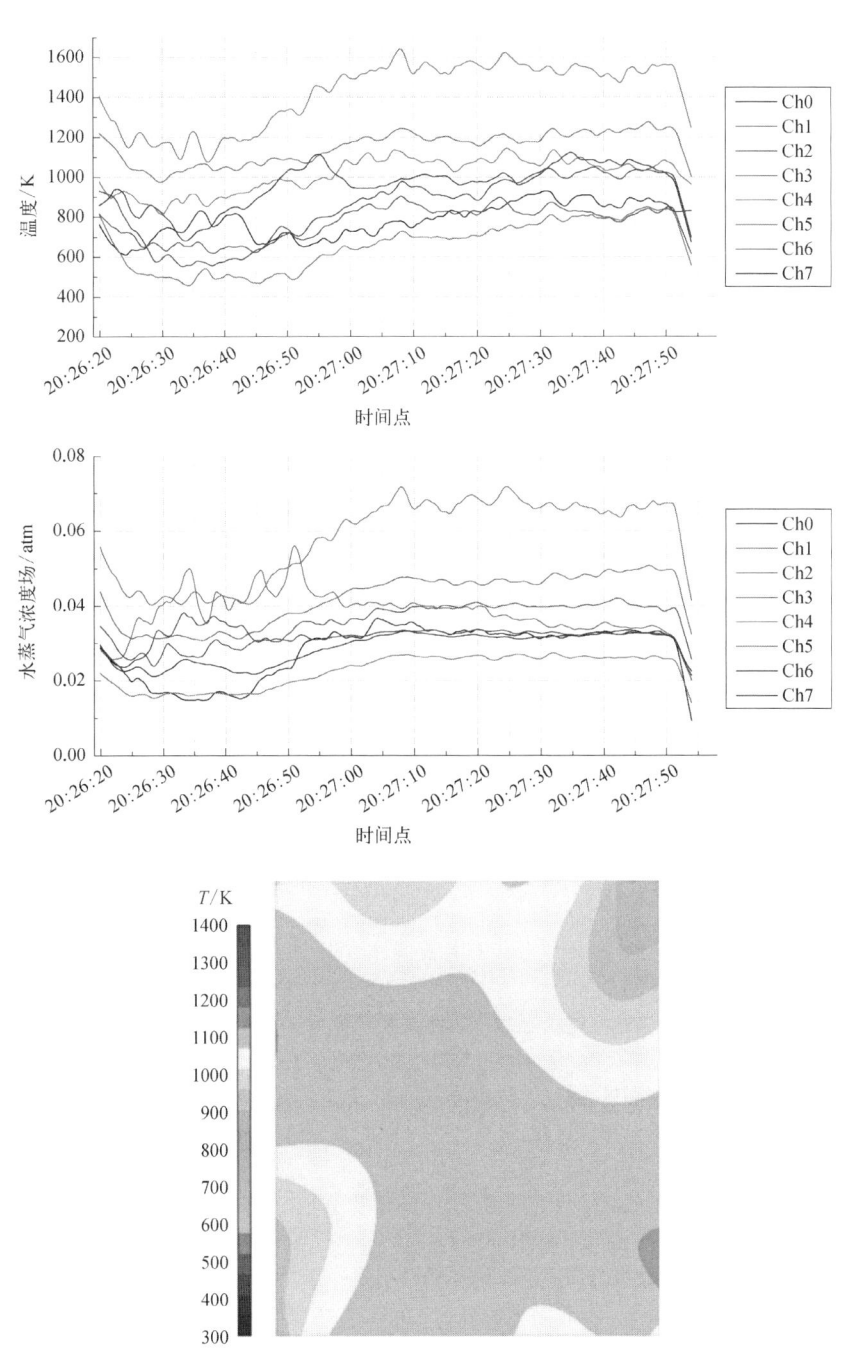

图 4.84　燃烧室出口温度场测量结果

参考文献

[1] Matthias N. 温度的电测[M]. 张立谦,李晨,译. 北京:中国计量出版社,2006.
[2] 杨君,陈大海. 热电偶和热电阻的区别与应用简介[J]. 机械加工与制造,2017,18(2):64-66.
[3] 程冬. 浅析热电偶传感器的测温原理[J]. 景德镇学院学报,2016,31(6):6-8.
[4] 陆建东. 热电偶的测温原理及误差分析[J]. 宁夏电力,2007(3):76-81.
[5] 王健石. 工业用热电偶及其补偿导线技术手册[M]. 北京:中国计量出版社,2002.
[6] 钟华贵,李继保. 燃烧室出口测温热电偶几何参数的确定[J]. 燃气涡轮试验与研究,2000,13(3):39-44.
[7] 倪增元. 示温漆温度自动判读方法研究与系统实现[D]. 成都:电子科技大学,2014.
[8] 刘忠奎,葛俊峰. 示温漆温度自动判读技术研究[J]. 中国测试,2015,41(9):20-23.
[9] 杜水友. 压力测量技术及仪表[M]. 北京:机械工业出版社,2005.
[10] 李书奇,张俊跃. 跨音速离心压气机间静压测量研究[J]. 内燃机工程,2010,31(2):54-58.
[11] 陈波,唐迎佳. 空气透平试验台位移机构控制系统[J]. 兵工自动化,2010,29(10):89-96.
[12] 殳伟群. 涡轮流量计动态响应特性校准技术研究[R]. 北京:中国航空工业总公司,1999.
[13] 丁伟,胡莹莹. 质量流量计原理与应用[J]. 辽宁化工,2011,40(6):628-633.
[14] 苏彦勋,梁国伟,盛键. 流量计量与测试[M]. 北京:中国计量出版社,2007.
[15] 徐士信. 科里奥利质量流量计的选用[J]. 石油化工自动化,2002,6(8):8-13.
[16] 李冰,郝晓乐. 航空发动机进口空气流量测量方案分析[J]. 燃气涡轮试验与研究,2013,26(4):54-57.
[17] 王自和,范砧. 气体流量标准装置[M]. 北京:中国计量出版社,2005.
[18] 周庆. 实用流量仪表的原理及其应用[M]. 北京:国防工业出版社,2003.
[19] 王池. 流量测量技术全书[M]. 北京:化学工业出版社,2012.
[20] 宫武旗,张晓红. 五孔探针校准与测量系统的研究[J]. 风机技术,2013,3(2):21-24.
[21] 张宝诚. 航空发动机试验和测试技术[M]. 北京:北京航空航天大学出版社,2005.
[22] 金如山,索建秦. 先进燃气轮机燃烧室[M]. 北京:航空工业出版社,2016.
[23] 钟华贵,吉洪湖,李继保. 燃气分析测量高温燃气温度的方法[J]. 航空动力学报,2005,20(3):460-466.
[24] 王明瑞. 航空燃气涡轮发动机燃气分析测试及计算方法[R]. 沈阳:沈阳发动机设计研究所,2013.
[25] 林宇震,许全宏,刘高恩. 燃气轮机燃烧室[M]. 北京:国防工业出版社,2008.
[26] 中华人民共和国工业和信息化部. 航空燃气涡轮发动机气态污染物的连续取样及测量程序规范:HB 6117—1987[S]. 北京:中国标准出版社,1987.
[27] 中华人民共和国国家标准化管理委员会. 轻型燃气轮机烟气污染物测量:GB/T 11369—2008[S]. 北京:中国标准出版社,1987.
[28] 尉署名. 先进燃气轮机燃烧室设计研发[M]. 上海:上海交通大学出版社,2014.
[29] 屠秋野,王占学,王曙,等. 化学平衡对燃气涡轮发动机循环性能影响[J]. 航空动力学报,1998,13(2):195-198.
[30] 廖世勇,蒋德明,曾科. 碳氢燃料燃烧热效应的化学平衡算法[J]. 西安交通大学学报,

2003,37(3):229-233.
[31] Adrian R J. Particle imaging techniques for experimental fluid mechanics[J]. Annual Review of Fluid Mechanics, 1991, 23: 261-304.
[32] 靳斌,杨冠玲,何振江,等. 一种利用示踪粒子群体运动特征地 PTV 方法[J]. 光学技术, 2000,26(1):16-18.
[33] 王岩松,阮秋琦. 一种基于互相关的图像定位匹配算法研究及应用[J]. 北方交通大学学报,2002(2):20-24.
[34] 段俐,康绮,申功炘. PIV 技术的粒子图像处理方法[J]. 北京航空大学学报,2000,26(1): 79-82.
[35] Zhu H M, Su K. Investigation of spay characteristics by using phase-Doppler particle analyzer [J]. Journal of Propulsion Technology, 1998, 19(5): 55-65.
[36] 陶波. 用于燃烧诊断的可调谐二极管激光吸收光谱技术研究[D]. 西安:西北核技术研究所,2010.

第 5 章
试验数据处理及分析

5.1 概　　述

随着燃烧室试验技术和测试技术的不断发展,试验数据的数量和类型更加丰富,燃烧室试验数据处理和分析的目的是:以曲线、数据表格或图像形式,给出燃烧室或零组件试验件完整、准确和可靠的性能参数,及其随工况变化的规律或空间分布。

燃烧室的试验数据主要有三种类型,即数字类、音频类和图像类(包括图片和视频)。其中,数字类数据占绝大部分,主要是由各种传感器转换而来的工况条件参数和被测性能参数;音频类和图像类数据统称为非数字类数据,分别记录燃烧室噪声、燃油喷嘴雾炬、燃烧火焰形态等。这些数据的特点是直观,便于直接观察燃烧过程,但不能给出量化结果。为了直观地呈现和分析燃烧室试验结果,试验数据的主要处理过程如下:

(1) 对试验的原始数据进行预处理,包括剔除异常数据、查漏补缺、平均化以及从非数字类数据中提取信息,如从音频数据中提取声波的频率、波长、周期、声压级等;

(2) 对状态参数(工况参数)进行计算分析,燃烧室所有性能参数都会随状态而发生变化,有的状态参数如压力和温度是直接测量得到的,而有的参数如流量、马赫数等需要进一步计算才能得到;

(3) 建立不同状态参数之间的函数关系,以合理有效地呈现燃烧室某个方面的性能特征,例如,在特定的进气压力、温度和马赫数条件下,可将空气流量表征为与燃烧室整体压差平方根的线性关系;

(4) 对试验数据进行误差分析,尤其是要给出每个参数的测量不确定度,这样试验数据才算得到完整可信的表达。

5.2 试验数据预处理

试验数据预处理的目的是确保试验数据的有效性,以便准确计算燃烧室的各种性能参数,合理表征这些参数的空间分布和彼此之间的相互关系。

每次试验都会在多个状态和工况条件下,在众多测点上录得一系列参数随时间的变化,并拍摄大量照片或视频,由此产生大量的数据和文件。但在试验中,难免出现操作失误、传感器损坏或仪器仪表故障,导致某些数据失效或漏缺,因此需要对原始试验数据进行预处理:① 通过整理、筛选等方法确定数据的有效性;② 适当补充缺失数据;③ 将同一个截面上的多点测量数据或时序数据进行平均化处理,使其可以代表某些位置(如燃烧室进出口截面)的实际状态;④ 对非数字类的照片、视频等进行裁剪、调光和色调处理。

5.2.1 数据有效性判定

"有效性"是指数据的完整程度和准确程度符合试验要求,经过处理可得到相应的试验结论并实现试验目的,操作步骤如下。

1. 数据排序

将试验原始数据输出为可编辑的数据时,应按恰当的顺序对数据进行排序,排序方式可以按数据的类型排序,如将试验件进出口截面空气温度数据、空气压力数据、试验件固体壁面温度数据、燃气污染物数据、压力脉动数据等分别放在一起;可以按测点位置排序,如将试验件进口截面数据、试验件沿程数据、试验件出口截面数据等分别放在一起;也可以按计算公式将所需参数排序,便于进行公式计算;还可以按其他原则进行整理,便于查看和后续处理即可。

2. 异常数据处理

数据异常通常有两种情况,一种是数据示值超出测试范围或异常波动,此类数据需要甄别判断;另一种情况是示值本身仍在正常范围内,但与其他参数之间的逻辑关系明显不合理。对于第一种情况,多是由传感器损坏、仪器量程不合适或测试系统局部故障等导致的,甄别判断后剔除;对于第二种情况,则需要慎重分析出现这种情况的原因,必须有明确证据证明数据不可信后才能剔除。

由测试采集系统、测试传感器出现故障导致的常见异常现象和可能原因有:

(1) 燃烧室出口温度场的若干测点数据时有时无,或者示值数字绝对值异常巨大,可能是由对应测点的热电偶烧坏或被高速气流中的某种异物击毁所致;

(2) 火焰筒壁面温度明显偏离测试范围或异常高,且无数据,可能是由细电偶丝装配不当而脱落或折断所致;

(3) 气流压力显示为常压或保持不变,可能是由测压管线脱落或堵塞所致;

(4) 测量数据在仪表上显示为顶格不变,可能是仪表量程选择不当,使数据超量程。

测试采集正常,与其他参数之间的关系异常现象有:

(1) 同一个测点上的静压高于总压;

（2）在圆环截面上沿周向布置的测点中，大多数测得的温度或压力比较接近，但个别点的偏差明显较大；

（3）沿轴向或径向布置的多个测点中或多点测量耙上，大多数测量值遵循某种变化规律，但在个别点上出现拐点；

（4）燃烧室扇形试验件出口的平均温度 T_{t4} 符合设计值，但近壁处的温度很低，十分接近二股流空气温度；

（5）将多孔燃气取样耙采集的样气汇流混合后测得的某组分浓度，比各孔样气单独测量的组分浓度的最小值还要低。

除了上述情况，还可能出现其他类似情况，这些情况既不符合物理原则或以往的经验认识，也不像传感器损坏容易判别，导致这种现象的原因较多，不能一概而论。因此，需要首先检查测试系统有无异常，然后检查试验件本身的状态，直到查明原因，若找不到原因或两者看似均无问题，则剔除这类异常数据。

5.2.2 数据平均化处理

平均化处理的目的：① 把沿截面高度或径向布置的多点测量值变成该截面有代表性的单一数值，如燃烧室进出口处的温度、压力等，供后续计算质量平衡、热量平衡或其他性能参数时使用；② 从一个测点上数值随时间变动的"时序数据"中求出时均值，作为该测点的代表性数值。通常，即使是稳态试验，参数波动小，也要按一定采样频率或次数，连续录取一段时间的数据。数据统计样本越多，其时均值越具有代表性。

对于多点测量，若测点按等环面布置，则可直接求算术平均值：

$$X = \frac{1}{n}\sum_{i=1}^{n} X_i \tag{5.1}$$

式中，n——测点总数。

若测点按等距布置，则面积加权平均值为

$$X = \sum_{i=1}^{n} A_i x_i \Big/ \sum_{i=1}^{n} A_i \tag{5.2}$$

式中，A_i——第 i 个环面的面积。

对于某些参数，还需要按质量加权进行平均：

$$X = \sum_{i=1}^{n} W_i x_i \Big/ \sum_{i=1}^{n} W_i \tag{5.3}$$

式中，W_i——第 i 个测量值对应的质量流量。

实际录取数据时都会持续一段时间或多次录取，因此应先计算每个测点的时均值,再计算多个测点时均值的平均值。

5.2.3 图像类和音频类数据预处理

图像类和音频类数据预处理的目的是信息增强,如对图像或视频进行锐化、对比度调整、彩色/灰度转换等,对音频进行放大、降噪、过滤等操作。这样,一方面可更清楚和直观地获得如火焰颜色的深浅、脉动剧烈程度、燃油喷雾锥角的大小或偏斜情况、声音的响度和频率高低等信息;另一方面更便于进一步提取量化信息,如火焰脉动频率、喷雾锥角、声音的频率和波长等。图 5.1 为喷嘴雾化试验照片预处理前后的对比,可见原始图片曝光过低,几乎无法使用,处理后可以量出喷雾锥角的大小。

(a) 处理前　　　　　　　　(b) 处理后

图 5.1　图像处理示例

5.3　工况参数计算

试验件的某些工况参数,如气流温度、压力等,是可以通过传感器直接得到的,还有一些工况参数是无法直接通过传感器测量得到的,需要按一定公式,代入其他工况参数才能计算得到,燃烧室试验中常用的、需要通过间接计算得到的状态参数有空气流量 W_{a3}、燃油流量 W_f、气流马赫数 Ma、气流速度 v、余气系数 α、油气比 FAR、压力脉动量 P'、燃气排烟数 SN、冷效试验主次流温比 θ、冷效试验主次流压差 ΔP、冷效试验吹风比 B_C、冷效试验流量数 G_P 等。其中一些参数的计算公式在第 4 章已介绍,此处不再赘述,其他参数计算公式如下。

1) 空气流量 W_{a3}

当采用标准孔板或标准喷嘴进行测量时,按式(4.7)和式(4.8)进行计算;当采用自带多变量变送器的流量计进行测量时,可直接输出模拟信号,通过测试采集系统转换可直接得到空气质量流量,无须再进行计算。

2) 燃油流量 W_f

当采用涡轮流量计进行测量时,只需要测量其频率 f(单位为 Hz),即可按式(5.4)计算出流量:

$$W_f = af + b \tag{5.4}$$

式中,a、b——校准常数。

3) 气流马赫数 Ma

当测量截面静压已知时,按式(4.10)进行计算。

当测量截面未设置静压测点时,而已知气流流量 W_a、气流总温 T_{ta}、气流总压 P_{ta} 和截面面积 A 等参数,则可以根据空气的一维管流的流量公式来计算气流马赫数。

首先,根据气流流量公式反算出流量函数 $q(Ma)$,对于空气,式(5.5)中的 $K = 0.0404$。

$$q(Ma) = \frac{W_a \sqrt{T_{ta}}}{KP_{ta}A} \tag{5.5}$$

然后,根据气体动力学中流量函数 $q(Ma)$ 的定义式反算出气流马赫数 Ma:

$$q(Ma) = Ma \left[\frac{2}{k+1} \left(1 + \frac{k-1}{2} Ma^2 \right) \right]^{-\frac{k+1}{2(k-1)}} \tag{5.6}$$

式(5.6)不是显式,无法直接求出气流马赫数 Ma,可先迭代求解,或根据燃烧室实际工作马赫数范围,算出一系列气流马赫数 Ma 和流量函数 $q(Ma)$ 的值,再拟合成气流马赫数 Ma 的显式即可。例如,主燃烧室扩压器进口马赫数 Ma_3 一般不超过 0.3,可在 $Ma_3 = 0.1 \sim 0.3$ 拟合出一个三次多项式:

$$Ma_3 = 0.58 q(Ma_3) - 0.018 q(Ma_3)^2 + 0.163 q(Ma_3)^3 \tag{5.7}$$

加力燃烧室的内涵进口马赫数 Ma_6 最高可达 0.65,可在 $Ma_6 = 0.1 \sim 0.7$ 时拟合得

$$Ma_6 = 0.53 q(Ma_6) + 0.396 q(Ma_6)^2 - 0.841 q(Ma_6)^3 + 0.778 q(Ma_6)^4 \tag{5.8}$$

4) 余气系数 α

对于主燃烧室和直接加温器,余气系数计算公式为[1]

$$\alpha_B = \frac{W_{a3}}{L_0 W_{fB}} \tag{5.9}$$

$$\alpha_{h} = \frac{W_{ah}}{L_0 W_{fh}} \tag{5.10}$$

对加力燃烧室,内涵进气通常采用直接加温器加温,需要供给燃油并消耗一定内涵空气,因此公式要扣除直接加温器的消耗量,则有

$$\alpha_{AB} = \frac{W_{a6m} - L_0 \eta_h W_{fh}}{L_0 [W_{fAB} + (1 - \eta_h) W_{fh}]} \tag{5.11}$$

5) 油气比 FAR

油气比与余气系数成反比,公式如下:

$$FAR = \frac{W_f}{W_a} = \frac{1}{L_0 \alpha} \tag{5.12}$$

根据式(5.11)和式(5.12)可以推导出加力燃烧室的油气比计算公式。

6) 压力脉动量 P'

压力脉动量即压力随时间变化的最大值和最小值之差(峰-峰值 ΔP)与时均压力 P_{av} 之比:

$$P' = \frac{\Delta P}{P_{av}} \times 100\% \tag{5.13}$$

7) 冷效试验主次流温比 θ

冷效试验主次流温比 θ 表达式如下:

$$\theta = \frac{T_{tg}}{T_{ta}} \tag{5.14}$$

式中,T_{tg}——主流的绝对总温,K;

T_{ta}——次流的绝对总温,K。

冷效试验主次流温比 θ 是环境热负荷参数,可模拟主次流密度比,这是由于在主次流压力相差不大的情况下,气流密度主要取决于气流温度。通常情况下,燃烧室的冷效试验主次流温比 $\theta \leq 4.0$ [2]。

8) 冷效试验主次流压差 ΔP

冷效试验主次流压差 ΔP 为主流总压 P_{tg} 与次流总压 P_{ta} 之差,则有

$$\Delta P = P_{tg} - P_{ta} \tag{5.15}$$

冷效试验主次流压差取决于燃烧室的工作状态,通常情况下,燃烧室的 $\Delta P/P_{ta}$ 的范围在 3%~5%。

9)冷效试验吹风比 B_C

冷效试验吹风比 B_C 即次流与主流的密流之比:

$$B_C = \frac{\rho_a v_a}{\rho_g v_g} \tag{5.16}$$

式中,ρ_g、ρ_a——主、次流密度,kg/m³;

v_g 和 v_a——主、次流气流速度,m/s。

不同燃烧室的吹风比范围不同,通常情况下,燃烧室的冷效试验吹风比 B_C 范围在 1.0~10.0。

10)冷效试验流量数 G_P

$$G_P = \frac{W_a}{P_{ta} A_a} \tag{5.17}$$

式中,W_a——次流流量,kg/s;

A_a——试验件冷却表面积,m²。

试验件冷却表面积指的是次流与试验件接触的面积,实际计算时可忽略冷却孔的面积。

不同冷却结构形式的冷效试验流量数 G_P 不同,通常情况下,燃烧室的冷效试验流量数 G_P 的范围在 0.2~1.2。

5.4　燃烧室性能参数处理分析

5.4.1　流阻特性

1. 主燃烧室流阻特性

流阻特性一般表征为整个燃烧室的总压损失与进口马赫数 Ma_3 的关系。对于确定的燃烧室结构和尺寸,气流速度决定总压损失的大小。

描述总压损失的参数有以下三个。

(1) 总压损失系数 Ψ_B:

$$\Psi_B = \frac{P_{t3} - P_{t4}}{P_{t3}} \tag{5.18}$$

式中,P_{t3}、P_{t4}——燃烧室进、出口总压,MPa。

(2) 总压恢复系数 σ_B:

$$\sigma_B = \frac{P_{t4}}{P_{t3}} = 1 - \Psi_B \tag{5.19}$$

(3) 流阻损失系数 ζ_B：

$$\zeta_B = \frac{P_{t3} - P_{t4}}{P_{t3} - P_{s3}} = \frac{P_{t3} - P_{t4}}{\frac{1}{2}\rho_3 v_3^2} \tag{5.20}$$

式中，v_3——燃烧室进口气流速度，m/s；

ρ_3——当地气流密度，kg/m³。

典型的主燃烧室流阻特性曲线如图 5.2 所示。其中，横坐标也可用速度系数 λ 来表征。速度系数 λ 定义为气流速度 v 与临界声速 c_{cr} 之比，即

$$\lambda = \frac{v}{c_{cr}} = \frac{v}{\sqrt{\frac{2kR}{k+1}T_t}} \tag{5.21}$$

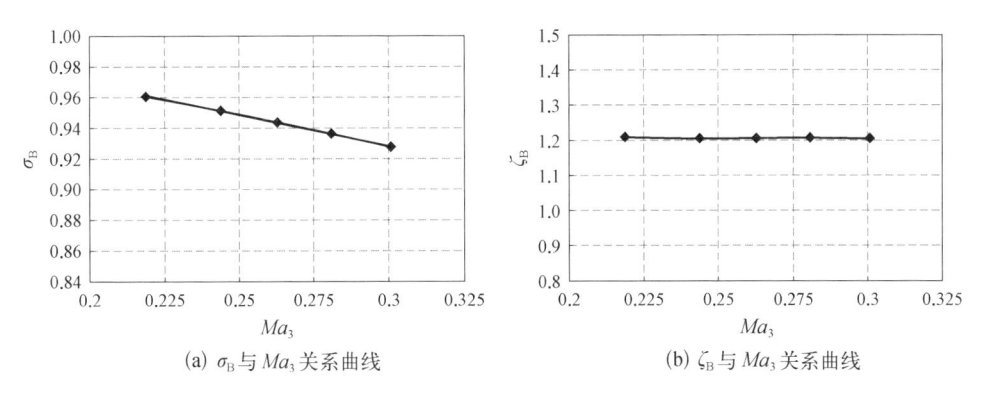

图 5.2 典型的主燃烧室流阻特性曲线

(a) σ_B 与 Ma_3 关系曲线　　(b) ζ_B 与 Ma_3 关系曲线

由图可见，主燃烧室总压恢复系数 σ_B 随进口马赫数 Ma_3 的增加呈线性下降，意味着流阻损失不断增加；在典型的马赫数范围内，主燃烧室的总压损失占进口总压的 4%~8%。对于同一个主燃烧室，流阻损失系数在不同马赫数下则是基本保持不变。

2. 加力燃烧室流阻特性

从原理上讲，除了改换进出口截面的位置，加力燃烧室的流阻特性及其表征方法与主燃烧室基本相同。

(1) 总压损失系数 Ψ_{AB}[3]：

$$\Psi_{AB} = \frac{P_{t6m} - P_{t7}}{P_{t6m}} \tag{5.22}$$

式中，P_{t6m}——加力燃烧室内、外涵进口气体完全混合后的总压，MPa；

P_{t7}——加力燃烧室出口总压,MPa。

其中,加力燃烧室内、外涵气流是分别进入加力燃烧室时混合的,因此 P_{t6m} 无法直接测得,而是用内外涵进口总压、空气流量以及内涵直接加温器的燃油流量计算[4]:

$$P_{t6m} = \frac{P_{t16}W_{a16} + P_{t6}(W_{a6} + W_{fh})}{W_{a16} + W_{a6} + W_{fh}} \tag{5.23}$$

式中,P_{t16}——外涵进口总压,MPa;

P_{t6}——内涵进口总压,MPa;

W_{a16}——外涵进口空气流量,kg/s;

W_{a6}——内涵进口空气流量,kg/s;

W_{fh}——内涵加温器燃油流量,kg/s。

(2)总压恢复系数 σ_{AB}:

$$\sigma_{AB} = \frac{P_{t7}}{P_{t6m}} = 1 - \Psi_{AB} \tag{5.24}$$

(3)流阻系数 ζ_{AB}:

$$\zeta_{AB} = \frac{P_{t6m} - P_{t7}}{\frac{1}{2}\rho_{6m}v_{6m}^2} \tag{5.25}$$

式中,ρ_{6m}——加力燃烧室进口平均密度,kg/m³;

v_{6m}——加力燃烧室进口平均速度,m/s。

典型的加力燃烧室流阻特性曲线如图 5.3 所示。其中,横坐标可为内、外涵进口马赫数 Ma_6、Ma_{16} 或速度系数 λ_6、λ_{16},曲线趋势和数值基本不变。对比图 5.3(a)和(b)可知,加力燃烧室的总压恢复系数实际上是 Ma_6 的二次曲线。图 5.3(c)是将图 5.3(b)中的参数涵道比 B 与横坐标 Ma_6 互换的结果。由图可见,σ_{AB} 随着 Ma_6 和 B 的增大而不断降低,在试验范围内最低接近 0.8,反过来讲,总压损失接近 20%。

在有燃烧的热态条件下,加力燃烧室的流阻特性曲线则表征为内涵进口马赫数 Ma_6 和余气系数 α_{AB} 的关系,如图 5.4 所示,试验中保持涵道比 B 不变。由图可见,随着余气系数 α_{AB} 的增大,加热程度逐渐减小,总压恢复系数也相应回升。

5.4.2 流量特性

流量特性指燃烧室空气流量 W_a 与整个燃烧室及内部各通道压差之间的关

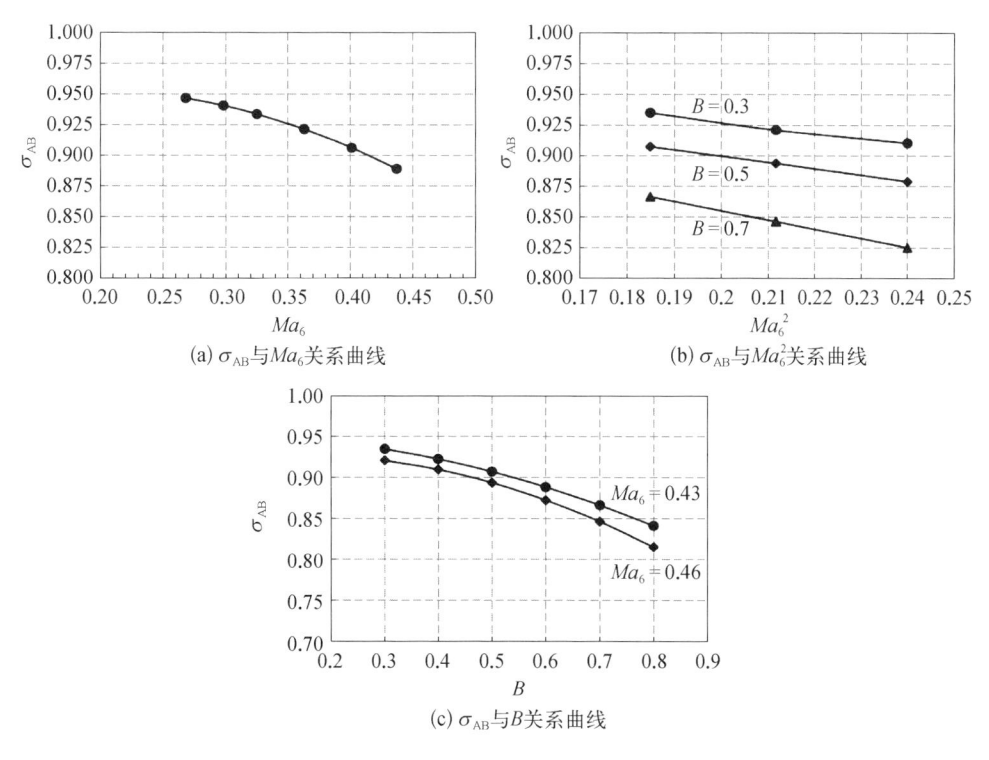

图 5.3 典型的加力燃烧室流阻特性曲线

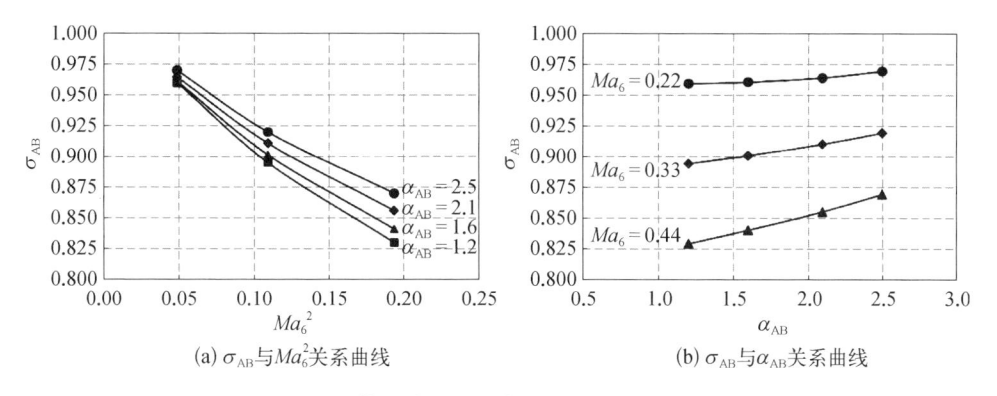

图 5.4 典型的加力燃烧室热态流阻特性曲线

系,即

$$W_a = kx = k\sqrt{2\Delta P\rho} \tag{5.26}$$

式中,k——比例系数,即对应通道的有效流通面积。

以 x 为横坐标整理试验数据可得燃烧室流量特性曲线,如图 5.5 所示。

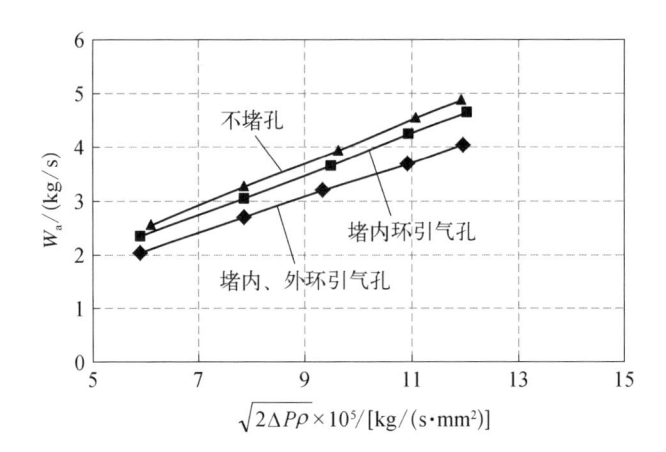

图 5.5 燃烧室流量特性曲线

由流量特性可进一步得到各通流部分的有效流通面积,通过与设计值比较,可检验燃烧室流量分配的设计和加工质量。

通常,采用累积堵孔法可分别得到各流通部分,即火焰筒、外环引气、内环引气等的有效流通面积。首先,封堵内、外环全部引气孔,顺序改变进气流量 W_{a3},可得到图 5.5 中的一条曲线,进而可求得有效流通面积 ACd_1;然后,按顺序打开外环引气孔和内环引气孔,重复试验,可得另两条曲线及其相应的有效流通面积 ACd_2 和 ΣACd,并可与设计值比较,如表 5.1 所示。燃烧室设计更关注的是燃烧室各流通部分的流量比例,根据一般经验,试验比例与设计比例偏差在±3%以内时可以接受。若试验比例与设计比例偏差过大,则需要修整试验件或调整燃烧室设计,但上述±3%并非绝对限制值,具体要根据比例偏差,还要根据具体燃烧室设计情况综合考虑。

表 5.1 某型燃烧室各流通部分的有效开孔面积的试验值与设计值比较

流 通 部 分	试验值/mm^2	设计值/mm^2	试验比例/%	设计比例/%	试验比例与设计比例偏差/%
火焰筒有效流通面积 ACd(ACd_1)	33 207	33 600	82.7	82.65	0.05
内、外环引气孔有效流通面积 ACd ($\Sigma ACd - ACd_1$)	6 928	7 056	17.3	17.35	-0.05
内环引气孔有效流通面积 ACd ($\Sigma ACd - ACd_2$)	2 481	2 730	6.2	6.71	-0.51
外环引气孔有效流通面积 ACd ($ACd_2 - ACd_1$)	4 447	4 326	11.1	10.64	0.46
燃烧室有效流通面积 ACd(ΣACd)	40 135	40 656	—	—	—

5.4.3 点火边界

1. 地面起动点火边界

地面起动点火边界用于衡量发动机在海平面附近的环境下起动点火的能力,通常用点火余气系数 α_B 与燃烧室进口气流速度 v_3 的关系来表示,如图 5.6 所示。图中,燃烧室能稳定着火的最大余气系数连线即地面起动点火边界。

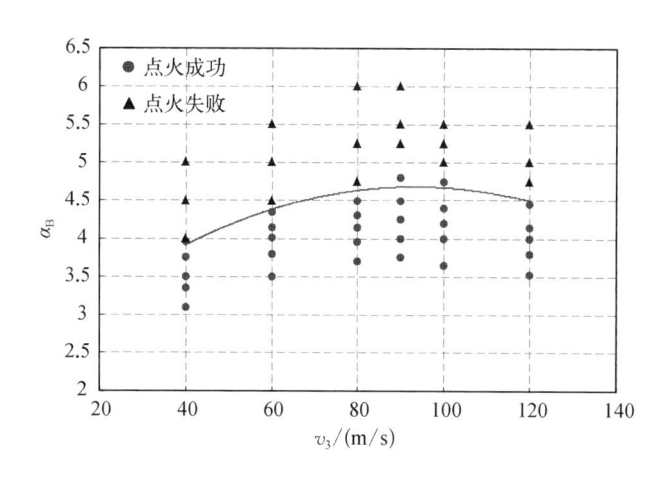

图 5.6 主燃烧室的地面起动点火边界

2. 高原/高空起动点火边界

高原/高空起动点火边界用于衡量发动机在高原地区环境下起动点火的能力。随着海拔的增加,环境温度 T_1 和压力(取决于海拔 H)都逐渐下降,燃烧室点火性能将发生变化,并与发动机相对物理转速(PNC)密切相关。PNC 即发动机高压转子的实际转速与设计点状态下的转速之比。

点火边界的试验数据可整理为三类关系曲线:

(1) 点火余气系数 α_B 分别与 T_1、H 和 PNC 的关系曲线,如图 5.7(a)~(c)所示。可见,环境温度越低或海拔越高、转速越快,越不利于点火。

(2) 点火余气系数 α_B 与燃烧室进口气流速度 v_3 的关系曲线,并以飞行马赫数 Ma 或海拔 H 为参数,如图 5.7(d)和(e)所示。

(3) 最大点火速度 $v_{3\max}$ 分别与 Ma 和 H 的关系曲线,如图 5.7(f)和(g)所示。$v_{3\max}$ 是指任一工况下,燃烧室能成功点火时的最大进口气流速度。

5.4.4 熄火边界

与点火边界相似,熄火边界表征为熄火余气系数 α 与燃烧室进口流速 v_3 或马赫数 Ma_6 的关系曲线,如图 5.8 所示。其中,加力燃烧室通常还会做出其富油熄火边界[5]。

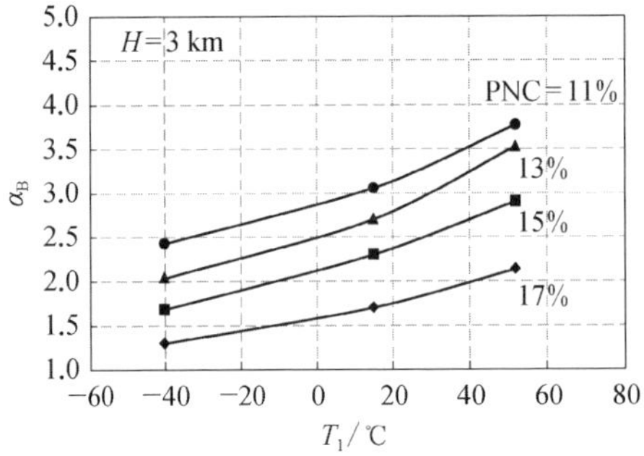

(a) $H=3$ km，不同PNC下α_B与T_1的关系曲线

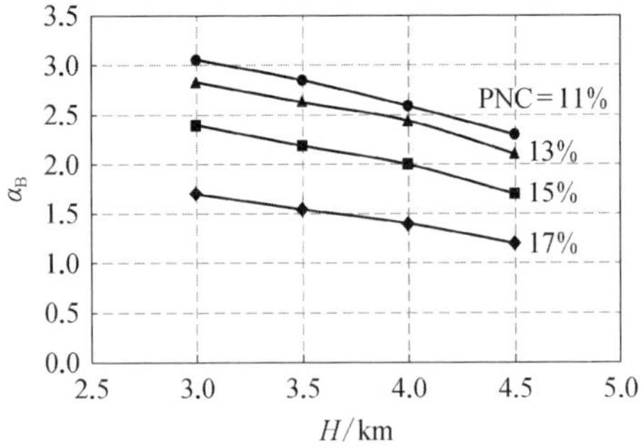

(b) 不同PNC下α_B与H的关系曲线

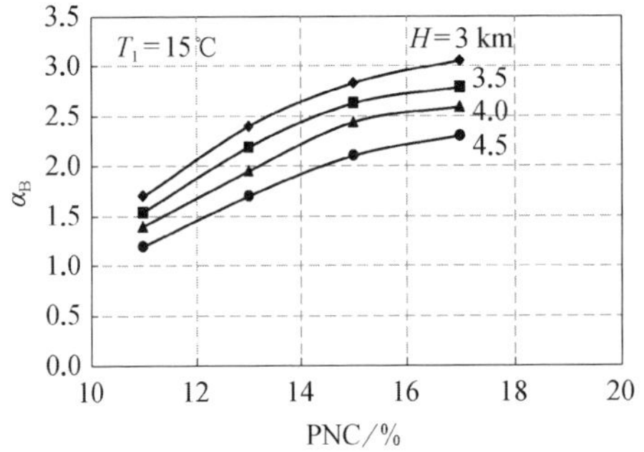

(c) $T_1=15$℃，不同H下α_B与PNC的关系曲线

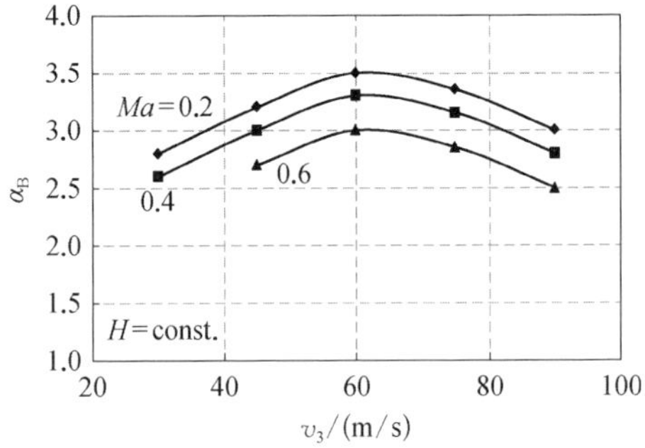

(d) H为常数时α_B与v_3的关系曲线

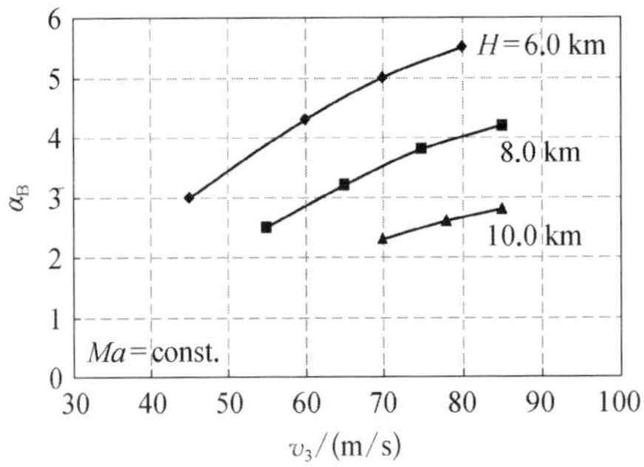

(e) Ma为常数时α_B与v_3的关系曲线

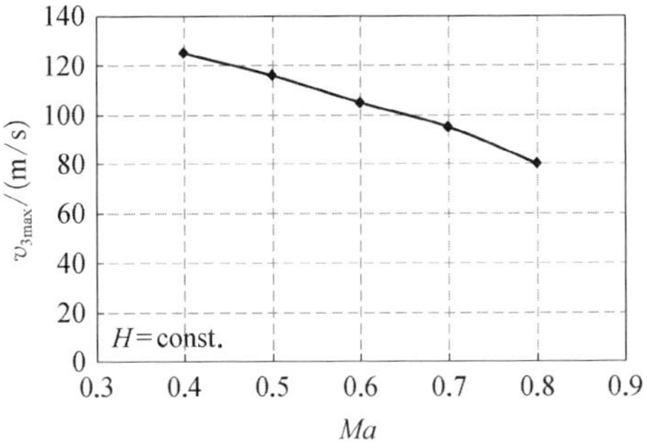

(f) H为常数时$v_{3\max}$与Ma的关系曲线

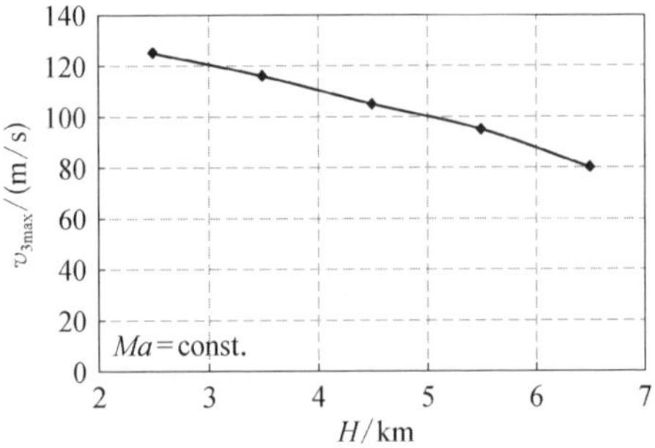

(g) Ma为常数时$v_{3\max}$与H的关系曲线

图 5.7 主燃烧室的高原/高空起动点火边界

(a) 主燃烧室

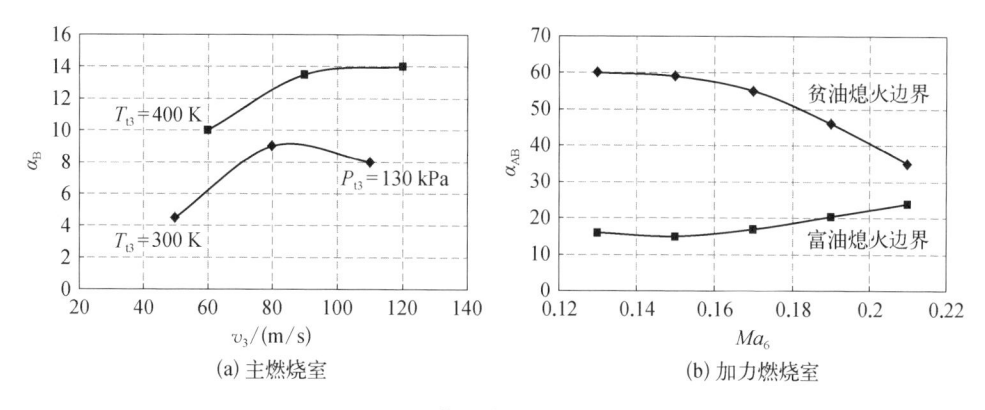

(b) 加力燃烧室

图 5.8 典型的熄火边界曲线

5.4.5 燃烧效率

计算燃烧效率常用两种方法,即温升法和燃气分析法。其中,燃气分析法燃烧效率计算方法见第 4 章相关内容,温升法公式如下:

$$\eta_B = \frac{T_{t4} - T_{t3}}{T_{t4th} - T_{t3}} \tag{5.27}$$

式中,T_{t3}——主燃烧室进口平均温度,K;

T_{t4}——主燃烧室出口平均温度,K;

T_{t4th}——燃料完全燃烧后主燃烧室出口的理论温度,K。

在实际操作中很难得到燃料完全燃烧后加力燃烧室出口的理论温度,因此加力燃烧室性能试验中一般不采用温升法计算燃烧效率。

5.4.6 出口温度场

为保证下游燃气涡轮叶片工作的安全性,需要测量和评价主燃烧室出口温度场品质,通常用以下三种方法来表征。

1) 性能指标参数

表征性能指标的参数有整体不均匀度 OTDF 和径向不均匀度 RTDF,计算公式如下:

$$\text{OTDF} = \frac{T_{t4\max} - T_{t4}}{T_{t4} - T_{t3}} \tag{5.28}$$

$$\text{RTDF} = \frac{T_{t4r\max} - T_{t4}}{T_{t4} - T_{t3}} \tag{5.29}$$

式中,$T_{t4\max}$——燃烧室出口截面的最高燃气温度,K;

T_{t4rmax}——燃烧室出口截面径向最高平均温度,K。

目前,主流航空发动机主燃烧室出口温度场的不均匀度水平为 OTDF = 0.25~0.35、RTDF = 0.08~0.12。对于高温升燃烧室,对 OTDF 的要求更为苛刻。

2) 温度云图

由图 5.9 可见,燃烧室出口温度云图可直观地显示出整个燃烧室出口截面上的温度分布均匀性及其与燃油喷嘴(带序号的圆圈)的对应关系。

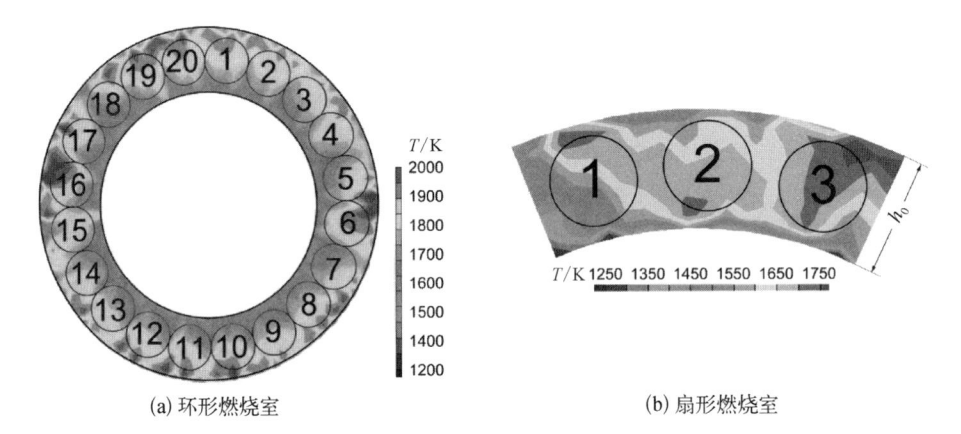

(a) 环形燃烧室　　(b) 扇形燃烧室

图 5.9　燃烧室出口温度云图

3) 平均温度沿径向的分布

当进口参数 P_{t3}、T_{t3} 和 Ma_3 不变时,可绘出温度沿径向相对腔高 h/h_0 分布随余气系数 α_B 变化的曲线,如图 5.10 所示。图中,温度 T_{t4rav} 为燃烧室某一腔高的周向平均值。由图可见,当 h/h_0 = 20%~80% 时,温度分布相对均匀,而在叶尖和叶根处的温度偏低,偏低的差值与燃烧室进气温度有关。

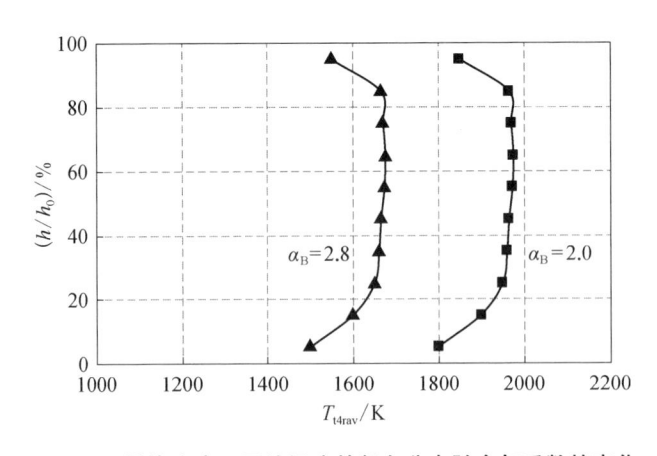

图 5.10　燃烧室出口平均温度的径向分布随余气系数的变化

此外，也可将测试数据整理成径向分布随进气压力 P_{t3} 或进气温度 T_{t3} 的曲线。

5.4.7 污染物排放量

气态污染物包括 CO、UHC 和 NO_x，一般将测得的排放指数 EI 或排烟数 SN 处理成与进口状态参数 P_{t3}、T_{t3}、Ma_3 和余气系数 α_B 的关系曲线，如图 5.11 所示。图中曲线成立的条件是，除了横坐标参数，其他三个参数均保持不变。

(a) EI_{NO_x} 与 α_B 的关系曲线

(b) EI_{NO_x} 与 P_{t3} 的关系曲线

(c) EI_{NO_x} 与 T_{t3} 的关系曲线

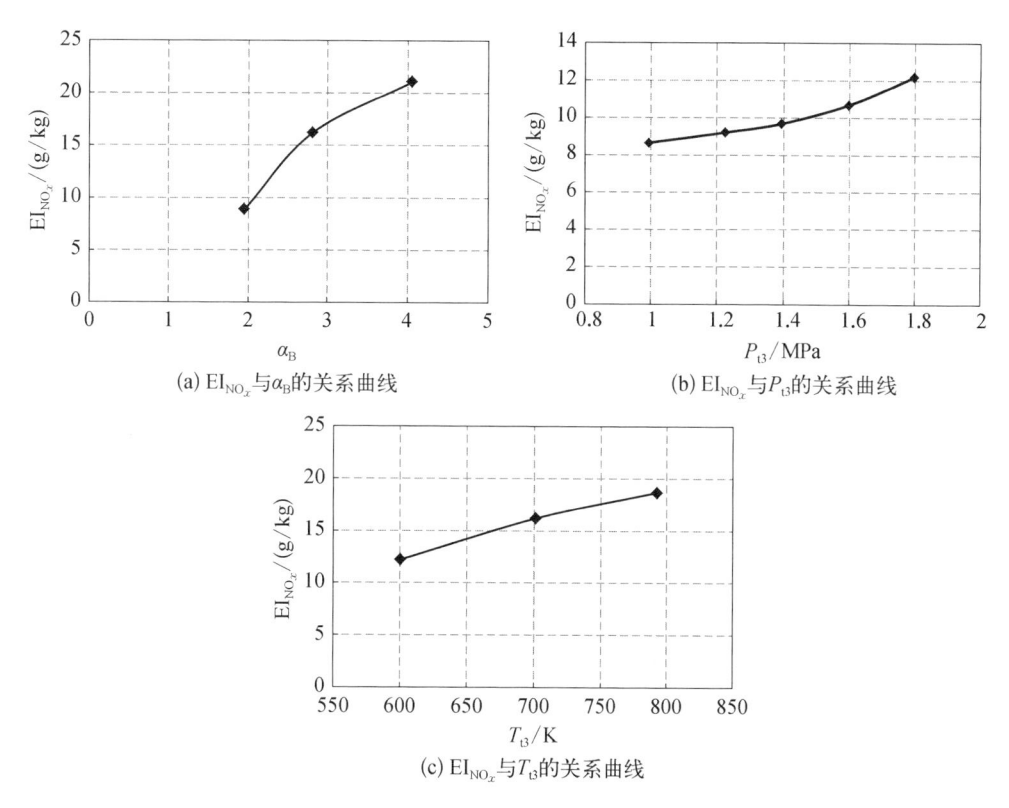

图 5.11　污染物发散指数 EI_{NO_x} 与进口状态参数或余气系数的关系

5.4.8 壁面温度

用热电偶测量的火焰筒壁面温度数据 $T_{w,i}$ 通常整理成沿相对轴向长度 L/L_0 的分布曲线。其中，i 为热电偶编号；L_0 为火焰筒长度。曲线还可整理成随进口状态参数 P_{t3}、T_{t3}、Ma_3 和余气系数 α_B 变化的曲线，如图 5.12 所示。图中曲线成立的条件是，除了横坐标参数，其他三个参数均保持不变。

用示温漆测量火焰筒壁面温度，通过色片直接对比实物表面上的颜色深浅变

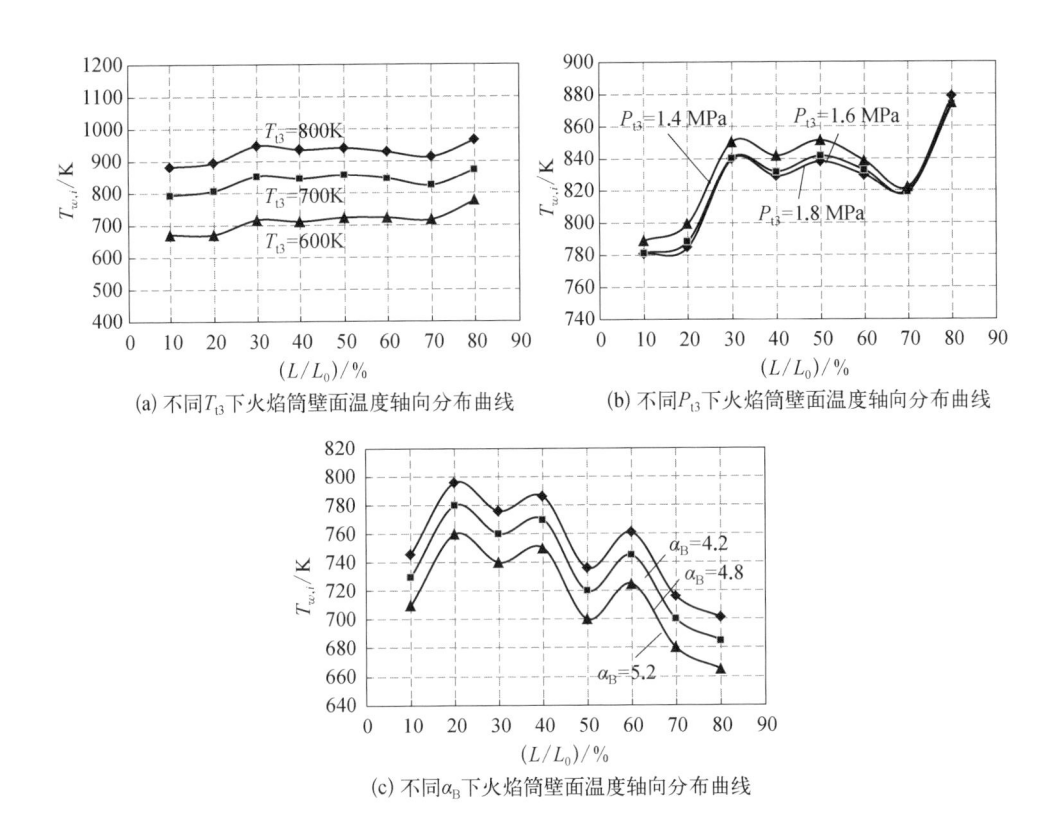

(a) 不同T_{t3}下火焰筒壁面温度轴向分布曲线

(b) 不同P_{t3}下火焰筒壁面温度轴向分布曲线

(c) 不同α_B下火焰筒壁面温度轴向分布曲线

图 5.12　火焰筒壁面温度的轴向分布曲线

化,判读出不同区域的温度分布范围,并做出温度和等温区边界线标记,拍成图片备存,如图 5.13 所示。

图 5.13　由示温漆判读的壁温数据(单位: K)

5.4.9　燃烧稳定性

图 5.14 为试验过程中在计算机显示屏上显示的稳定工况原始压力脉动数据。图中的黄、红、绿三组数据分别代表三个不同的脉动压力传感器测量通道。由这些

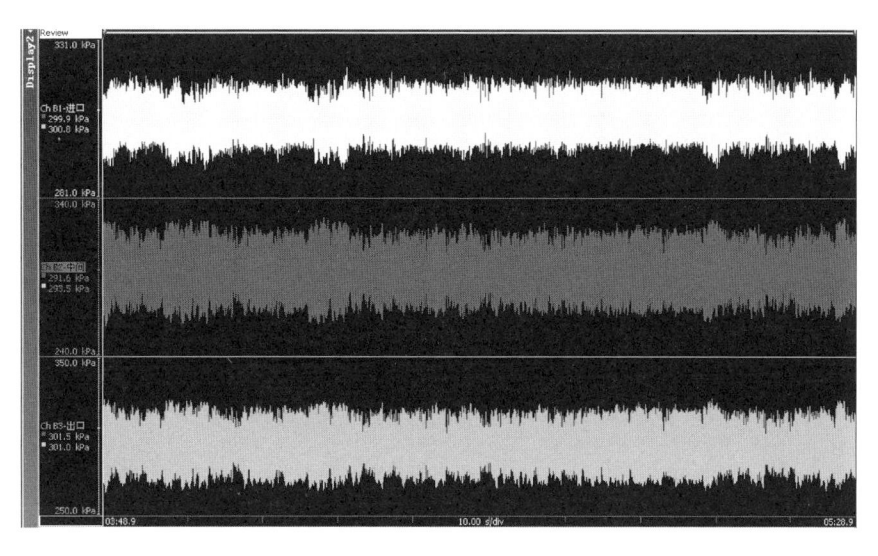

图 5.14　压力脉动的时域曲线

数据可统计出时均值、脉动峰-峰值和脉动频率。

通过脉动压力测量系统自带后处理软件,可进一步处理得到相应的频谱信息,如图 5.15 所示。频谱信息一般是试验后逐个处理,以得到压力脉动的特征频率等参数。

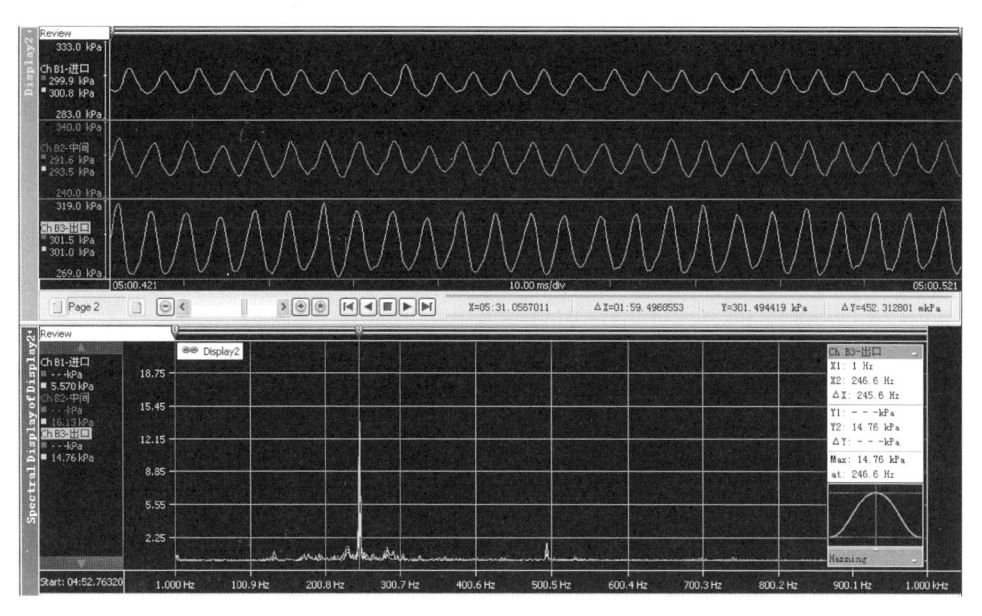

图 5.15　稳态试验压力脉动的频谱信息

录取点火和工况转换过程中的压力脉动,有助于判断燃烧室的燃烧稳定性,如图 5.16 所示。图 5.16(a) 为点火前后压力脉动量的变化情况,图 5.16(b) 为某次工况转换过程的压力脉动变化情况。由图可以看出,点火后燃烧室中的压力脉动量有明显增加,工况转换也可能导致脉动量有较明显的变化。

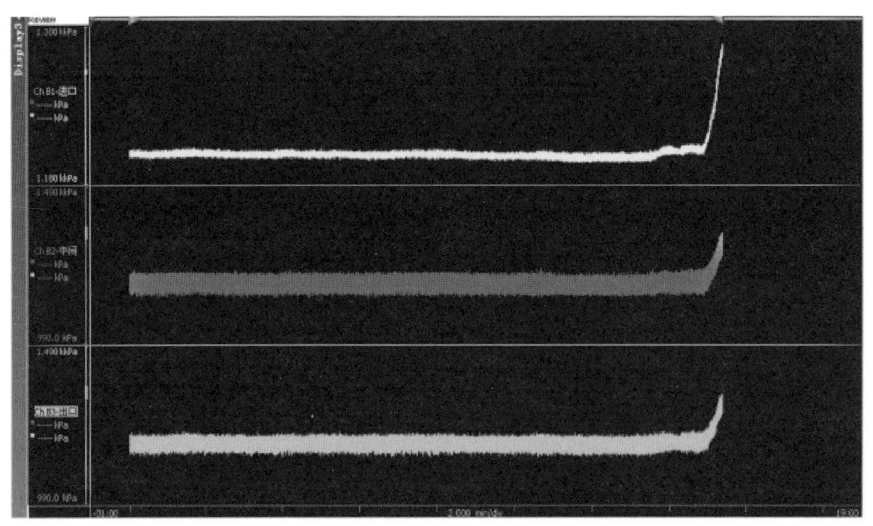

(a) 点火前后压力脉动量的变化情况

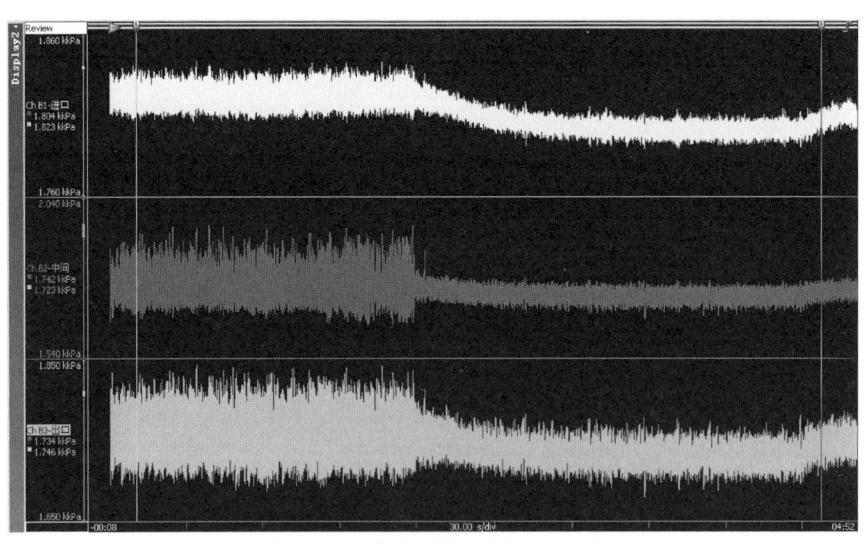

(b) 某次工况转换过程的压力脉动变化情况

图 5.16　点火和工况转换过程中压力脉动的频谱信息

通过处理上述原始数据得到的统计结果如表 5.2 所示。由表可见,该燃烧室中压力脉动的时均值随飞行状态而改变,但脉动量最大不超过 1.5%,远小于燃烧室稳定工作的脉动量限值3%,表明该燃烧室的燃烧稳定性优良。表中"—"表示对应工况下的压力脉动无固定频率。

表 5.2 某型发动机燃烧室压力脉动数据的统计结果

飞行状态	位 置	时均值 P_{av}/kPa	峰-峰值 ΔP/kPa	脉动量 P'/%	频率/Hz
慢车	燃烧室进口	596.1	1.2	0.201	—
	火焰筒内	580.1	3.9	0.672	—
	燃烧室出口	580.1	1.8	0.310	—
返场	燃烧室进口	1 307.0	20	0.153	—
	火焰筒内	1 260.0	6.7	0.531	—
	燃烧室出口	1 261.0	3.7	0.293	—
爬升	燃烧室进口	2 344.0	5.8	0.247	—
	火焰筒内	2 270.0	28.8	1.268	751.8
	燃烧室出口	2 269.0	23.2	1.023	507.7
起飞	燃烧室进口	1 806.0	7.5	0.415	—
	火焰筒内	1 742.0	25.9	1.487	698.2
	燃烧室出口	1 739.0	17.6	1.012	—

如果脉动量达到10%以上,就必须通过改变余气系数来调整试验工况或停止试验。另外,从不同位置来看,脉动量的大小一般是火焰筒内>燃烧室出口>燃烧室进口,显然是燃烧所致。

5.4.10 喷嘴及燃油总管流量特性

流量特性是指通过喷嘴或总管的燃油流量W_f与供油压差的平方根$\sqrt{\Delta P_f}$之间的关系,一般呈线性关系。该参数用于评价喷嘴和总管的设计质量,如图5.17所示。

5.4.11 喷嘴雾化锥角

雾化锥角θ定义为燃油雾炬包络线之间的夹角,用机械法测量喷嘴的雾化锥角时,现场进行角度判读,并记录数据。采用图像处理法时,试验中只需要确保完整拍摄到喷嘴雾化照片,试验结束后在计算机中处理得到雾化锥角,如图5.18所示。

(a) 喷嘴流量特性曲线 (b) 总管流量特性曲线

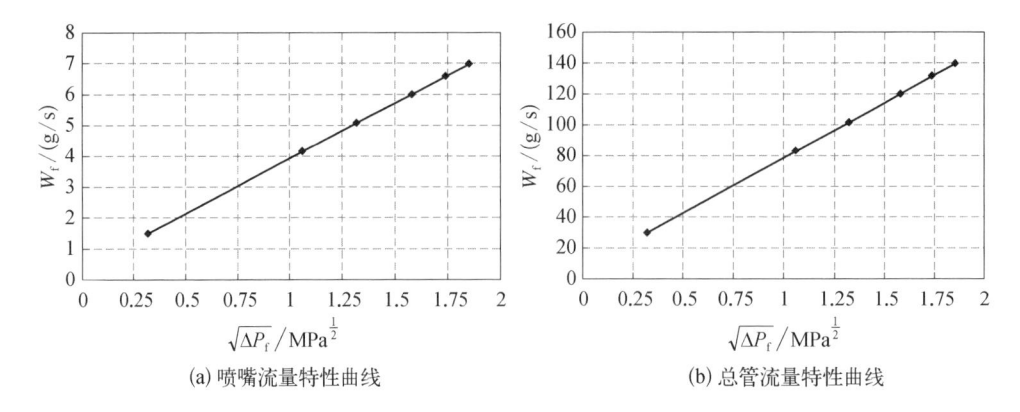

图 5.17 流量特性曲线

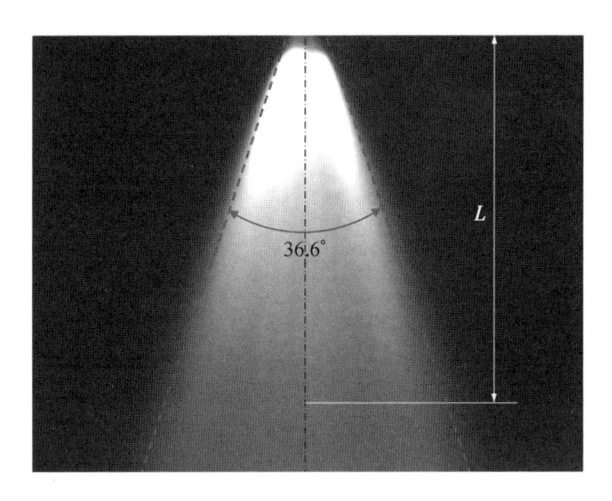

图 5.18 喷嘴雾化锥角示意图

通常还需要将每个喷嘴在不同供油压差下的锥角数据一一对应整理为表格,并以供油压差 ΔP_f 为横坐标,雾化锥角 θ 为纵坐标,以不同标记符号区分喷嘴编号作图,得到喷嘴雾化锥角与供油压差之间的关系。

5.4.12 燃油流量分布不均匀度

燃油流量分布不均匀度通常用总管上各个喷嘴的流量偏差 δ_{fi} 来表征,即

$$\delta_{fi} = \left(\frac{W_{fi}}{\overline{W_f}} - 1\right) \times 100\%, \quad \overline{W_f} = \frac{1}{n}\sum_{i=1}^{n} W_{fi} \tag{5.30}$$

式中,$\overline{W_f}$ ——所有喷嘴流量的算术平均值,g/s;

n ——喷嘴个数。

燃油总管上的喷嘴编号如图 5.19 所示,图示为顺气流方向观察。

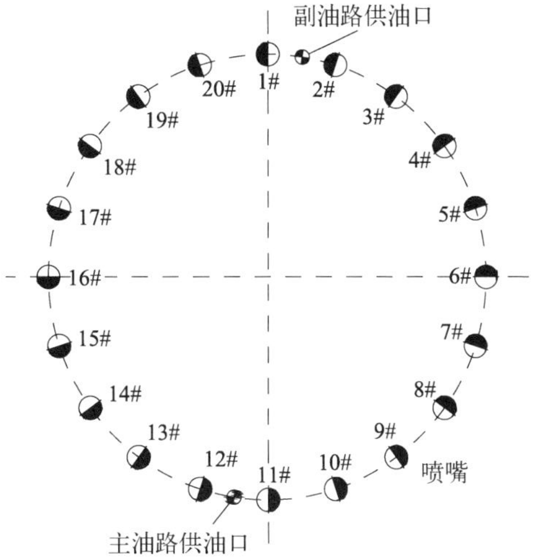

图 5.19 喷嘴编号及主副油路供油接口位置示意图

试验时,需要分别测量副油路开启和主副油路同时开启时的流量数据,结果如表 5.3 所示。表中,ΔP_{fm} 和 ΔP_{fs} 分别为主油路和副油路的供油压差。

表 5.3 某型燃烧室燃油总管流量分布不均匀度的试验结果

喷嘴编号	ΔP_{fs} = 1 126 kPa ΔP_{fm} = 0 kPa		ΔP_{fs} = 105 kPa ΔP_{fm} = 15 kPa		ΔP_{fs} = 105 kPa ΔP_{fm} = 41 kPa		ΔP_{fs} = 105 kPa ΔP_{fm} = 115 kPa	
	W_f/(g/s)	δ_f/%	W_f/(g/s)	δ_f/%	W_f/(g/s)	δ_f/%	W_f/(g/s)	δ_f/%
1#	4.11	−1.65	8.08	−4.36	11.57	−3.26	17.54	−2.80
2#	4.18	0.02	8.39	−0.69	11.97	0.09	18.14	0.52
3#	4.12	−1.41	8.01	−5.18	11.81	−1.25	17.96	−0.47
4#	4.34	3.85	9.97	18.02	12.46	4.18	17.34	−3.91
5#	4.15	−0.69	9.16	8.43	12.82	7.20	19.40	7.51
6#	4.45	6.48	8.05	−4.71	11.69	−2.25	17.81	−1.31
7#	4.26	1.94	7.95	−5.89	11.58	−3.17	17.80	−1.36
8#	4.21	0.74	8.61	1.92	12.06	0.84	18.21	0.91
9#	4.20	0.50	7.88	−6.72	11.60	−3.01	18.04	−0.03
10#	4.20	0.50	8.50	0.62	12.01	0.42	18.00	−0.25

续 表

喷嘴编号	ΔP_{fs} = 1 126 kPa ΔP_{fm} = 0 kPa		ΔP_{fs} = 105 kPa ΔP_{fm} = 15 kPa		ΔP_{fs} = 105 kPa ΔP_{fm} = 41 kPa		ΔP_{fs} = 105 kPa ΔP_{fm} = 115 kPa	
	$W_f/(g/s)$	$\delta_f/\%$	$W_f/(g/s)$	$\delta_f/\%$	$W_f/(g/s)$	$\delta_f/\%$	$W_f/(g/s)$	$\delta_f/\%$
11#	4.03	-3.57	8.51	0.73	12.04	0.67	18.10	0.30
12#	4.11	-1.65	8.50	0.62	11.95	-0.08	18.02	-0.14
13#	4.13	-1.17	8.54	1.09	12.21	2.09	18.42	2.08
14#	4.13	-1.17	8.49	0.50	12.03	0.59	18.24	1.08
15#	4.09	-2.13	8.40	-0.57	12.12	1.34	18.20	0.86
16#	4.16	-0.45	8.32	-1.52	11.63	-2.76	17.66	-2.14
17#	4.22	0.98	8.42	-0.33	11.90	-0.50	18.01	-0.20
18#	4.14	-0.93	8.05	-4.71	11.66	-2.50	17.67	-2.08
19#	4.16	-0.45	8.50	0.62	11.93	-0.25	18.07	0.14
20#	4.19	0.26	8.63	2.15	12.15	1.59	18.28	1.30

对于用途不同的燃油总管,对喷嘴流量偏差的要求有所不同。例如,对于用于整机试验的燃油总管,一般要求每个喷嘴流量偏差均不大于±3%,有些型号甚至要求不大于±1.5%;对于一些不开展大工况试验的部件级试验件,偏差要求可放宽到不大于±5%;对于在地面使用的直接加温器所用燃油总管,偏差要求可进一步放宽到不大于±10%。另外,某些型号燃烧室会刻意设计为点火工况时靠近点火电嘴的喷嘴流量比其他喷嘴流量更大,这种喷嘴也称为点火喷嘴。因此,在点火工况附近时点火喷嘴流量偏差较大也是正常现象,根据设计值的不同,有时偏差可达10%左右。不过需要注意的是,点火喷嘴在设计点火工况时与其他喷嘴的流量会趋于一致,不会有明显的偏差。

由表5.3可见,大部分喷嘴的流量偏差都低于3%,说明总管的整体均匀性较好。6#和7#喷嘴在小流量情况下的偏差较大,但流量增大后就与其他喷嘴接近一致,这符合点火喷嘴的工作特性。4#和5#喷嘴的偏差则始终较大,尤其是4#喷嘴的偏差最大在18%以上,说明这两个喷嘴必须替换为其他喷嘴,并对替换喷嘴后的总管重新进行试验,直到总管的不均匀度指标满足要求。

单喷嘴的周向不均匀度计算方法与燃油总管的流量分布不均匀度计算方法相似,只需要将式(5.30)中各个喷嘴的流量替换为单喷嘴同一截面内不同分区的燃油流量即可。

5.4.13 喷嘴雾化特性

喷嘴雾化特性是指雾化后的液滴平均直径沿轴向的空间分布及其与供油压差的关系。通常,用索特平均直径 SMD 来表征液滴粒径。图 5.20 为激光粒度分析仪器测得的粒径分布曲线和 SMD 数值(图中的 X_{av})。

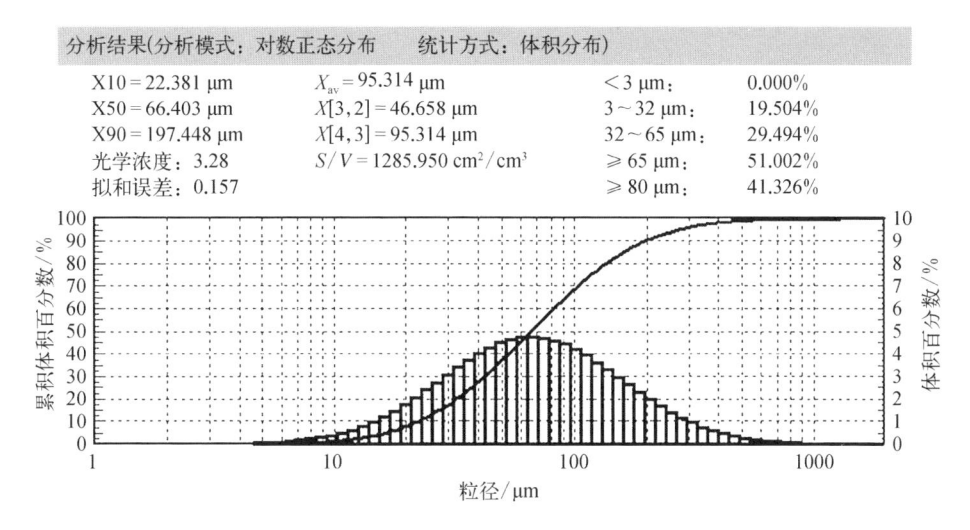

分析结果(分析模式:对数正态分布　统计方式:体积分布)
X10 = 22.381 μm　　X_{av} = 95.314 μm　　< 3 μm:　　0.000%
X50 = 66.403 μm　　$X[3,2]$ = 46.658 μm　　3～32 μm:　19.504%
X90 = 197.448 μm　 $X[4,3]$ = 95.314 μm　　32～65 μm: 29.494%
光学浓度:3.28　　　S/V = 1285.950 cm^2/cm^3　≥ 65 μm:　51.002%
拟和误差:0.157　　　　　　　　　　　　　　 ≥ 80 μm:　41.326%

图 5.20　喷嘴雾化液滴粒径分布和体积累积曲线

然后,将 SMD(或 MMD)和 N 表征为随供油压差 ΔP_f、测量截面与喷嘴出口距离 L 等参数变化的关系曲线。

5.4.14 涡流器有效流通面积

由于存在加工和装配公差,流经燃烧室各个涡流器的一次空气流量之间存在一定偏差。因此,需要试验测量涡流器流量,确定其有效流通面积,结果如表 5.4 和表 5.5 所示,以便评价燃烧室涡流器流量分布均匀性和设计加工质量,筛选出符合要求的涡流器。

表 5.4　某型涡流器的有效流通面积及其偏差

涡流器编号	有效流通面积 ACd/mm^2	偏差 δ_A/%
1#	48.3	-3.09
2#	49.1	-1.49
3#	50.5	1.32
4#	49.6	-0.48

涡流器编号	有效流通面积 ACd/mm²	偏差 δ_A/%
5#	49.1	-1.49
6#	48.3	-3.09
7#	50	0.32
8#	50.1	0.52
9#	50.9	2.12
10#	51.8	3.93
11#	50.6	1.52
12#	49.8	-0.08

表 5.5　某型涡流器在不同供气压差下的流量偏差

涡流器编号	不同供气压差下的流量偏差 δ_w/%			
	$\Delta P=5\ \text{kPa}$	$\Delta P=10\ \text{kPa}$	$\Delta P=15\ \text{kPa}$	$\Delta P=25\ \text{kPa}$
1#	2.9	2.95	3	3.03
2#	1.5	1.1	1.8	1.78
3#	-1.2	-1.15	-1.1	-1.07
4#	1	0.6	1.3	1.28
5#	-0.8	-0.75	-0.5	-0.47
6#	-1.7	-2.1	-1.6	-1.62
7#	2.5	2.55	2.8	2.83
8#	2.1	1.7	2.2	2.18
9#	-0.3	-0.25	0	0.03
10#	-1.2	-1.6	-1.1	-1.12
11#	0.9	0.95	1.2	1.23
12#	1.9	1.5	2	1.98

表中的有效流通面积按式(3.9)计算,面积偏差 δ_A 和流量偏差 δ_w 的计算方法均与式(5.30)类似,即用一组涡流器的平均值作为基准,计算单个涡流器的偏差。

5.4.15 扩压器流阻特性

与燃烧室相同,扩压器流阻特性是指其总压恢复系数 σ_{DB}、流阻系数 ζ_{DB}、静压恢复系数 σ_{sDB} 与进口马赫数 Ma_3、面积扩张比 AR 等参数的关系,扩压器的静压恢复系数 σ_{sDB} 随进口马赫数 Ma_3 的变化如图 5.21 所示。

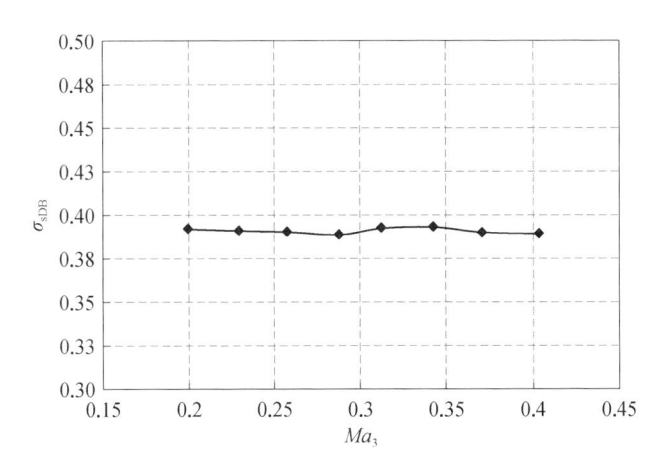

图 5.21 扩压器的静压恢复系数 σ_{sDB} 随进口马赫数 Ma_3 的变化

静压恢复系数 σ_{sDB} 的定义为

$$\sigma_{sDB} = \frac{P_{s2} - P_{s1}}{\frac{1}{2}\rho_1 v_1^2} \tag{5.31}$$

式中,P_{s1}——扩压器进口截面的静压,kPa;

P_{s2}——扩压器出口截面的静压,kPa;

ρ_1——扩压器进口截面的密度,kg/m³;

v_1——扩压器进口截面的速度,m/s。

此外,可以用扩压器出口截面的总压径向分布来表征扩压器出口流场的均匀性,如图 5.22 所示。若在扩压器进口前安装进气畸变模拟板,则其开孔规律会使总压径向分布发生变化。

由图 5.21 可以看出,对于同一个扩压器,静压恢复系数随进口马赫数的变化不大,接近于常数。由图 5.22 可以看出,在没有进气畸变模拟板影响的情况下,扩压器出口总压分布呈从内壁面到外壁面逐渐降低的趋势。

5.4.16 火焰筒冷却

火焰筒冷却特性试验是通过模拟高温燃气(又称主流)和冷却空气(又称次

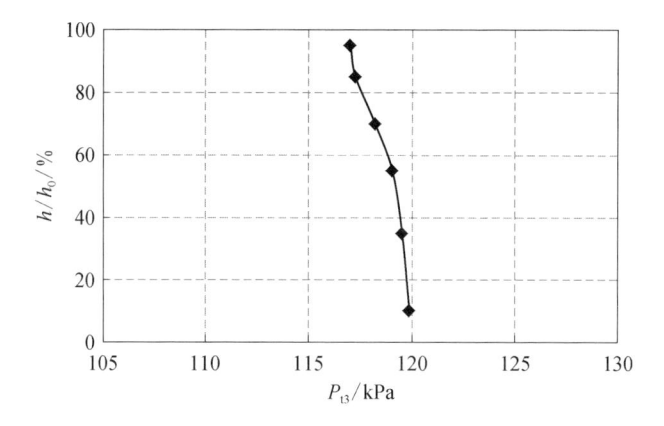

图 5.22　扩压器出口截面的总压径向分布

流)环境,将带不同冷却结构的壁面试验件/片置于其中,并测量壁面温度,得到冷却性能参数与工况参数和不同冷却结构方案的关系。

表征冷却性能的参数有以下几个。

(1) 气膜绝热冷却效率 η:

$$\eta = \frac{T_{tg} - T_w}{T_{tg} - T_{ta}} \tag{5.32}$$

式中, T_{tg}——主流温度,K;

T_{ta}——次流温度,K;

T_w——试验件壁面温度,K。

(2) 静态换热系数 α_{st}:

$$\alpha_{st} = \frac{q}{(T_w - T_{ta})A_c} \tag{5.33}$$

式中,q——输入壁面的热通量,它是输入电功率减去热损失后的净功率,W;

A_c——试验件壁面换热面积,m^2;对平板试验件,可直接取试验件冷却表面积 A_a。

(3) 动态换热系数 α_{dy}:

$$\alpha_{dy} = \frac{mc_p}{\tau A_c} \tag{5.34}$$

$$\tau = \frac{\Delta t}{\Delta T_w}(T_w - T_{ta}) \tag{5.35}$$

式中,m——试验件质量,kg;

c_p——材料比定压热容,J/(kg·K);

Δt——时间间隔,s;

ΔT_w——在 Δt 时间间隔内的壁面温差,K;

τ——系数,用最小二乘法拟合,由式(5.35)得到的试验数据确定。

(4) 流量系数 C_d:

$$C_d = \frac{W_a}{1\,000 A_H \sqrt{2\rho_a (P_{sa} - P_{sg})}} \tag{5.36}$$

式中,W_a——次流流量,kg/s;

A_H——试验件冷却孔总面积,m^2;

ρ_a——次流密度,kg/m^3;

P_{sg}——主流静压,MPa;

P_{sa}——次流静压,MPa。

上述冷却性能参数可分别整理成和主次流压差与次流总压之比 $\Delta P/P_{ta}$、次流流量 W_a、试验时间 t 的关系曲线,如图 5.23 所示。图中的工况条件为主/次流温比 θ 和主流马赫数 Ma_g 保持不变。

(a) 不同方案下 η 与 $\Delta P/P_{ta}$ 的关系曲线

(b) 不同方案下 α 与 W_a 的关系曲线

(c) 不同方案下 C_d 与 $\Delta P/P_{ta}$ 的关系曲线

(d) 不同方案下 T_w 与 t 的关系曲线

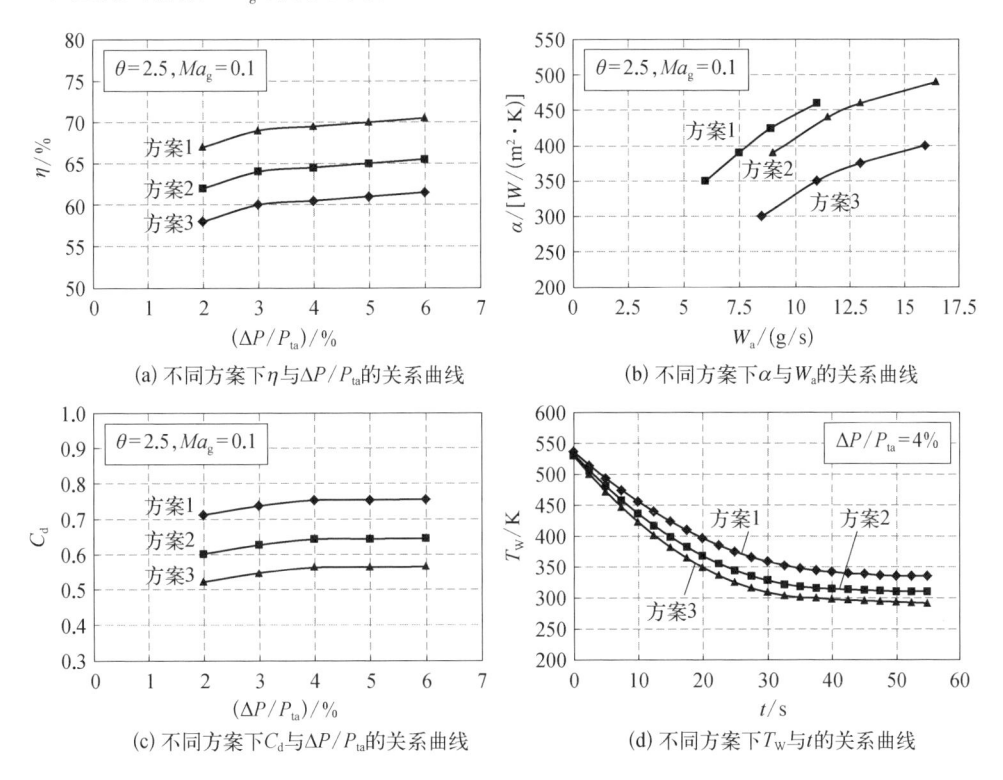

图 5.23 火焰筒冷却特性曲线

5.5 试验数据误差及不确定度分析

5.5.1 概述

试验数据的误差(error)和不确定度(uncertainty)都是用于评判数据质量的度量。数据质量(测量结果的质量)指数据的准确性、可信度和有效性,也代表试验测量能力的优劣。在以往较长时间内,都采用误差来评判数据质量,但现在更多的是采用不确定度来评判数据质量。

1. 误差

误差 δ 是指数据的数值大小(测量值)x_i 与被测量(真)值 x_0 的差异,即

$$\delta = x_i - x_0 \tag{5.37}$$

被测量(真)值有时也称为(量的)真值,是通过完善的测量所得到的值,或是在某一时刻和某一位置或状态下某量的效应体现出的客观值。要做到"完善的测量"是极其困难的,因此在大多数场合被测量(真)值是未知的,(量的)真值是理想概念。事实上,量子效应排除唯一真值的存在。只有下述几种情况中被测量(真)值是可知的:① 理论真值;② 计量学的约定真值;③ 标准器具的约定真值。

误差按其表示方式可分为绝对误差和相对误差,两者都是代数量,可正可负。相对误差是(绝对)误差与被测量(真)值之比,即

$$\delta_{\text{rel}} = \frac{x_i - x_0}{x_0} = \frac{\delta}{x_0} \tag{5.38}$$

误差按性质可分为系统误差 δ_{sys} 和随机误差 δ_{ran},若在相同条件下重复测量无数次,则 n 次测量的算术平均值 $\bar{x}$ 与被测量(真)值 x_0 的差值称为系统误差:

$$\delta_{\text{sys}} = \bar{x} - x_0 = \lim_{n \to \infty} \frac{1}{n} \sum_{i=1}^{n} x_i - x_0 \tag{5.39}$$

任一测量值与 n 次测量的算术平均值 $\bar{x}$ 的差异称为随机误差:

$$\delta_{\text{ran}} = x_i - \bar{x} \tag{5.40}$$

在各种未知因素的影响下,每次重复测量值都不可能完全相等,因此在工程上,随机误差也称为重复性误差。

严格地讲,被测量(真)值 x_0 是未知的,因此往往约定用有限次重复测量的平均值来代替,并通过提高测量仪器仪表的精度,尽量减小系统误差,保证测量结果相对准确。

在燃烧室试验中,对每个被测参数的精度都有一定要求,如表 5.6 所示。被测

参数的精度是通过仪器仪表的精度来保证的,试验中应选用不低于表5.6要求精度的仪器仪表。

表5.6 燃烧室常见被测参数的测量精度要求

参数	压力(差)	温度		流量		
		气体	火焰筒壁面温度	空气	水	燃油
精度	0.5%F.S.	0.50%	1.0%(热电偶),±25℃(示温漆)	1.00%		0.50%

注：表中F.S.表示仪器仪表的全量程或满量程误差。

2. 不确定度

顾名思义,不确定度可解释为测量结果的可信性,对测量结果的怀疑程度或测量的质量,其标准定义为根据所用到的信息,表征赋予被测量值分散性的非负参数。

由上述定义可知,不确定度说明的是被测量值的分散性,因此对应的是被测量可能的分布区间,与误差不同的是,不确定度未说明测量结果是否接近真值,只是一种对测量结果质量的定量表示。需要注意的是,定义中"被测量值"不是指"测量真值",而应该对应"赋予被测量结果的量值",真值是没有分散性的。因此,完整的测量结果应该包含对被测量值的估计结果和分散性参数,即不确定度两部分。

不确定度是评定测量结果质量的重要指标之一,实际中测量结果必须给出不确定度的说明才相当于是真正完整且有意义的数据。

由于试验测量工作不完善和被测量的定义不完整,被测量每次的观测值往往不同。在测量前,观测值是不可预知的,而所测得的一组观测值可作为一个分布的样本,这样就可用研究随机变量的方法来处理所测得的观测值,用样本标准偏差来表示测量结果的分散性。

3. 误差与不确定度的关系

误差与不确定度是两个相互关联但又相互区别的概念。在计量学和试验测试技术中,使用这两个概念都是期望能够以更加清楚、完整准确的方式展示被测量的结果。同时,能够准确区分误差与不确定度是十分重要的。

关于误差与不确定度的联系,两者都是由测量的系统效应和随机效应引起的。系统效应有些是可以进行识别的,识别后通过对结果的修正进行清除;但是有些是因为认识不足,而无法识别清除的部分,且无法通过对结果的修正进行清除。测量的随机效应不能通过修正进行补偿,只能通过多次的重复测量来减小。

误差和不确定度的主要区别可以总结为以下几条。

(1) 定义的区别：误差是测量结果与真值的差,是一个理想概念,是一个真实的差值结果;相对而言,不确定度是一个区间,不是一个值,体现了被测量值可能出现的范围。两者在数轴上就是一个点和一个区间的区别。

(2) 分类方法的区别:误差主要分为随机误差和系统误差两种,随机误差是测量结果与重复无限多次测量结果的平均值之差,系统误差是测量进行无限多次得到的结果的平均值与测量真值的差;相对来说,不确定度主要分为 A 类和 B 类两种评定方法,其不是简单地对应随机误差和系统误差,而是通过统计方法求得的。

(3) 使用真值作为求取误差时的参考量值,测量误差只能是一个理想的概念,而测量不确定度是可以定量地根据资料、专家经验等获取。

(4) 表达方式差异:误差结果对应有正负号形式差别;不确定度以实验标准偏差、实验标准偏差的倍数或者置信区间的半宽度等形式表达,它们都恒定为正值。

(5) 合成方法的差异:误差作为定量值,对各误差分量进行合成时采用代数相加的方法;不确定度需要通过方根和法进行求解。

(6) 对于误差,若已知系统误差的估计值,则可将其应用于对测量结果进行修正的过程,从而得到修正之后的测量结果;不确定度不能用于对测量结果进行修正,若对测量值进行修正,则修正结果的不确定度会随之发生改变。

(7) 与测量条件的关系:测量结果的误差根据定义只与测量结果和选取的参考量值有关,与测量的方法无关;测量不确定度与测量的原理、测量采用的方法、测量的程序、执行测试的人员等都有关系,是这些因素的综合结果。

综上所述,误差相比于不确定度有一些不足。首先,采用测量真值进行误差求解,由于真值无法得到,严格意义上误差就无法得到,而使用约定真值进行计算,还需要考虑约定真值本身的误差问题;其次,误差因为来源不同分为随机误差和系统误差,将随机误差和系统误差进行合成时,长期以来各国之间,即使是同一国家,不同测试领域使用的合成方法也有所不同。相比而言,测量不确定度评定方法统一,且本身为对赋予量值的一个估计,因此可抛开测量真值获取。

5.5.2 不确定度的评定方法

1. 术语和定义

想要对数据的不确定进行评定,首先需要了解一些术语的概念[6]。

(1) 试验标准偏差:简称实验标准差,是对同一被测量进行 n 次测量,表征测量结果分散性的量,用符号 s 表示。

(2) 标准不确定度:以试验标准偏差表示的不确定度,用符号 u 表示。

(3) 合成标准不确定度:在一个测量模型中,由各输入量的标准不确定度获得的输出量的标准不确定度,即当测量结果受多种因素影响形成若干个不确定度分量时,测量结果的标准不确定度用各标准不确定度分量合成后形成合成标准不确定度,用符号 u_c 表示。

合成标准不确定度是根据其他一些量值求出的测量结果的标准不确定度,为了正确地获得测量结果的不确定度,应全面分析影响测量结果的各种因素,从而列出测量结果的所有不确定度来源,做到不遗漏、不重复。遗漏会使测量结果的合成标准不确定度减小,重复会使结果的合成不确定度增大,都会影响不确定度的评定质量。

(4) 相对标准不确定度:是指标准不确定度除以测得值的绝对值,用符号 u_{rel} 表示。

(5) 包含因子:为获得扩展不确定度,将合成标准不确定度乘以大于 1 的数,用符号 k 表示。

(6) 包含区间:基于可获得的信息确定包含被测量一组值的区间,被测量值以一定概率落在该区间内,包含区间的半宽度用符号 b 表示。

(7) 包含概率:在规定的包含区间内包含被测量的一组值的概率,用符号 p 表示。

(8) 扩展不确定度:是合成标准不确定度与包含因子的乘积,用符号 U 表示。它将合成标准不确定度扩展了 k 倍,从而提高了包含概率。扩展不确定度所乘的包含因子 k 的值,取决于测量模型中输出量的概率分布类型及所选取的包含概率。一般包含因子 k 取 2 或 3,大多数情况下约定 k 取 2。当被测量 X 的分布接近正态分布时,$k=2$ 对应的区间包含概率约为 95%,$k=3$ 对应的区间包含概率约为 99%。

(9) 相对扩展不确定度:是指扩展不确定度除以测得值的绝对值,用符号 U_{rel} 表示。

(10) 不确定度的 A 类评定:简称 A 类评定,指对在规定测量条件下测得的量值用统计分析的方法进行不确定度分量的评定,用符号 u_A 表示。

(11) 不确定度的 B 类评定:简称 B 类评定,指用不同于不确定度的 A 类评定方法对不确定度分量进行的评定,用符号 u_B 表示。

B 类评定通常基于以下信息:① 权威机构发布的量值;② 有证标准物质的量值;③ 校准证书;④ 仪器的漂移;⑤ 经检定的测量仪器的准确度等级;⑥ 根据人员经验推断的极限值。

(12) 自由度:在方差的计算中,和的项数减去对和的限制数,用符号 ν 表示。

2. GUM* 法

本节介绍的不确定度的评定方法简称 GUM 法,用 GUM 法评定测量不确定度的一般流程如图 5.24 所示。

1. 分析不确定度来源和建立测量模型

首先要知道的是,由测量所得的测得值只是被测量的估计值,测量过程中的随

---

* 1993 年,7 个国际组织联合发布《测量不确定度表示指南》(*Guide to the Expression of Uncertainty Inmeasurement*),简称 GUM。

分析不确定度来源和建立测量模型

评定标准不确定度 u

计算合成标准不确定度 u_c

确定扩展不确定度 U

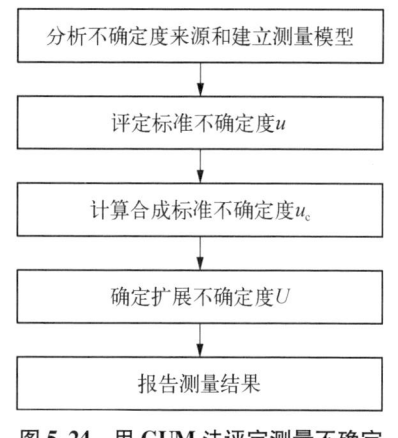

报告测量结果

图 5.24 用 GUM 法评定测量不确定度的一般流程

机效应及系统效应均会导致测量不确定度。对已认识的系统效应进行修正后的测量结果仍然只是被测量的估计值,还存在由随机效应导致的不确定度和对系统效应修正不完善导致的不确定度。

不确定度的来源必须根据实际测量情况进行具体分析,分析时,除了定义的不确定度,还可从测量仪器、测量环境、测量人员、测量方法等方面全面考虑,特别要注意对测量结果影响较大的不确定度来源,应尽量做到不遗漏、不重复。修正仅是对系统误差的补偿,修正值是具有不确定度的。在评定已修正被测量的估计值不确定度时,要考虑修正引入的不确定度。

测量中,当输出量 Y 由 n 个输入量 $X_1, X_2, \cdots, X_n$ 以及测量函数 f 来确定时,式(5.41)称为测量模型:

$$Y = f(X_1, X_2, \cdots, X_n) \tag{5.41}$$

将式(5.41)中量的符号替换为量的估计值,公式仍然成立,说明测量模型与测量方法有关。

输出量 Y 的每个输入量 $X_1, X_2, \cdots, X_n$ 本身可看成被测量,也可取决于其他量,甚至包括修正值或修正因子,从而可能导出一个十分复杂的函数关系,甚至测量函数 f 不能用显式表达出来。

物理量的测量模型一般根据物理原理确定。非物理量或在不能用物理原理确定的情况下,测量模型也可以用试验方法确定,或仅以数值方程给出。

2. 评定标准不确定度

用试验标准偏差表示的不确定度即标准不确定度,根据试验标准偏差的获取方式可分为 A 类评定和 B 类评定两种方法。

1) A 类评定

相比于 B 类评定,A 类评定有更为客观、更具有统计学的严格性、给定条件更具多次重复可观测性、可靠程度与观测次数更具相关性、计算更为复杂等特点。采用 A 类评定时,应尽可能地使观测值相互独立,并且重复性条件、复现性条件、影响量在范围内等要充分保证。

标准不确定度的 A 类评定一般流程如图 5.25 所示。

计算试验标准偏差的方法有几种,最常用的是贝塞尔公式法和极差法,下面分别介绍。

(1) 贝塞尔公式法。

在重复性条件或者复现性条件下对同一被测量独立重复观测 n 次,得到 n 个测得值 x_i($i=1,2,\cdots,n$),被测量 X 的最佳估计值是 n 个独立测得值的算术平均值 $\bar{x}$,计算公式如下:

$$\bar{x} = \frac{1}{n}\sum_{i=1}^{n} x_i \quad (5.42)$$

单个测得值 x_k 的试验标准偏差 $s(x_k)$,计算公式如下:

$$s(x_k) = \sqrt{\frac{\sum_{i=1}^{n}(x_i - \bar{x})^2}{n-1}} \quad (5.43)$$

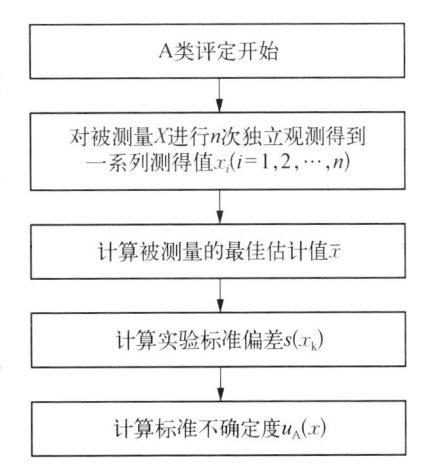

图 5.25　标准不确定度的 A 类评定一般流程

被测量最佳估计值 $\bar{x}$ 的 A 类标准不确定度 $u_A(x)$,即 $\bar{x}$ 的试验标准偏差 $s(\bar{x})$ 为

$$u_A(x) = s(\bar{x}) = s(x_k)/\sqrt{n} \quad (5.44)$$

A 类标准不确定度 $u_A(x)$ 的自由度为试验标准偏差 $s(x_k)$ 的自由度,即 $\nu=n-1$。试验标准偏差 $s(\bar{x})$ 表征被测量估计值 $\bar{x}$ 的分散性。

(2) 极差法。

一般在测量次数较少时,可采用极差法评定获得的试验标准偏差 $s(x_k)$。在重复性条件或复现性条件下,对 X 进行 n 次独立重复观测,测得值中的最大值与最小值之差称为极差,用符号 r 表示。在 X 接近正态分布的前提下,单个测得值 x_k 的试验标准偏差 $s(x_k)$ 可按式(5.45)近似地评定:

$$s(x_k) = \frac{r}{d_n} \quad (5.45)$$

式中,d_n——极差系数。

极差系数 d_n 和自由度 ν 可查表 5.7 得到。

表 5.7　极差系数 d_n 和自由度 ν

n	2	3	4	5	6	7	8	9
d_n	1.13	1.69	2.06	2.33	2.53	2.70	2.85	2.97
ν	0.9	1.8	2.7	3.6	4.5	5.3	6.0	6.8

被测量最佳估计值 $\bar{x}$ 的 A 类标准不确定度 $u_A(x)$ 可按式(5.46)计算：

$$u_A(x) = s(\bar{x}) = s(x_k)/\sqrt{n} = \frac{r}{d_n\sqrt{n}} \quad (5.46)$$

当测量次数较大时,极差法得到的标准偏差不如贝塞尔公式法;当测量次数较少时,极差法得到的标准偏差更为可靠。通常而言,当独立观测次数 $n<6$ 时,标准偏差按极差法计算更为可靠。

2）B 类评定

标准不确定度的 B 类评定一般流程如图 5.26 所示。

B 类评定的方法是根据有关的信息或经验,判断被测量的可能值 $[\bar{x}-b, \bar{x}+b]$,假设被测量值的概率分布,根据概率分布和要求的概率 p 确定 k,则 B 类评定的标准不确定度 $u_B(x)$ 计算公式为

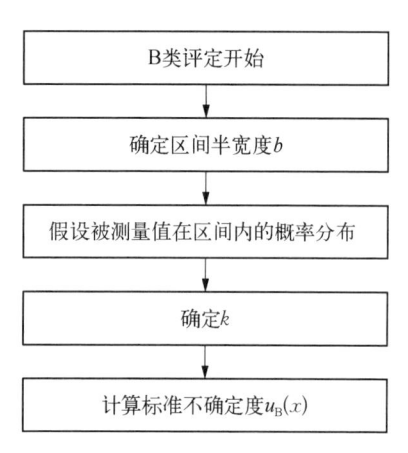

$$u_B(x) = \frac{b}{k} \quad (5.47)$$

图 5.26 标准不确定度的 B 类评定一般流程

式中, b ——被测量可能值区间的半宽度；

k ——置信因子（根据概率论获得的）或包含因子（扩展不确定度的倍乘因子）。

区间半宽度 b 一般根据以下信息确定：
(1) 以前测量的数据；
(2) 对有关技术资料和测量仪器特性的了解和经验；
(3) 生产厂提供的技术说明书；
(4) 校准证书、检定证书或其他文件提供的数据；
(5) 手册或某些资料给出的参考数据；
(6) 检定规程、校准规范或测试标准中给出的数据；
(7) 其他有用的信息。

k 值一般根据以下方法确定：
(1) 已知扩展不确定度是合成标准不确定度的若干倍时,该倍数就是包含因子 k;
(2) 假设为正态分布时,根据要求的概率查表 5.8 得到 k;
(3) 假设为非正态分布时,根据概率分布查表 5.9 得到 k;

表 5.8　正态分布情况下概率 p 与置信因子 k 的关系

p	0.50	0.68	0.90	0.95	0.954 5	0.99	0.997 3
k	0.675	1	1.645	1.960	2	2.576	3

表 5.9　非正态分布情况下概率 p 与置信因子 k 的关系

分 布 类 别	p	k
三角	1	$\sqrt{6}$
梯形($\beta=0.71$)	1	2
矩形(均匀)	1	$\sqrt{3}$
反正弦	1	$\sqrt{2}$
两点	1	1

3. 计算合成标准不确定度

当被测量 Y 由 n 个其他量 $X_1, X_2, \cdots, X_n$ 通过测量函数 f 确定时,被测量的估计值 y 表达式为

$$y = f(x_1, x_2, \cdots, x_n) \tag{5.48}$$

每个输入量的标准不确定度为 $u(x_i)$,设 $u_i(y) = \left|\dfrac{\partial f}{\partial x_i}\right| u(x_i)$,$u_i(y)$ 为相应于 $u(x_i)$ 的输出量 y 的不确定度分量。当输入量不相关时,合成标准不确定度可按式(5.49)计算:

$$u_c(y) = \sqrt{\sum_{i=1}^{n} u_i^2(y)} \tag{5.49}$$

当输入量相关时,则必须考虑各输入量之间的相关系数。

4. 确定扩展不确定度

扩展不确定度 U 是被测量可能值包含区间的半宽度。扩展不确定度由合成标准不确定度 u_c 乘包含因子 k 得到,按式(5.50)计算:

$$U = k u_c \tag{5.50}$$

5. 报告测量结果

测量结果的表达式为

$$Y = y \pm U \tag{5.51}$$

y 是被测量 Y 的估计值,被测量 Y 的可能值以较高的包含概率落在 $[y-U, y+U]$,即 $y-U \leqslant Y \leqslant y+U$。被测量的值落在包含区间内的包含概率取决于所获取的包含因子 k。

5.5.3 燃烧室试验参数不确定度计算

燃烧室试验中任一被测参数的不确定度都需要根据各个测试环节的影响进行合成,并根据所需的包含概率进行扩展。下面以燃烧室气流总压和总温为例,说明试验参数不确定度的计算方法。

1. 气流总压 P_t 的不确定度

燃烧室试验中,试验件上总压测量的主要方式为总压探针连接压力扫描阀测量。压力扫描阀输出的是表压信号,而试验所需数据通常采用绝压表示,因此对于采集到的表压数据 P_{gau} 需要加上大气压 P_{amb}。压力扫描阀输出的是数字信号,无须通过数据采集系统的测试通道转换即可得到工程值,所以没有引入不确定度。

因此,总压测量不确定度的来源主要有以下几个方面。

1) 大气压测量引入的不确定度 $u_c(P_{amb})$

通常用大气压力计作为前端传感器,其输出的是模拟信号,需要通过数据采集系统进行转换才能得到工程值,会引入测试通道示值误差的不确定度 $u_B(s)$,因此 $u_c(P_{amb})$ 的不确定度分量主要包括以下几项:

(1) 大气压重复性测量引入的不确定度 $u_A(P_{amb})$,用贝塞尔公式法按式(5.44)或极差法按式(5.46)计算;

(2) 前端传感器最大允许误差引起的不确定度 $u_B(c)$,将所用传感器出厂说明书或上级检定证书给出的最大允许误差的绝对值作为被测量可能值区间的半宽度 b,其概率分布估计为均匀分布,包含概率 $p = 100\%$,则包含因子取 $k = \sqrt{3}$,因此可以按式(5.47)计算前端传感器的 B 类标准不确定度;

(3) 数据采集系统的测试通道示值误差引入的不确定度 $u_B(s)$,可从数据采集系统的校准报告中查到;

(4) 数据采集系统环境温度变化引入的不确定度分量 $u_B(T)$,在单次试验中由于温度变化不大可以忽略,测量其他参数时同理也忽略此项分量。

大气压的测量函数关系为

$$P_{amb} = f(P_{amb}) \tag{5.52}$$

即大气压的测量值就是大气压力计的示值,故大气压合成标准不确定度为

$$u_c(P_{amb}) = \sqrt{u_A^2(P_{amb}) + u_B^2(c) + u_B^2(s)} \tag{5.53}$$

2) 总压重复性测量引入的不确定度 $u_A(P_t)$

对于总压重复测量引入的不确定度 $u_A(P_t)$ 按式(5.44)或式(5.46)计算。

3) 前端传感器最大允许误差引起的不确定度 $u_B(c)$

总压测量的前端传感器即电子扫描阀,根据其最大允许误差按式(5.47)计算 $u_B(c)$。

4) 总压探针引入的不确定度 $u_B(\text{pr})$

总压探针引入的不确定度 $u_B(\text{pr})$ 是由探针测点未能正对气流造成的,计算公式如下:

$$u_B(\text{pr}) = P_t \times |\Delta B| / \sqrt{6} \tag{5.54}$$

这里的不确定度主要是由探针测压孔未对准来流方向所致。ΔB 为经验参数,当来流方向与测压孔轴线的夹角在 $\pm 15°$ 时,可取 $\Delta B = -0.1\%$;当来流方向与测压孔轴线的夹角在 $\pm 15° \sim \pm 25°$ 时,取 $\Delta B = -0.3\%$。

气流总压的函数关系为

$$P_t = f(P_{\text{gau}}, P_{\text{amb}}) = P_{\text{gau}} + P_{\text{amb}} \tag{5.55}$$

因此总压的合成标准不确定度 $u_c(P_t)$ 为

$$u_c(P_t) = \sqrt{u_A^2(P_t) + u_B^2(c) + u_B^2(\text{pr}) + u_c^2(P_{\text{amb}})} \tag{5.56}$$

得到合成标准不确定度后,根据概率分布规律和需要的包含概率选择合适的包含因子 k,对合成标准不确定度进行扩展。

2. 气流静压 P_s 的不确定度

燃烧室试验中,试验器空气系统和试验件都需要测量气流静压,不同之处在于前者通常采用压力传感器测量,后者通常采用压力扫描阀测量。

数据重复测量都会引入 A 类不确定度 $u_A(P_s)$;压力传感器和压力扫描阀作为前端传感器也会引入不确定度 $u_B(c)$;压力传感器输出的是模拟信号,会引入测试通道示值误差的不确定度 $u_B(s)$。对于正压试验,通常使用的压力传感器是表压传感器,因此需要考虑大气压力计引入的不确定度 $u_c(P_{\text{amb}})$;对于负压试验,通常使用的压力传感器是绝压传感器,无须考虑 $u_c(P_{\text{amb}})$;测量静压无须安装压力测量探针,因此没有探针引入的不确定度 $u_B(\text{pr})$。

综上,采用压力传感器测量静压时,根据所用传感器类型,不确定度的计算公式如下。

1) 绝压传感器

静压的合成不确定度 $u_c(P_s)$ 为

$$u_c(P_s) = \sqrt{u_A^2(P_s) + u_B^2(c) + u_B^2(s)} \tag{5.57}$$

2) 表压传感器

静压的合成不确定度 $u_c(P_s)$ 为

$$u_c(P_s) = \sqrt{u_A^2(P_s) + u_B^2(c) + u_B^2(s) + u_c^2(P_{amb})} \qquad (5.58)$$

采用压力扫描阀测量气流静压时,只需要去掉式(5.58)中测试通道示值误差引入的不确定度 $u_B(s)$ 分量即可。

3. 气流总温 T_t 的不确定度

燃烧室试验中,用于测量气流温度的前端传感器分为热电偶和热电阻两种。具体测量过程是前端传感器先输出测试信号,然后通过数据采集系统的测试通道转换得到工程值。

因此,总温测量不确定度的来源主要有以下三个方面:

(1) 重复性测量引入的不确定度 $u_A(T_t)$;
(2) 前端传感器最大允许误差引起的不确定度 $u_B(c)$;
(3) 数据采集系统的测试通道示值误差引入的不确定度 $u_B(s)$。

表5.10和表5.11列出了我国标准化热电偶和热电阻的最大允许误差,保守情况下可取最大允许误差按式(5.47)计算 $u_B(c)$,也可按所用传感器的实际检定误差进行计算。表中 t 代表传感器的温度示值。

表 5.10 标准化热电偶的最大允许误差

热电偶型号	等 级	最大允许误差
T	I	±0.5℃ 或 ±0.4%t
E	I	±1.5℃ 或 ±0.4%t
K	I	±1.5℃ 或 ±0.4%t
S	I	±1.0℃ 或 ±$[1+(t_{max}-1\,100)\times0.003]$
B	II	1.5℃ 或 0.25% t_{max}

表 5.11 标准化热电阻的最大允许误差

热电阻型号	等 级	最大允许误差	测量范围/℃
Pt100	A	±(0.15℃+0.002|t|)	0~250
			0~600

总温的测量函数关系为

$$T_{\mathrm{t}} = f(T_{\mathrm{t}}) \tag{5.59}$$

即热电偶的示值就是总温测量值,因此气流平均总温的合成标准不确定度为

$$u_{\mathrm{c}}(T_{\mathrm{t}}) = \sqrt{u_{\mathrm{A}}^2(T_{\mathrm{t}}) + u_{\mathrm{B}}^2(c) + u_{\mathrm{B}}^2(s)} \tag{5.60}$$

得到合成标准不确定度后,根据概率分布规律和需要的包含概率选择合适的包含因子 k,对合成不确定度进行扩展。

对于各种函数关系,不确定度的合成和传递计算方法,详见附录 D。

5.5.4 试验数据不确定度的影响因素

影响因素是指会为试验数据引入不确定度的环节,主要有两类:一类是测量用的硬件设施,如受感部、仪器仪表等;另一类是数据处理方法。

试验器综合参数测试系统是影响试验数据不确定度的主要因素。该系统由各类传感器、转换部件、数据采集模块、接口电路、计算机等组成,如图 5.27 所示。传感器作为受感部件安装在试验器和试验件上,直接获取温度、压力、流量、电压、电流等信息;信号转换装置(如变送器)则用于将非电量参数信号转换为电量信号,并传输至数据采集模块,经信号放大、整形、采样保持、A/D 转换等一系列处理后,通过接口电路与计算机通信,再经软件处理后,得以显示和存储。所有这些环节都会在试验数据中引入不确定度,因此需要事先进行校准和评定,并写入校准报告。

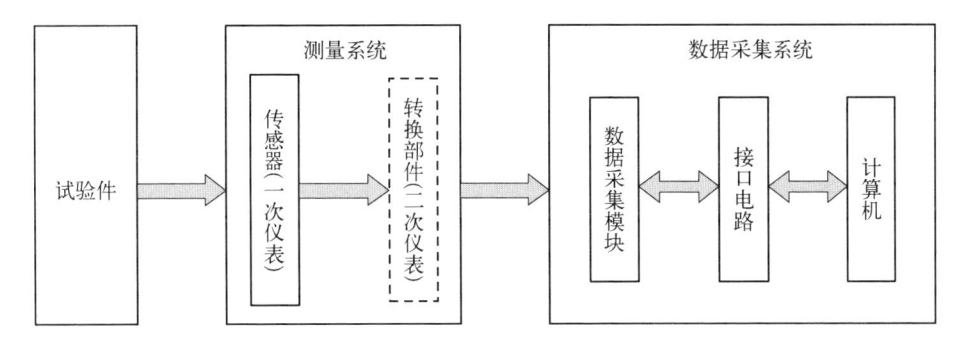

图 5.27 试验器综合参数测试系统

上述测试系统各个环节引入的不确定度均为 B 类不确定度,可通过产品说明书或检定证书提供的许可误差 $\pm\delta$ 确定。取不确定度半区间宽度 $b=\delta$,通常估其服从均匀分布,应取包含因子 $k = \sqrt{3}$,则各环节的标准不确定度为

$$u_{\mathrm{B}}(\mathrm{sys}) = \frac{\delta}{\sqrt{3}} \tag{5.61}$$

对于燃气分析数据的不确定度,除了分析仪器,取样点的设置、取样管路中样气流量的分配、样气传输过程中燃气成分的维持等情况都会对其产生影响,但目前关于这些因素对不确定度影响的大小还缺乏充分的研究,难以给出较为准确的参考值。

在数据处理过程中,一些简化做法会引入不确定度。例如,忽略物性参数如气体的比热比随温度的变化,而采用某个定值;忽略空气湿度变化,而按干空气考虑;采用燃料的理论热值计算燃烧室温升、燃烧效率等参数,而不是采用当次试验所用燃料的实际成分和热值等。因此,为提高试验测试精度,应规避上述简化操作。

参考文献

[1] 国家国防科技工业局.航空燃气涡轮发动机燃烧室性能试验方法:HB 7485—2012[S].北京:中国航空综合技术研究所,2013.

[2] 《航空发动机设计手册》总编委会.航空发动机设计手册(第9册).主燃烧室[M].北京:航空工业出版社,2000.

[3] 《航空发动机设计手册》总编委会.航空发动机设计手册(第11册).加力燃烧室[M].北京:航空工业出版社,2001.

[4] 国家国防科技工业局.航空燃气涡轮发动机加力燃烧室性能试验方法:HB 20357—2016[S].北京:中国航空综合技术研究所,2017.

[5] 国家国防科技工业局.航空燃气涡轮发动机加力燃烧室点火试验方法:HB 20356—2016[S].北京:中国航空综合技术研究所,2017.

[6] 国家质量监督检验检疫总局.测量不确定度评定与表示:JJF 1059.1—2012[S].北京:中国质检出版社,2013.

第 6 章
试验质量控制与安全控制

6.1 概　　述

航空发动机燃烧室试验多在高温、高压和高噪声环境中进行,涉及空气供给、燃料供给、燃气(电)加热、冷却水、测试等多个系统协同运行。因此,试验质量控制与安全控制是燃烧室试验得以安全高效实施的重要保障,必须强化试验者的安全意识,明确质量控制方法和要求;同时,针对试验过程中可能发生的事故或危险源,制定出一系列安全防控预案。

本章主要介绍燃烧室试验各个阶段的质量控制方法和要求,以及有关危险源、突发事件及处理措施等安全控制事项。

6.2 试验质量控制

6.2.1 引言

燃烧室试验质量控制,就是确保试验任务的各个阶段都遵循相关国家标准、国家军用标准和企业标准(详见附录E),管控整个试验过程的质量状态,制定相应的措施预防和消除质量问题。

一项试验任务的实施主要分为五个阶段,即需求阶段(合同谈判/技术要求锁定)、试验方案确认阶段、试验准备阶段、试验实施阶段和试验结果评定阶段。每个阶段的质量控制内容和要求均有不同。

质量控制对象包括文件资料、产品标识、技术状态管理、试验内容调整和质量记录等。其中,技术状态管理是指在燃烧室试验全过程管理中,为保证试验过程的完整性、试验流程的可控性、状态纪实的可追溯性、试验结果与客户需求的一致性等方面实施的管理活动,主要内容包括试验件和试验文件的技术状态标识、技术状态控制、技术状态纪实和技术状态审核。

试验质量控制的总体要求如下:

(1) 试验单位应保证现有质量管理体系的有效运行,落实质量责任,并负责处

理试验过程中出现的各类质量问题;

(2) 编制的试验文件应满足任务委托方/提出方的要求,保证相互协调和文文相符;

(3) 试验过程严格技术状态的管理,若有变更,则应按规定的程序实施;

(4) 应组织文件会签或会议评审,必要时分级、分阶段进行评审;

(5) 按规定进行试验前准备状态检查。

6.2.2 试验需求阶段

根据任务委托方/提出方的试验任务需求和技术要求/技术协议,试验单位须就以下三个方面组织开展试验前的技术协调:① 评估现有试验器的能力、技术状态以及测试技术能力是否满足任务需求;② 策划试验文件系统;③ 分析试验器和试验件风险并制定应急预案,还须对技术要求及相关调整记录进行会签确认。

技术要求/技术协议通常包括以下内容:

(1) 试验目的和性质;

(2) 试验内容及状态(燃烧室的进气压力、温度和流量等)要求;

(3) 试验件结构和技术状态;

(4) 试验技术要求(环境条件、测试与监控要求等);

(5) 完成任务形式、试验结果的技术要求及试验结果评定准则;

(6) 质量保证要求及注意事项;

(7) 试验进度。

在技术要求/技术协议正式生效后,由任务委托方/提出方出具试验件技术状态报告,作为试验前试验件技术状态评审材料。

按照以上操作环节确认试验单位的试验能力能够承担所委托的试验任务,方可开始后续阶段的实施工作,实现试验质量的总体控制。

6.2.3 试验方案确认阶段

在试验方案确认阶段前进行的能力状态评估、文件策划和风险分析基础上,试验单位需要重点针对试验方法先进性、测试结果准确性、结果评定科学性等方面,编制试验方案、测试方案、试验器适应性改造方案(包括试验件方案设计)等。这些方案经任务委托方/提出方会签或会议评审,确认其可行性后,即可实施。

由此可见,编制试验方案并加以确认,是进行实质性试验质量控制的重要环节。

6.2.4 试验准备阶段

试验准备阶段的工作包括文件准备、试验件准备、试验器准备等工作。

1. 文件准备

文件准备工作需要编制以下文件,并经审签、批准后归档保留成文信息:

(1) 试验大纲;
(2) 试验卡片/试验程序;
(3) 试验质量保证大纲;
(4) 试验风险分析报告;
(5) 试验应急预案;
(6) 试验件验收合格证明;
(7) 受感部研制技术要求;
(8) 受感部校准报告。

文件(1)和(2)须按时间顺序逐个完成;文件(3)~(5)可与试验大纲同时准备;文件(6)由质量检验部门开具;文件(7)和(8)则是在试验准备期间,按需编制。

试验大纲是试验方案的具体操作体现,须按照标准《质量管理体系要求》(GB/T 19001—2016)编制,并包括以下内容(可根据试验性质适当增减):

(1) 任务来源;
(2) 试验目的和内容;
(3) 试验件;
(4) 试验状态要求;
(5) 试验器介绍;
(6) 试验方法和测试方案;
(7) 试验数据的处理原则与方法;
(8) 试验周期、能源消耗及人力配置;
(9) 试验完成形式等。

根据需要,试验大纲应进行会议评审或会签批准,专家评审意见由试验单位负责落实并保留相关成文信息。

此后,由主试验员根据批准后的试验大纲,编制试验卡片/试验程序,经项目负责人批准后用于指导试验实施,试验完成后随试验资料归档。试验卡片包含详细的试验步骤和操作、试验分工和岗位设置以及安全保障方案等,具有很强的可操作性。

图 6.1 为燃烧室试验卡片示例。

2. 试验件准备

试验件准备包括试验件交付、检查、验收、安装等环节。试验单位收到试验件后,须进行两项检查:① 根据装箱单核查试验件的完整性,若无装箱单,则按装配图检查;② 根据质量检验部门出具的合格证书,确认试验件的加工质量,检查无误

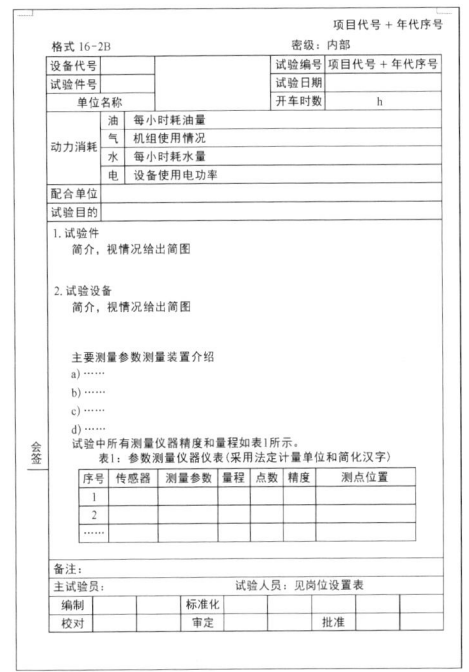

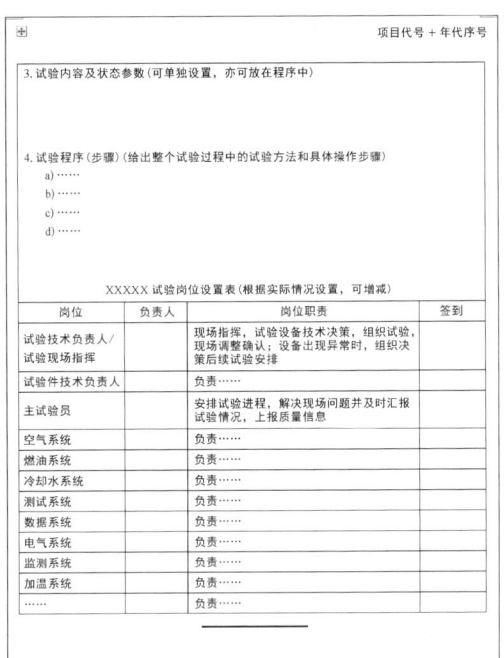

图 6.1　燃烧室试验卡片示例

后可以验收,并保留交接检查和移交记录。

随后,可在试验器上安装试验件,并填写好安装检查单备查。

3. 试验器准备

按照试验方案或试验大纲的要求进行试验器的一系列准备:

(1) 对试验器进行改装、局部改造维修及检查调试,保证试验器工作能力满足试验要求;

(2) 对测量仪器仪表和数据采集系统进行配置、计量检定、自校等;

(3) 编制测试技术要求和测量通道表,该表用于定义各测量参数的通道号、对应的名称和单位;

(4) 根据试验测试技术要求,确认测试受感部状态,确保测试系统满足要求并处于有效期内,若需要研制加工新的受感部,则需要编制研制新的技术要求,完成委托加工、吹风校准试验等。

完成上述准备工作后,按需进行试验前评审,并准备好评审资料,包括试验件技术状态报告(含质量控制情况)、试验前准备情况汇报材料、试验风险分析报告、试验应急预案和试验大纲(专家意见落实情况),在完成评审后归档保存评审报告资料。

本阶段的工作使试验的质量控制和安全控制得到了充分落实。

6.2.5 试验实施阶段

1. 试验前准备状态检查

试验前准备状态检查是试验前最后一个质量控制和安全控制环节,要求全面检查试验配套文件、试验件技术状态、试验件上台安装检查记录、参试设备及系统技术状态、参试人员岗位和资格、应急处理措施等,并填写和汇总试验前检查表。

主试验员负责组织各岗位人员签到,并召开试验内容交底会,使相关参试人员了解和熟悉试验卡片/试验程序,明确试验内容、步骤、主要限制参数、监控参数和应急措施。

2. 试验开始

按照试验卡片/试验程序的规定,逐项进行试验,并记录试验过程情况,根据主试验员的指令,完成试验数据录取并及时进行预处理,以备后续分析使用。

3. 试验中(终)止和恢复

当试验过程中出现设备故障或异常情况时,可能导致试验中止、恢复和终止。这时,将由试验技术负责人根据安全应急预案,组织决策并发出相应操作指令。

试验中止:是指试验无法正常进行,数据录取、状态调整等必要操作暂停,但整个试验器仍保持运转的情形。此时,需要现场分析原因、采取措施排除故障。

试验恢复:在未查清故障和异常原因并落实排除故障具体措施前,不允许继续试验,故障或异常情况在短时间内排除后,可按照试验卡片继续试验直至完成。

试验终止:是指故障或异常情况严重,无法在短时间内排除,而完全停止试验器运行的情形。此时,在保障安全的前提下,按照停机程序关停各个系统。

4. 试验调整

在试验过程中,若需要临时调整试验内容,则需要由试验单位与任务委托方/提出方协调后做出调整,同时保留调整记录。

5. 原始试验记录

每次试验结束后,主试验员负责组织及时搜集、整理原始试验数据和记录,确保信息完整清晰。

6.2.6 试验结果评定阶段

试验任务阶段完成或全部完成后,试验单位需要按技术要求/技术协议对试验数据和记录进行处理分析,并组织编制试验报告,对是否达到试验目的、试验结果是否满足技术要求得出明确结论。然后,根据需要组织试验结果评审会,经任务委托方/提出方确认后归档和提交。同时,试验单位还负责跟踪落实评审会提出的整改措施,并反馈到相应的阶段。

由上可见,燃烧室试验的质量控制是通过全过程分阶段管理,依靠试验单位的质量管理体系、试验能力和经验,结合多轮专家评审来实现的。

6.3 试验安全控制

6.3.1 引言

从根本上讲,燃烧室试验的安全控制需要建立两个机制:一个是减少甚至避免安全事故发生的预防机制;另一个是安全事故发生后的应急反应机制。第一个机制要求能够识别试验过程的危险源和风险点,有一套适用于整个试验阶段的预防措施和规章制度;第二个机制要求通过制定应急预案,提高应急处置能力,以控制事故的危害程度和范围。

燃烧室试验中的主要危险源包括高温、高压、噪声、有毒有害物质、高压电/强电等;突发事件包括能源泄漏、突然停气、停油、停水、火灾等。对此,需要从试验程序、试验人员行为规范等方面,提出相应的安全控制管理要求。

6.3.2 主要危险源

1. 高温和高压

燃烧室试验器工作时进、出口气流温度最高分别可达 1 000 K 和 2 300 K,压力最高可达 5 MPa,触碰到管道裸露部分,可能导致人员烫伤;试验件破裂、管道损坏或密封装置失效,使高温高压气体冲出,可能导致人员伤亡,引发火灾或者损坏设备。

2. 噪声

试验过程中进气、排气产生的噪声为 95~140 dB,水泵、通风机、空调机组等设备的运行噪声为 75~84 dB。噪声不仅从生理上干扰听觉、神经系统、心血管系统、消化系统、内分泌系统和视觉系统的正常工作,还从心理上影响人的感知水平、反应时间及情绪。长期处在高噪声环境中,可能出现耳鸣、耳痛、头晕、烦躁、记忆力减退等不良症状,甚至诱发职业病。

3. 火灾

燃烧室试验多用航空煤油作为燃料,燃油管道损坏或操作不当会造成燃油泄漏,可能引发火灾;电气线路短路、漏电,超负荷运行和设备接地不良,也易引起火灾及爆炸。

4. 有毒有害物质

试验过程中产生的航空煤油挥发气体和燃烧后的油气混合物,对皮肤、呼吸道黏膜和眼结膜具有不同程度的刺激,能引起中枢神经系统的麻醉,易导致头疼、疲倦、头昏和恶心。长期在接触煤油的环境中工作,可能引发职业性皮肤病,吸入大量油气,也可能引起疾病,诱发职业病。

5. 高压电/强电

试验器所用阀门、泵组等采用 220 V、380 V 电压供电,电加温器电压甚至高达 10 kV,电工作业危险性较高,操作不当容易对相关人员或设备造成伤害,甚至引发重大伤亡事故。

6. 其他

试验器安装过程中使用起重设备时,操作不当会导致起吊物坠落,进而可能引起人员伤亡或设备损坏。

6.3.3 安全预防措施

针对上述危险源和可能发生的安全事故,需要建立健全监测预警机制,一旦监测到以下信息,必须高度重视并立即制止、组织整改,以及提出防范措施。

(1) 发现事故隐患。

(2) 重大风险的设备、设施或场所的报警装置报警。

(3) 发现"三违"(违章指挥、违规作业、违反劳动纪律)行为。

(4) 发现有可能导致事故的现象或隐患。

以下是针对几个主要危险源所制定的安全预防措施。

(1) 高温和高压:① 当试验压力≤0.5 MPa 时,须佩戴安全帽、耳罩后才可进入试验间;② 当试验压力为 0.5~1.0 MPa 时,除了须佩戴安全帽和耳罩,还须穿戴防护服,才可进入试验间;③ 当试验压力≥1.0 MPa 时,所有人员均不得进入试验间;④ 当必须进入试验间时,应将试验压力降低至 1.0 MPa 以下且状态平稳后,按照第②条执行;⑤ 应有专人通过监控系统查看进入试验间人员的安全状况,一旦发现有人受伤,须及时救助或送医治疗。

(2) 噪声:① 定期监测试验环境的噪声水平;② 位于试验间内的设备,应选用节能低噪声产品,并采取消声、减振、隔振措施;③ 设备的出口均采用软接头或软管连接;④ 试验间应采取隔声降噪措施,如采用吸声墙面、吸声顶棚、隔声门窗等;⑤ 若试验间噪声超过 85 dB,则须佩戴劳保型防噪耳塞或耳罩才可进入。

(3) 火灾:① 保证试验用电安全,电网工作正常;② 用于试验的煤油等易燃物有合理的处理手段和排泄途径;③ 火源附近不得堆放易燃易爆物品等,做到尽可能消除火灾隐患;④ 定期进行消防应急演练和培训。

(4) 有毒有害物质:① 试验用燃油、滑油应按规定和标准使用,并有专人保管存放,操作中偶有泼洒情况,须及时清除干净;② 试验间和设备运行房间须安装防爆机械排风系统,采用防爆型低噪声离心风机箱,气体浓度报警装置应与排风机协同工作;③ 经通风措施后,在人体呼吸的空间内,有毒有害物质浓度应达到《工作场所有害因素职业接触限值 第 1 部分:化学有害因素》(GBZ 2.1—2019)要求。

(5) 高压电/强电:在试验器运行过程中,参试人员通常不允许进入高压配电间和电气间,若因工作需要进入,则须经主试验员或试验技术负责人批准,做好个人防护,正确穿戴防护用品后,才可进入。特别是进入高压配电间,必须有至少两位具备高压电工证的人员伴行。

6.3.4 突发事件及应急安全措施

1. 能源泄漏

能源泄漏主要指空气管网、燃油管路和冷却水管路的泄漏,可能造成设备能源供应能力不足、燃油及水泄漏、高温高压气体泄漏,导致人员伤亡、设备损坏等。

能源泄漏应急安全措施是:泄漏较轻的情况下,可降低试验工况后进行现场处理,处理完毕后继续试验;泄漏严重的情况下,现场无法处理,应紧急停车,停止试验。

2. 突然停气

试验中空气供给突然停止是一个重大事故,这会导致间接加温器干烧和损毁;燃烧室火焰筒和光学观察窗等冷却空气消失,这会导致干烧损坏;未能及时切断燃油,空气量骤减使燃烧过程急剧恶化甚至中止,一部分燃油喷到高温火焰筒壁面上产生结焦,另一部分直接蒸发裂解以大量青烟和黑烟形式排出;直喷水冷排气段的冷却水可能倒灌而损坏试验件。

突然停气应急安全措施如下:

(1) 立即切断燃油供给;

(2) 立即关断直喷水冷排气段供水,但保持试验件机匣和水冷测量耙的冷却水供给;

(3) 按照加温器运行应急步骤紧急停炉;

(4) 密切监视试验件进气温度、排气温度、壁面温度以及冷却水压,关注试验件有无异常情况;

(5) 进行事故排查,确定原因。

3. 突然停电

试验过程中突然停电也是一个重大事故,突然停电会使油泵停转,燃油供给中断,燃烧室熄火;会使水泵停转,冷却水供给中断,试验件及空气管路排气段损毁;也会使电动阀门控制失灵,不能进行参数调整;还会使测试系统停止工作,无法监测试验状态和录取参数。

突然停电应急安全措施如下:

(1) 关闭试验器总电源开关;

(2) 手动关闭所有供油阀门;

(3) 手动关闭所有供水阀门;

(4) 主试验员与气源操作人员保持沟通,保证稳定供气;

(5) 密切注意试验件和排气段管道有无异常情况；

(6) 进行事故排查，确定原因，主试验员或试验技术负责人及时上报停电情况；

(7) 根据供电恢复情况决定是否终止试验。

4. 突然停水

试验过程中突然停水会导致所有水冷零部件，如测量段、测量耙和空气管路排气段损毁。此时，采取如下应急安全措施：

(1) 立即切断燃油供给，燃烧室熄火；

(2) 检查测量段及空气管路排气段损坏程度；

(3) 进行事故排查，确定原因，主试验员或试验技术负责人及时上报停水情况；

(4) 试验终止。

5. 突然停油

在进口温度较高的状态下，突然停油会导致燃油喷嘴受损，结焦堵塞喷口。突然停油应急安全措施如下：

(1) 立即切断燃油供给，燃烧室熄火，打开氮气吹扫阀门，吹除燃油喷嘴积油；

(2) 进行事故排查，确定原因；

(3) 主试验员或试验技术负责人及时上报停油情况，根据事故排查情况决定是否继续试验。

6. 试验件故障

试验件故障包括机匣变形、密封失效、喷嘴堵塞等，若试验件损坏严重，则会影响整个试验的进程。

试验件故障应急安全措施如下：

(1) 立即切断燃油供给，燃烧室熄火；

(2) 降低状态或停止供气，检查试验件损坏程度；

(3) 主试验员或试验技术负责人及时上报试验件故障情况，决定是否继续试验。

7. 火灾

火灾应急安全措施如下：

(1) 确定火源及火灾类型(燃油或电气火灾)，切断火灾源(切断燃油或断电)；

(2) 兼职消防员立即进入火场实施灭火，若正在试验，则应由主试验员发布紧急停车命令，同时通知消防队；

(3) 根据火灾情况，确定人员是否撤离或投入灭火。

8. 其他意外/人身伤害

在试验准备或临时维修过程中，用行车吊装设备或零组件时，可能发生高空坠物事故;使用一些小型机加工设备时,可能因操作不当造成人身伤害事故;在热态试验时,可能出现试验人员违规触碰高温设备而被烫伤的事故。

相应的应急安全措施是:

(1) 操作用电设备失误导致的事故,应立刻切断设备电源,防止二次伤害;

(2) 对伤员进行紧急处理;

(3) 在试验器运行过程中发生事故,应由主试验员发布紧急停车命令,并及时将伤员送医。

6.3.5 试验安全控制要求

试验安全控制要求如下:

(1) 对于试验器的各系统和试验设备,须编制操作规程/作业指导书,内容包括设备介绍和操作步骤、方法,以便规范操作;

(2) 严格按照"业务谁主管,安全谁负责"的原则,逐层逐级落实试验全过程安全生产责任制,操作人员应熟悉并掌握所用设备的技术性能和注意事项,严格遵守设备操作、使用和维护规程,不得超范围、超性能和超负荷使用,上岗前须经过安全知识和专业技术培训;

(3) 参试人员应严格执行各项规章制度和安全操作规程,遵守劳动、操作、工艺、施工纪律,持证上岗,杜绝"三违"(违章指挥、违规作业和违反劳动纪律)现象;

(4) 编制试验大纲和试验风险分析及应急预案,分析可能发生的事故,确定试验现场人员逃生路线(参见 6.2.4 节"文件准备");

(5) 规范试验过程的指挥流程和口令,全体参试人员须服从统一指挥,各司其职,各负其责;

(6) 规范试验前检查内容,确认试验件、试验安全条件和试验设备安全状态,做好人员隔离防护;

(7) 辨识试验区域内的各类危险源(点)和危险作业场所,现场定员、定量、定置管理;

(8) 辨识试验各阶段的危险作业,严格作业审批和现场监护,特种设备操作须持证上岗;

(9) 组织开展应急预案演练,保持现场整洁和通道畅通;

(10) 对参试人员进行安全教育培训和安全技术交底,强调试验纪律;

(11) 发生故障时应及时清理试验现场,消除安全隐患,有序撤收设备和撤离人员;

(12) 试验中按规定穿着所要求的工作服,正确使用安全帽、耳罩等劳动防护用品,严禁其他穿着进入试验区。

第7章
试验常见问题及处理

7.1 概　　述

燃烧室试验系统复杂,且长时间连续消耗大量的油、气、水、电等资源,难免会出现各种各样的问题,问题主要归结为两类,即试验器问题和试验件问题。

试验器问题主要出现在空气、燃油、测控、冷却水等主要系统上,对试验进程有关键影响。在空气系统中,管道焊缝泄漏、阀门调节失效、流量测量故障等较常见;在燃油系统中,漏油、阀门失效、油滤堵塞等管路问题较常见,油泵运转异常和变频器故障也时有发生;测控系统的故障率较高,是影响试验进程的主要因素之一,主要表现为元器件失效造成时统信号异常、接地不正确,进而引起故障等;冷却水系统关乎试验器的工作安全性,无论是间接冷却方式,还是直接冷却方式都出现过故障,应给予足够的重视。

试验件问题多为经过高温燃烧试验后出现的膨胀变形、密封面损坏引起的漏气等。

本章以案例的形式,完整地阐述常见问题的现象、现场处理、原因分析、解决措施等内容,以便读者在设备采购和维护、试验件设计和加工以及制定问题处理预案时参考。

7.2 试验器问题及处理方法

7.2.1 空气系统

空气系统包括流通新鲜空气的进气系统和流通高温燃气的排气系统两部分,主要由管道、进气过滤器和膨胀节等附属器件、阀门等组成。其中,阀门是调节空气流量和系统工作压力的执行机构,并且可以在高温、高压和燃气腐蚀的不良环境中工作,因此阀门是空气系统的重要组件[1]。为燃烧室试验器选配阀门时,除了需要考虑阀门的工作特性,还要考虑热应力、高温蠕变和低周疲劳强度。这类阀门多采用高温、高强度的奥氏体不锈钢。

阀门故障主要表现为调节失效,调节失效的原因有多种,如阀杆断裂、电驱动装置故障、阀芯卡滞等。阀杆断裂多与设计或选型错误有关,一般很少发生;电驱动装置故障多为电路板故障、电池失效等,试验前应做好检查;阀芯卡滞是典型的故障形式,详见案例1。

案例1　阀门调节失效

故障现象:在某燃烧室的风车(负温)点火试验中发现燃烧室主进气阀调节到开度60%后,开度调节失效。

故障现场处理过程:

(1) 保持空气系统和冷却水系统状态不变,关闭燃油;

(2) 现场巡视人员检查后报告主进气阀无泄漏且阀杆连接良好;电气控制系统操作人员检查后报告阀门执行机构工作正常。当手控点动控制器时,阀门有机械噪声传出,阀杆位移不变,试验人员报告当前试验状态不符合要求;

(3) 初步判断问题出现在阀门内部;

(4) 决定终止试验。

故障原因分析:通过分解主进气阀,证实之前的"阀瓣内部卡滞"的判断,有一根 $\phi 5$ mm 的钢筋卡在阀瓣和阀体之间,取出钢筋后再通电检查,阀门工作回归正常。通过图纸溯源,钢筋是阀门内过滤器的支撑杆,因锈蚀严重而断裂并落入阀芯。

进一步复查过滤器图纸,发现当前的试验状态已超出了过滤器的工作范围。试验器原设计能力是进气压力 500 kPa,流量 6 kg/s,而随着试验任务的变化,实际工作状态达到了 650 kPa 和 7.5 kg/s。此外,设备改造时未涉及过滤器,导致其加速老化。

解决措施:重新设计和加工过滤器。

这个案例带来了两个教训:① 试验器能力的改造存在漏洞;② 试验前检查不彻底,只关注过滤器外管网的密封性,而忽视了内部结构的完整性。

7.2.2　燃油系统

燃油系统由燃油增压设备和管路输送设备组成。燃油增压设备包括油泵、电机、变频控制器、泵附属设备等;管路输送设备包括油滤、流量调节阀、单向阀、冷却器、手动阀、电磁阀、蓄能器、管路等。燃油系统曾出现过油泵运转异常、变频控制器失效以及管路漏油、阀门失效、油滤堵塞等问题。有些问题在试验前进行燃油系统压力试验时即可排除,但有些问题属于意外,详见案例2。

案例2　电机过热保护,油泵异常停转

故障现象:在录取某模型加力燃烧室性能试验数据时,燃烧室主油路燃油流量骤降为零,出口燃气温度骤降,观火孔显示未熄火,但火焰亮度显著下降。此时,操作人员报告主油路油泵停转。

故障现场处理过程：迅速切断燃烧室供油，燃烧室熄火；逐步降低内涵直接加温器供油流量，直至加温器熄火，关闭供油系统；保持空气系统状态不变，调节冷却水系统至设备安全范围；检查燃油泵房，发现通风门未开，室内异味刺鼻。轻触电机外壳，手感发烫，现场判断为油泵停转是电机过热保护停机所致。打开通风门，并用风扇强制表面散热后，电机和油泵恢复正常。

案例2不属于典型的设备故障，而是人为的非规范操作所致。因此，进一步加强试验管理，如制作警示牌，在每次试验前派专人检查通风门状态，并记录；针对泵房拥挤、通风差的情况，配备辅助风扇。

从设备运行的角度来讲，其他一些因素也会导致电机过热保护，详见表7.1。

表7.1 电机过热保护的原因和处理方法

序号	原　　因	处 理 方 法
1	溢流阀调压过高，超载荷后"闷泵"	调节溢流阀压力
2	溢流阀故障，如阀芯卡死、中心油孔堵塞等，造成超压不溢流	检修或更换
3	泵出口单向阀故障，如装反、阀芯卡死等，超载荷后"闷泵"	检修或更换
4	电机自身故障	

案例3　燃油流量突增

故障现象：在录取某模型加力燃烧室加力度性能数据时，内涵直接加温器的主油路流量突然增大，主油路流量显示异常，直接加温器出口温度降低。

故障现场处理过程：据初步判断，是主油路某处漏油，迅速退出加力燃烧室加力状态并熄火；逐步降低内涵直接加温器供油流量直至加温器熄火，关闭供油系统；保持外涵空气温度不变，内涵进气处于安全状态，水冷却系统状态不变。待试验间达到安全环境标准（设备空气系统压力一般不高于200 kPa）时，试验巡视人员进入检查，发现内涵直接加温器主油路与供油电磁阀连接处地面有大量油渍，电磁阀与供油管连接处也有油渍，经检查密封垫圈损坏，更换后恢复试验。

管路泄漏是燃油系统的常见问题，一般都是连接密封件损坏所致，鲜见油管破裂的情况。需要注意的是，若进行负压试验，则管路泄漏的地方会进入空气，产生气泡，影响供油均匀性，表现为油压不稳定。因此，处理泄漏部位时，建议带油安装（油管路内充满燃油进行安装操作，但管内油压应在较低状态）。

燃油系统中变频控制器也是试验中易产生故障的部件。

变频控制器主要由主回路和控制回路两部分组成。新型变频控制器的控制回路一般采用高性能数字处理器控制,通过软件完成变频及各类显示、保护、报警中的计算和比较等操作,因此其自诊断、报警及保护功能齐全,一旦出现故障会立即跳闸,显示面板可以显示故障名称,电动机处于自由制动方式并停车,说明变频控制器的保护功能已经生效。根据所显示的故障名称和变频控制器说明书,可确定故障发生的部位和处理方法,再配合其他测试手段可确认故障点并修复故障,如表 7.2 所示。

表 7.2 变频控制器常见问题及处理方法

序号	问题	原因	处理方法
1	过电流:变频器输出电流大于过电流检测值(约为额定电流的 2 倍)	输出侧发生短路接地(电机烧毁、绝缘老化、电缆破损等);负载过大,加速时间短;使用特殊电机或最大适用功率以上的电机等	查明原因,实施对策后复位,重启
2	接地异常:变频器输出侧接地电流超过其额定值的 50%	输出侧发生接地短路	
3	主回路保险丝熔断	变频器输出侧短路、接地,导致输出晶体管损坏	
4	主回路低电压:低于低电压检测值(200 V 级为 190 V;400 V 级为 380 V),主回路 MC 动作不良,变频器运行中失去 MC 响应	输出电源发生欠相;发生瞬时停电;输入电源的接线端松动;输入电源的电压变动太大	
5	主回路过电压:超过过电压检测值(一般 200 V 级为 410 V;400 V 级为 820 V)	减速时间过短;从电机产生的能量过大;电源电压过高等	延长减速时间或接制动电阻;将电压降到电源规格范围内
6	控制电源异常:电压过低	将电源 on→off 试一下	重启,若频繁异常,则更换变频器

7.2.3 测控系统

测控系统元器件失效一般有两个原因:① 存在质量缺陷,在正常的工作环境下失效;② 保护措施不完善,使用中失效,详见案例 4。

案例 4 元器件失效

故障现象:在测控系统调理箱的验收试验中,发现时统信号输出电压异常。进一步检测时统信号相关电路时发现,信号的光耦隔离器件损坏。分析认为,这是时统电路不具有输出短路保护功能所致。

解决措施是增加光耦输出短路保护电路,确保在试验中出现短路时不至于损坏。

元器件是测控系统的基本组成单元,只要出现故障,就会导致试验暂停或中止。因此,元器件的可靠性设计是保证测控系统安全可靠工作的必要条件。这里涉及固有可靠性和使用可靠性两个概念。固有可靠性指元器件在设计和制造过程中的可靠性,使用可靠性指在研制测控系统时如何选好、买好、用好和管好元器件,防止其失效。要提高元器件的使用可靠性,设计人员必须对所用元器件的特征、结构以及使用环境、选取准则等有足够的了解。

元器件设计包括降额设计、冗余设计、瞬态防护设计、耐环境设计等多个环节。降额设计就是使元器件实际承受的工作应力适当低于额定值,从而达到降低基本故障率、提高使用可靠性的目的;冗余设计是指采用增加串、并联元器件的数量来实现特定功能;瞬态防护设计是指通过提高元器件的抗瞬态能力来提高系统的可靠性,常见的做法有箝位、滤波、限流、屏蔽等;耐环境设计是指保证元器件可在系统工作环境下正常工作。

案例 5　干扰信号

故障现象:在某次试验中,测控计算机采集到的时序及电压信号中含有严重的干扰信号,无法达到试验要求。

检查发现,上述干扰信号是从设备发出再经由调理箱转接后的信号,信号变换调理电路的输出波形干扰较大。分析认为,故障原因是调理电路未做好电磁兼容设计而易受外界干扰。

解决措施:通过在调理电路中加入滤波电容,将干扰信号幅值减至 20 mV 左右。再经测控系统多次匹配试验检测,使信号波形恢复正常。

由此可见,测控系统电路的抗干扰设计尤为重要。

抗干扰属于电磁兼容性设计范畴。能否形成干扰取决于三个因素:干扰源、传播途径和对干扰敏感的接收电路。其中,干扰的传播途径包括导体传输(传导干扰)和空间传输(包括近场感应和远场辐射)。只要消除三个因素中的任何一个,就可以抑制干扰。

测控系统常用的抗干扰措施有滤波、接地、屏蔽、隔离、设置吸收网络等,具体内容如下。

(1)滤波是抑制传导干扰的主要方法。例如,电源滤波器可以抑制同一电网上通过交流电源窜入电路内部的干扰;电容滤波电路可以滤除毛刺干扰;去耦滤波可以抑制共阻抗耦合;在信号开关后面加上 RC 滤波电路,可以消除触点抖动干扰脉冲等。

(2)接地和屏蔽在测控系统的设计中极为关键,协同设计才能更好地抑制干扰。接地是提供基准电位和安全地电位来消除干扰的;屏蔽是利用屏蔽体来封闭干扰源或被扰设备的,以削弱或切断空间干扰耦合通道。此外,屏蔽体还需要接地,将感应电流导入大地。

(3) 隔离是通过切断共地耦合通道抑制因地环路引入的干扰。测控系统主要采用继电器、光耦隔离器等隔离电路。一般系统的输出信号采用继电器进行隔离,输入信号采用光耦隔离器进行隔离。

(4) 设置吸收网络对抑制感性负载干扰有较好的效果。测控系统中应用最多的感性负载就是继电器。继电器在断电时的反电势较大,易产生击穿或火花现象。因此,可通过在线圈两端并联吸收网络或在触点两端并接灭火花电容,来抑制线圈反电动势干扰,消除触点火花。常用的吸收网络有 D 网络、R-D 网络、R-C 网络和稳压管网络。其中,D 网络和 R-D 网络由于有二极管 VD,不适用于交流感性负载,只适用于直流感性负载。R-C 网络和稳压管网络均适用于交流和直流感性负载。

案例 6　接地故障

故障现象:某试验中,由于调理箱多次受到干扰,试验人员对测控系统的接地进行了测试,测试结果发现,调理箱的 28 V 电源地和机壳接通;机壳与交流保护地相通。测控电缆的屏蔽层接调理箱外壳,因此测控电缆屏蔽层与调理箱 28 V 电源地、调理箱机壳、试验室交流保护地均为导通状态。

故障分析:试验人员分析认为,保护接地不良会对系统正常工作造成严重影响。当调理箱 28 V 地上有电流流过时,试验室交流保护地上也会产生电流。这样不仅会对调理箱内部电路产生一定的干扰,同时还会把干扰电流带进电缆屏蔽层,造成信号传输干扰。试验时,某试件母线的 28 V 供电地与测控系统母线的 28 V 供电地是接通的,测控电缆屏蔽层与试件上电缆屏蔽层也是相通的,导致干扰电流被带至试件控制系统,影响试验件上各设备的正常工作及信号的正常传输。

解决措施:设计人员在试验室外面专门埋设了一个接地装置,作为系统保护接地,同时对调理箱的接地方法进行了调整,将 28 V 供电地浮空;调理箱机壳与试验室的交流保护地断开,接入新埋设的接地装置。测控电缆到调理箱一端的屏蔽层与调理箱断开,测控电缆与试验件上电缆的屏蔽层相连后单点接地。经过试验验证,改进方案受外来干扰影响较小,系统工作正常。

正确的接地是抑制噪声和防止干扰的重要手段,不当的接地会导致干扰耦合,影响系统正常工作。燃烧室在试验过程中,既要考虑人员和设备的安全,又要保证电气控制系统不受干扰,也要保证测控系统测试准确、可靠,因此正确的接地设计不容忽视。

接地方法有浮地和接地两种。浮地是指地线系统(包括机壳和逻辑地)悬空,与大地之间无导体连接。浮地的优点是不受大地电流的影响,系统的零电平随着高电压感应而升高,不会损坏机内器件。浮地的缺点是当附近有高压设备时,可通过寄生电容耦合使设备外壳带电,安全性差。接地是指地线系统与大地用良导体连接。接地的优点是机壳接大地,可以给机壳上的感应电压提供低阻抗的泄放通道,对人员安全和系统抗干扰有利。接地的缺点是机内系统基准电位始终等于大地电位,对机内器件不安全。在接地设计中要综合考虑浮地与接地的优点,如让逻辑地浮空,机壳良好接大地,达到既安全又可以提高抗干扰能力的目的。

测控系统还必须配置系统技术保护地,用于系统屏蔽接地和信号接地,以降低干扰影响。技术保护地不应与交流保护地相通,否则交流保护地中有交流干扰,会通过技术保护地接入系统,使系统受到干扰。另外,技术保护地线与测控系统所用的电源负端不能相接,因为对于任何一个接地系统,保护地都会有一定的阻抗。若保护地与测控系统电源负端相通,则当电源负端有电流流过时,保护地线上就会产生电压降,还可能与其他线路构成潜在回路,从而成为干扰因素之一。

案例7 流量异常

故障现象:某试验的燃烧室主、副油路均采用涡轮流量计测量,但副油路的流量数据显示突然消失。此时,燃烧室工作正常。

故障现场处理过程:初步判断是一个有流量无信号的故障。暂停试验,拆下副油路涡轮流量计,发现齿轮倾斜而失效,更换后试验得以继续。

涡轮流量计的故障和处理方法汇总于表7.3。

表7.3 涡轮流量计的故障和处理方法汇总

序号	故障		原因	处理方法
	信号	流量		
1	有	无	流量计振动	用橡胶软管连接和固定管道等
			转换放大器输出方式有误	打开转换放大器前盖检查
			放大器损坏	返厂修理
			接线腔进水,使正、负接线端子形成旁路电流	干燥处理
2	均不稳定		密封垫片安装不同心	重新安装
			工艺管道未按要求执行	按要求执行,如流量计前油管长度不小于20倍管路直径、后油管长度不小于5倍管路直径等
			存在气固、液固两相流	流量计上游加装过滤器或消气器
			发生体上有纤维物质	拆卸检查,然后重新安装
3	有	测量误差大	参数设置错误	修改,使其符合标准
			配套仪表参数有误	更换

案例 8　温度异常

故障现象：在燃烧室部件性能试验中，发现燃烧室出口温度在顺时针 90°位置出现明显的低温区，最大温差达 350 K 左右，导致燃烧室出口温度热点指标 OTDF 偏大。

现场分析认为，顺时针 90°位置对应的 4 号喷嘴异常。为此，对燃油总管和喷嘴进行了多次氮气吹扫，但低温区状况未见改善。

试验结束后，进行喷嘴均匀性检查，发现仅副油路供油时，4 号喷嘴流量偏差达-42%，主副油路同时供油的流量偏差超过-20%，流量过低。首先检测试验用油的固体污染度，检测结果为 GJB 420B - 7B 级，符合使用标准；然后对喷嘴进行多种清洗及除积碳措施，流量异常情况改善不明显；最终分解喷嘴，发现副油路旋流槽中有一半透明条状堵塞物。移除堵塞物后，流量均匀性恢复正常。通过排查发现，喷嘴堵塞物是安装喷嘴等管路时误入的。

从案例 8 得到的启发是，在喷嘴测试和使用的整个过程中，都应注意异物进入的问题，考虑增加必要的过滤环节。

案例 9　压力异常

故障现象：某燃烧室部件进行高原极限负温点火试验时，发现试验件的 8 个沿程静压测点中，有 2 个点的测量值与其他测点存在明显偏差。

试验现场处理：检查后发现这 2 个测点位于燃烧室底部，测压管内有水珠和冰状物。经与任务委托方/提出方协商，忽略上述两点的数据，并继续开展试验。

原因分析及处理措施：测压管内出现水珠和冰状物是管壁温度低使管内空气中的水分凝结所致。可以改变测压管布线方式，使冷凝水流入汇总管内，不滞留管内，或用伴热带对局部测压管线加热，避免冷凝的发生。

7.2.4　冷却水系统

冷却水系统由供水系统和间接（直接）冷却装置组成。其中，供水系统由水泵、水管道和阀门组成。在燃烧室试验中的常见问题与气路、油路类似，如水泵运转故障、漏水等，因此处理方法也类似。

案例 10　直接冷却装置故障

故障现象：在某全环燃烧室试验过程中，排气管路出现超温报警，同时可见喷水冷却装置壳体烧红。

故障现场处理过程：水冷保护功能已失效，试验无法继续进行，因此终止试验。

原因分析：试验后对喷水冷却装置进行分解和检查，确认壳体烧红是由喷水装置的接头脱落及部分喷嘴被大量水垢堵塞，喷水量降低所致。而喷水接头的脱落是由燃烧室内压力脉动过大造成的，由于冷却水未经喷嘴雾化，冷却效果急剧下降。而部分喷嘴结垢是水中的钙离子等矿物质在高温作用下析出并沉积的结果,表明喷嘴局部的冷却水温度过高。结垢使冷却水供应不足,高温燃气的冷却变得极不均匀。

为此,采取如下处理措施:

(1) 改进喷水装置接头,增加防松装置;

(2) 定期检查并清除喷嘴内部水垢;

(3) 对试验过程中的燃烧脉动量进行适当限制,在喷水冷却装置中增加冷却水压力监测。

案例 11　间接冷却装置故障

故障现象:在某加力燃烧室点火试验的工况调节过程中,内涵进气温度升到 1 150 K 并持续 10 min 后,内涵进口转接段与试验件连接法兰处出现漏水。

故障现场处理过程:迅速切断供油,使空气直接加温器熄火;打开空气系统的放空管路排走空气,关闭供水阀门;检查发现转接段水套焊缝处有长宽约 5 mm × 1 mm 的裂纹,试验被迫终止。

原因分析:法兰冷却不足导致温度偏高,与水套内壁变形不协调,导致应力集中,撕裂焊缝;同时,转接段焊接工艺不严格,焊缝检验手段单一。深入分析发现,异形水套的设计缺陷,忽视了法兰与水套壁面的较大温差;设计者的焊接工艺经验不足,未提出合适的焊缝检查要求。

处理措施如下。

(1) 在原转接段基础上,增加法兰水冷设计并进行补加工,若将法兰从水套上切割下来单独加工,则会影响轴向尺寸,且加工时间有限,因此根据热量分布情况,应使法兰上的水冷槽尽可能靠向中部的热源,如图 7.1 所示。

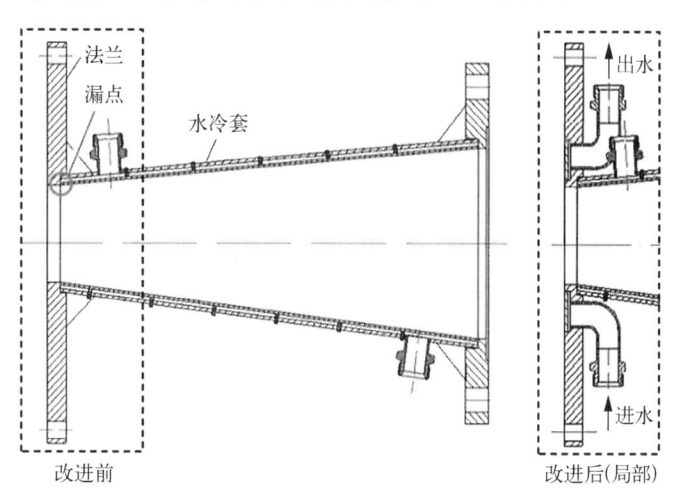

图 7.1　转接段法兰结构改进设计前后的对比

(2) 严格要求焊接工艺。此前,法兰与水冷套连接处采用未开坡口的对接焊,且焊料堆积高达 5 mm。按照焊接规范,受应力的焊缝宜平不宜凸,且避免采用搭接形式。因此,采用 V 型坡口填充焊料焊接,完成后磨平焊缝。

7.3　试验件问题及处理方法

案例 12　试验件冒白烟

故障现象:在某模型加力燃烧室试验时,加力度至 84%,持续 6 s 后,试验件隔热屏壁面温度开始陡升,试验监控发现试验件冒白烟。

故障现场处理过程:迅速退出加力度,加力燃烧室熄火;保持试验状态不变,对数据进行分析,判断故障问题及试验是否可以继续进行。

壁面温度升高存在以下几种可能原因:
(1) 壁面电偶损坏;
(2) 外涵冷却空气过少;
(3) 燃油流量过多;
(4) 试验件异常。

对试验数据进行回放,追溯试验过程。

试验状态有两个,分别为状态 1、状态 2。

壁面温度测试布局如图 7.2 所示。

本次试验从 23:30 开始,00:00 试验件进行状态 1 点火试验。点火试验完成后进行性能试验(加力度 10%、30%、50%、70%、80%)。在加力度 80% 时试验件壁

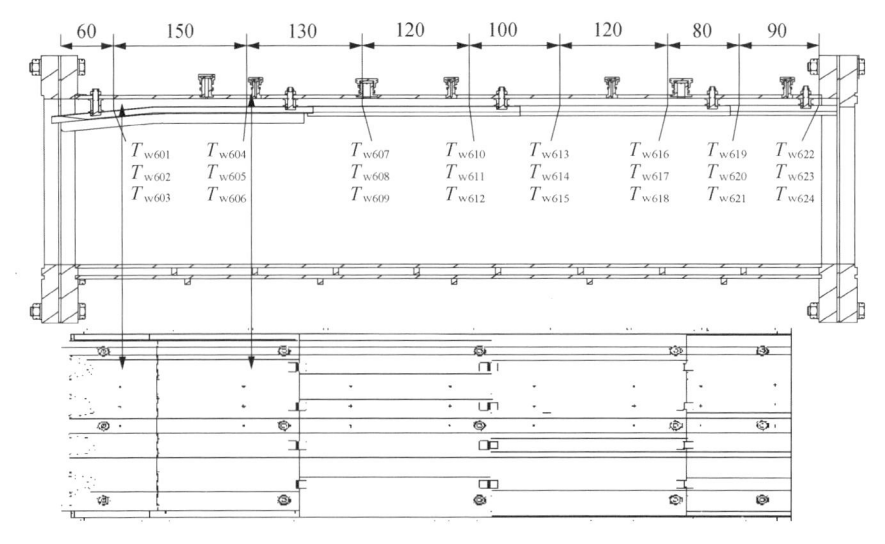

图 7.2　壁面温度测试布局(单位:mm)

面温度均正常,温度最高点为 T_{w610}(1 180 K)。

状态 1 性能试验完成后,试验件未熄火调节至状态 2 进行性能试验。

状态 2 性能试验调节加力度 10%、30%、50% 过程中,试验件壁面温度均正常。

加力度 50% 稳态燃气分析取样时,试验件壁面温度 T_{w611} ~ T_{w615} 出现波动(550~630 K),在安全范围内,如图 7.3 所示,图中横坐标为时间,纵坐标为温度(单位为 K)。

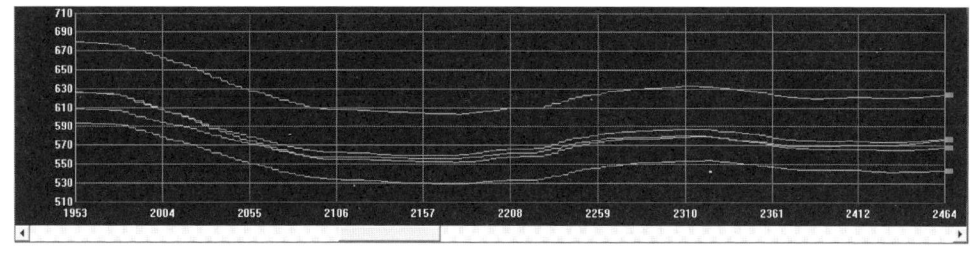

图 7.3　壁面温度 T_{w611} ~ T_{w615} 波动图(加力度 50%)

调节加力度 50% ~ 70% 过程中,壁面温度 T_{w610} 缓慢升至 1 090 K;壁温 T_{w601} 瞬间从 440 K 升至 753 K,后缓降至 687 K;壁面温度 T_{w607} 从 530 K 陡升至 700 K,后缓升至 860 K,如图 7.4 所示。

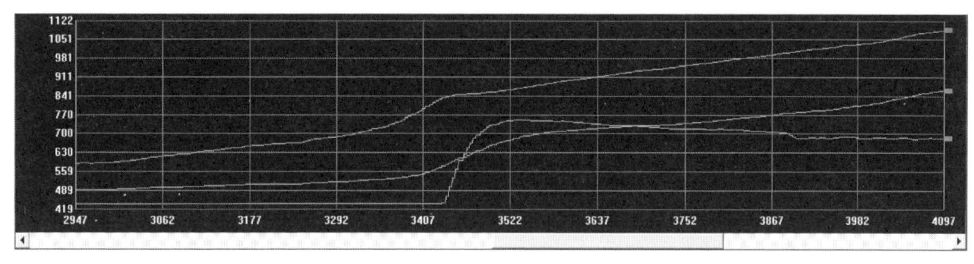

图 7.4　壁面温度(T_{w610}、T_{w601}、T_{w607})变化图(加力度 50% ~ 70%)

加力度 70% 稳态燃气分析取样时,壁面温度 T_{w601}(绿色)出现波动,最低为 446 K,最高为 740 K;壁面温度 T_{w604}(黄色)出现波动,最低为 494 K,最高为 855 K;壁面温度 T_{w610}(红色)出现波动,最低为 950 K,最高为 1 105 K,如图 7.5 所示。

调节加力度 70% ~ 75% 过程中,壁面温度 T_{w601}(绿色)和壁面温度 T_{w604}(黄色)有陡升现象,然后逐步稳定,壁面温度 T_{w610}(蓝色)最高,为 1 140 K。在加力度 75% 时,稳定 1 min 后继续增大加力度,如图 7.6 所示。

调节加力度 75% ~ 80% 过程中,壁面温度 T_{w610}(蓝色)最高为 1 082 K。在加力度 80% 时稳定 1 min,所有壁面温度均正常,壁面温度 T_{w610}(蓝色)最高为 1 095 K,如图 7.7 所示。

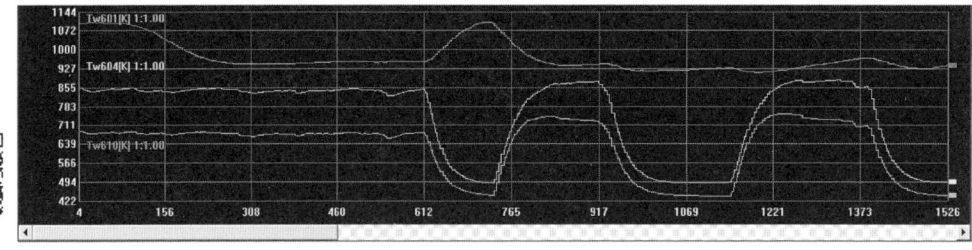

图 7.5　壁面温度(T_{w610}、T_{w601}、T_{w604})变化图(加力度 70%)

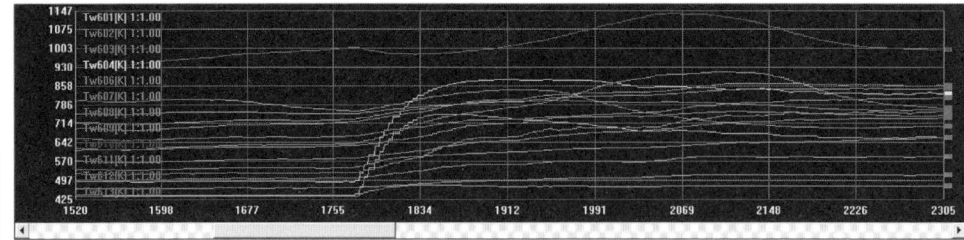

图 7.6　壁面温度(T_{w610}、T_{w601}、T_{w604})变化图(加力度 70%~75%)

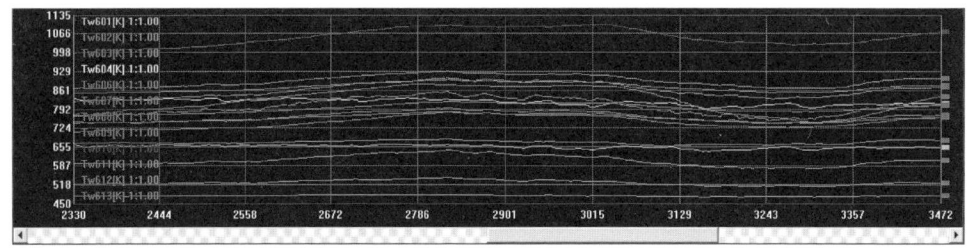

图 7.7　壁面温度变化图(加力度 75%~80%)

打开试验件补油油路,调节加力度至 85%。补油油路流量调节至 18 g/s 时加力度达 84%,所有壁面温度均正常,壁面温度 T_{w610}(蓝色)最高为 1 098 K,如图 7.8 所示。

加力度至 84% 稳定 6 s 后,试验件壁面温度开始陡升,3 s 后壁面温度 T_{w610} ~ T_{w624} 全部突然超温,同时试验监控发现试验件冒出白烟,如图 7.9 所示。

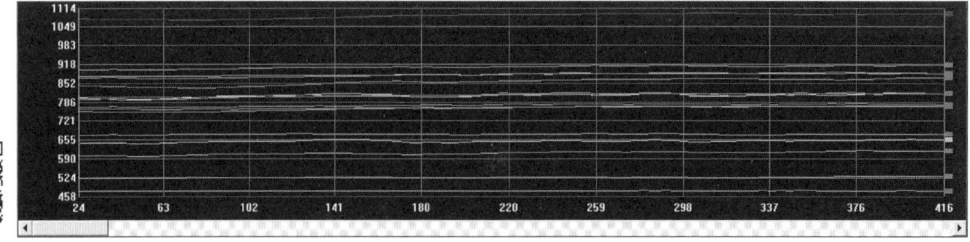

图 7.8　壁面温度变化图(加力度 84%)

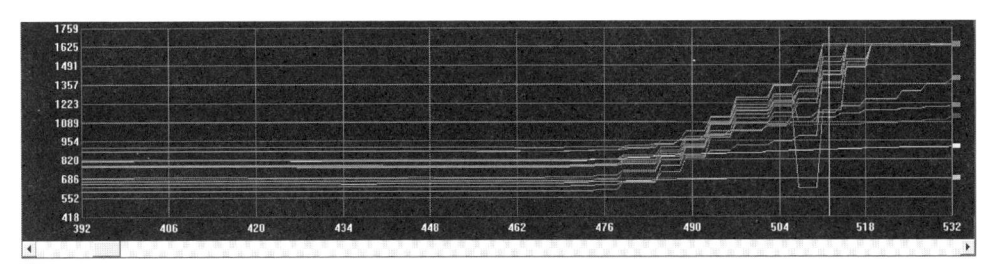

图 7.9　壁面温度变化图(加力度 84%)

熄火过程:先切断 4#(蓝色)喷油杆供油,然后依次降低 3#(粉色)、2#(玫红色)、1#(浅蓝色)喷油杆供油直至试验件熄火。内、外涵空气流量(绿色)、进口总压(黄色)均正常,无明显变化,如图 7.10 所示。

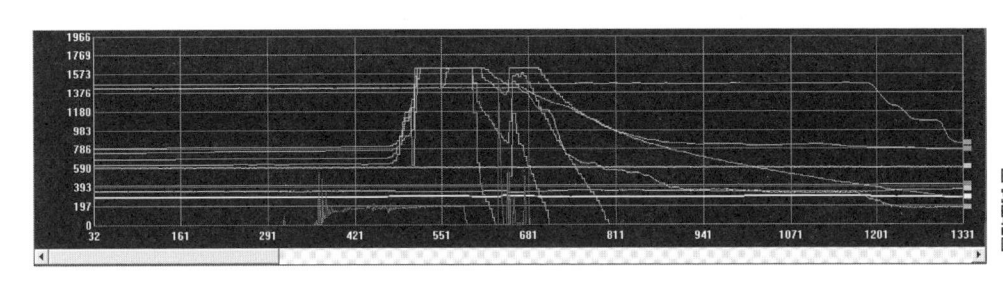

图 7.10　试验中空气、燃油变化图(84%)

壁面温度在试验件熄火后均恢复正常,初步排除壁面温度测量原因。

数据复查时发现,加力度 84% 状态稳定,内、外涵空气流量稳定,试验件 1#~4# 喷油杆燃油流量稳定。隔热屏超温时,内、外涵空气流量稳定,试验件 1#~4# 喷油杆燃油流量稳定。

经以上分析认为,试验件出现损坏,试验中止。

处理措施:试验件冷却后下台,检查发现试验件隔热屏从第三个挂件螺钉处往后损坏;视频中冒烟处为隔热屏第二个挂件螺钉处(顺气流方向);试验件 4# 喷油杆变形;后续试验件设计人员对原因进行深入分析。

案例 13　试验件着火

故障现象:在某试验器进行某项目热防护试验时试验件舱体着火,如图 7.11 所示。

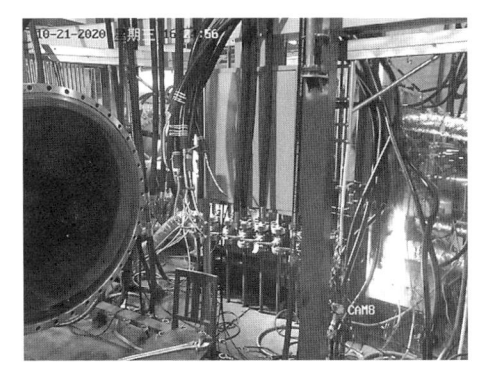

图 7.11　某试验器进行某项目热防护试验时试验件舱体着火图

故障现场处理过程:试验人员立即

停油、电加温器紧急降温,消防值班人员迅速进入现场并扑灭明火。

对试验现场进行勘查,排查事故原因、检查设备损失,并拍照录取现场照片。

根据监控视频回放分析,确定试验件舱体着火始发于底部前端位置,后扩散至全舱底部,如图 7.12 所示。拆开底部隔热层检查,发现隔热层内壁面有严重烧蚀痕迹,如图 7.13 所示,拆开隔热层,触摸有轻微湿润感。

图 7.12 试验件火势初起阶段

图 7.13 隔热层内壁面烧蚀迹象

初步分析,隔热层采用气凝胶毡、耐高温陶瓷纤维布、耐高温陶瓷缝合线制成。其中,气凝胶毡最高使用温度为 923 K、燃烧性能为 A1 级(不燃);耐高温陶瓷纤维布和耐高温陶瓷缝合线最高使用温度为 1 073 K、燃烧性能为 A1 级(不燃)。隔热层内应有其他燃烧物质,怀疑是试验用航空煤油 RP-3。

试验中止,检查发现试验件壁温电偶丝烧蚀 44 根。

原因分析:采用故障树分析方法对零组件热防护改进结构试验件着火事件进行分析[1],如图 7.14 所示。

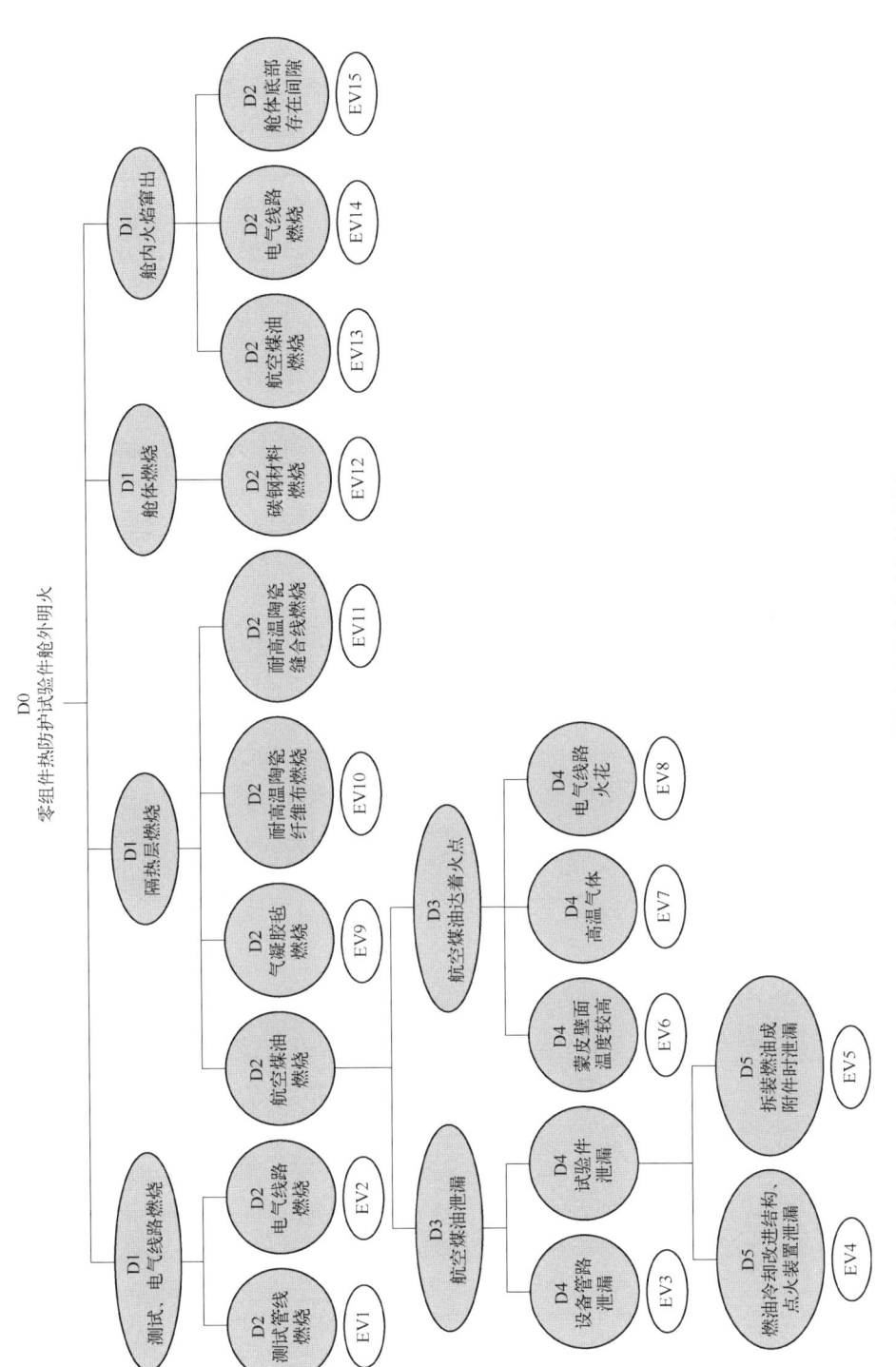

图 7.14　零组件热防护试验着火分析故障树

根据故障树分析,共有15项底事件,对底事件的排查分析如下。

EV1:试验后检查现场测试管线,确定发生燃烧的位置仅有壁温电偶丝的金属段,排除测试管线是试验件舱外明火的可能性。

EV2:试验后检查现场电气线路,确定燃烧位置电气线路无烧蚀迹象,排除电气线路是试验件舱外明火的可能性。

EV3:已在事件后对试验器油路管道进行打压查漏(1.5 MPa),油压高于试验压力并保持20 min,检查未发现管路有航空煤油渗漏现象。

EV4:已在事件后对试验件燃油冷却结构、点火装置油路管道进行打压查漏(1.5 MPa),油压高于试验压力并保持20 min,检查未发现管路有航空煤油渗漏现象。

EV5:装配追溯,试验前现场对燃油成附件进行拆除操作,根据操作人员反馈,作业过程中有航空煤油自燃油成附件管道内流出,流落至试验件舱内底板上,此时应立即使用吸油毡等进行燃油清除工作,但因舱内空间狭小,仍有部分航空煤油自舱底渗透至舱体外,在舱外隔热层内存积。

EV6:出现明火前舱体壁面温度最高为693 K,高于航空煤油自燃温度689 K,舱体壁面温度达到引燃隔热层内煤油的温度条件。

EV7:出现明火前50 min内试验件舱内空间密闭且未通气,舱内外无压力差,不存在热气排出的可能性。

EV8:试验前后均对电气线路通电运行检查,未发现异常情况。

EV9:舱体壁面温度为693 K,低于气凝胶毡最高使用温度923 K,且气凝胶毡燃烧性能为A1级(不燃),排除是气凝胶毡燃烧的可能性。

EV10:舱体壁面温度为693 K,低于耐高温陶瓷纤维布最高使用温度1 073 K,且耐高温陶瓷纤维布燃烧性能为A1级(不燃),排除是耐高温陶瓷纤维布燃烧的可能性。

EV11:舱体壁面温度为693 K,低于耐高温陶瓷缝合线最高使用温度1 073 K,且耐高温陶瓷缝合线燃烧性能为A1级(不燃),排除是耐高温陶瓷缝合线燃烧的可能性。

EV12:舱体壁面温度为693 K,排除是舱体碳钢材料燃烧的可能性。

EV13:舱外出现明火时,在视频监控系统观察范围内未发现火苗、光晕等燃烧迹象,但仍未能排除舱内煤油燃烧的可能性。

EV14:事后开舱检查,未发现电气线路燃烧痕迹,排除舱内电气线路燃烧的可能性。

EV15:试验件舱底部采用平面密封结构,密封间隙小,可排除火焰自舱内间隙窜出的可能性。

根据以上底层事件分析,试验件舱体着火原因可以锁定为舱内燃油成附件拆装过程中,燃油成附件管内航空煤油流至隔热层内存积,受试验件舱体高温引燃。

处理措施:改进试验舱设计,充分考虑试验件安装空间局促、人员操作空间狭小等客观因素。

参考文献

[1] 朱继洲.故障树原理和应用[M].西安:西安交通大学出版社,1983.

第8章
燃烧室试验技术发展展望

8.1 试验技术发展需求

随着燃烧技术原理和应用研究不断地完善和发展,研究人员对燃烧现象的理解进一步深入。同时,随着研究手段、计算机技术的提高以及计算燃烧学的发展,燃烧室设计达到经验分析、试验验证和计算分析相结合的水平,但是经验分析和计算分析的准确度仍需要通过大量的试验数据进行修正。根据试验目的,在不同试验器上,采用不同的模拟准则,进行多次反复试验并修改调整,以满足设计要求。因此,进行燃烧试验对新机研制或改进改型具有重要作用,未来相当长的时间内燃烧室的研制还是离不开燃烧试验,这主要基于以下几个方面。

(1) 在未来 25~50 年,航空推进系统的本质将不会出现大的变化,飞机仍然是实现高效、快速运输的主要手段,即使未来战争的性质发生变化,但作战时依然需要依靠飞机(有人驾驶和无人驾驶)来运输军队和装备,军事打击时所采用的武器也与现在所使用的武器无异,对第五代战斗机、无人驾驶飞机(unmanned aerial vehicle, UAV)、远程战略轰炸机、航空武器、高超声速飞行器等先进航空武器系统的需求仍然非常明确。尽管新材料、新结构能够极大地提高推进系统的性能,但推进系统将碳氢燃料的化学能转化为功能的本质不会改变。因此,对各类先进航空动力燃烧部件的试验需求仍将持续多年。

(2) 与国外先进航空发动机国家燃烧试验技术水平相比,我国在试验器设计、设备自动化、试验理论与方法、测试技术、试验数据分析与挖掘、在用设备功能范围等试验技术方面还存在一定的差距。国家实施"两机"专项、成立中国航空发动机集团公司等一系列重大举措,有力地支撑了航空发动机的研制。目前,国家通过多种渠道重点支持科研院所开展航空发动机应用基础和前沿探索研究,重点关注技术瓶颈突破、技术短板补漏、新技术/方法探索等研究。近年来,随着高负荷、高效率、宽裕度、低噪声、低排放、长寿命等先进航空发动机设计技术的进步,燃烧室试验技术有了很大的发展,但目前存在的设备功能不完善、测试技术手段有限、新型试验方法掌握不足、精细化测量技术不成熟、耐高温/高压仪器仪表短缺、先进测试技术应用面窄等问题的试验技术急需攻克,部分技术的欠缺也制约了先进燃烧室部件的研制进度。

(3) 随着发动机技术的进步和性能的提高,相应燃烧室试验设备的改进和技术的提高就变得非常迫切,须重点关注试验信息获取的真实性、有效性、可获取性和经济性,因此需要发展新技术来应对这些变化。此外,一些陈旧的试验设备已经不能通过简单的技术改造或升级来达到所需的能力,为了提高和扩展试验设备的功能和范围,需要重新设计、建设新的试验设备。这些都为未来提高燃烧室试验应具备的软件能力、硬件能力以及改进试验水平提供了良好的发展契机。

因此,燃烧室试验技术的发展必将与时俱进,且主要体现在以下四个方面:① 对试验环境模拟的条件和真实性要求更高;② 对试验结果的可靠性和有效性更加苛刻;③ 试验数据的采集与存储更信息化,分析和处理也更智能化;④ 试验测试标准和规范体系更精细。

8.2 试验设备的发展

1) 设备条件和模拟真实性逐步提高

随着发动机要求的提高和技术的发展,发动机的主要参数如压力、温度和流量不断提高,飞行包线不断扩大。预计在近二十年内,发动机增压比将从目前的 40~50 提高到 70 以上,涡轮进口平均温度将超过 2 200 K,燃烧室试验对设备的条件和要求也将越来越高。

目前,军用发动机的发展趋势是采用先进创新的结构,不断改进气动热力性能,使发动机推重比、工作温度和压力更高,燃烧室试验将更多关注结构及可靠性,因此要求燃烧室试验的温度、压力和流量等更加接近真实条件,这不仅需要考虑燃烧室进口温度、速度和压力畸变,还需要考虑燃烧室进、出口带导叶的流场影响等。民用发动机的发展趋势是具有更高的涵道比、更大的推力、更好的经济性、更高的安全性和更友好的环境适应性,因此燃烧室试验也要模拟更接近真实环境的条件。例如,发动机在吞水、吞冰、侧风和阵风等条件下,燃烧室的模拟试验、测量排气污染和燃烧噪声的能力。

此外,随着复合材料新结构、脉冲爆震发动机、超燃冲压发动机等新技术和新概念的发展,以及对生物燃料、合成燃料、氢燃料、液态天然气等"新能源"发动机的研究,进而对燃烧室试验提出了一些特殊的设备要求。例如,在燃料系统的保障方面,须考虑低温燃料的制作,合成燃料的运输、存储、制备、加温等条件,同时在燃料制备过程中注意燃料的形态变化带来的冷量利用等问题。

2) 设备智能化和信息化水平越来越高

目前,航空发动机燃烧室试验主要依赖于人工经验和人为操作衔接业务流程,未来试验设备的自动化运行程度将更高。这主要体现在试验设备的智能管控、试验状态的智能监控和设备的健康管理和预测性维护等方面。目前,燃烧室试验设备及系统的监控多为单独管控的状态,物联网感知层部署较少,各系统间信息的交互和深度融合不足,实物信息和电子数据存在信息孤岛。未来通过设备互联感知和智能前端构建终端及感知延伸层作为基础,通过智能模块的引入和联网,可使物理实体各个节点能够以数字信息的形式标示和交互,应用各种先进算法进行燃烧室测试、监测等数据的处理、分析、虚拟模型重建等工作,通过边缘计算或者嵌入式模块实现数据的过滤清洗,以提取更有效的数据,进而通过评价模型、智能算法、可用资源和需求等自主判断并提供有关系统状态,从而实现试验系统的状态监控和管理,以及合理的维护决策等支持信息。

未来,燃烧室试验设备智能化的总体架构如图 8.1 所示,分为设备层、边缘层、传输层、数据层、分析层以及应用层六层架构,大部分人力资源将从设备控制、监控试验状态、试验记录、数据处理分析等工作岗位中解放出来,通过智能化的手段予以完善和替代,并且以智能分析、情景感知、专属化学习训练等为特色的智能技术极大地减弱人的工作负担,使人更加专注于创造性脑力工作,并且进一步促进燃烧室试验的安全高效开展。

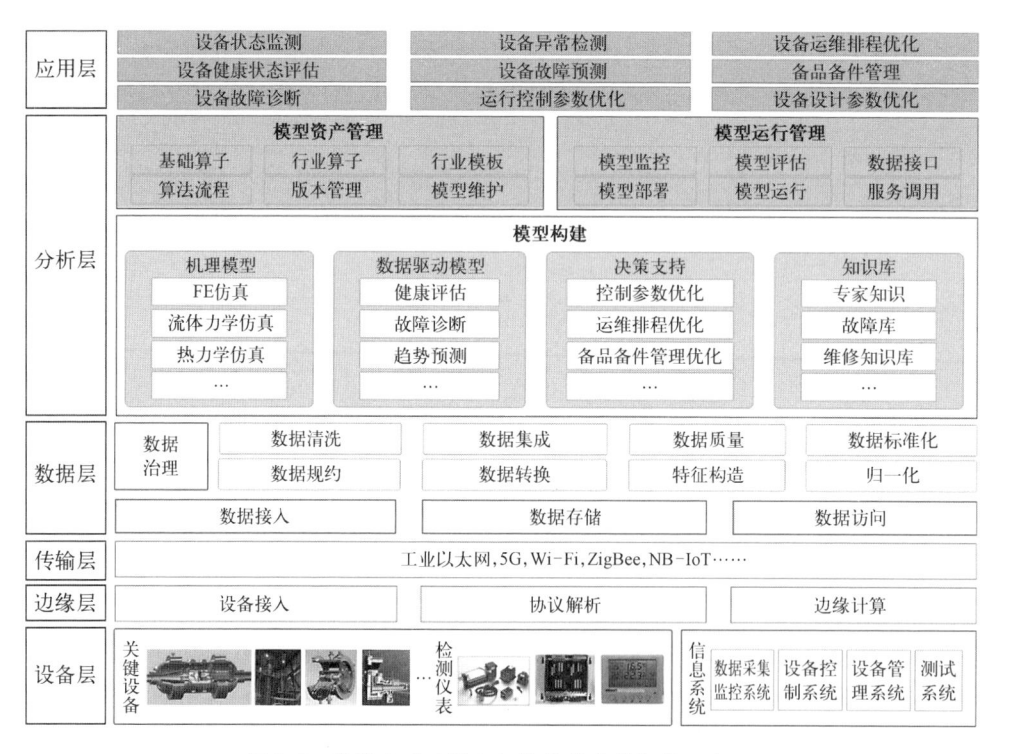

图 8.1 燃烧室试验设备智能化的总体架构示意图

8.3 试验方法的发展

1) 试验设计

对于燃烧室试验设计,国内现阶段一般根据客户和任务要求,综合考虑燃烧室设计指标、设备水平、安全性和经济性等因素,采用折中搭配和传统经验相结合的方式进行。由于燃烧室试验具有高温高压、系统复杂、费用较高、影响因素多等特点,该设计方式虽然可按要求完成试验,但存在试验方案和流程不够优化、试验效率较低、试验成本偏高等不足,其中的大部分工作可以借助仿真和大数据分析等智能化的手段予以完善。例如,燃烧室高空点火试验状态设计,为考察发动机高空风车状态下燃烧室的再点火能力及低速飞行时燃烧室工作的稳定性,需要验证燃烧室进气压力、温度、速度和油气比等参数对点火能力和工作稳定性指标的影响。若所有因素都要考虑,则需要进行大量的试验,从而花费大量的人力、物力和时间。因此,为了合理有效地获得燃烧室高空点火性能数据,未来可以采用数据挖掘和机器学习等方法,利用历史累积的试验数据,对各影响因素建立评价模型和智能算法,继而形成方法工具对试验状态进行取舍,从而达到优化的试验方法。

在燃烧室试验流程设计方面,目前主要照搬以往的工作经验,试验前并没有对过程中的状态调控和试验流程进行详细的设计,可能出现潜在的试验故障、状态参数调节不满足要求、试验效率低等问题。未来利用试验仿真或虚拟试验等技术,试验前对试验对象、试验设备和流动传热等物理现象进行系统性地计算和分析,对试验过程中的流量、压力、温度等涉及的节流阀门开关控制的参数进行调节,以及对试验过程中可能出现的故障点进行预判,从而优化试验流程设计和提高试验效率。

2) 虚拟试验

虚拟试验是一种基于数字样机模型的复杂产品关键系统试验数据产生、获取和分析的过程,它以建模仿真、虚拟现实和知识工程方法为基础,在一个由性能模型、耦合环境、流程引擎和可视化交互机制构成的数字化试验平台中模拟真实产品的物理试验过程[1]。目前,虚拟试验已超越概念和设计阶段,越来越多地应用于支持试验。相比于当前的物理试验,虚拟试验技术具有诸多优势[2]:

(1) 虚拟试验技术能够大幅减少甚至不需要做真实试验,降低试验成本;

(2) 虚拟试验技术基本不受时间、空间等因素的制约,重复利用率高,可操作性强;

(3) 虚拟试验技术易于改进,能够使试验者在产品研发的各阶段都实现交互式设计。

未来航空发动机燃烧室试验将伴随着虚拟试验的介入而越来越优化、高效,其体系结构如图 8.2 所示,包括虚拟试验运行支持总线、指挥管理中心、通用测试平台、虚拟试验可视化、试验台、试验数据库以及燃烧室试验件的数学模型、几何模型等，各个部分通过总线进行数据、信息、指令的交互。但是，目前虚拟试验技术还不成熟，商业化和实用化的虚拟试验平台很少，不能对所有的模型精确建模，辨识所有的边界条件。虚拟试验精度与物理试验相比还有一定的差距，尚不能充分地补充物理试验，这既是挑战，也是突破口。

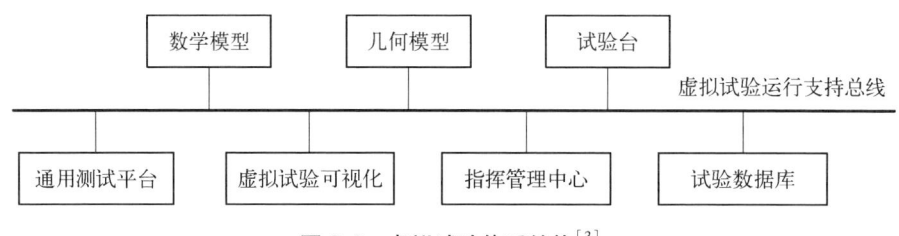

图 8.2 虚拟试验体系结构[3]

3）试验数据挖掘

多年来，围绕航空发动机主燃烧室、加力燃烧室试验业务，累积了大量的试验数据，丰富了数据分析方法，但也一直存在数据分析与挖掘能力不足、有效信息提取不够等问题。近年来，燃烧室试验任务加重，试验数据量迅速增加。这些数据大多以二维表的形式存储于传统数据库中，但除了数值、采集时间、符号、单位等基本信息，没有其他更多的属性。如何从这些海量数据中提取更大价值的信息，并发挥其对燃烧室部件设计的深层次作用，是未来燃烧室试验技术重点发展方向。

面向高融合数据平台的研发，进一步开发燃烧室试验数据分析与应用方法，建立业务界面统一、分布式运行和动态扩展的通用试验数据分析平台，在统一界面下集成数据有效性验证、不确定度评估、试验性能分析、试验状态监控等任务，形成一套通用的在线试验数据分析专家系统，提升试验数据利用率和分析效率，实现数据分析技术由单一向深度挖掘的跨越。

8.4　测试技术的发展

随着航空发动机燃烧技术的发展，对测试的要求也越来越高，主要表现在：测试环境日益严峻，压力和温度越来越高；测点数量、测量速度和测量精度要求越来越高，测量参数范围也越来越大；高温燃烧区流场的精细化、可视化测量需求越来越迫切。快捷、可靠、无干扰、非接触是未来燃烧室测试技术的主要发展方向。

8.4.1　燃气温度测试技术

随着发动机推重比的不断增加，燃烧室出口温度日益提升。例如，第 3 代、第 4

代和第 5 代发动机的推重比分别为 8、10 和 15,相应出口温度分别达 1 650 K、1 850 K 和 2 250 K,燃气温度测量越来越困难。目前的高温测试技术水平已不能满足未来高推重比燃烧室测试需求,急需探寻解决方案以满足研制需要,一方面是尽可能提升现有接触式测量技术的能力和适用范围,重点研究新材料、新结构和新工艺的应用;另一方面是发展非接触式测量技术,如图 8.3 所示。

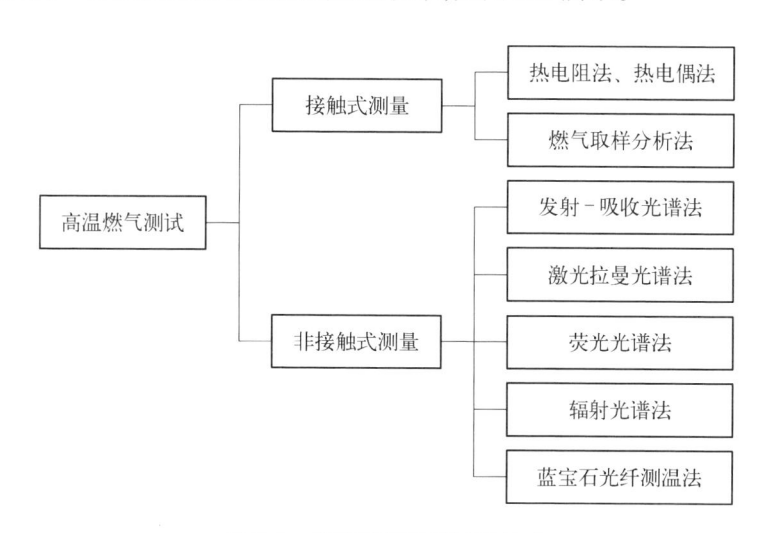

图 8.3 高温燃气温度测量技术

1) 接触式测量

未来,应继续完善现有接触式测温技术,提高仪器仪表的性能、精度和灵敏度,延长使用寿命,缩短动态响应时间等[4]。随着电子技术和新兴材料的飞速发展,在改善、更新现有测试技术和方法的同时,更需要致力于新产品和新技术领域的开发与应用。

在传感器测温方面,目前工程上常用 B 型和 S 型热电偶,应在测量误差评定和数据修正方法方面进一步完善。测量过程中,燃气成分、气流速度、温度、燃烧室边界条件、热电偶壳体冷却和偶丝表面状态等因素会对测量结果产生影响,这些误差很难定量评估,使得修正热电偶的测量值极为困难,以至于目前行业内尚未形成统一的误差评定和修正规范。此外,在新材料的开发和应用上,由铱铑和钨铼二元系合金制成的非标准热电偶有望解决 2 300 K 以上燃气温度测量问题。研究表明,铱铑热电偶中的铑含量为 40%~60% 时性能最好,此时热电势高,在 50% 时达最大值,灵敏度高,线性范围宽,对被测气体成分波动不敏感,若解决了负极材料在高温氧化环境下的脆性问题,则其可在 2 300 K 环境下长时间使用。钨铼热电偶熔点高,超过了 3 200 K,测温范围大,最高可达 3 100 K,价格便宜。但未来重点需要完善钨铼热电偶材料冶炼和加工工艺,以提高其在含碳高温燃气环境中的抗氧化性。

在燃气分析测温方面,目前在工程上,这项技术虽然可用于 2 300 K 以上的温度测量,但从早期的对比研究来看,其测量精度较热电偶偏低,未来须在测量误差或不确定度评定以及数据修正等方法方面进一步完善[5]。这主要是因为燃气分析测量包括取样、仪器分析、效率计算、温度计算等多种误差,这些误差的影响因素较多,难以溯源和量化。例如,将带水冷的取样探针置于温度较高的燃烧室流场中,会改变温度场的分布,也会影响气体的流动特性;若取样管不冷却或冷却不足,样气进入取样管后,则可能会继续进行化学反应,进而气体成分发生变化,难以保证样气的真实性。

2) 非接触式测量

传统的接触式测量方法由于传感器的安装往往会破坏被测温度场的分布情况,存在较大的辐射和导热误差,使用性能受到环境和空间限制。以光谱(如TDLAS、CARS、RS/FRS、PLIF 等)、光纤等技术为代表的非接触式测温技术,由于其具有测量范围较广、灵敏度和分辨率高、可以避免传感器安装与更换的不便、对温度场干扰小等优势,未来或可成为高温测试技术的主要手段。但是由于航空发动机内部湍流燃烧具有高度复杂性,试验台运行的试验环境恶劣(强振动、强声、强自发光和强电磁干扰等),激光/光谱测试技术应用于工程试验环境下的测量将极具挑战性。例如,激光与煤油燃烧复杂组分相互作用会产生较为严重的光谱噪声干扰,使得高信噪比光谱图像的获取难度增大;分子吸收系数、分子跃迁及能量转移、发射谱精细结构及展宽系数、荧光淬灭等与压强密切相关,高压强下燃烧参数的高精度反演更趋复杂;高湍流下薄的火焰锋面、大的组分浓度和温度梯度分布,使得光谱分析和定量表征更为困难;试验台的恶劣试验环境会引起光路的失调、激光频率的漂移、激光源和成像设备运行的稳定性及可靠性变差等。特别是高压、高速、强湍流燃烧场光谱诊断技术仍是国际研究的前沿和挑战性问题,试验数据极度缺乏。

因此,未来光谱、光纤等测温技术应主要针对上述问题开展研究,以提高其工程适用性。在已发展的高温非接触测量技术中,需要根据燃烧区流场的特点,选择合适的测量技术。此外,在各种光谱测量系统的集成设计与应用方面,可开展以下工作:

(1) 在极端环境、宽工作范围,尤其是高压条件下实现测量;
(2) 提高时空分辨率,实现场分布高精度、高响应在线测量;
(3) 燃烧场多参数(温度、速度、组分等)同步在线和可视化测量;
(4) 多种测量手段同时在线测量,如 CARS 和双色 PLIF 二维温度分布测量;
(5) 多种测量技术的数据库建设。

8.4.2 燃气组分与燃烧效率测试技术

与燃气温度测试技术相同,未来应继续提高现有燃气组分和燃烧效率接触式测试技术。例如,燃气分析的测量精度,建立测量不确定度评定方法;扩大工程应用范围,拓宽在高温高压、高温低压和负压环境下的适用性,包括取样探针的热防护和样气保温、燃气高保真取样和不同工况下余气系数和燃烧效率的解析算法等技术的优化;对于环形燃烧室出口多点测量,应提高测量效率,从目前的约 1 min/点提高到要求的 3 s/点甚至 1 s/点;满足污染排放测量标准要求等。同时,未来还要重点发展非接触式测试技术,构建以激光和光谱测量为核心的测量技术平台,实现燃烧室内流场燃气组分和燃烧效率的实时测量和显示。

目前,燃气组分的光谱测量方法(如 PLIF、CARS、TDLAS 等)已逐步发展为标准产品,但还有一些方法仍停留在单纯研究手段的阶段,如红外荧光成像技术、同步辐射 X 射线吸收精细结构技术、同步辐射 X 射线衍射技术以及同步辐射 X 射线相位衬度成像技术等。这些测试技术十分复杂,每种方法都有各自的优点、缺点以及局限性,因此不同方法的相互渗透和联合使用是未来的发展趋势。也就是说,尽可能同时使用两种或两种以上的方法对同一区域的燃气组分和燃烧效率进行测试,对比研究试验结果,有利于迅速掌握新的测试技术和方法。

8.4.3 动态压力测试技术

目前,航空发动机主燃烧室和加力燃烧室试验基本在稳定状态下进行性能测试,未来燃烧室试验科目将不断细化和完善,并随着自动控制技术和阀门等压力、流量调节技术的发展,试验将会增加过渡态点火、状态转换和不稳定燃烧等非稳态试验科目,测量燃烧室不同位置的动态压力,以实现对试验件动态控制和非稳态燃烧性能的测试。

目前,耐高温能力成为高温动态压力传感器发展的主要限制因素,也是未来技术的主要发展趋势。例如,目前高压压气机出口的气流温度已达 920 K,以后还可能更高。在高温环境中实现对从燃烧室进口(压气机出口)开始的沿程燃气参数的测量非常困难,而用于燃烧室燃烧区动态压力测试的传感器耐高温要求更高,因此准确测量燃烧室动态压力方面的最大障碍是传感器在整个温度范围内(特别是高温环境中)稳定测量。近年来,工作温度超过 866 K 的动态压力传感器已经应用,如图 8.4 所示。未来几年内,预计市场上将出现工作温度超过 1 089 K 的动态压力传感器,以及长期需求能够在 1 366 K 以上温度环境中使用的传感器。

图 8.4 用于高温环境的动态压力传感器

压阻式和压电式动态压力传感器的发展趋势主要是新技术和新材料。例如，目前国内外正在研发适用于高温环境下的微机电压力传感器技术，主要包括用 SOI、SiC、SiN 等材料制备的压力传感器等。其中 6H-SiC 高温压力传感器有望用于 873 K 环境，而目前国外研制的基于 SiCN 的微压力传感器，可能应用到 1 973 K 的高温环境中。

未来，光纤动态压力传感器是一个重要发展方向，也是国外研究的热点。光纤动态压力传感器综合光学技术，在高温动态压力测量方面具有耐高温、抗干扰、耐腐蚀等优势。例如，美国 Luna Innovations 公司研制的一种非本征型光纤法布里-珀罗温度和压力复合传感器，可耐 1 370 K 高温，具备快速响应能力，适用于燃烧室不稳定高频动态压力测量。

8.4.4 燃烧状态监测与可视化技术

未来，燃烧室内火焰状态监测和可视化技术也将是主要发展方向之一，这对判断燃烧室内点/熄火、监测火焰燃烧稳定性、监控可见区高热容元件热状态以及三维温度场重构等方面有重要的支撑作用。其中，基于图像的火焰检测技术具有较好的应用前景，图 8.5 为模型环形燃烧室火焰辐射成像与温度测量结果。

(a) 火焰辐射成像　　　　　(b) 温度测量结果

图 8.5　模型环形燃烧室火焰辐射成像与温度测量结果

基于图像的火焰检测技术是应用了现代光学、计算机技术、CT 技术和人工智能技术的智能化燃烧诊断技术，即先利用传像光纤或窥镜等光学传像装置和 CCD 摄像机作为传感元件，经图像采集卡，将火焰图像实时采集到计算机中；再利用图像处理技术进行处理，可获得燃烧室内火焰的燃烧状况及丰富的燃烧信息，更好地实现燃烧的可视化；最后根据火焰图像的亮度与燃烧强度的对应关系，通过一定的数据标定，获得高温燃烧区的温度场，更进一步基于多角度的火焰辐射积分数据重建燃烧区域内辐射强度三维空间分布。该技术可以获取整个燃烧区域内的三维特征信息，并且具有良好的扩展性，如结合 PLIF 或者结合 TDLAS 重建燃烧区域内三维温度分布。

8.5　试验测试标准与规范

完善的试验标准体系是保障航空发动机研制和促进技术发展的重要因素。目前,我国航空发动机燃烧室试验测试的标准体系尚不够完整,已有的部分标准还存在指导性与可操作性不强、技术论证不够充分的问题。例如,主燃烧室模化试验准则不够细化,加力燃烧室零组件试验(如喷油杆雾化与打靶试验、混合器与稳定器流阻试验、燃油结焦试验等)标准欠缺,燃烧室点火、熄火余气系数的判定方法及加力燃烧室燃烧效率的测量方法不统一等。未来须从研发体系的角度出发,按预研、型号产品等多维度进行分类,按技术需求梳理出标准需求,建立行业内自上而下的航空发动机燃烧室试验标准构架体系,提出适应专业发展的试验标准建设指南。同时按照急用先行的原则,有计划地分期、分批执行编制,逐步完善燃烧室试验标准规范体系。

此外,未来应加强数据库格式标准的建设[6]。该标准是指内容以数据集为主,使用元数据描述,内容存储在数据库中,发布后在线更改和使用的标准。数据库格式标准是一种新的标准格式,主要适用于技术内容以数据集为主,且技术内容变化较快的标准。在标准制定、修订和使用上,以网络为介质,以适应广泛使用、动态更新的需要。与传统标准相比,数据库格式标准的制定和修订程序、工作方式和使用方法有其特定要求。在数据库格式标准中,数据库作为存储内容的载体,使得标准内容的查找和管理更科学有效,并使标准中数据项内容的增减和更改更快捷简便。数据库格式标准的建设可以充分利用网络和信息化技术,使航空发动机燃烧室试验数据的共享和使用最大化,实现充分挖掘数据价值的目的。

参考文献

[1]　支超有.现代航空工程智能虚拟试验技术研究[J].测控技术,2019,38(5):1-6.
[2]　段建国,徐欣.虚拟试验技术及其应用现状综述[J].上海电气技术,2015,8(3):1-12.
[3]　赵永库.机载系统地面大型试验技术发展与研究[J].航空制造技术,2014,20:42-46.
[4]　王燕山,董祥明,刘伟,等.航空发动机高温测试技术的研究进展[J].测控技术,2017,36(9):1-6.
[5]　北京长城航空测控技术研究所.航空测试技术[M].北京:航空工业出版社,2013.
[6]　中国航空综合技术研究所.航空标准化与通用技术[M].北京:航空工业出版社,2013.

附录 A
国外典型燃烧室试验器

A.1 美　国

A.1.1 NASA 格伦研究中心/刘易斯研究中心

（1）喷气式发动机全尺寸燃烧室试验器：建于 20 世纪 60 年代末，主要用于燃烧室高空点火、加速、耐久性和冒烟等试验，可模拟先进超声速飞行器燃烧室除起飞状态的各种飞行状态，如图 A.1 所示。

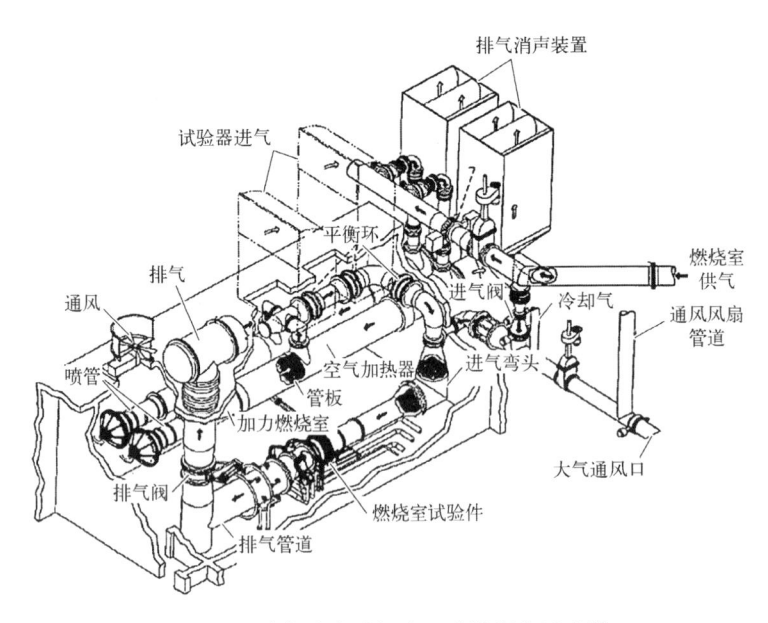

图 A.1　喷气式发动机全尺寸燃烧室试验器

喷气式发动机全尺寸燃烧室试验器最高进气压力为 0.8 MPa，最高进气温度为 922 K，最大进气流量为 129 kg/s；可模拟先进超声速飞行器燃烧室除起飞状态的各种飞行状态，模拟的最高飞行马赫数为 3，最高飞行高度为 18 240 m；可承受的燃烧室最高平均出口温度、热点温度分别为 1 589 K 和 1 755 K，后经设备改造，这两项指标均提高了 555 K。

（2）ECRL-1B 及 ECRL-2B 试验器：在格伦研究中心,针对不同类型发动机,有两个专用试验器分别用于特定的技术研究。其中,ECRL-1B 试验器用于燃烧室和概念动力的测试与评估,在这个试验器上已经完成了对脉冲爆震概念发动机、火箭基组合循环(rocket-based combined cycle, RBCC)发动机、联合攻击战斗机(joint strike fighter)、燃烧室不稳定性(combustor instability)和材料耐久性(material durability)的研究支持。该试验器可燃用各类航空煤油,ECRL-1B 试验器总体布局如图 A.2 所示。

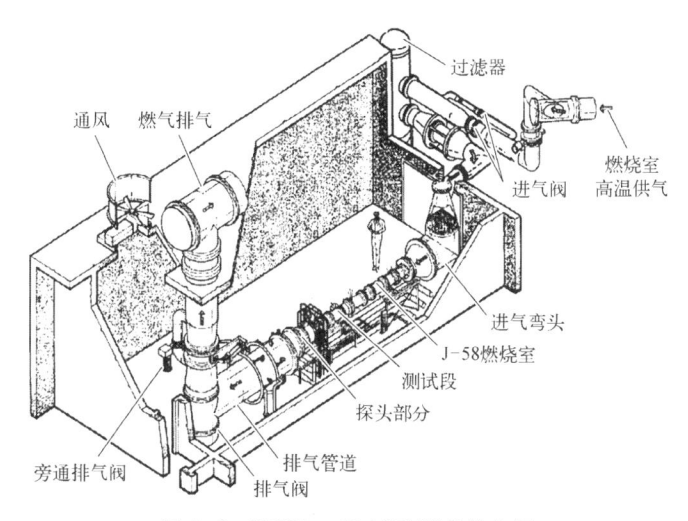

图 A.2　ECRL-1B 试验器总体布局

ECRL-2B 试验器主要用于测试和评定真实环境下发动机主燃烧室、加力燃烧室和小型发动机的性能[图 A.3(b)],燃用典型的航空煤油 JP-4、JP-5、Jet-A

(a) ECRL-1B　　　(b) ECRL-2B

图 A.3　ECRL-1B 和 ECRL-2B 试验器

和其他类型的燃料。该试验器长 1.2~1.5 m,进气分为内涵和外涵两股,其流量比一般为 1.2,也可通过更换孔板进行调节。内涵气流可用 J-58 燃烧室进一步加热到 1 366 K。可常压或负压排气,模拟高空大气条件。

ECRL-1B 和 ECRL-2B 试验器的技术指标如表 A.1 所示。其中,ECRL-2B 试验器的进气温度 T_a = 1 366 K 是指加热内涵气流所能达到的数值。

表 A.1　ECRL-1B 和 ECRL-2B 试验器的技术指标

试验器	进气参数			排气参数	飞行和高空条件模拟		
	压力 p_a/MPa	温度 T_a/K	流量 G_a/(kg/s)	温度 T_g/K	马赫数 Ma	高度 H_0/m	气压 p_0/kPa
ECRL-1B	1.0	600	45	—	—	—	—
ECRL-2B	0.3, 0.9, 1.0	603/1 366	45.4	—	—	15 240	14

(3) 先进亚声速燃烧室试验器(advanced subsonic combustion rig, ASCR):1995 年投入使用,主要用于研究高压条件对燃烧室的耐久性、可操作性、污染物排放量等方面的影响,进行过常规富油燃烧室、多点贫油直喷(lean direct injection, LDI)燃烧室和富油-RQL 燃烧室等各类试验。ASCR 总体布局如图 A.4 所示,共有两个试验段,即 1#扇形试验段和 2#单头部试验段。ASCR 曾在高压条件下对真实燃烧室开展了非接触式激光诊断测量,即在 4.2 MPa 下的二维荧光测量和在 4.8 MPa 下的一维拉曼散射测量,实现了燃油喷射、油气混合以及燃烧过程的可视化。

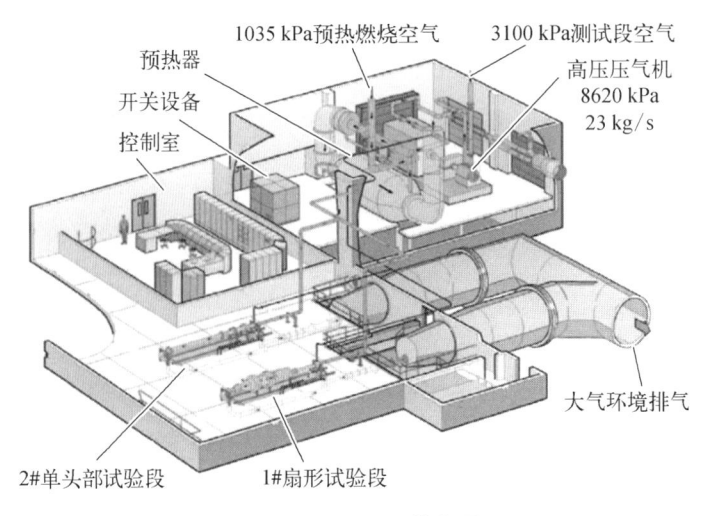

图 A.4　ASCR 总体布局

ASCR 的技术指标如表 A.2 所示。

表 A.2 ASCR 的技术指标

名 称	进气参数			排气参数
	压力 p_a/MPa	温度 T_a/K	流量 G_a/(kg/s)	温度 T_g/K
ASCR	6.2		23	2 144
1#扇形试验段	常压~6.2	530~922	1.4~22.3	—
2#单头部试验段	常压~6.2		0.5~4.5	—

ASCR 可进行大型发动机燃烧室扇形试验及支线飞机发动机燃烧室的环形全尺寸试验,为 NASA 及发动机制造商研发下一代低排放燃烧室创造了有利条件,并为评估高压环境对燃烧室排放性能、使用寿命和可操作性的影响提供了有效途径。

(4) CE-5 燃烧室试验器:位于 NASA 发动机科研大楼,用于实施高速研究计划和先进亚声速技术计划。CE-5 燃烧室试验器整体布局如图 A.5 所示。

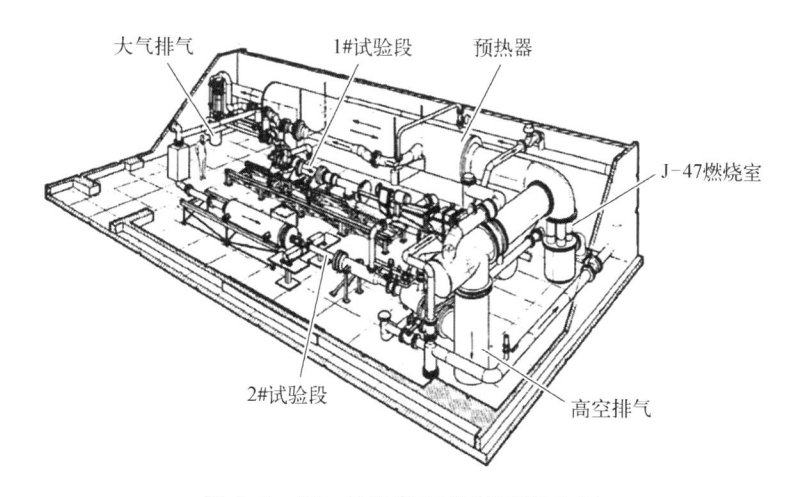

图 A.5 CE-5 燃烧室试验器整体布局

试验器由两个试验段组成,即 1#试验段和 2#试验段,可分别进行三头部扇形试验和用于评估燃油喷嘴设计的单头部试验,且均可通过石英窗进行非接触测量。CE-5 燃烧室试验器技术指标如表 A.3 所示。

(5) CE-9 燃烧室试验器:如图 A.6 所示,由 A、B 两个试验段组成。试验段 A 主要用于燃烧和流动耦合的相关研究。其特点是压力高、试验测量功能齐全,可以用氢替代喷气燃料做试验。试验段四面设有观察窗,通过 LDV 和纹影成像技术获得燃烧过程的相关数据。

表 A.3　CE-5 燃烧室试验器技术指标

试验段	进气参数 压力 p_a/MPa	进气参数 温度 T_a/K	进气参数 流量 G_a/(kg/s)	排气参数 温度 T_g/K	试验件空间长度/mm	进/出口直径/mm
三头部扇形	0.4~1.9	530~1 005	0.9~5.5	2 033	1 542	304.8
单头部	0.4~2.8		0.0~2.3		1 295	ϕ406.4/305

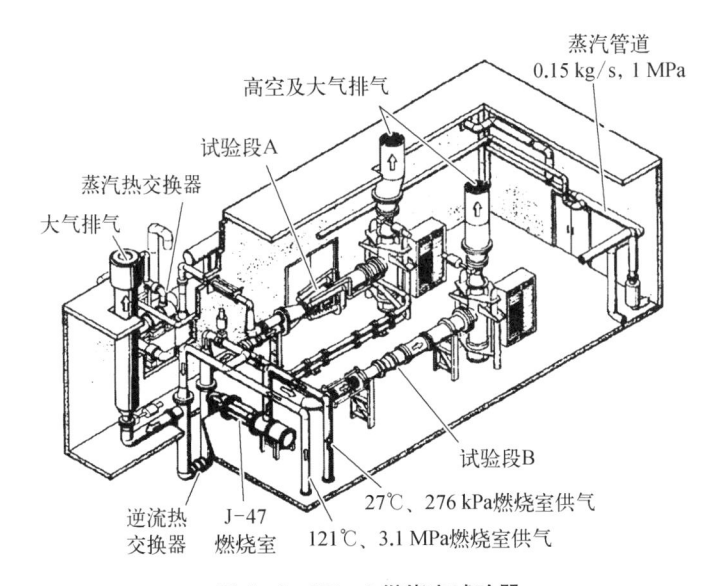

图 A.6　CE-9 燃烧室试验器

试验段 B 主要用于 NASA 高速研究计划中各种陶瓷基复合材料在燃烧室工作条件下的循环和耐久试验。可同时测试 4~16 个陶瓷板，规格为：88.9 mm×50.8 mm、88.9 mm×101.6 mm、88.9 mm×203.2 mm，厚度为 2.54~6.35 mm。

CE-9 燃烧室试验器技术指标如表 A.4 所示。

表 A.4　CE-9 燃烧室试验器技术指标

试验段	进气参数 压力 p_a/MPa	进气参数 温度 T_a/K	进气参数 流量 G_a/(kg/s)	排气参数 温度 T_g/K	试验件空间长度/mm	进/出口直径/mm
A	0.8~3.2	672~866	2.3~13.6	2 144	4 700	102/457
B			0.5~6.8		2 794	304.8

（6） RL-23 燃烧室试验器：用于对燃油喷嘴和燃烧室设计进行性能评估和筛选，如图 A.7 所示。该试验器为高温低压设备，运行成本低，适应范围广，可用于筛选合适的设计方案应用于更高参数的设备上。试验段空间长度为 2 540mm，进、出口管径均为 ϕ152.4 mm。

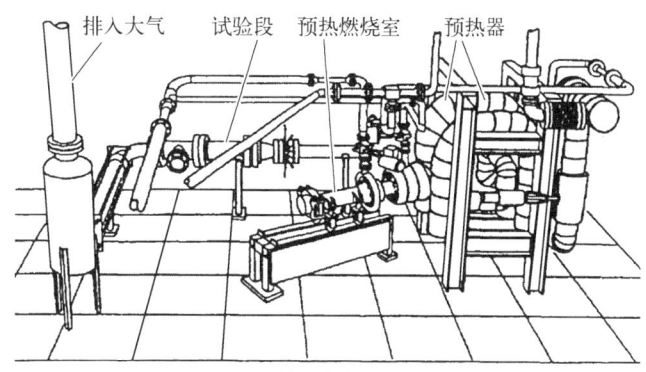

(a) 试验器布局图

(b) 试验器外貌

图 A.7　RL-23 燃烧室试验器

RL-23 燃烧室试验器的指标参数为：最大空气流量 3.0 lb/s(1.36 kg/s)，氢气最大流量 0.05 lb/s(0.022 7 kg/s)，燃油最大流量 0.62 lb/s(0.281 kg/s)，最大进口空气温度 1 100 ℉(593℃)，最高空气进气压力 350 ppsi(约 2.4 MPa)，最高燃烧温度 3 200 ℉(1 760℃)。

RL-23 燃烧室试验器配备有两个容积分别为 2 271 L 和 3 785 L 的储油箱，供油压力 p_f=3.3 MPa，供油量 V_f=20.82 L/min。冷却水压力为 0.79 MPa，水流量为 446.7 L/min。

A.1.2 美国空军研究实验室

(1) 高压燃烧室试验器(high-pressure combustion research facility, HPCRF): 可提供极端环境下高质量试验条件,是实验室最重要的试验装备,如图 A.8 所示。

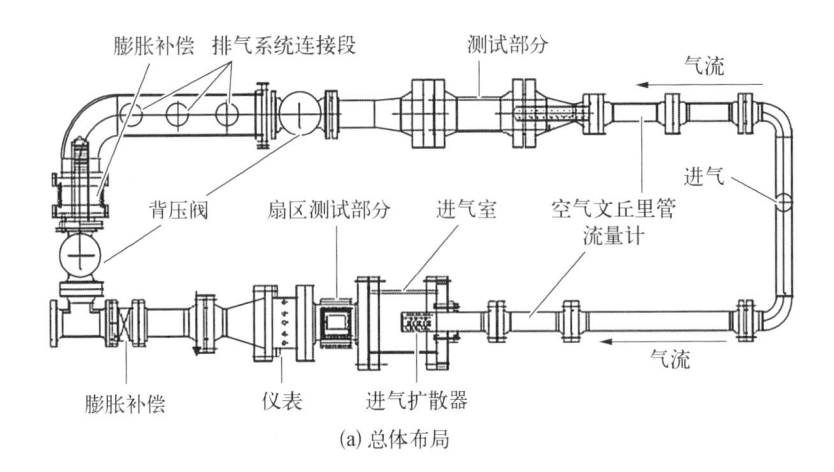

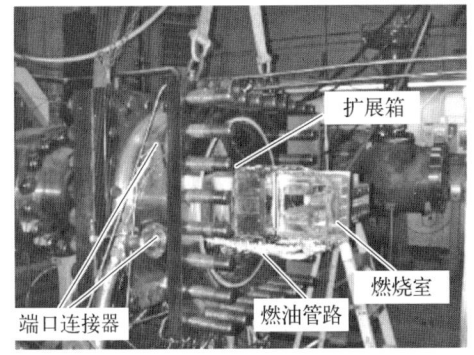

(a) 总体布局

(b) 扇形试验段

(c) 轴对称试验段

图 A.8 美国空军试验基地的高压燃烧室试验器

高压燃烧室试验器设计有两个试验段,其中,扇形试验段[图 A.8(b)]的最大进气压力为 2.2 MPa,温度为 593℃,流量为 11.3 kg/s,可进行单头部、双头部扇形或矩形燃烧室试验;轴对称试验段[图 A.8(c)]进气压力为 4.5 MPa,温度为 593℃,流量为 5.9 kg/s,可进行单管或小型全环主燃烧室以及小型全尺寸加力燃烧室试验。

高压燃烧室试验器拥有标准测量仪器和计算机辅助测量与控制(computer aided measurement and control, CAMAC)数据采集系统,配备 PDPA、CARS、TGS、PLIF、高吸收光谱等光学测量设备,可实现燃油雾化分布、点火过程、燃烧流场可视化测量。

(2) APCRC 燃烧室试验器：是常压试验装置，进气压力为 0.79 MPa，温度为 700 K，流量为 1.4 kg/s。其有三个用途不同的试验段，编号为 151 的试验段主要供单杯、双杯燃烧试验件使用，有三路进气系统，可单独加温并为试验件头部、主燃区和掺混区供气。有三条燃料管路，提供 JP-8、乙醇、甲烷、丙烷等燃料；编号为 152 的试验段主要用于燃油添加剂的研究，因此采用一个通用型单头部试验件，进行重复对比试验；编号为 153 的试验段主要进行均匀搅拌反应器等相关研究，配备颗粒物表征与监测系统（particulate matter characterization and monitoring system，PMCMS），可测量反应器中的颗粒尺寸分布、油烟及排气的化学特性等。

APCRC 燃烧室试验器是拥有测量压力、温度、流量、流速、燃气组分等参数的标准仪器，包 LabView 数据采集软件及一系列激光诊断和数字成像设备，还包括用于测量燃油雾化的相位多普勒粒子分析法（PDPA），测量温度、组分浓度与火焰分布的 PLIF 技术和时分复用高吸收光谱技术，测量流速的 PIV 等，可对试验件内的燃烧现象进行非接触测量。

A.1.3 美国通用电气公司航空发动机集团

（1）全环燃烧室性能试验器：设计有长方形试验舱，三边加固，顶为轻结构。进气压力为 0~2.4 MPa，温度为 0~773 K，流量为 45 kg/s，排气温度为 0~1 703 K，可模拟的最大飞行高度为 8 900 m。配备 2 个容积为 133 m³ 的油罐，最大供油压力为 8.37 MPa，数据采集系统包含 900 个通道，配有 24 参数带状记录器和显示器，可同时显示 22 个压力、24 个湿度和 4 个流量数据。

（2）扇形燃烧室性能试验器：近年来，经升级改造，提高了供气指标参数及供油供水能力，同时增加了负压引射系统，使进气压力达 4.1 MPa，温度达 977 K，流量达 54 kg/s，排气负压达 20 kPa。

采用美国机械工程师协会（American Society of Mechanical Engineers，ASME）标准孔板测量空气流量，采用涡轮流量计测量燃油流量，由电子频率计输出；采用压力计监测压力，热电偶读数由自平衡电位计记录仪记录，污染物排放量由联机燃气分析系统测量。

（3）伊文代尔燃烧室试验器（图 A.9）：2015 年投资 1 亿美元在俄亥俄州伊文代尔建成，占地面积 1 800 m²，以适应现代高性能航空发动机燃烧室的研制，拥有 3 个平行的环形和扇形试验段，以及 1 个高约 61 m 的不锈钢排气管。

伊文代尔燃烧室试验器试验能力超过目前在研的最先进大型客机发动机 GE9X 循环工况。气源站用 3 台空气压缩机并联，空气压力为 8.3 MPa，温度为 589 K，流量约 80 kg/s。空气预热系统采用两级串联加温方式，即一级加温器采用天然气炉，出口温度为 923 K，二级加温器采用德国西门子公司的欧司朗电加热器，出口温度为 1 113 K。因此，高温管道采用耐温 1 373 K 的高温合金 Inconel617，设

(a) 外观　　　　　　　　　　　　(b) 加温管道

(c) 燃调系统　　　　　　　　　　(d) 现场

(e) 试验测试区域　　　　　　　　(f) 控制室

图 A.9　伊文代尔燃烧室试验器

计为单层管壁结构,无隔热内衬和循环水冷套,外部包覆较厚的保温材料。管道公称直径约 250 mm,壁厚 25~30 mm,流速约 50 m/s。

A.1.4　美国普拉特 & 惠特尼公司

目前普拉特 & 惠特尼公司(简称普惠公司)至少拥有 8 台燃烧室试验器,部分主要设备情况如表 A.5 所示。

表 A.5 普惠公司主燃烧室试验设备表

试验器名称	用 途	技术参数	测试手段	建造时间
高压全环燃烧室试验器 X-960	气动热力试验、排放试验	进口温度 85~648℃，进气压力 4.48 MPa	全套测量系统	1982 年前
高压扇形燃烧室试验器 X-903	火焰筒及燃烧室试验	进气温度 648℃，流量 11 kg/s，进气压力 4.31 MPa	三套测量系统	1982 年前
全尺寸环形燃烧室流动试验器	流道和气动特性试验	空气压力 0.028 MPa，空气流量 4.5 kg/s，进口温度 294~333 K	流量和压力测量仪器	1982 年前
燃油喷嘴特性研究试验器	流量校准、雾化特性、射流穿透深度等试验	—	—	—
高空点火试验器 X-306	海平面和高空试验	排气压力 6.89 kPa	—	—
流量校准试验器 X-415	空气流量校准	供气流量 0.6 kg/s，供气压力 0.69 MPa	进气流量用流量孔板测量，旋流强度用轴向力和扭矩测量装置测量	—
雾化特性研究试验器 X-408	部分雾化特性试验	最大供油压力 13.8 MPa，采用 N_2 加压供应，燃料为 Jet-A	燃油流量采用涡轮流量计测量	—
射流穿透深度试验器 X-173	射流穿透试验	试验段压力 0.027 MPa，供气流量 762 g/s，二股气流压力 0.69 MPa，二股气流流量 0.6 kg/s	燃油流量采用涡轮流量计测量	—
通过热表面研究燃油喷雾点火试验装置	研究自由气流速度、附面层速度剖面、燃油集中率、雾化粒度和进气温度在低速时对点火性能的影响	进气温度 313~523 K，容积空气速度 1~4 m/s，附面层厚度 3~20 mm，索特平均直径 20~200 μm	燃油流量采用涡轮流量计测量	—

（1）高压全环燃烧室试验器 X-960（图 A.10）：用于全环燃烧室气动热力试验和排放试验，进气压力为 4.48 MPa，温度为 358~921 K，流量为 45 kg/s；辅助空气系统压力为 4.48 MPa，流量为 11 kg/s；供油压力为 10.34 MPa，燃油流量为 7 900 kg/h；最高燃气温度为 2 088 K。

试验段设置在内径为 1.94 m 的高压试验舱内，进气采用燃烧间接换热方式加温，具备全套的压力、温度传感器和燃气取样探头，可完整录得各种性能数据。

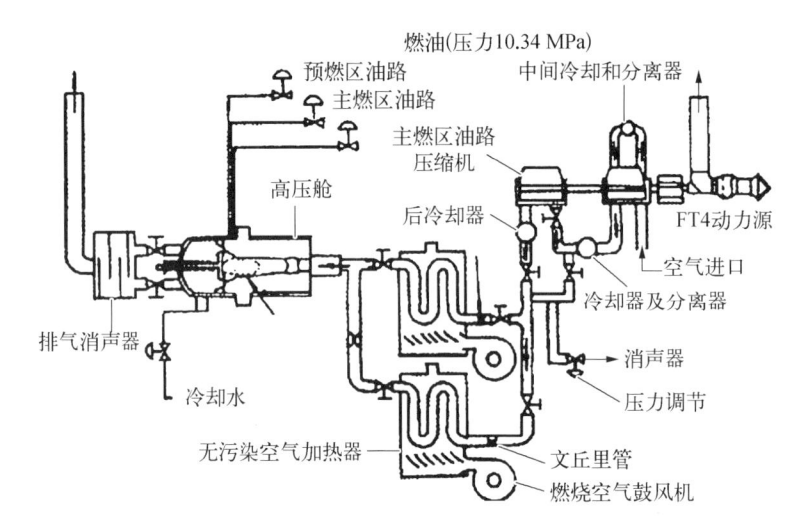

图 A.10　高压全环燃烧室试验器 X-960

（2）高压扇形燃烧室试验器 X-903（图 A.11）：用于单头部和扇形燃烧室火焰筒温度、性能、排放等试验。进气压力为 4.31 MPa，温度为 921 K，流量为 11 kg/s，供油压力为 10.34 MPa，燃油流量为 0.6 kg/s。拥有三套测试系统，用于测量压力、温度、流量、燃烧性能和污染物排放量等数据。

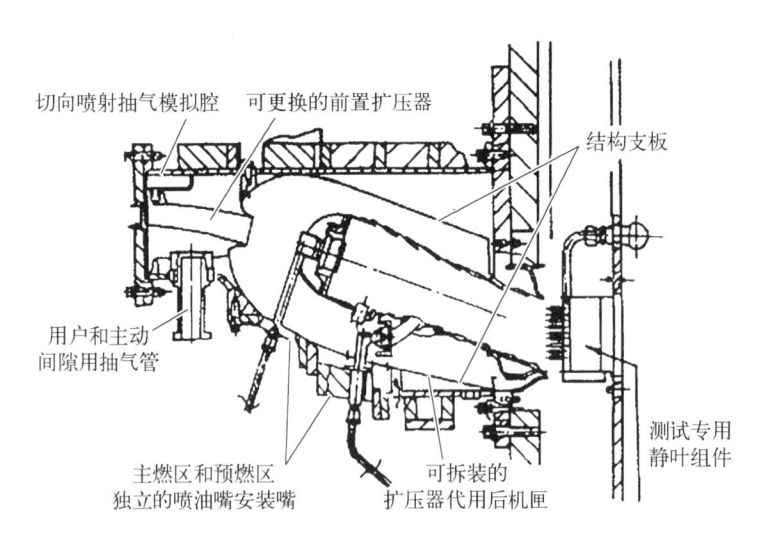

图 A.11　高压扇形燃烧室试验器 X-903

（3）高空点火试验器 X-306：用于模拟从海平面到高空状态条件的燃烧室点火试验，排气压力为 6.89 kPa，泵功率为 335 kW，冷却能力为 226 K（空气流量为 4 kg/s），5 台真空泵的总抽气量为 3 657 m³/min。

（4）全尺寸环形燃烧室流动试验器：用于扩压器/燃烧室的流道和气动特性

试验,进气压力为 28 kPa,进口温度为 294~333 K,空气流量为 4.5 kg/s。

(5)流量校准试验器 X-415：主要用于空气流量校准,其技术参数为供气流量 0.6 kg/s、供气压力 0.69 MPa。试验器进气流量用流量孔板测量,旋流强度用轴向力和扭矩测量装置测量。

(6)雾化特性研究试验器 X-408：主要用于部分雾化特性试验,其技术参数为最大供油压力 13.8 MPa,采用 N_2 加压供应、燃料为 Jet-A。燃油流量采用涡轮流量计测量。

(7)射流穿透深度试验器 X-173：主要用于射流穿透试验,其技术参数为试验段压力 0.027 MPa、供气流量 762 g/s、二股气流压力 0.69 MPa、二股气流流量 0.6 kg/s。燃油流量采用涡轮流量计测量。

(8)通过热表面研究燃油喷雾点火试验装置：主要用于研究自由气流速度、附面层速度剖面,燃油集中率,雾化粒度和进气温度在低速时对点火性能的影响,其技术参数为试验进气温度 313~523 K、容积空气速度 1~4 m/s、附面层厚度 3~20 mm、索特平均直径 20~200 μm。燃油流量采用涡轮流量计测量。

A.1.5 美国部分大学

1. 辛辛那提大学

辛辛那提大学建有一套高压燃烧室试验器用于研究,单头部燃油喷射流场,由高压试验舱、压缩气源系统、燃油系统、冷却水系统和 PLC 系统构成,如图 A.12 所示。

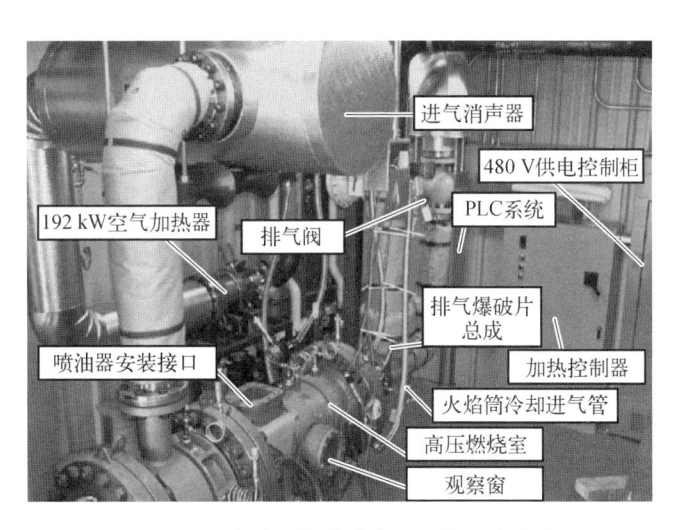

图 A.12 辛辛那提大学高压燃烧室试验器

压缩气源系统为一台 Kaeser SFC-250 型旋转螺杆压缩机,供气能力有两档：当供气压力 p_g = 100 ppsi(689.5 kPa)时,空气流量 V_g = 1 450 scfm(41 m³/s);当 p_g =

175 ppsi(1 206.6 kPa)时,V_g = 980 scfm(28 m³/s)。采用一台 192 kW 的 Osram-Sylvania 电加热器,将空气最高加热到 T_g = 727 K。为了防止不稳定燃烧产生的噪声干扰上游的电加热器和控制阀的正常工作,在燃烧室进口前装有多室消声器。

高压试验舱可容纳的燃烧室最大尺寸为 152 mm×152 mm。试验段火焰筒为 102 mm×102 mm 的方形截面,三面开设 3 个 127 mm(直径)×50 mm(厚)的石英玻璃光学窗口用于光学诊断,可承受试验的高温高压环境,剩下的一面安装传感器。此外,还设计有多种燃油喷嘴的安装接口。

2. 普渡大学

(1) 综合燃气涡轮燃烧室试验器:用于研究高效换热、超临界燃油燃烧、污染排放性能等,以解决发动机在高马赫数和高压比下工作带来的热管理问题,如图 A.13 所示,主要技术指标如表 A.6 所示。

图 A.13 普渡大学综合燃气涡轮燃烧室试验器

表 A.6 综合燃气涡轮燃烧室试验器的技术指标

参 数	最大流量	最高工作状态	
	G/(lbm/sec)	压力 p/ppsi	温度 T/°F
天然气和高压热空气	15	1 000	1 000
电加热空气或氮气	1.0	600	1 200
氮气	2~5	1 500	
液态航空煤油	2	1 500	
冷却水	40 gpm	400	

注:1 lbm/sec=0.454 kg/s;1 gpm=0.273 m³/h;1 ppsi=6.895 kPa;摄氏度=(华氏度-32)÷1.8。

（2）Zucrow 综合实验室：航空发动机燃烧室高压试验器的进气压力、温度和流量分别为 4.8 MPa、815℃和 4.1 kg/s。近年来，该实验室配备了双泵浦相干反斯托克斯-拉曼散射（coherent anti-Stokes Raman scattering，CARS）、平面激光诱导氢氧基荧光（OH‑PLIF）技术等光学测量设备，以开展贫油直喷燃烧室等研究。

为满足光学测量需求，设计了专门的光学窗口组件，该光学窗口组件由观察窗、进出口法兰、支撑夹紧装置以及密封件组成。燃烧室高压试验器测试段如图 A.14 所示。其中，支撑夹紧装置设计有去离子水冷却、窗体气膜冷却、耐高压及隔热等功能；观察窗由熔融石英玻璃加工而成，观察通道前段与试验件喷嘴出口对齐，可观察整个燃烧区。

图 A.14　燃烧室高压试验器测试段

3. 佐治亚理工学院

佐治亚理工学院所建的 BT Zinn 燃烧试验器用于研究各类推进设备和能量转换设备的燃烧过程，包括湍流燃烧、燃烧不稳定性、替代燃料、雾化性能、排放形成机理等。

该试验器进气压力为 5.0 MPa，温度为 810 K，流量为 2.3 kg/s。气源设备包括 20 MPa 空气压缩机、300 m^3 储气罐、空气加热器、高容量真空系统等，如图 A.15 所示。

该试验器配备种类丰富的先进非接触激光诊断设备，如 10 kHz 高速粒子图像测速仪和高速 PLIF 仪、低速粒子图像测速仪，TSI 公司的 9100‑2 激光多普勒测速仪，5 W 光谱物理 Ar$^+$ 激光器，6 000 Hz/20 W Metalaser MLT20 铜蒸气激光，红外激光器，激光相位多普勒粒子测速仪，三光栅光谱仪，红外光源等。

该试验器拥有高速摄像机 7 台，包括 Memrecam GX‑3 高速相机，最大频率 12 kHz，在 1 280×800 和 1 024×1 024 像素下可实现 2 000 帧/s；Princeton Instruments 576×384 ICCD；11 kHz HYCAMII 相机；Phantom Ultracam3 高速增强相机，满精度下的拍摄帧数为 1 000 帧/s 等。

图 A.15　在 BT Zinn 燃烧试验器上利用激光测量湍流特性

该试验器拥有 128 通道索尼 SIR－1000i 数据记录仪和 Foxboro Miran 1BX 便携式燃气成分分析仪。

A.2　英　　国

A.2.1　罗尔斯-罗伊斯公司

罗尔斯-罗伊斯公司(简称罗罗公司)是英国航空发动机主要研制者,在英国达比等 4 个地区及美国均有燃烧室试验器,种类齐全,性能参数完整,可进行低压或高压的单管和全尺寸试验、燃油喷嘴筛选试验以及材料寿命试验。可用探头燃气分析或非干涉式激光测量方法。

表 A.7 列出罗罗公司在英国的 24 套燃烧室试验器及其技术指标。其中,最高进气参数达到：压力 6.5 MPa,温度 650℃,流量 113.4 kg/s。位于达比的 16 套小流量试验器,均由三台压气机供气,单台压力为 6.5 MPa,利用附近高空试验器,可升压至 12 MPa。若将三台压气机并联再串联一台活塞式压气机,则可进一步升至 34 MPa。

表 A.7　罗罗公司在英国的燃烧室试验器及其技术指标

地　点	套数	进口空气参数			类　型
		压力 p_a/MPa	温度 T_a/℃	流量 G_a/(kg/s)	
达比	16	6.5, 12, 34	500	3.2(单台)	1 套用于小环形燃烧室,2 套用于环管燃烧室
	1	2.46	627	113.4	全尺寸全压全流量环形燃烧室试验器,2 台煤油炉间接加热
	1	—	—	—	全尺寸全压全温环形燃烧室试验器,为观察火焰,用低压鼓风机供气

续 表

地 点	套数	进口空气参数			类 型
		压力 p_a/MPa	温度 T_a/℃	流量 G_a/(kg/s)	
哈特菲尔德	1	0.49	—	61	环形燃烧室低压试验器
		0.9	—	14	
布列斯托尔	1	1~4	—	—	全尺寸全温全环形燃烧室试验器,进气用煤油炉间接加热
		0.49	—	60	
	1	2.2	—	8	单管试验器
	1	2.0	650	18	全尺寸全压全温扇形燃烧室试验器,进气用间接加温器
		2.2		8	
考文垂	1	0.91	—	5	4个试验段,可试单管或扇形燃烧室
		0.021	—	1.1	用空气引射器模拟高空条件
	1	0.11(绝对)	—	16	常压全尺寸环形燃烧室试验器

A.2.2 罗罗艾利逊发动机公司

艾利逊发动机公司于1995年被罗罗公司收购,拥有大量的试验设备,其中,至少有4套燃烧室试验器,如图A.16所示,相应的技术指标如表A.8所示。

(a) 试验区鸟瞰图

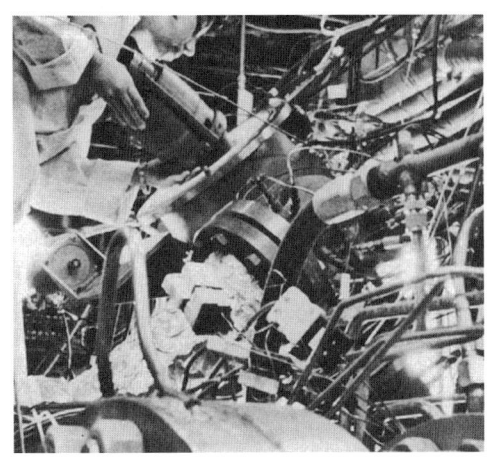

(b) 小型燃烧室试验器　　　　　　　　(c) 大型燃烧室试验器

图 A.16　艾利逊发动机公司燃烧室试验器

表 A.8　艾利逊发动机公司燃烧室试验器的技术指标

名　称	进口空气参数			不同热电偶类型的测试通道数/个					压力传感器/个
	压力 p_a/MPa	温度 T_a/K	流量 G_a/(kg/s)	K	J	Pt	B	IIR	
小型燃烧室试验器	0.689	1 089	4.54	144	2	6	—	—	80
	2.068		2.27						
大型燃烧室试验器	1.965	1 089	54.4	126	—	—	20	14	180

表 A.8 中的小型燃烧室试验器主要用于模拟高空条件的试验,如图 A.16(b)所示,燃用 JP－4、JP－5 和 DF－2 等燃料,配备测量 UHC、CO、CO_2、NO、NO_2、O_2、H_2O 等组分的燃气分析系统。

大型燃烧室试验器主要用于燃烧室性能试验,如图 A.16(c)所示。除了表 A.8 所列,其他设计参数为:制冷空气流量 39.9 kg/s,温度－205 K,抽气量 27.2 kg/s,压力 34.5 kPa,燃用 JP－4、JP－5、DF－2、天然气、丙烷等燃料,同样配有燃气分析系统。

另有两套喷嘴性能试验器,一套是燃油喷嘴试验器,用于测试常压条件下的喷射特性,如用 Malvern 粒径仪测量燃油雾化液滴尺寸分布、喷油压降、温度、燃料流量、空气流量等常规参数,如图 A.17 所示。雾化介质采用燃油 JP－4、JP－5、DT－2 或水。

另一套是燃油系统试验室的燃油喷嘴流量试验器,用于研究发动机燃油系统部件的性能和耐久性是否满足军用和民用规范。一个试验器由微机控制,两个试验器由手动控制,可自动模拟发动机输入参数与转速的关系,转速范围最高达 15 000 r/min。

图 A.17　燃油喷嘴试验器

A.2.3　卡迪夫大学

2007 年,卡迪夫大学高温高压单管燃烧室试验器建成,如图 A.18 所示。其进气压力为 1.6 MPa,温度为 900 K,流量为 5 kg/s;空气用 6 MW 天然气燃烧炉加温;燃用液体燃料或用 5 种组分配制的气体燃料;拥有 PIV、高速摄像、PLIF、LII 等光学测试手段。

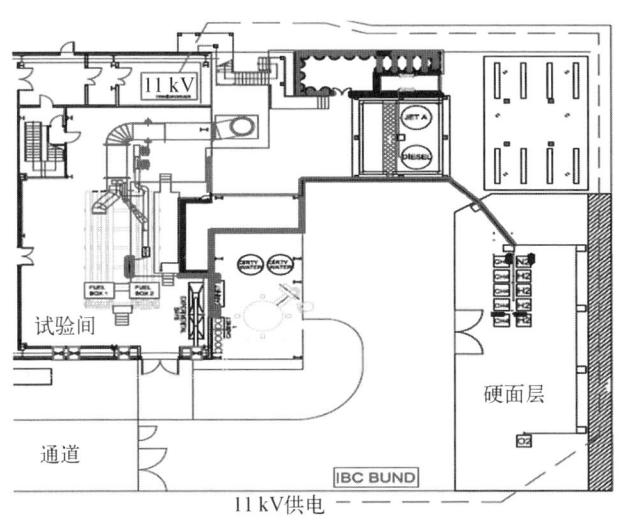

(a) 平面图　　　　　　　　　　　　　　(b) 气源

(c) 进气预热装置 　　　　　　　　　(d) 燃料气系统

(e) 燃气分析设备 　　　　　　　　　(f) 试验段

图 A.18　卡迪夫大学高温高压单管燃烧室试验器

A.3　俄　罗　斯

A.3.1　俄罗斯中央航空发动机研究院

俄罗斯中央航空发动机研究院(CIAM)是俄罗斯航空发动机的主要研制单位,拥有完整的燃烧室试验器系列,包括单头部、扇形到全环,从负压、常压到高压等。其中,低压、中压试验气源供气流量达 250 kg/s,压力达 1.2 MPa,空气预热温度达 900 K;高压全环燃烧室试验器的燃烧室进口温度达 1 100 K,出口温度达 2 300 K,

试验压力超过 2 MPa,还计划建立压力 5 MPa、流量 120 kg/s 的燃烧室试验器。CIAM 的主要燃烧室试验器的技术指标如表 A.9 所示。

表 A.9 CIAM 的主要燃烧室试验器的技术指标

序号	名 称			进气参数			排气参数	
				压力 p_a/MPa	温度 T_a/K	流量 G_a/(kg/s)	压力 p_g/kPa	温度 T_g/K
1	燃烧室试验器	Ц5-1	通道 1	0.02~0.9	220~950	200	5~100	≤2 300
			通道 2	0.02~0.8	220~620	100		
		Ц5-2		0.02~2	250~1 100	60		
		Ц5-4		0.02~2	250~710	10		
2	高压燃烧室试验器 Ц-16			5	1 000	10	—	—
3	燃气发生器/燃烧室试验器			2	773	500	—	—
4	高空点火试验器 X-306			—			6.89	—
5	燃油雾化和燃烧试验器			—				

（1）燃烧室试验器 Ц5-1、Ц5-2 和 Ц5-4：均可进行地面和高空条件下的燃烧特性试验。除空气加热系统,还设计有燃油加热系统,可加热至 500 K,用于加热试验的蒸汽供给系统,快速燃气取样分析系统与以两台计算机为基础的自动数据采集和处理系统,可同时测量 416 点压力、192 点温度和 20 个燃油流量,拥有 96 个通道用于稳态和过渡态控制。

上述三套试验器的区别是：Ц5-1 用于大尺寸单涵道涡喷发动机主燃烧室、加力燃烧室和冲压发动机燃烧室试验；Ц5-2 用于进口高温、高压空气的燃气发生器的燃烧室和冲压发动机燃烧室试验；Ц5-4 用于稳定器模型、火焰筒冷却系统和其他燃烧室部件的试验,实现先期技术储备。三套燃烧室试验器的实拍图如图 A.19 所示。

（2）高压燃烧室试验器 Ц-16：如图 A.20 所示,主要用于研究吸气发动机和工业燃气轮机燃烧室的辐射特性、热力状态、振荡燃烧特性、点火特性和动态应力等。燃料为煤油、柴油、天然气和氢气。

（3）综合试验装置：在 Ц-16 和 Ц-17 高压燃烧室试验器基础上,研究院建立了研究燃烧过程和热交换过程、试验空气喷气发动机和燃气轮机的燃烧室及核心机的统一综合性试验装置。综合性试验装置具有特殊的能源基础,它可从气罐供给 32 MPa 的高压空气、从气源站供给 2 MPa 的空气。

(a) Ц5-1

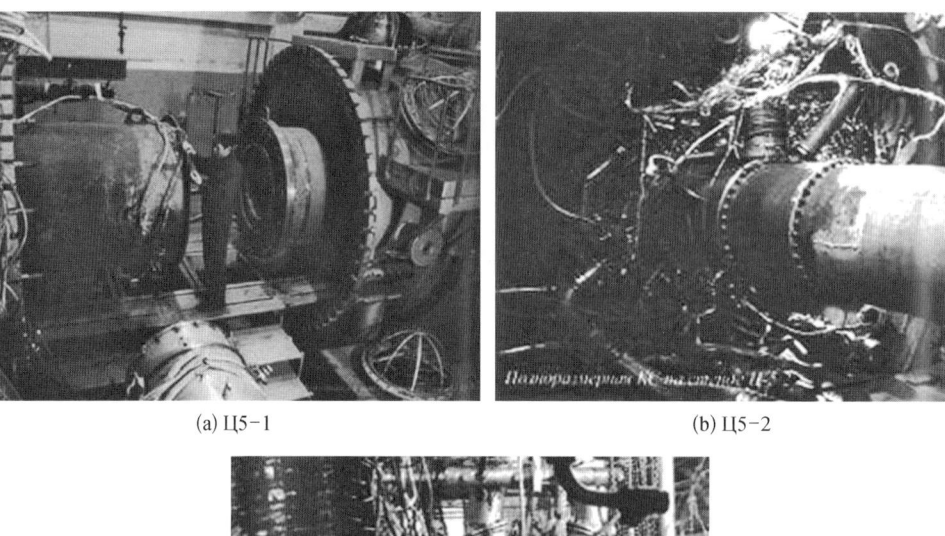

(b) Ц5-2

(c) Ц5-4

图 A.19　三套燃烧室试验器的实拍图

(a) 布局图

(b) 实物图

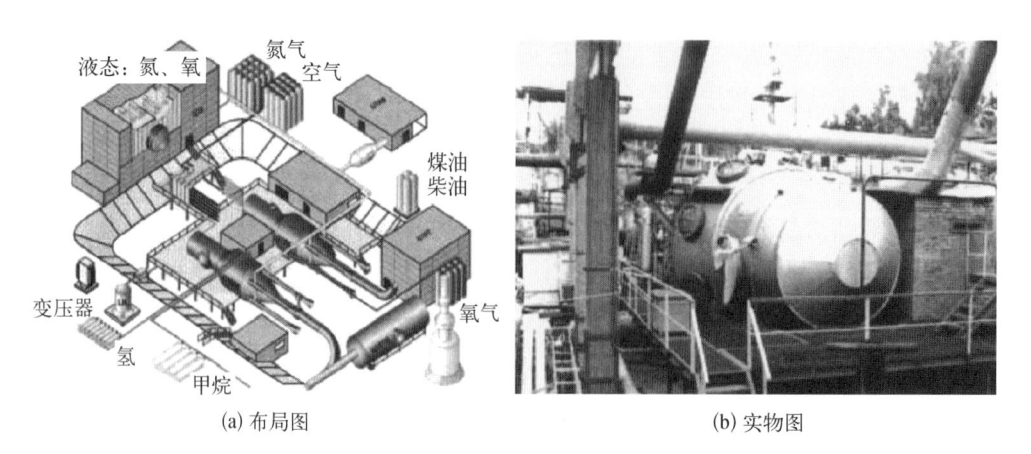

图 A.20　高压燃烧试验器 Ц-16 布局及实物图

近年来,综合试验装置已进行了大规模改造,建立了流量达 2 kg/s 的高压甲烷供给系统、气态和液态氢供给系统、高压水冷系统,制造了电空气加热器,并已投入运行。整个综合试验装置按规格和试验能力分为三类:① 研究换热和燃烧过程的单头部燃烧室模型试验器,如 Ц－16B、Ц－16M,空气流量 G_a = 1~2 kg/s;② 燃烧室扇形段、大尺寸燃烧室模型和换热器的试验器,如 Ц－16K、Ц－16BK、Ц－17T,空气流量 G_a = 2~10 kg/s;③ 全尺寸燃烧室和核心机的试验器,如 Ц－16K、Ц－17T、Ц－17Ж,空气流量 G_a = 10~120 kg/s。

上述所有试验器均具有在统一压力条件下燃用各种燃油的能力,主要用于研究以下性能:① 燃油雾化及掺混性能;② 液体碳氢燃料和气体燃料燃烧性能;③ 未来高压空气喷气发动机燃烧室性能,如燃烧完全程度、污染排放性能、振荡燃烧、燃烧室起动等;④ 燃用所有类型燃料的高压(达 5 MPa)航空发动机和燃气轮机扇形段和全尺寸燃烧室性能;⑤ 燃用气/液态氢、甲烷或煤油的高超声速空气喷气发动机大尺寸燃烧室模型性能;⑥ 低温换热器的热流特性;⑦ 碳氢燃料的热解特性;⑧ 空气喷气发动机、液体火箭发动机和燃气轮机核心机性能,20 MW 燃气轮机电传动装置综合性能;⑨ 燃用液体和固体燃料或混合燃料的火箭发动机(推力 3~30 kN)性能。

(4) 燃气发生器/燃烧室试验器:用于研究燃烧室工作过程、辐射特性、温度场不均匀度和燃气发生器调试,可采用天然气、煤油、柴油进行试验。

(5) 燃油雾化和燃烧试验器:采用激光诊断方法研究在地面条件下燃烧室内的燃油雾化、流动状况及火焰温度。

此外,还有其他若干燃烧室试验器及其技术参数如表 A.10 所示。

表 A.10 其他若干燃烧室试验器及其技术参数

名 称	进口空气参数 压力 p_a/MPa	温度 T_a/℃	流量 G_a/(kg/s)	主要特点及功用
中压燃烧试验器 Y244、Y288a、Y288b	0.6	≤400	4.0	共用试验间及操纵间;间接加温器,水套冷却排气阀;快速气体分析仪
高空点火试验器 YB－13	<0.1	−60~150	—	高空点火与熄火边界试验;高空舱直径 ϕ2 m

A.3.2 彼尔姆航空发动机科研生产联合体

彼尔姆航空发动机科研生产联合体的曾用名有什维佐夫设计局和索洛维也夫设计局,成立于 1934 年,早期是著名的活塞式发动机设计局,曾研制了 АЩ－62、АЩ－73ТК、АЩ82、АЩ－2ТК 和 АЩ－2К 活塞发动机;Д－20П、Д－30КП、Д－

30 КУ、Д‑30Ф6 以及 ПС‑90 涡扇发动机。

现有各类试验设备 80 多套,其中,与燃烧室相关的有全尺寸燃烧室试验器、扇形燃烧室试验器、喷嘴及燃油总管试验器等,技术指标如表 A.11~表 A.13 所示。

表 A.11 彼尔姆航空发动机科研生产联合体主燃烧室试验器技术指标

名 称	进口空气参数			出口燃气温度 T_g/K	功 能
^	压力 p_a/MPa	温度 T_a/K	流量 G_a/(kg/s)	^	^
全尺寸燃烧室试验器	0.4	1 050	25	1 850	根据进口温度和燃烧特性,对燃烧室进行预调
扇形燃烧室试验器	0.65	1 270	6.5	1 870	对出口温度场和燃烧特性进行初步调试

表 A.12 点火器试验器及技术指标

名 称	空 气		燃油流量 G_f/(g/s)	氧气流量 G_{O_2}/(g/s)	压力舱压力 p_0/MPa	功 能
^	压力 p_a/MPa	流量 G_a/(kg/s)	^	^	^	^
点火器试验器	2	20	10	1.5	0.005	验证地面及高空起动特性

表 A.13 喷嘴试验器和集油总管溢流试验器技术指标

名 称	指 标		功 能
^	燃油流量 G_f/(kg/h)	燃油压力 p_f/MPa	^
喷嘴试验器	1 500	7.5	确定流量特性和雾化特性
200 蒸馏柱附加燃烧室集油总管溢流试验器	2 700	8	确定喷油嘴和喷射腔之间的流量不均,检查集油总管溢流

A.4 德 国

德国宇航中心(DLR)是德国研究航空发动机的主要机构。DLR 的燃烧试验设施在其下属的推进技术研究所(Institute of Propulsion Technology)拥有完备的航空发动机燃烧试验平台,包括一系列高压燃烧试验器及喷雾、冷却及热声振荡试验器共10台套,可以进行从航空发动机燃烧室机理到性能的研究,参数从低压到高压,流量从单头部到中等发动机的全环,测试先进精良。其中,具有代表性的试验器有HBK1、HBK2、HBK3和HBK4。图A.21为位于德国科隆的DLR燃烧实验室鸟瞰图。

图A.21　位于德国科隆的DLR燃烧实验室鸟瞰图

除了DLR,在德国亚琛工业大学(RWTH Aachen University)和汉堡联邦国防军大学(Helmut Schmidt University)等也建有若干高性能燃烧室试验器。

DLR燃烧室试验器及其技术指标如表A.14所示。

表A.14　DLR燃烧室试验器及其技术指标

序号	名称		进口空气参数		用途
		压力 p_a/MPa	温度 T_a/K	流量 G_a/(kg/s)	
1	高压燃烧试验器	HBK1	2	900	1.7	油气比为0.05,研究燃油雾化、扩散和燃烧特性
2		HBK2	4	850	40(30 min)	研究全尺寸环形燃烧室和分级燃烧; G_a≤30 kg/s时连续供气
				1 220	7.5	
3		HBK3	4	970	10	中型试验器,研究真实工况下燃油雾化蒸发特性和燃烧特性
4		HBK4	4	850	40	世界一流水平的全状态大型试验器;冷却水量为100 kg/s(20℃)
				1 220	7.5	

续 表

序号	名 称	进口空气参数			用 途
		压力 p_a/MPa	温度 T_a/K	流量 G_a/(kg/s)	
5	单头部燃烧室试验器	2	850	1	光学方法研究气动喷嘴雾化特性和燃烧性能;冷却气量为 2 kg/s
6	常压喷雾试验器	0.1	870	0~0.12	研究非反应雾化特性和燃烧特性
7	热声试验器	常压	—	—	研究贫油预混燃烧室的振荡燃烧
8	LPP 燃烧试验器	2	850	1.3	研究稀相预混预蒸发的非反应雾化和混合特性,燃油流量为 10 g/s
9	高压燃烧室冷却试验器	4	1 000	1.3	用于真实工况下的火焰稳定性、燃烧室污染排放性能等试验;位于斯图加特

注:LPP 表示稀相预混预蒸发。

高压燃烧试验器 HBK1 为带有光学窗口的单头部燃烧室试验器,如图 A.22 所示,用于研究燃油雾化、蒸发、扩散,主/预燃级相互作用,预燃级特性,燃烧效率和污染排放性能等。其他技术参数为:观察窗冷却空气量 0.6 kg/s,流经火焰筒的空气流量 1.3 kg/s。燃气分析可测量 CO、CO_2、O_2、NO_x 和 UHC,液压喷嘴控制试验段压力。该试验器配有精确的光学设备移动平台,以及 OH^* 和 CH^* 化学发光、PMie、燃油 PLIF 光谱仪、OH-PLIF 光谱仪、相位多普勒测速仪(phase Doppler anemometry,PDA)、粒子图像测速仪、激光多普勒测速仪(laser Doppler anemometry,LDA)等光学测试设备。

高压燃烧试验器 HBK2 可模拟发动机的真实工况,进行分级燃烧、全尺寸环形燃烧室及小型罐式燃烧系统试验,具有先进的温度、压力测量系统和燃气分析系统,可测量 CO、CO_2、O_2、UHC、NO、NO_x 等燃气组分;可燃用航空煤油、石脑油、天然气、合成气等燃料,如图 A.23 所示。

高压燃烧试验器 HBK3(图 A.24)最早用于研制氢氧燃料火箭发动机部件,1995 年改造为航空发动机燃烧室中型试验器,为燃烧室及小型重负荷燃烧系统提供经济的试验环境,以研究真实工况下燃油雾化、蒸发、扩散的情况,以及燃烧效率和污染物排放量,燃用航空煤油。

高压燃烧试验器 HBK4 主要用于重型燃气轮机燃烧室的全状态试验,曾测试过世界上最大的燃烧室,其参数水平在四台高压燃烧试验器中最高,代表国际一流水平,如图 A.25 所示。进气加温用天然气燃烧换热方式,有 4 套独立的冷却空气路。试验器的燃烧系统种类丰富,可燃用燃油、天然气、合成气、丙烷等多种燃料,满足不同用途发动机燃烧室真实工况的试验需求。

图 A.22　高压燃烧试验器 HBK1

图 A.23　高压燃烧试验器 HBK2

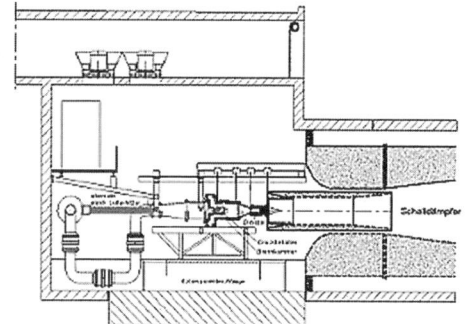

图 A.24　高压燃烧试验器 HBK3

图 A.25　高压燃烧试验器 HBK4

单头部燃烧室试验器如图 A.26 所示,设计有三条光路穿过主燃区,可利用先进光学测试技术,研究真实工况下气动雾化喷嘴的两相反应流,包括流场、燃油雾化、油气掺混、火焰稳定性和贫油熄火、燃烧不稳定性(可强迫激发)和污染物生成。燃料为航空煤油 Jet A-1,配备三轴遥控位移机构、多普勒全场测速仪(Doppler global velocimetry, DGV)、粒子图像测速仪、LDA、PDA、Kerosene-LIF 光谱仪、OH-LIF 光谱仪等光学测试设备,以及标准的燃气分析仪。

常压喷雾试验器用于研究非反应喷雾雾化特性,以及流场、污染物排放量、燃烧稳定区、火焰锋面、温度分布以及陶瓷材料耐温性等试验,如图 A.27 所示。该试验器使用液体或气体燃料,具有精度为 0.1 mm 的三维位移机构,配备三维激光多普勒测速仪、三维相位多普勒测速仪、Malvern 粒径光谱仪、喷雾 Mie 散射光谱仪、OH-LIF 光谱仪、燃料激光诱导荧光光谱仪、OH* 化学发光光谱仪等光学测试设备。

热声试验器用于研究常压条件下贫油预混燃烧室的振荡燃烧特性,验证新概念燃烧室的减排潜力,如图 A.28 所示。该试验器使用航空煤油、沼气、合成气等燃料,配备热声测试仪、激光诊断仪等仪器。

附录 A　国外典型燃烧室试验器　289

图 A.26　单头部燃烧室试验器

图 A.27　常压喷雾试验器

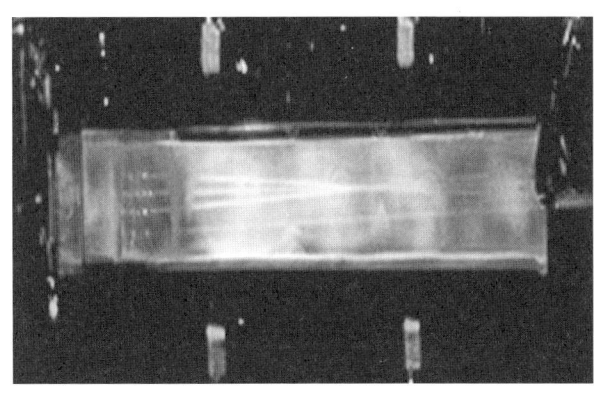

图 A.28　热声试验器

LPP燃烧试验器可在接近燃气轮机真实工况的高温高压高速条件下，进行稀相预混预蒸发时的非反应雾化和混合特性试验，如图A.29所示。试验段分为内腔、外腔，分别起承温和承压的作用。燃料为航空煤油Jet A-1，废气通过催化处理以满足环保要求。

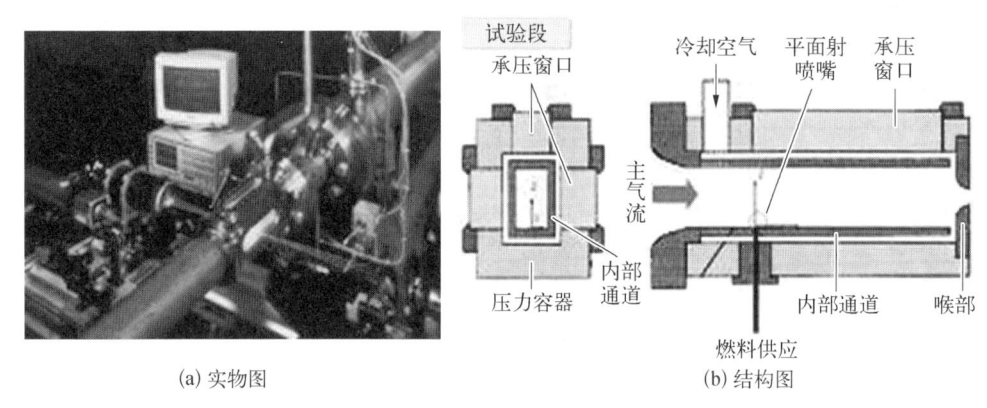

(a) 实物图　　(b) 结构图

图 A.29　LPP燃烧试验器

高压燃烧试验器建在斯图加特的DLR燃烧技术研究院(Institute of Combustion Technology)，可燃用天然气、氢气、合成气、航空煤油等多种燃料，研究真实工况下的火焰稳定性、污染物排放量等，如图A.30所示。配备了Raman、粒子图像测速仪、CARS仪、LIF光谱仪、LII光谱仪等先进的光学测量设备和高速摄像机，以及燃气分析(H_2、CO、CO_2、O_2、NO_x、UHC等)、冒烟分析、气相色谱、压力脉动传感器(10 kHz)等常规测试手段。燃气分析能力：CO为0~5 000 ppm，CO_2为0~10%(体积分数)，O_2为0~100%，UHC为0~10^5 ppm(10%)，NO为0~10^4 ppm。

图 A.30　高压燃烧试验器

高压燃烧室冷却试验器用于模拟真实温度和热辐射条件下的壁面冷效试验和冷却方案验证，如图A.31所示。该试验器试验压力为0.5~2.0 MPa，热气温度为

1 600~2 100 K,流速为 20~40m/s,冷却空气温度为 300~750 K,试验件尺寸为 80 mm×100 mm。测试设备包括二维激光多普勒测速仪、高速红外相机、热通量传感器、动态压力传感器、三维移动设备等。

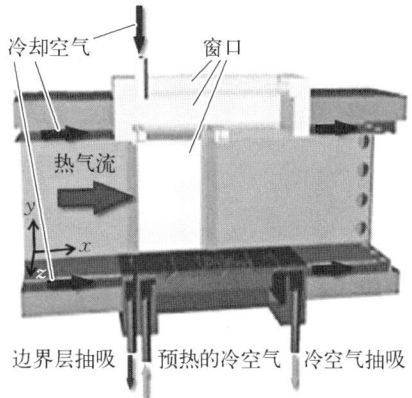

图 A.31 高压燃烧室冷却试验器

A.5 法　　国

A.5.1 DGA 飞行试验中心

DGA 飞行试验中心建有 4 套燃烧室试验器,其参数如表 A.15 所示。

表 A.15 法国 DGA 飞行试验中心燃烧室试验器参数

名　称	进口空气 压力 p_a/MPa	温度 T_a/K	流量 G_a/(kg/s)	燃油 压力 p_f/MPa	流量 G_f/(m³/h)	出口测量段冷却水 压力 p_w/MPa	流量 G_w/(m³/h)
负压试验器 A06	0.02~0.12	228~373	4.2	—	—	—	—
常压试验器 K9	0.1	793	12	—	—	—	—
高温高压试验器 K8	2.3	793	23	—	—	—	—
高温高压试验器 K11	6.0	1 073	100	16	40.2	7	70

在上述试验器中,负压试验器 A06 主要用于燃烧室高空点火和稳定边界试验；常压试验器 K9 主要用于燃烧室基础研究试验。

在高温高压试验器中,K11 的参数水平最高,堪称世界一流,可进行直径为 0.3~1.0 m 的全环燃烧室全工况试验,包括气动性能、点火和火焰稳定性、贫油熄火特性、燃气分析和冒烟测量。

高温高压试验器 K11 的试验段长约 1.1 m,燃烧室内外环最大引气量为 20 kg/s。燃烧室出口配有旋转位移测试机构,如图 A.32(b)所示,上面安装有 4 支水冷测量耙,可实现出口压力、温度和燃气成分的 360°连续或间歇扫描测量。最高温度可测 2 073 K,进行燃气分析时的温度最高可达到 2 573 K。水冷测量耙的最大流量为 37.7 m³/h。

(a) 概貌图　　　　　(b) 旋转位移测试机构

图 A.32　高温高压试验器 K11

A.5.2　SNECMA 公司维拉罗什试验中心

SNECMA 公司维拉罗什试验中心建有高温高压全环燃烧室试验器,可用于高温高压全尺寸燃烧室试验,如图 A.33 所示。

(a) 空气加热器　　　　　(b) 空压机

(c) 现场图片 　　　　　　　　　　(d) 排气段

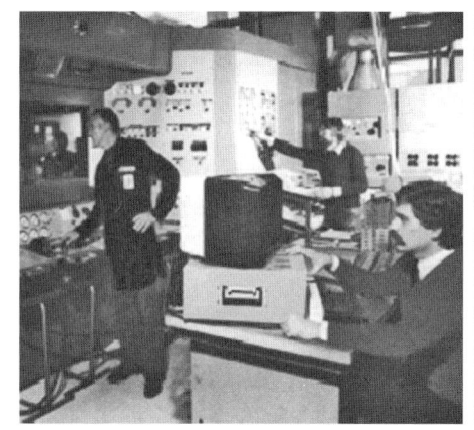

(e) 控制室 　　　　　　　　　　(f) 燃气成分分析仪

图 A.33　SNECMA 公司高温高压全环燃烧室试验器

当燃烧室进气压力 $p_a = 0.633 \sim 0.98$ MPa 时，对应的进气流量 $G_a = 3 \sim 6$ kg/s，进口空气温度可预热至 923 K。

燃烧室出口温度场采用旋转测量耙测量，速度场用激光测速仪测量，配有燃气取样和成分分析系统。

附录 B
用于主动冷却的燃料基础特性的测量方法

对于超高温升发动机乃至未来的高马赫数空天飞行器,其燃烧室内的温度将高达3 000 K,远超一般金属材料的耐温极限。因此,利用发动机所携带的液体碳氢燃料的吸热能力实现燃烧室金属壁面的主动冷却技术(燃料在进入燃烧室燃烧之前,先流经燃烧室壁面内的冷却通道进行换热,通过从液态到气态的相变乃至高温裂解反应,带走大量的热量)成为目前的研究热点。

为了发展高效的主动冷却技术和设计方法,需要掌握碳氢燃料在有相变和裂解反应时的若干重要基础特性,包括高温密度、比定压热容、热沉、自着火特性和焦炭基础特性。

下面逐一论述这些基础特性的相关测量方法。

B.1 高温密度

高温密度是指超过液态碳氢燃料的临界温度乃至裂解温度时的气态密度。此时,燃料温度达到400~500℃,温度达到500~700℃时将发生裂解反应,燃料的组分和热物性均会发生很大的变化。

密度是流体流动及传热方程中的基本物性参数,也是实现许多物理量测量的前提。现有国标《液体石油化工产品密度测定法》(GB/T 2013—2010)提出的密度计法、U型振动管法和比重瓶法,仅适用于单相液体密度的离线静态测量,测量温度不超过200℃。因此,人们研究出了高温密度的孔板差压测量方法,其装置如图B.1所示。

该装置由供油系统、加热系统、冷却系统、分析系统四部分组成。待测燃料通过高压恒流泵,过滤杂质,流量、压力和温度测量后,输送至加热系统。通过变压器调节电加热器的功率,可将燃料温度升至设定温度 T_2,使其发生相变和裂解反应,然后经孔板流量计进入冷却系统,在冷凝器中与冷却水换热而降至室温。在分析系统中,背压阀用于控制系统压力。燃料经气液分离器分离后,气相产物经由液体

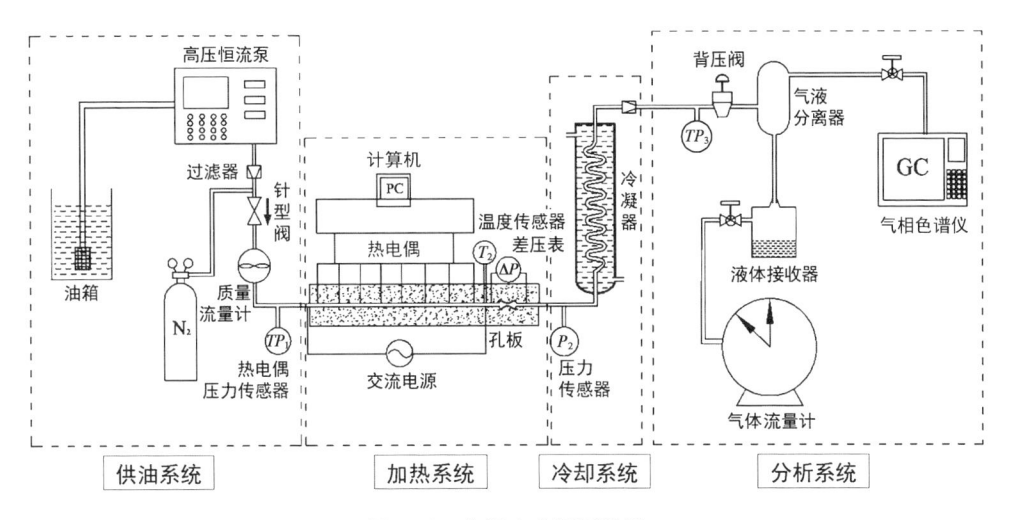

图 B.1　高温密度测量装置

接收器,通入湿式气体流量计测量体积流量,还可从另一路进入气相色谱仪测量组分。液相产物则留存在液体接收器中,供称重分析。

发生相变和裂解反应后的燃料高温密度,通过加热系统中的孔板流量计(图 B.2)节流孔前后的压差 Δp,不可压缩流体的连续性方程[式(B.1)]和伯努利方程[式(B.2)]测得。

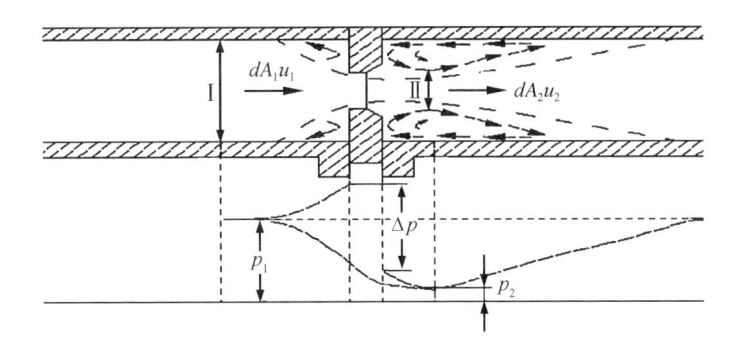

图 B.2　孔板流量计的工作原理图

不可压缩流体的连续性方程和伯努利方程分别为

$$u_1 \rho \frac{\pi D^2}{4} = u_2 \rho \frac{\pi d^2}{4} \tag{B.1}$$

$$\frac{p_1}{\rho} + \frac{u_1^2}{2} = \frac{p_2}{\rho} + \frac{u_2^2}{2} \tag{B.2}$$

式中,ρ——流体密度,kg/m³;

D——截面Ⅰ处的流束直径，m；
d——截面Ⅱ处的流束直径，m；
p——静压，Pa；
u——流体速度，m/s。

下标 1 和 2 分别对应截面Ⅰ和Ⅱ。由式(B.1)和式(B.2)可得质量流量：

$$\dot{m}_0 = \rho u_2 A_2 = \frac{1}{\sqrt{1-(d/D)^4}} \frac{\pi}{4} d^2 \sqrt{2\rho(p_1-p_2)} = \frac{1}{\sqrt{1-\beta^4}} \frac{\pi}{4} d^2 \sqrt{2\rho\Delta p} \tag{B.3}$$

式中，$\beta = d/D$。考虑到燃料高温裂解气的密度在孔板前后的微小变化，需要引入流出系数 C 对式(B.3)进行修正：

$$\dot{m} = C\dot{m}_0 \tag{B.4}$$

对于不可压缩流体，流出系数 C 主要与孔板结构有关。对于可压缩流体，需要进一步引入流束膨胀系数 ε 进行修正：

$$\dot{m} = C\varepsilon\dot{m}_0 = C'\dot{m}_0 \tag{B.5}$$

式中，C'——可压缩条件下($\varepsilon<1$)的流出系数。

由式(B.5)可得到高温密度：

$$\rho = \frac{8(1-\beta^4)}{\pi^2 d^4 \Delta p}\left(\frac{\dot{m}}{C'}\right)^2 \tag{B.6}$$

流出系数 C 和 C' 通常用已知密度的流体介质，在图 B.1 所示的高温密度测量装置上进行标定，给出它们与流动雷诺数 Re 的关系曲线。常用正癸烷液体和氮气，分别对不可压缩和可压缩两种情形进行标定。

正癸烷的黏度较大，所能达到的最大雷诺数 Re 约为 2 000。若要得到更高雷诺数下的流出系数 C，需要改用黏度更小的氮气。

与系统内的高压相比，孔板压差 Δp(小于 10 kPa)要小得多，孔板前后的密度变化可忽略，因此有

$$C' = \frac{4\dot{m}\sqrt{1-\beta^4}}{\sqrt{2}\pi d^2 \sqrt{\rho\Delta p}} \tag{B.7}$$

用氮气进行标定时，气瓶从供油系统中供入氮气，压力不超过 1 MPa，并加热到预定的温度，由此得到孔板压差 Δp 和湿式流量计测得的体积流量，再用理想气体状态方程(B.8)算出密度 ρ 和相应的质量流量 $\dot{m}$，即可由式(B.7)得到 C' 及其与管内流动雷诺数 Re 的关系。

理想气体状态方程为

$$\rho = \frac{Mp}{RT} \tag{B.8}$$

式中，p——孔板前端压力，Pa；

M——气体摩尔质量，g/mol；

R——气体常数，8.314 J/(mol·K)。

管内流动雷诺数 Re 为

$$Re = \frac{\rho u d}{\mu} \tag{B.9}$$

式中，u——流速，m/s；

μ——介质黏度，Pa·s；

d——孔板节流孔直径，m。

用液态正癸烷标定 C 是在常温加压（如 1 MPa）条件下进行的，需要预先测得正癸烷的常温密度，然后在同一个测量装置上，测得流经孔板的压差和质量流量，进而得到 C 与雷诺数的关系。根据上述高温密度测量方法和误差分析原理，可得密度测量的相对不确定度公式：

$$\xi_\rho = \pm (4\xi_{q_m}^2 + 4\xi_{C'}^2 + \xi_{\Delta p}^2)^{1/2} \tag{B.10}$$

式中，ξ_{q_m}——质量流量的相对不确定度；

$\xi_{C'}$——流出系数 C' 的相对不确定度；

$\xi_{\Delta p}$——孔板压差传感器的相对不确定度。

ξ_{q_m}、$\xi_{C'}$ 和 $\xi_{\Delta p}$ 的数值分别为±0.5%、±0.5%和±0.075%，根据现有仪表精度和测量方法，可得高温密度测量的相对不确定度 $\xi_\rho = \pm 1.42\%$。若取置信因子 $k=2$，则 $\xi_\rho = \pm 2.84\%$。

总体而言，用孔板差压法测量燃料高温密度的准确性较高，对不同流体的适用性较好。由图 B.3 可见，正癸烷、甲基环己烷、航空煤油 RP-3 等三种化合物的相对测量偏差 δ 均在±0.5%。

苯在高温条件下性质稳定，基本不裂解，且相关数据非常丰富和完整，因此可作为标准物质来检测孔板差压法测量高温密度的可行性和可靠性。

图 B.4 给出了孔板差压法测量的两个压力下苯的密度与温度的关系曲线（试验值），并与文献[1]中的数据和美国国家标准技术研究所（National Institute of Standards and Technology, NIST）的数据库 Supertrapp[2] 进行比较。曲线迅速下降对应着苯的相变。由图可见，试验值与其他两套数据相当吻合，只在 $p=5$ MPa 时略微偏高，相对于 Supertrapp 值正偏差在 4%以内，负偏差在 1%以内。由此可见，

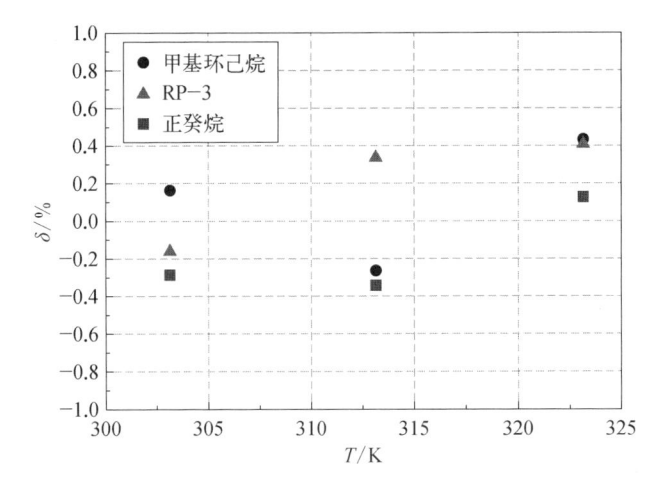

图 B.3 三种碳氢化合物密度的相对测量偏差

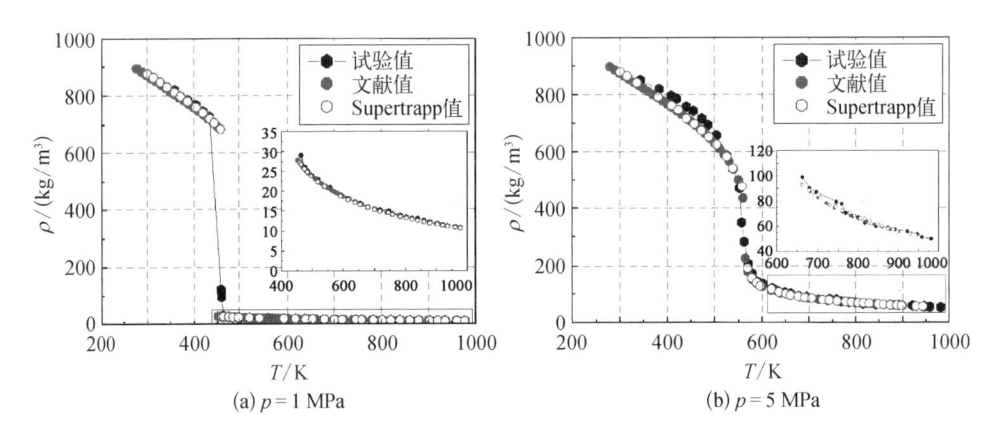

(a) $p = 1$ MPa   (b) $p = 5$ MPa

图 B.4 苯的密度随温度的变化

孔板差压法测量高温密度有足够的准确性。

由图 B.5 可见,在温度区间 $T = 553 \sim 573$ K 之外,三次测量的相对偏差 $\leqslant \pm 0.7\%$,说明孔板差压法的测量重复性好,精密度高。而在温度区间 $T = 553 \sim 573$ K,相对偏差达到 8%,恰好位于苯的临界点(563 K,4.92 MPa)附近,这是密度对温度和压力的微小变化十分敏感所导致的。

图 B.6 为不同质量流量和压力条件下,航空煤油 RP-3 的密度-温度曲线。由图可见两种情况:① 密度变化经历液相、相变和气相三个阶段;② 压力的影响远比质量流量的影响大,且主要表现在相变阶段之后,即对应于 3.5 MPa 的密度,不仅下降平缓,且数值比 2 MPa 下的密度要高,此时的压力已高于燃料的超临界压力。

以上结果表明,本节介绍的孔板差压法测量高温密度是可行和准确的。

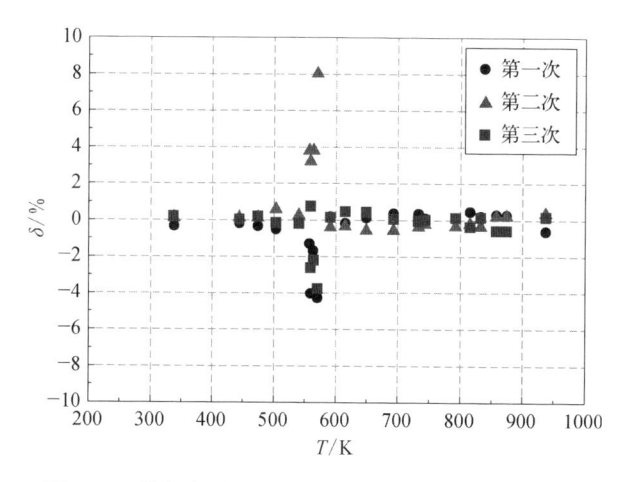

图 B.5　苯密度测量的重复性误差（条件：$p=5$ MPa）

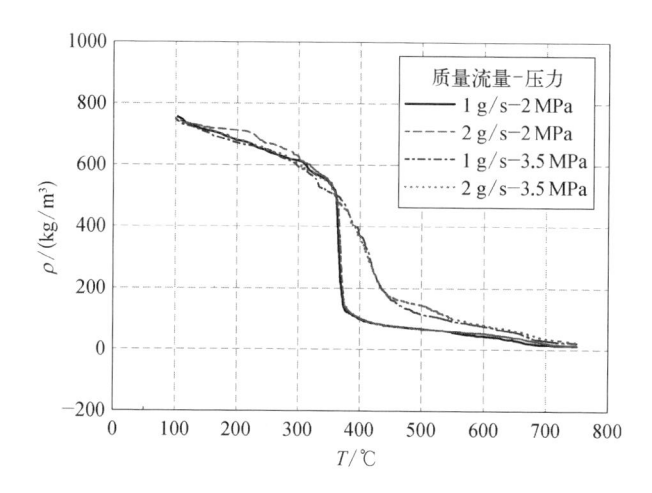

图 B.6　航空煤油 RP-3 的密度-温度曲线

B.2　比定压热容

图 B.7 为高温高压条件下航空碳氢燃料的比定压热容测量装置，该装置满足测量准确性、经济性和可操作性的要求。该装置由两个不锈钢流量通道组成。通道 I 可通过电加热系统将燃料加热至目标温度 T_1，而通道 II 只提供用于混合的燃料。两个通道均有高压恒流泵和质量流量计。背压阀用于调控系统的压力，并通过前、中、后三个压力传感器测量压力的变化。在混合腔进出口有三根 K 型铠装式热电偶测量燃料混合前后的温度。混合后的燃料流经水冷换热器、过滤器、背压阀等部件后流入废液收集器。整个系统的电压、电流、温度、质量流量等测量信号均

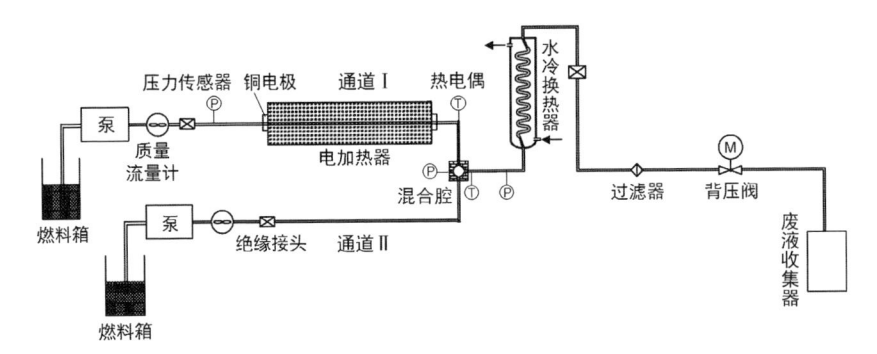

图 B.7　高温高压条件下航空碳氢燃料的比定压热容测量装置

通过数据采集系统实时采集与记录,并显示在计算机屏幕上。

燃料比定压热容的测量方法如下。

设通道Ⅰ和Ⅱ的燃料质量流量分别为 $\dot{m}_{\rm I}$ 和 $\dot{m}_{\rm II}$,初温为 T_0,在混合腔混合后的温度为 $T_{\rm m}$。由两个通道的冷热燃料在混合腔混合前后的能量守恒可得

$$\dot{m}_{\rm I} Q_{\rm I} = (\dot{m}_{\rm I} + \dot{m}_{\rm II}) Q_{\rm m} + Q_{\rm h} \tag{B.11}$$

式中,$Q_{\rm I}$——通道Ⅰ中单位质量的燃料从 T_0 升至 $T_{\rm I}$ 所吸收的热量,J;

$Q_{\rm m}$——单位质量的燃料从 T_0 升至 $T_{\rm m}$ 所吸收的热量,J;

$Q_{\rm h}$——混合腔的散热损失,J。

进一步提高通道Ⅰ的加热功率,而流量 $\dot{m}_{\rm I}$ 保持不变,使燃料温度从 $T_{\rm I}$ 升至 $T'_{\rm I}$(增加 10~15 K);同时,将通道Ⅱ的流量从 $\dot{m}_{\rm II}$ 升至 $\dot{m}'_{\rm II}$,以保证混合腔出口温度 $T_{\rm m}$ 不变。新的能量平衡为

$$\dot{m}_{\rm I} Q'_{\rm I} = (\dot{m}_{\rm I} + \dot{m}'_{\rm II}) Q_{\rm m} + Q'_{\rm h} \tag{B.12}$$

式中,$Q'_{\rm I}$——通道Ⅰ中单位质量的燃料从 T_0 升至 $T'_{\rm I}$ 所吸收的热量,J;

$Q'_{\rm h}$——混合腔的散热热量,J。

两次升温过程中冷热燃料混合的温度 $T_{\rm m}$ 不变,因此 $Q_{\rm h} = Q'_{\rm h}$。联立式(B.11)和式(B.12)可得

$$\dot{m}_{\rm I}(Q'_{\rm I} - Q_{\rm I}) = (\dot{m}'_{\rm II} - \dot{m}_{\rm II}) Q_{\rm m} \tag{B.13}$$

由比定压热容的定义可知:

$$(Q'_{\rm I} - Q_{\rm I}) = c_p (T'_{\rm I} - T_{\rm I}) \tag{B.14}$$

因此,燃料的比定压热容为

$$c_p = \frac{\dot{m}'_{\rm II} - \dot{m}_{\rm II}}{\dot{m}_{\rm I}(T'_{\rm I} - T_{\rm I})} Q_{\rm m} \tag{B.15}$$

这里,两次升温的平均值 $T = (T_{\rm I} + T'_{\rm I})/2$ 为对应的定性温度。

由式(B.15)可知,通过不断升温和重复上述测量步骤,只要已知两次加热之间的燃料温升 $\Delta T = T_\text{I}' - T_\text{I}$ 和用于掺冷的燃料流量差 $\Delta \dot{m}_\text{c} = \dot{m}_\text{II}' - \dot{m}_\text{II}$,即可得到某个压力下燃料比定压热容与其温度的关系。将式(B.15)改为通用表达式,且令 $\dot{m}_\text{I} = \dot{m}_\text{h}$,有

$$c_p = \frac{\Delta \dot{m}_\text{c}}{\dot{m}_\text{h} \Delta T} Q_\text{m} = f(T, p) \tag{B.16}$$

式中,下标 c——用于掺冷的燃料部分;

下标 h——被加热的燃料部分。

式(B.16)中的 Q_m 用以下方法确定。

只用图 B.7 装置的通道 I,在电加热器内的不锈钢管外壁上,每隔 2 cm 焊一热电偶,将质量流量为 $\dot{m}_\text{h}$ 的燃料从 T_0 升至 T_m,记录加热功率和加热管壁面温度,由能量守恒可得

$$Q_\text{m} = (UI \times 10^{-3} - \phi_\text{loss})/\dot{m}_\text{h} = \frac{\Delta P}{\dot{m}_\text{h}} \tag{B.17}$$

式中,U——加热电压,V;

I——加热电流,A;

ϕ_loss——升温过程中系统的散热损失,W。

ϕ_loss 可先通过空管试验进行标定,即加热内部无燃料流过的空管,获得加热功率与壁面温度的关系,再对此前加热燃料得到的壁面温度分布进行积分即可得到。

将式(B.17)代入式(B.16)可得

$$c_p = \frac{\Delta \dot{m}_\text{c} \Delta P}{\dot{m}_\text{h}^2 \Delta T} \tag{B.18}$$

纯水的结构简单,加热后不发生任何裂解反应,目前已有大量比定压热容数据可供比较,因此以纯水作为标准物质对上述测量装置进行标定。由表 B.1 的标定结果可知,测量值与文献参考值的平均相对偏差为 2.08%,表明了提出的比定压热容测量方法的合理可行。

表 B.1 水的比定压热容测量值与文献参考值[3]的对比(条件: $p = 3.0$ MPa)

序号	温度 T/K	$c_{p,w}/[\text{kJ}/(\text{kg} \cdot \text{K})]$ 测量值	参考值[3]	相对偏差 $\delta/\%$
1	305.9	4.29	4.17	2.87
2	315.6	4.05	4.17	−2.77

续 表

序 号	温度 T/K	$c_{p,w}$/[kJ/(kg·K)] 测量值	$c_{p,w}$/[kJ/(kg·K)] 参考值[3]	相对偏差 δ/%
3	325.4	4.06	4.17	−2.74
4	335.8	4.25	4.18	1.73
5	345.8	4.14	4.18	−0.98
6	354.0	4.33	4.19	3.31
7	366.2	4.12	4.20	−1.84
8	381.2	4.31	4.21	2.32
9	394.4	4.14	4.24	−2.27
10	407.3	4.23	4.25	−0.43
11	419.9	4.24	4.29	−1.26
12	433.9	4.22	4.32	−2.38

表 B.1 中所有数据的平均绝对相对偏差(average absolute relative deviation, AARD)和最大绝对相对偏差(maximum absolute relative deviation, MARD)计算公式为

$$\text{AARD} = \frac{1}{n} \sum_{i=1}^{n} \left(\left| \frac{c_{p,\text{exp},i}}{c_{p,\text{ref},i}} - 1 \right| \right), \quad n = 12 \tag{B.19}$$

$$\text{MARD} = \text{MAX}\left(\left| \frac{c_{p,\text{exp},i}}{c_{p,\text{ref},i}} - 1 \right| \right), \quad i = 1, 2, \cdots, n \tag{B.20}$$

采用上述装置和方法测得的航空煤油 RP-3 比定压热容如表 B.2 所示。

表 B.2 航空煤油 RP-3 的比定压热容

T/K	c_p/[kJ/(kg·K)]	T/K	c_p/[kJ/(kg·K)]	T/K	c_p/[kJ/(kg·K)]	T/K	c_p/[kJ/(kg·K)]
p=2.4 MPa		p=3.0 MPa		p=3.5 MPa		p=4.0 MPa	
296.2	2.08	296.5	2.14	300.7	2.16	302.5	2.17
305.6	2.08	325.6	2.17	306.6	2.16	319.5	2.19
315.4	2.06	344.0	2.26	323.2	2.16	333.5	2.21

续 表

T/K	$c_p/[\text{kJ}/(\text{kg}\cdot\text{K})]$	T/K	$c_p/[\text{kJ}/(\text{kg}\cdot\text{K})]$	T/K	$c_p/[\text{kJ}/(\text{kg}\cdot\text{K})]$	T/K	$c_p/[\text{kJ}/(\text{kg}\cdot\text{K})]$
\multicolumn{2}{c|}{$p=2.4\text{ MPa}$}	\multicolumn{2}{c|}{$p=3.0\text{ MPa}$}	\multicolumn{2}{c|}{$p=3.5\text{ MPa}$}	\multicolumn{2}{c}{$p=4.0\text{ MPa}$}
324.7	2.05	364.7	2.30	339.4	2.20	352.5	2.31
335.2	2.03	375.2	2.34	357.6	2.26	367.3	2.33
346.6	2.10	386.0	2.40	372.0	2.37	381.5	2.41
357.8	2.13	409.2	2.47	383.6	2.45	394.4	2.47
367.6	2.15	421.9	2.54	396.4	2.47	416.4	2.53
376.5	2.20	435.3	2.70	408.5	2.51	431.9	2.62
387.3	2.24	463.1	2.74	420.1	2.57	450.0	2.78
395.9	2.26	476.8	2.89	430.7	2.65	468.0	2.89
403.6	2.32	487.7	2.97	441.6	2.72	480.4	3.05
412.5	2.38	517.7	3.18	452.2	2.80	490.9	3.11
437.5	2.46	542.9	3.31	465.7	2.82	500.6	3.16
459.5	2.54	570.7	3.48	478.5	2.88	517.7	3.30
473.4	2.61	582.9	3.54	490.1	3.01	540.1	3.36
486.7	2.77	596.4	3.63	499.7	3.05	550.3	3.46
494.2	2.82	609.7	3.73	509.8	3.20	561.0	3.48
501.9	2.96	621.6	3.82	521.7	3.25	570.6	3.59
528.7	3.06	633.3	4.19	533.8	3.28	580.3	3.65
547.8	3.15	647.7	4.32	547.1	3.33	600.4	3.71
570.8	3.28	655.0	5.15	563.6	3.36	615.2	3.86
590.6	3.43	666.1	6.05	579.5	3.38	626.9	4.00
603.2	3.61	670.6	7.42	592.0	3.46	637.6	4.17
620.4	4.08	675.5	6.17	605.3	3.55	647.4	4.18
631.4	4.39	680.9	5.66	618.4	3.65	657.4	4.27
636.7	4.78	688.2	4.92	629.2	3.89	667.7	4.51
647.6	6.33	693.1	4.47	641.0	3.96	677.5	4.71

续表

T/K	$c_p/[\text{kJ}/(\text{kg}\cdot\text{K})]$	T/K	$c_p/[\text{kJ}/(\text{kg}\cdot\text{K})]$	T/K	$c_p/[\text{kJ}/(\text{kg}\cdot\text{K})]$	T/K	$c_p/[\text{kJ}/(\text{kg}\cdot\text{K})]$
$p=2.4$ MPa		$p=3.0$ MPa		$p=3.5$ MPa		$p=4.0$ MPa	
652.6	11.17	704.3	4.38	652.5	4.17	688.2	4.94
656.3	9.56	—	—	662.4	4.36	694.2	5.11
661.2	5.70	—	—	672.1	4.56	698.6	4.93
670.5	4.74	—	—	678.8	4.71	709.7	4.73
682.7	4.30	—	—	682.6	5.96	719.0	4.61
692.1	4.07	—	—	689.5	5.32	—	—
702.7	3.85	—	—	696.9	5.03	—	—
—	—	—	—	700.6	4.92	—	—
—	—	—	—	708.5	4.55	—	—

由图 B.8 航空煤油 RP-3 的比定压热容可见,在不同压力下,表 B.2 测量值与文献[4]不仅定量吻合,而且在航空煤油 RP-3 的临界点(644.35 K,2.33 MPa)处的峰位置也一致,只是不同测量方法会得出不同的峰值。

将图 B.8(a)~(d)合并成图 B.9 后,可明显看出压力的影响。在低于临界温度的区域,航空煤油 RP-3 的比定压热容曲线基本重合,几乎与压力无关。但临界点的峰值会随压力的升高而降低,其位置会向高温方向移动。在更高温度下,燃料将发生高温裂解反应而改变组分,进而影响比定压热容测量的准确性。

燃料的质量流量和温度以及加热功率都会影响比定压热容的测量准确性,因此其相对不确定度公式为

$$u_r(c_p) = \sqrt{\left(\frac{\delta\Delta\dot{m}_c}{\Delta\dot{m}_c}\right)^2 + \left(\frac{\delta\Delta P}{\Delta P}\right)^2 + 4\left(\frac{\delta\Delta\dot{m}_h}{\Delta\dot{m}_h}\right)^2 + \left(\frac{\delta\Delta T}{\Delta T}\right)^2} \quad (\text{B.21})$$

扩展相对不确定度为

$$U_r(c_p) = ku_r(c_p) \quad (\text{B.22})$$

式(B.22)中的置信因子 k 一般取 2 或 3,分别对应 95% 或 99% 的置信度。由式(B.21)可得相对不确定度 $u_r(c_p) = \pm 3.19\%$,当 $k=2$ 时,扩展相对不确定度 $U_r(c_p) = \pm 6.38\%$。

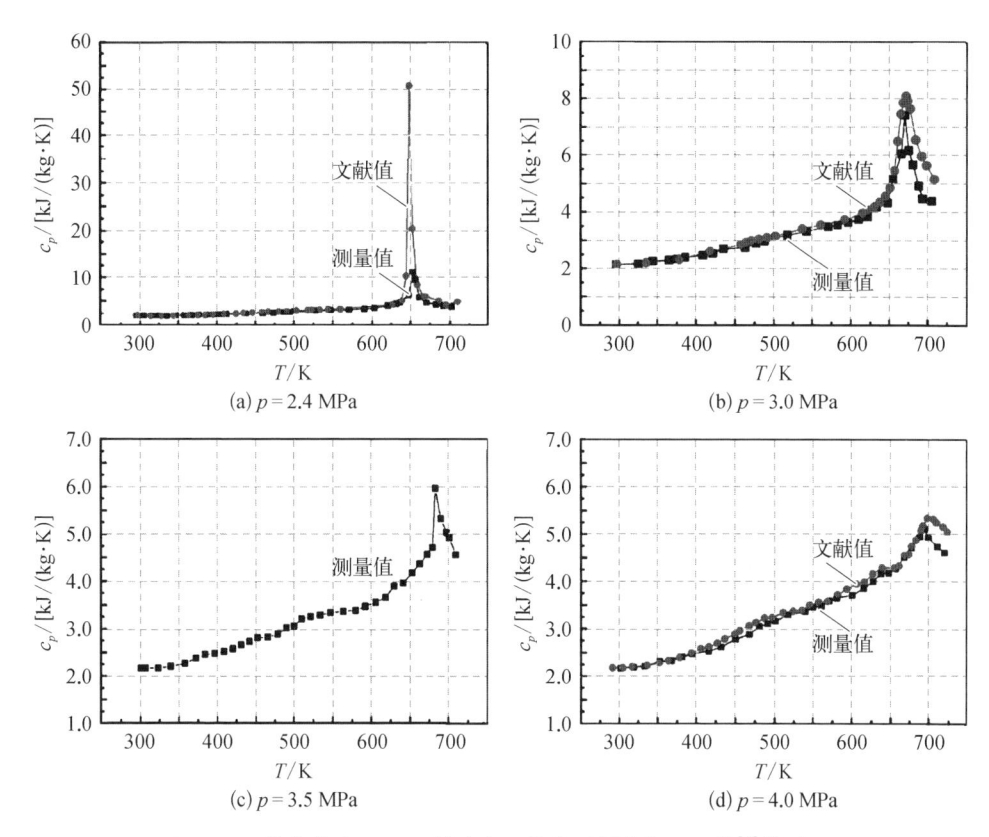

图 B.8　航空煤油 RP-3 的比定压热容测量值与文献值[4]的对比

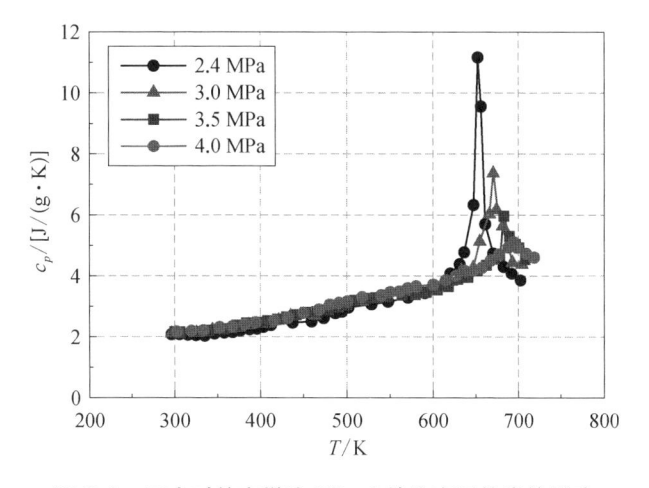

图 B.9　压力对航空煤油 RP-3 的比定压热容的影响

表 B.2 的比定压热容数据(88 个)可进一步拟合成关于温度与压力的多项式经验公式[5],压力范围为 2.4~4.0 MPa,温度范围为 296.2~609.7 K,低于临界温度,公式如下:

$$c_p = a_0 + a_1 T + a_2 T^2 + a_3 T^3 + a_4 T p \tag{B.23}$$

式中,拟合系数 $a_i(i=0,1,2,3,4)$ 的数值如表 B.3 所示。

表 B.3 拟合系数 a_i 的数值

a_0	a_1	a_2	a_3	a_4
6.205 43	−0.033 22	7.82×10^{-5}	−5.26×10^{-8}	2.81×10^{-4}

式(B.23)的拟合精度较高。由图 B.10 可见,拟合值与试验值的相对偏差大多处于±2%,最大为 4.90%。

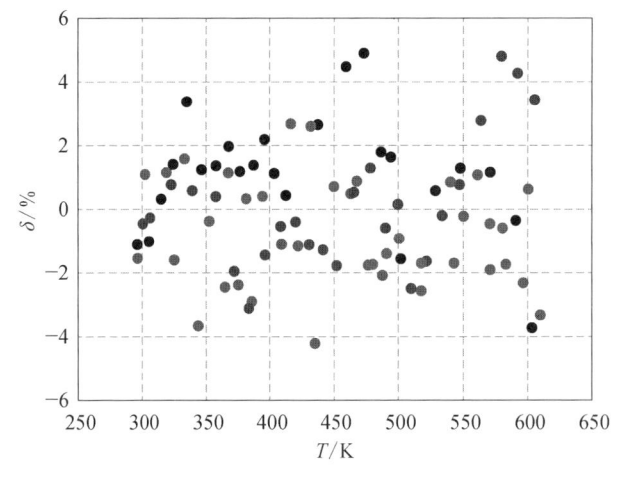

图 B.10 航空煤油 RP-3 比定压热容的拟合值与试验值的相对偏差 δ

B.3 热　　沉

热沉定义为单位质量的吸热型碳氢燃料所吸收的热量,单位为 MJ/kg。它是衡量燃料吸热能力的重要指标。

热沉由物理热沉和化学热沉两部分组成。物理热沉是指通过升温和相变(气化)等物理过程所吸收的热量,即显热和汽化潜热。化学热沉则是指燃料在高温条件下,发生裂解反应时所吸收的热量。

碳氢燃料热沉的测量原理：通过加热、裂解和冷却过程的热平衡求得其物理热沉，通过测量燃料和裂解后气液产物的标准燃烧焓[高位发热量（high heating value，HHV）]获得其化学热沉。

图 B.11 为吸热型碳氢燃料热沉的测量装置，其主要由供油系统、加热系统、冷却系统和分析系统四部分组成。

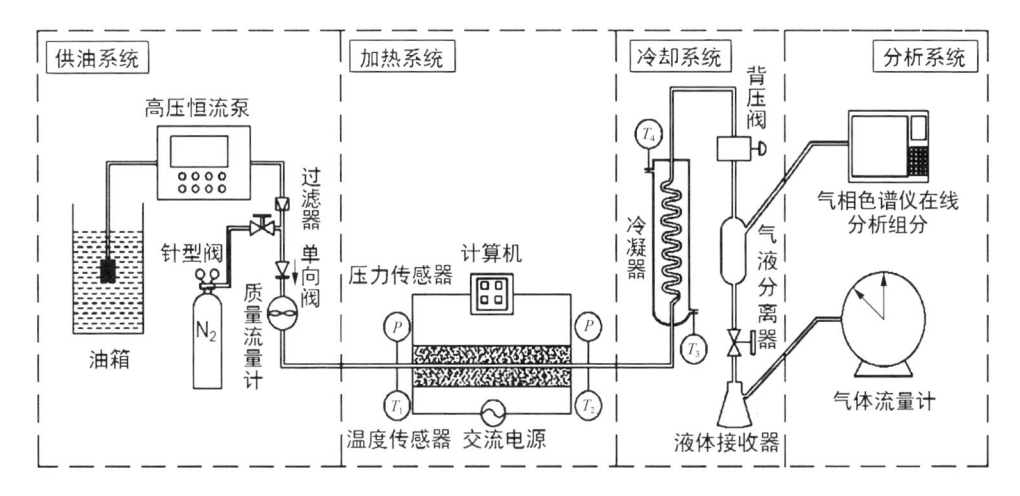

图 B.11　吸热型碳氢燃料热沉的测量装置

其中，供油系统包括燃料箱（油箱）、燃油管路、高压恒流泵、质量流量计、过滤器和单向阀，并在燃料在进入加热系统之前，测取其质量流量、压力和温度。

加热系统通过控制输出电流，直接加热燃料管路，使燃料升温、气化直至发生热裂解反应，并测取燃料加热后的压力和温度。

冷却系统采用循环水冷凝器将高温裂解产物的温度降至室温，并经气液分离器，将气相产物和液相产物分别通往湿式气体流量计和液体接收器。

分析系统测量气相产物的体积流量，用气相色谱仪在线分析组分，可在线进行或用气样袋取样。色谱仪以高纯氮为载气，可用 Agilent HP－Al/S 毛细管柱（规格：50 m×0.53 mm×15 μm）和氢火焰离子化检测器分析小分子烃类，用热导检测器检测氢气，燃料和液相产物用试管收集后，用氧弹式量热计进行燃烧热测定。

图 B.12 为热沉测量过程中，燃料经历高温裂解和燃烧时的温度、压力变化和焓变。

燃料的初始温度和压力分别为 300 K 和 100 kPa，基本为标准状态。先经加热裂解，形成温度达到 1 000 K、压力达到 5 MPa 的高温高压裂解气。再经等压降温冷却过程，温度降至 300 K。通过背压阀和气液分离器，气相和液相产物的温度和压力重新达到初始的标准状态。每经历一个过程，燃料的焓值都发生变化。其中，ΔH_1 为燃料的总焓升即总热沉，ΔH_2 为高温裂解产物冷凝过程的焓变，ΔH_3 为冷态

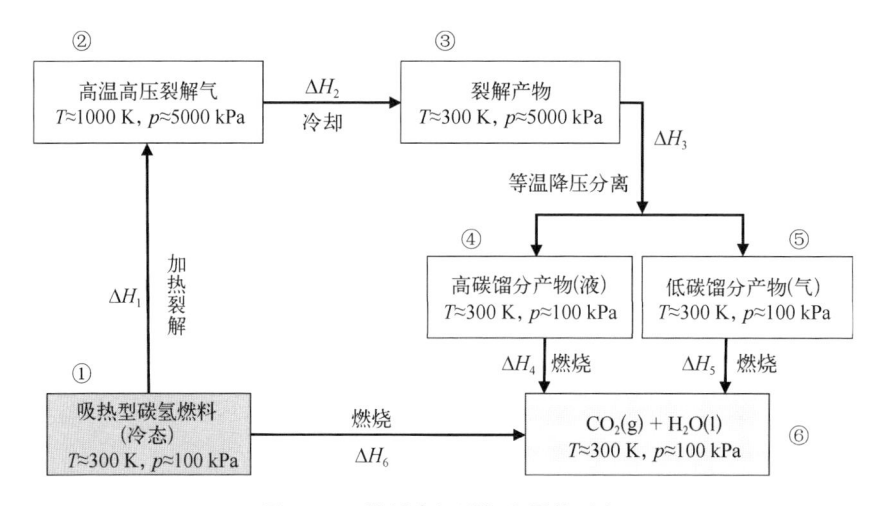

```
         ②
  ┌──────────────┐    ΔH₂    ┌──────────────┐
  │  高温高压裂解气 │ ───────→ │   裂解产物    │
  │ T≈1000 K,     │   冷却    │ T≈300 K,     │
  │ p≈5000 kPa   │          │ p≈5000 kPa   │
  └──────────────┘          └──────────────┘
         ↑                         │ ΔH₃
         │                         ↓
       ΔH₁  加                等温降压分离
            热            ④            ⑤
            裂      ┌──────────┐  ┌──────────┐
            解      │高碳馏分产物│  │低碳馏分产物│
         ①         │   (液)    │  │   (气)    │
  ┌──────────────┐ │T≈300 K,  │  │T≈300 K,  │
  │ 吸热型碳氢燃料 │ │p≈100 kPa │  │p≈100 kPa │
  │    (冷态)    │ └──────────┘  └──────────┘
  │ T≈300 K,     │    ΔH₄ 燃烧      ΔH₅ 燃烧
  │ p≈100 kPa   │      ↓              ↓
  └──────────────┘  ┌────────────────────┐
         │  燃烧   │ CO₂(g) + H₂O(l)    │ ⑥
         └──────→  │ T≈300 K, p≈100 kPa │
           ΔH₆     └────────────────────┘
```

图 B.12 燃料高温裂解和燃烧过程

裂解产物气液分离过程的焓变。燃料及裂解后的液相产物(多为高碳馏分)和气相产物(多为低碳馏分)均有各自的燃烧焓,即 HHV,分别对应 ΔH_6 和 ΔH_4、ΔH_5,可通过完全燃烧即图 B.12 中①~⑥的过程测得。

这些焓变的相互关系为

$$\Delta H_1 = \Delta H_6 - (\Delta H_2 + \Delta H_3 + \Delta H_4 + \Delta H_5) \tag{B.24}$$

其中,化学热沉为

$$\Delta H_{\text{chem}} = \Delta H_6 - (\Delta H_4 + \Delta H_5) \tag{B.25}$$

物理热沉为

$$\Delta H_{\text{phys}} = -(\Delta H_2 + \Delta H_3) \tag{B.26}$$

总热沉则为

$$\Delta H_1 = \Delta H_{\text{phys}} + \Delta H_{\text{chem}} \tag{B.27}$$

各部分焓变的测量方法如下。

冷凝焓变 ΔH_2:先用温度计精确测量图 B.11 中冷凝器循环水的进出口温度,再用热电偶测量碳氢燃料进入冷凝器前后的温度,最后根据燃料和冷却水的流量确定焓变。

分离焓变 $\Delta H_3 \approx 0$:冷态裂解产物的气液分离是等温降压过程,由热力学可知,其中的液体焓变可忽略不计,气体可近似按理想气体处理,因此焓变为零。

液相产物燃烧焓 ΔH_4 和 ΔH_6:用氧弹式量热计进行离线测量。先用标准物苯甲酸对量热计进行校准,然后对被测液体准确称重,并称取燃火丝和棉线的质量,装入氧弹瓶,充入 2 MPa 的氧气,再放入内筒,筒内注入 3 L 水。接通电源,启动数据采集程序,每 30 s 记录一次数据,搅拌 15 min 后点火,点火 30 min 后结束,由内筒水温升曲线可计算出燃烧焓。

气相产物燃烧焓 ΔH_5:将气体通入气相色谱仪,根据不同组分的特征出峰时间识别色谱峰,用仪器标定的响应因子计算含量,再用 NIST 数据库中各组分的燃烧热计算 ΔH_5。

图 B.13 给出了采用上述方法测量的物理热沉、化学热沉和总热沉随温度的变化。由图可见,三次测量的数据重复性很好。其中,物理热沉随温度单调升高,化学热沉起初基本为零,在温度为 400~600℃ 降为负值,600℃ 以后则骤然单调升高。两者之和的总热沉仍单调升高,但明显可见以 600℃ 为界的两个阶段,升高速率先小后大。

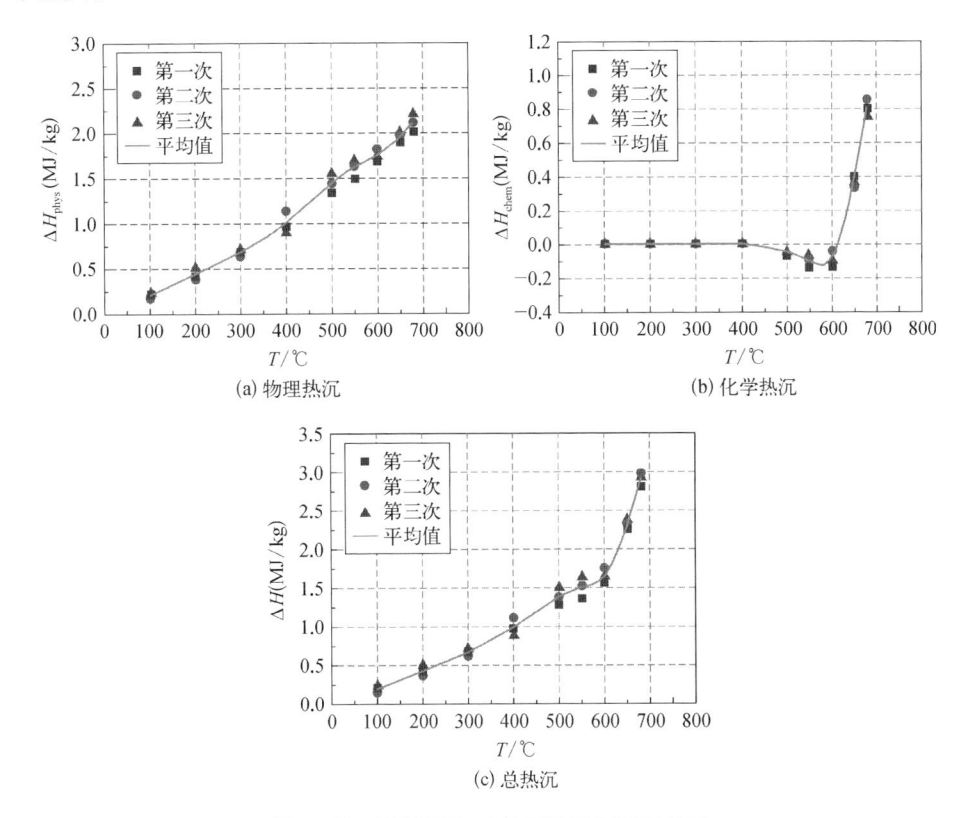

图 B.13　燃料 HT-1 热沉的重复测量结果

多次测量的数据重复性程度也用相对不确定度(标准差)来衡量,即

$$s(x_i) = \sqrt{\frac{1}{n-1}\sum_{i=1}^{n}(x_i - \overline{x})^2} \quad (B.28)$$

式中,x_i——等精度下第 i 次的测量值;

$\bar{x}$——n 次测量值的平均值。

据统计,冷凝器循环水量的测量重复性误差 $s \approx 0.10\%$,由此引起热沉变化 0.01 MJ/kg,其重复性误差为 0.30%;燃料热值的重复性误差也在 0.10%,当燃料温度为 720℃时,热沉会变化 0.03 MJ/kg,即误差为 0.90%,可见热沉对燃料热值的测量重复性比对循环水量更敏感。气相产物的组分测量用的是 GC-2000Ⅲ型气相色谱仪,相应的热值源于 NIST 数据库,产气率可通过延长测量时间来保证准确性,这些因素导致的热沉误差可控制在 1.0%以内。热值是一个大数,因此综合造成的热沉误差小于 3.0%。

用上述装置和方法测量燃料物理热沉、化学热沉和总热沉,当对应热沉测量范围分别为 0~2.3、-0.2~0.9 和 0~3.0 时,相对标准不确定度分别为±6%、±3%和±7%。由此可见,测量的精确度和重现性较好。

用上述装置和方法测量航空煤油 RP-3 的物理热沉、化学热沉和总热沉,结果如图 B.14 所示。可见,航空煤油 RP-3 与燃料 HT-1(图 B.13)的热沉变化趋势相同,物理热沉随温度升高基本呈线性增加,而化学热沉在 500℃之前一直为零,在 500~650℃时出现微小负值,在 650℃之后,快速升高,因此导致总热沉以 650℃为界,分为缓升和急升两个区。在 700℃时,航空煤油 RP-3 的总热沉达到 2.5 MJ/kg。

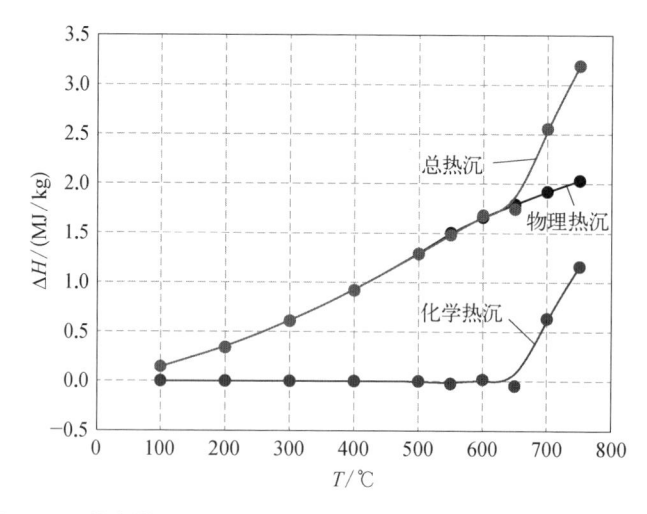

图 B.14 航空煤油 RP-3 的热沉(条件:$p = 3.5$ MPa,$\dot{m}_f = 1.0$ g/s)

B.4 自着火特性

燃料的自着火是指无须外界输入点火能量,当压力和温度达到一定程度时,燃料与氧化剂混合物自动起燃的现象。自着火特性是燃烧的基础问题,也是发动机燃烧室设计的重要依据。自着火属于典型的非定常现象,研究这个问题可揭示着火阶段的细节,有助于发展相应的人工干预方法。

衡量燃料自着火特性的重要指标是着火延迟时间 τ_{ign},着火延迟时间 τ_{ign} 反映了燃料着火的难易程度,同时也反映了着火前后一些中间体如 OH^*、CH^*、C_2^* 等自由基浓度随时间的演变,以及主要燃烧产物如 CO、CO_2 和 H_2O 的浓度,都是研究燃烧反应动力学的重要数据。

目前,研究自着火反应动力学最有效的方法之一是激波管技术结合光学诊断方法。

激波管的工作原理为:在一根两端封闭、内径为几厘米到几十厘米不等的长管内(图 B.15),用膜片隔成高压段(驱动段)和低压段(被驱动段)两部分。工作时,在高压段内充入氦气或压缩空气,在低压段内充入被测的可燃混合物。压差超过膜片的承载极限后,膜片破裂,管内会迅速形成激波向低压段传播,抵达低压段端面后又会形成反射激波。在激波的强大压缩作用下,形成可发生自着火的高温高压环境,激波管的优点如下。

(1) 温度和压力极高:温度可达上万度,压力可达上千个大气压。

(2) 压缩加热极为迅速:加热时间在微秒量级,特别适合燃烧反应动力学研究。

(3) 激波强度可控:使用不同规格的聚酯塑料薄膜或金属膜,可调控高压驱动气体的破膜压力,可在较大范围内调节激波马赫数,获得预期的加热温度和压力。

(4) 加热均匀:管内流动可视为一维非定常流动。

图 B.15 激波管照片

B.4.1 着火延迟时间测量

测量燃料着火延迟时间的试验系统如图 B.16 所示。

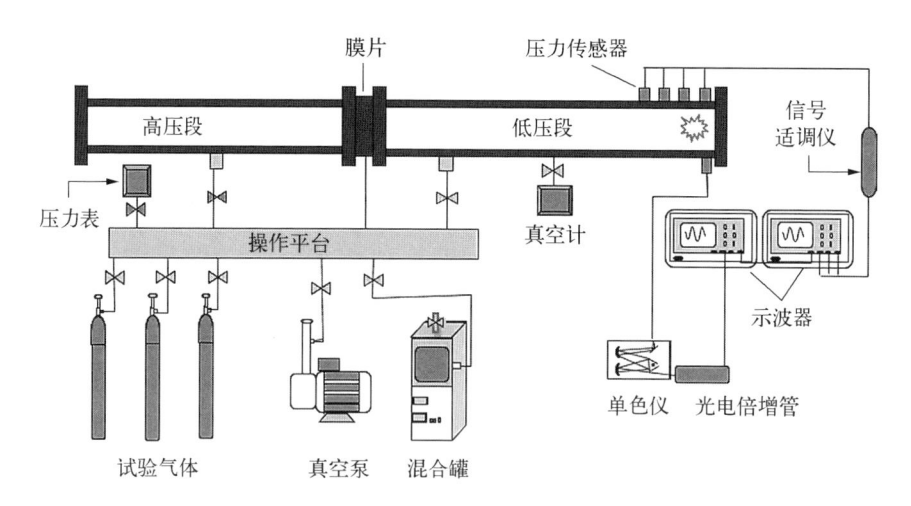

图 B.16　测量燃料着火延迟时间的试验系统

该系统由激波管、配气系统、压力测量系统和光学测量系统组成。

试验过程包括以下几个步骤。

（1）用电加热的方法加热激波管和混合罐，并保持温度稳定，温度最高可达 200℃。将燃料、氧化剂和稀释剂按照试验需求比例加入混合罐中，使燃料气化，静置数小时，保证混合均匀。

（2）将激波管先抽真空，然后在高压段、低压段分别充入驱动气体和可燃混合物；控制好两段气体压差，使膜片发生破裂，能在低压段形成激波。

（3）在低压段内壁沿轴向安装四个压力传感器，当激波经过时，产生压力信号并触发示波器，由此获得激波经过的时间，通过外推法计算出激波到达光学窗口处的速度，再根据一维正激波关系得到着火时的温度和压力。

（4）在光学窗口处，通过光纤将着火时自由基的单色光信号接入单色仪，经光电倍增管转换为电信号，最终在示波器上得到着火延迟时间 τ_{ign}。单色仪上的出射波长设置为待测自由基的特征波长，如自由基 CH^*、OH^* 的特征波长分别为 431 nm、306 nm。

着火延迟时间 τ_{ign} 定义为反射激波到达测量点和发生着火点之间的时间间隔，分别以出现压力信号和单色光信号的阶跃为标志。图 B.17 给出了用以判断着火延迟时间的典型信号变化。由图可明显看出激波到达测量点时，压力信号出现的第一个阶跃，此时 $t=0$ ms。经过 818 ms 后，自由基 CH^* 和 OH^* 的光信号曲线同时阶跃。

碳氢燃料的着火延迟时间与温度和压力密切相关。在高温情况下（一般大于

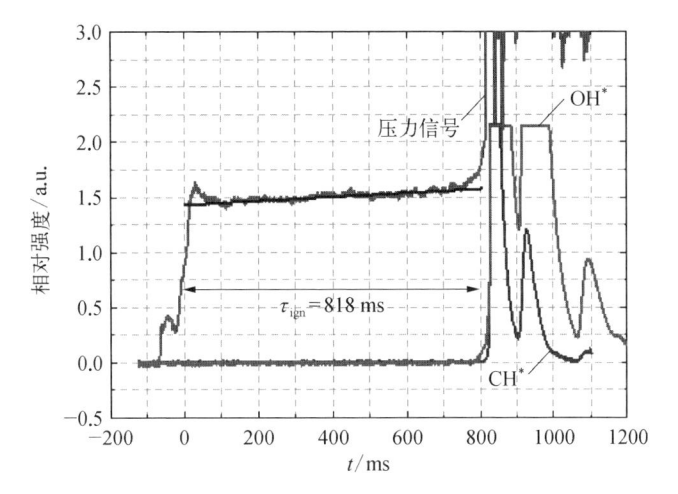

图 B.17 激波管压力信号和自由基信号曲线

1 000 K),温度升高将会提高燃烧反应速率,着火延迟时间 τ_{ign} 随之呈指数缩短,因此着火延迟时间 τ_{ign} 与温度的关系满足阿伦尼乌斯(Arrhenius)定律。但当温度偏低时,可能出现着火延迟时间 τ_{ign} 随温度上升而延长的现象,即负温度系数效应,如图 B.18 所示。

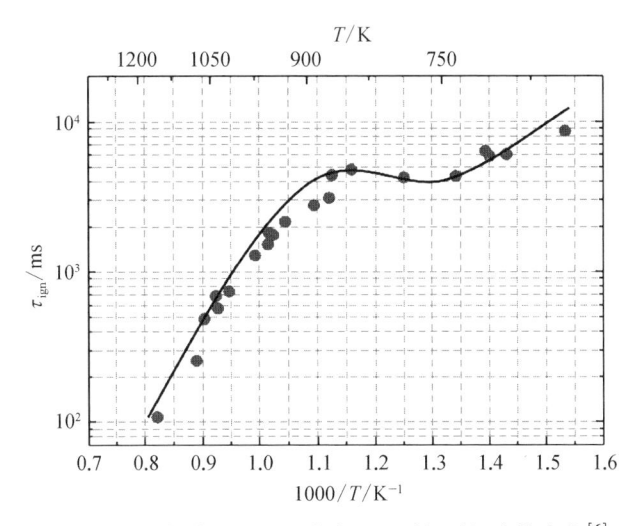

图 B.18 航空煤油 RP-3 着火延迟时间随温度的变化[6]

B.4.2 自由基测量

图 B.19 为正癸烷在激波管中的燃烧发射光谱,由图明显可见 OH^*、CH^*、C_2^* 三种自由基的相对强度随时间的变化。这是将光纤信号引入光谱仪,在不同时刻启动增强型 CCD 相机的快门得到的结果。若采用高分辨谱仪系统,则能捕捉到自由基的高分辨电子-振动-转动跃迁光谱,结合分子结构理论和光谱分析,可得到相应的转动温度和振动温度。

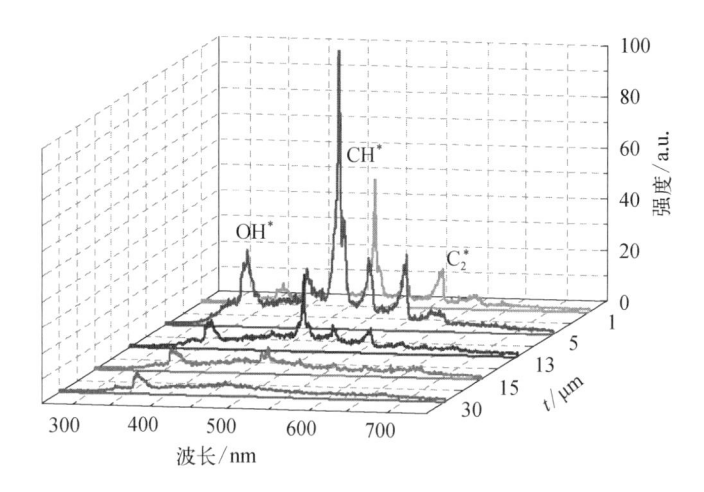

图 B.19 正癸烷在激波管中的燃烧发射光谱

B.4.3 燃烧产物浓度的测量

碳氢燃料的燃烧产物主要有 CO、CO_2 和 H_2O,采用吸收光谱可直接测得这些产物的浓度、温度等信息及其随时间的变化。这对燃烧程度、燃烧效率、热释放量的评价,以及对燃烧微观反应机理的研究有重要意义。

TDLAS 是测量燃烧气体浓度的主要手段之一。其基于比尔-朗伯吸收定律,根据可调谐半导体激光器的窄线宽特性来调谐激光波长,使分子对激光产生共振吸收,从而实现分子浓度的测量。该方法具有运行成本低、响应快、精度高、灵敏度高等突出优点。

将激波管技术与 TDLAS 相结合的测量方法如图 B.20 所示。用激光控制器调

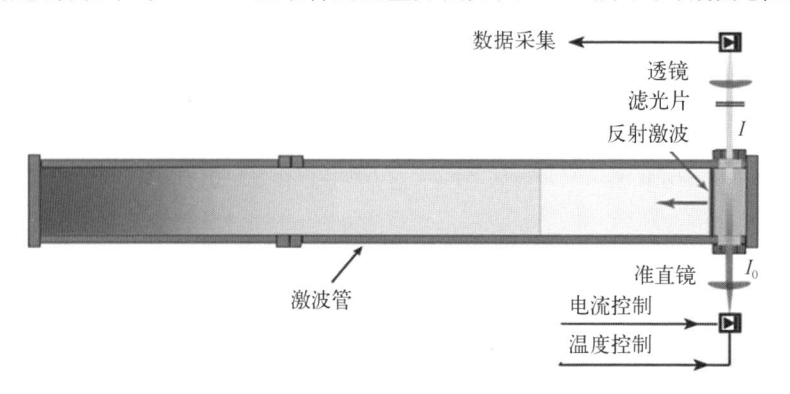

图 B.20 吸收光谱测量示意图

节注入半导体中的电流和温度来控制激光波长。激光光束经平凸透镜准直后,沿径向通过激波管壁前后的一对氟化钙窗口。透射光经过窄带宽滤波片滤波,以避免燃烧产生的光辐射信号的干扰。另一侧的平凸透镜用于减少光束偏转效应,将激光光束聚焦到探测器上。探测器将光信号转换为电信号后,为数据采集系统所收集。

比尔-朗伯吸收定律为

$$I_v/I_{0,v} = \exp[-S(T)PX\Phi_v L] \tag{B.29}$$

式中,$I_{0,v}$——入射光强,mW;

I_v——透射光强,mW;

$S(T)$——气体的吸收谱线强度,$cm^{-1}/(mol \cdot cm^{-2})$;

P——压力;

X——气体组分的摩尔分数;

Φ_v——测定吸收谱线的线性函数,表征谱线形状;

L——吸收程长。

气体的吸收谱线强度 $S(T)$ 可通过专业光谱数据库高分辨率透射分子吸收数据库(high-resolution transmission molecular absorption database,HITRAN)和高温光谱吸收参数(high-temperature spectroscopic absorption parameters,HITEMP)获得。

CO、CO_2 和 H_2O 分子常用的红外吸收光谱谱线如表 B.4 所示。中红外光谱区的气体分子吸收谱线强度比近红外光谱区高几个量级,相应地,在相同条件下,中红外波段气体的检测限比近红外波段低几个量级。

表 B.4 常用的红外吸收光谱谱线

\multicolumn{2}{c	}{CO}	\multicolumn{2}{c	}{CO_2}	\multicolumn{2}{c}{H_2O}
波长/μm	谱线强度 $S/10^{-20}$@296 K/[cm^{-1}/(分子·cm^{-2})]	波长/μm	谱线强度 $S/10^{-20}$@296 K/[cm^{-1}/(分子·cm^{-2})]	波长/μm	谱线强度 $S/10^{-20}$@296 K/[cm^{-1}/(分子·cm^{-2})]
1.567	0.002	1.573	0.002	1.395	1.51
2.334	0.34	1.957	0.04	1.847	2.82
4.610	44.6	2.004	0.13	2.551	2.58
—	—	2.778	3.57	2.680	13.03
—	—	2.638	5.84	—	—
—	—	4.235	352	—	—
—	—	4.284	326	—	—

图 B.21 给出了在反射激波作用下，$H_2/O_2/Ar$ 混合物燃烧生成水的摩尔浓度 (X_{H_2O}) 的时序曲线，并与氢气燃烧反应动力学机理曲线进行了对比。X_{H_2O} 是通过测量水对 2.551 μm 波长的吸收率，由式(B.29)计算得到的。由图可见，反射激波到达 $t=0$ ms 后，经 0.7 ms 水的浓度才急剧升高，再经过 0.4 ms 达到最大并保持在 $X_{H_2O}=0.45\%$ 的水平。由图还可见，测量结果验证了燃烧反应动力学机理的正确性。

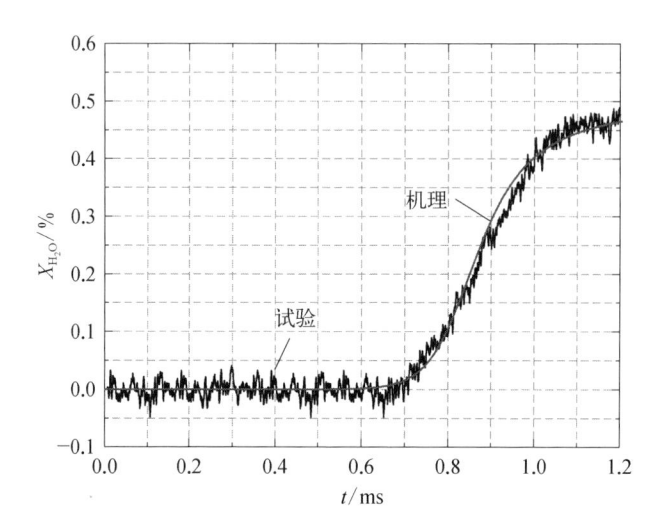

图 B.21 在反射激波作用下 $H_2/O_2/Ar$ 混合物燃烧生成水的摩尔浓度

条件：配比 $H_2:O_2:Ar=0.5:1:98.5$，$\phi=0.25$，点火初温 $T_0=1\,117$ K

B.4.4 激波管内激波参数的变化与设计

1. 激波形式和传播参数

图 B.22 为激波管内激波 x-t 图。由图可见，膜片破裂后，会立刻形成一道入射激波向低压段方向传播，两段中的气体形成一道接触面(交界面)同向移动，此外，还会形成一束向高压段方向传播的稀疏波。入射激波传播速度高，抵达低压段端面后会被反射回来形成反射激波，使端面附近的测量区气体遭受两次压缩，温度和压力急剧升高，但仍保持滞止状态。

根据图中的波系分布可知不同区域的气体状态变化。其中，①、④两区尚未受到激波作用，②区则为入射激波的波后区，③区为接触面移动过后的区域，⑤区为反射激波的波后区。②、⑤两区适用于高温高压条件下的自着火特性试验。

研究激波管内的参数变化时，需要已知高、低压段(①、④区)的初始参数，如压力、温度、比热比、平均分子量和密度，并进行如下假设[7]：

(1) 管内为标准的一维流动；

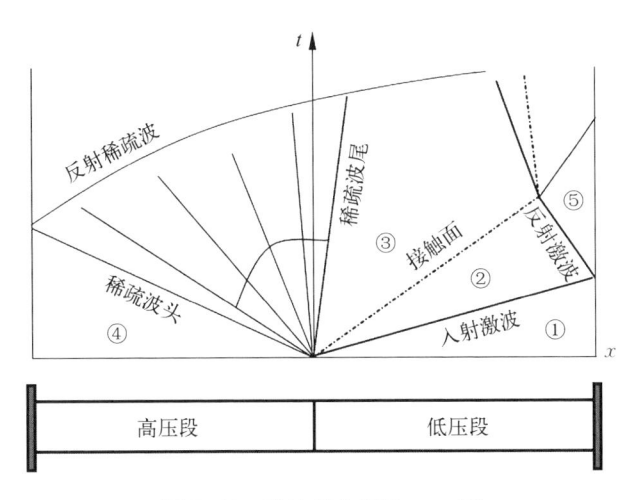

图 B.22　激波管内激波 x-t 图

（2）忽略流体黏性和热传导作用；

（3）膜片破裂瞬间完成，接触面即刻保持匀速运动，其两侧气体之间无热交换；

（4）稀疏波区域内为等熵流动；

（5）激波前后区域中的热力学过程是绝热的，相对于激波，气流能量守恒；

（6）高、低压段中的气体均为量热完全气体（比热容为常数的理想气体）。

然后，利用式（B.30）~式（B.38）计算出入射激波马赫数 Ma_s 等参数（下标数字即图 B.22 中的区号）。这些公式在上述假定下，由一维等熵流的守恒方程导出，详见文献[7]。

入射激波马赫数 Ma_s 用式（B.30）和①、④两区的压力迭代求解：

$$\frac{p_4}{p_1} = \left[1 + \frac{2\gamma_1}{\gamma_1+1}(Ma_s^2 - 1)\right]\left[1 + \frac{\gamma_4-1}{\gamma_4+1}a_{14}\left(Ma_s - \frac{1}{Ma_s}\right)\right]^{-\frac{2\gamma_4}{\gamma_4-1}}$$

$$a_{14} = \sqrt{\frac{M_4}{M_1}\frac{\gamma_1 T_1}{\gamma_4 T_4}} \quad\quad (B.30)$$

式中，γ——比热比；

a_{14}——①、④两区的声速比；

M_1——①区气体的分子量，g/mol；

M_4——④区气体的分子量，g/mol；

a——声速，$a = \sqrt{\frac{\gamma R_0 T}{M}}$；

R_0——气体常数，8.314 J/(mol·K)。

②区：

$$\frac{p_2}{p_1} = 1 + \frac{2\gamma_1}{\gamma_1 + 1}\left[\left(\frac{v}{a_1}\right)^2 - 1\right] = 1 + \frac{2\gamma_1}{\gamma_1 + 1}(Ma_s^2 - 1) \qquad (B.31)$$

$$\frac{T_2}{T_1} = \frac{[2\gamma_1 Ma_s^2 - (\gamma_1 - 1)][(\gamma_1 - 1)Ma_s^2 + 2]}{(\gamma_1 + 1)^2 Ma_s^2} \qquad (B.32)$$

③区：

$$Ma_3 = \left[\frac{a_{41}(\gamma_1 + 1)Ma_s}{2(Ma_s^2 - 1)} - \frac{\gamma_4 - 1}{2}\right]^{-1} \qquad (B.33)$$

$$\frac{p_3}{p_4} = \left(1 + \frac{\gamma_4 - 1}{2}Ma_s\right)^{-\frac{2\gamma_4}{\gamma_4 - 1}} \qquad (B.34)$$

$$\frac{T_3}{T_4} = \left(1 + \frac{\gamma_4 - 1}{2}Ma_3\right)^{-2} \qquad (B.35)$$

⑤区：

$$\frac{p_5}{p_1} = \frac{[2\gamma_1 Ma_s^2 - (\gamma_1 - 1)][(3\gamma_1 - 1)Ma_s^2 - 2(\gamma_1 - 1)]}{(\gamma_1 + 1)(\gamma_1 - 1)Ma_s^2 + 2} \qquad (B.36)$$

$$\frac{T_5}{T_1} = \frac{[2(\gamma_1 - 1)Ma_s^2 - (\gamma_1 - 3)][(3\gamma_1 - 1)Ma_s^2 - 2(\gamma_1 - 1)]}{(\gamma_1 + 1)^2 Ma_s^2} \qquad (B.37)$$

反射激波马赫数：

$$Ma_r = \sqrt{\frac{2\gamma_1 Ma_s^2 - (\gamma_1 - 1)}{(\gamma_1 - 1)Ma_s^2 + 2}} \qquad (B.38)$$

2. 有效工作时间 Δt

②区和⑤区中均匀气流的持续时间很短，要充分利用这两区进行试验，需要合理设计高压段、低压段的长度。

②区的有效工作时间即入射激波和接触面传播到测量点的时间差[参见图 B.23(a)]：

$$\Delta t = \frac{L}{v_3} - \frac{L}{v} \qquad (B.39)$$

式中，L——测量点到膜片的距离，m；

v——入射激波的传播速度,m/s;
v_3——接触面的移动速度,m/s。

为了单纯利用入射激波进行试验,不仅要求高压段足够长,使稀疏波束在左端面反射后赶不上接触面,不会对②区产生干扰,而且要求测量点距低压段端面足够远,在工作时间内不受反射激波的影响。

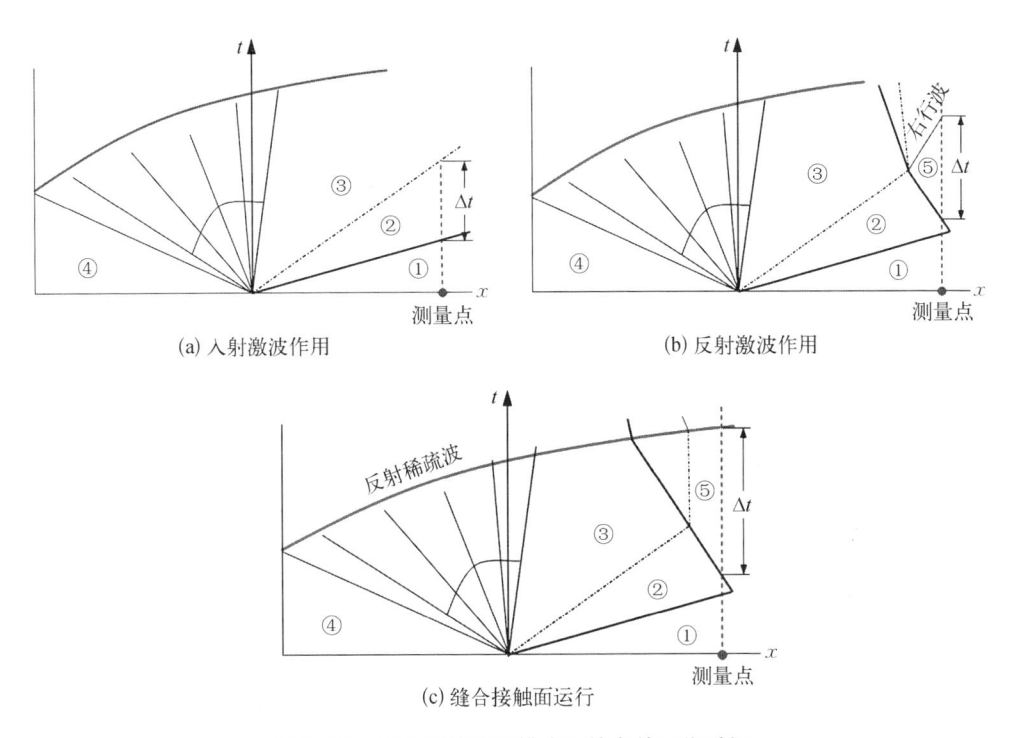

(a) 入射激波作用

(b) 反射激波作用

(c) 缝合接触面运行

图 B.23 三种激波作用模式下的有效工作时间

当利用反射激波进行试验时,就要保证⑤区的有效工作时间,即反射激波及其与接触面相遇后反射形成的右行波到达测量点的时间差[参见图 B.23(b)]。此时,测量点设置在贴近低压段端面的地方。增加低压段管长可延长工作时间,但效果有限,且对试验场地的要求较高。

目前,延长⑤区工作时间最为有效的方法是缝合接触面运行(tailored contact surface operation),即②、③区的气体声速满足以下关系的工况:

$$\frac{a_3}{a_2} = \frac{\gamma_4 \sqrt{1 + \frac{\gamma_4 + 1}{2\gamma_4}\left(\frac{p_5}{p_2} - 1\right)}}{\gamma_1 \sqrt{1 + \frac{\gamma_1 + 1}{2\gamma_1}\left(\frac{p_5}{p_2} - 1\right)}} \qquad (B.40)$$

此时,反射激波与接触面相遇后,不产生右行波,而会穿过接触面在③区中继续传播,接触面保持静止。这个工况可通过调节高压段气体的压力和组分来实现。因此,⑤区的有效工作时间由反射激波和来自高压段的反射稀疏波到达测量点的时间差来决定,明显得到延长,如图 B.23(c)所示。

B.5　焦炭基础特性

B.5.1　焦炭生成量

吸热型碳氢燃料流经冷却管道时,会发生热裂解,并在管内壁形成焦炭。通过分析焦炭的生成量、表观形貌和化合物种类等基础特性,探究焦炭的生成速率和生长方式。

管内的焦炭生成量很少,即使采用高精度电子天平也无法直接测定。因此,可先测量焦炭经高温纯氧煅烧所生成的 CO_2 浓度,再利用反应平衡关系计算出焦炭生成量。这种间接测量方法精度较高,相应的测量装置如图 B.24 所示。

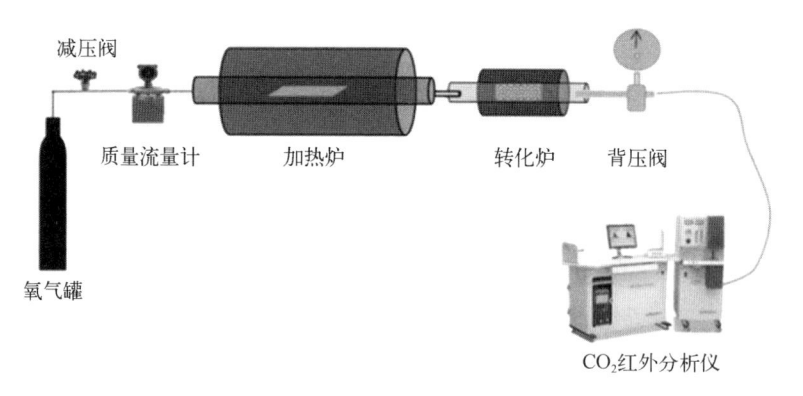

图 B.24　焦炭生成量的间接测量装置

由图可见,该装置由气体输送、焦炭高温氧化和 CO_2 红外分析仪三部分组成。其中,气体输送部分包括高纯度氧气罐、减压阀和氧气质量流量计。氧气流量为 2 400 mL/min。焦炭高温氧化部分包括电阻式加热炉(内含石英煅烧管)、转化炉和温度控制仪。转化炉内装有负载催化剂 Pt/Al_2O_3 的蜂窝孔材料,温度恒为 300℃,确保可能的 CO 能够完全转化成 CO_2。

CO_2 红外分析仪量程为 0~50 000 ppm,精度为 10 ppm。其工作原理是,气体组分的浓度与对某个波长区间红外光的吸收强度成比例,从而改变检测器的半导体电阻,通过信号放大,即可反过来测得组分浓度。

测量前,应采用憋压和泡沫法检测整个装置的气密性。将含有焦炭的冷却管道切成 5cm 的数段,放入瓷舟中待用。然后将 CO_2 红外分析仪预热 2 h,温度、压力和湿度保持恒定。启动 CO_2 分析软件,基线走平后,将瓷舟放入石英煅烧管内,按表 B.5 启动升温程序。

表 B.5 程序升温图

程　序	温度区间/℃	时间/min
1	20～395	25
2	395～695	20
3	695～890	13
4	890～900	1

图 B.25 为煅烧掉的焦炭量 m_c 随时间 t 的变化关系,即烧炭曲线。对曲线进行积分,即可得到每个冷却管段内的焦炭量及整个冷却管内的焦炭总量。

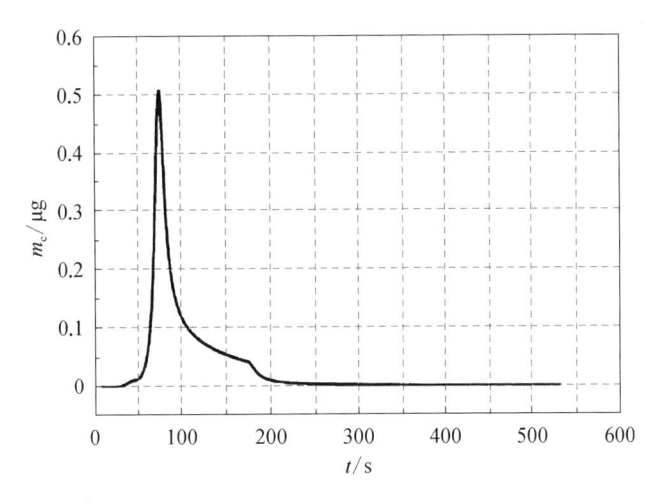

图 B.25　烧炭曲线

B.5.2　焦炭的表观形貌

燃料裂解结焦分为金属催化结焦和体相结焦两类,所产生的焦炭形貌和特性均有很大差异。通常,在金属管壁上主要发生金属催化结焦,焦炭呈丝状,石墨化程度较高,如图 B.26(a)所示。而体相结焦的焦炭形貌为无定型碳,石墨化程度低。

图 B.26 为扫描电子显微镜(scanning electron microscope, SEM)(参考型号 Hitachi－S－4800,日本)的结果。若用能量色散 X 射线光谱仪(energy dispersive Xray spectroscopy,EDX)(参考型号 Oxford-IE-250,德国),则可观察到其中的元素含量。由图可见,在310S不锈钢管壁表面形成了大量丝状焦炭,是典型的金属催化结焦类型。而在同种管壁基材表面上沉积有TiN涂层,焦炭呈五角星状。显然,涂层可有效抑制丝状碳的产生。

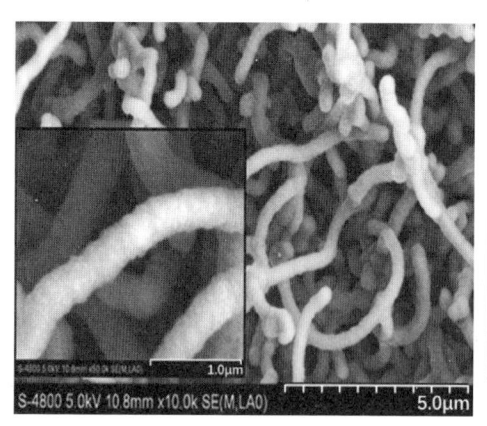

(a) 无涂层　　(b) TiN涂层

图 B.26　正十烷在310S不锈钢管壁上形成的焦炭表观形貌(SEM 图)

B.5.3　焦炭表面含碳化合物的种类

通常,含碳化合物有 sp^1、sp^2 和 sp^3 三种杂化类型,通过拉曼光谱检测后两种,可有效评价焦炭的石墨化程度,如图 B.27 所示。

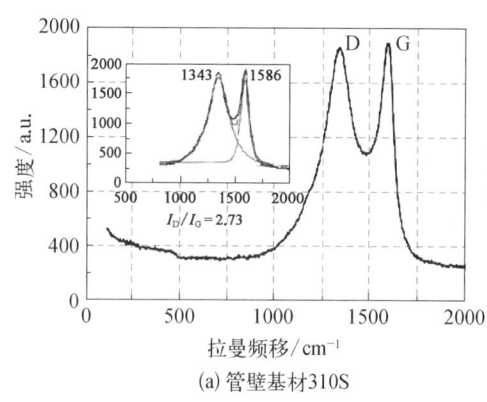

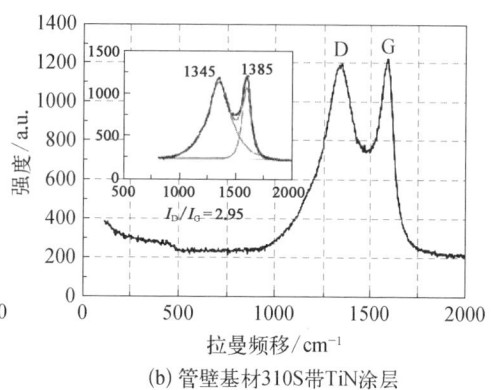

(a) 管壁基材310S　　(b) 管壁基材310S带TiN涂层

图 B.27　两种材料表面生成的焦炭拉曼光谱

图 B.27 所用的拉曼光谱仪为 LabRAM HR(HORIBA Co.,Ltd.,法国),激光波长为 532 nm(Nd:Yag 激光器),分辨率为 0.65 cm^{-1},输出电压为 5 mW,采样面积为 1~2 μm^2,谱图搜集范围为 100~2 000 cm^{-1}。

图中对应波数(拉曼频移)1 580 cm^{-1}的 G 峰,是由结晶石墨的高度取向性,其 sp^2 杂化类型的 C—C 键发生散射所致;对应波数 1 350 cm^{-1} 的 D 峰,则是由无序碳或微晶石墨的存在,其 sp^3 杂化结构发生伸缩振动所致。

图 B.27 中的小图是用洛伦兹方法对大图进行分峰得到的结果,峰旁数字分别为 D、G 峰所对应的横坐标值,即波数;I_D/I_G 为 D、G 两峰(小图绿线所示)的面积之比,可用于评价焦炭的石墨化程度。

由图 B.27 可见,在金属管 310S 内壁上受金属催化产生的焦炭,其 I_D/I_G 相对较小,因此其石墨化程度较高;反之,在 TiN 涂层上的焦炭为无定型碳,其 I_D/I_G 相对较大,因此其石墨化程度偏低。

参考文献

[1] Goodwin R D. Benzene thermophysical properties from 279 to 900 K at pressures to 1 000 Bar [J]. Journal of Physical and Chemical Reference Data, 1988, 17(4): 1541-1636.

[2] Huber M L. NIST Thermophysical Properties of Hydrocarbon Mixtures Database (SUPERTRAPP)[M]. Gaithersburg: National Institute of Standards, 2007.

[3] Wagner W, Pruß A. The IAPWS formulation 1995 for the thermodynamic properties of ordinary water substance for general and scientific use[J]. Journal of Physical and Chemical Reference Data, 2002, 31(2): 387-535.

[4] Deng H W, Zhu K, Xu G Q, et al. Isobaric specific heat capacity measurement for kerosene RP-3 in the near-critical and supercritical regions[J]. Journal of Chemical & Engineering Data, 2012, 57(2): 263-268.

[5] Garg S K, Banipal T S, Ahluwalia J C. Heat capacities and densities of liquid o-xylene, m-xylene, p-xylene, and ethylbenzene, at temperatures from 318.15 K to 373.15 K and at pressures up to 10 MPa[J]. The Journal of Chemical Thermodynamics, 1993, 25(1): 57-62.

[6] Zhang C, Li B, Rao F, et al. A shock tube study of the autoignition characteristics of RP-3 jet fuel[J]. Proceedings of the Combustion Institute, 2015, 35: 3151-3158.

[7] 陈强. 激波管流动的理论和实验技术[M]. 合肥: 中国科技大学出版社, 1979.

附录 C
燃烧室试验标准和规范

C.1 主燃烧室试验标准和规范

表 C.1 主燃烧室试验的行业标准

序号	标准号	标准名称	适用试验科目	主编/参编
1	HB 7485—2012	航空燃气涡轮发动机燃烧室性能试验方法	主燃烧室性能	624 所
2	HB 7667—2000	航空发动机燃油喷嘴性能试验	燃油雾化/掺混特性	—
3	HB 20270—2016	航空燃气涡轮发动机燃油总管性能试验方法	燃油总管	606 所
4	HB 20317—2016	航空燃气涡轮发动机燃烧室流阻特性及流量分配试验方法	主燃烧室性能	624 所
5	HB 20350—2016	航空燃气涡轮发动机燃烧室排放性能试验方法		
6	HB 20351—2016	航空燃气涡轮发动机燃烧室水流模拟试验方法	扩压器	608 所
7	HB 20372—2016	航空燃气涡轮发动机燃烧室火焰筒振动特性试验方法	主燃烧室性能	
8	HB 20244—2016	航空发动机部件试验安全要求主燃烧室高空点火试验		624 所
9	HB 20250—2016	航空发动机部件试验安全要求传热及涡轮增压器试验	壁面传热	
10	HB 20264—2016	航空燃气涡轮发动机燃烧室点火和熄火试验方法	主燃烧室性能	608 所
11	HB 20316—2016	航空燃气涡轮发动机燃烧室高空点火试验方法		624 所

续 表

序号	标 准 号	标 准 名 称	适用试验科目	主编/参编
12	HB 20318—2016	航空燃气涡轮发动机主燃烧室扩压器特性试验方法	扩压器	624 所
13	HB 20349—2016	航空燃气涡轮发动机燃烧室壁温试验方法	主燃烧室性能	624 所
14	HB 20352—2016	航空燃气涡轮发动机主燃烧室出口温度场性能试验方法	主燃烧室性能	624 所
15	HB 20353—2016	航空燃气涡轮发动机主燃烧室火焰筒壁面冷效试验方法	壁面传热	624 所
16	HB 6117—2020	航空燃气涡轮发动机气态污染物的连续取样及测量方法	主燃烧室性能	624 所
17	HB 6116—2020	航空燃气涡轮发动机排气冒烟测量方法	主燃烧室性能	624 所

表 C.2　主燃烧室试验的中国航空发动机集团有限公司标准

序号	标 准 号	标 准 名 称	适用试验科目	主编/参编
1	Q/AVIC 20032—2015	航空燃气涡轮发动机燃烧室流阻特性及流量分配试验方法	主燃烧室性能	624 所
2	Q/AVIC 20033—2015	航空燃气涡轮发动机主燃烧室水流模拟试验方法	扩压器试	608 所
3	Q/AVIC 20034—2015	航空燃气涡轮发动机主燃烧室点火和熄火试验方法	主燃烧室性能	608/606 所
4	Q/AVIC 20035—2015	航空燃气涡轮发动机主燃烧室出口温度场性能试验方法	主燃烧室性能	624 所
5	Q/AVIC 20036—2015	航空燃气涡轮发动机主燃烧室效率试验方法	主燃烧室性能	624 所
6	Q/AVIC 20037—2015	航空燃气涡轮发动机主燃烧室燃气分析试验方法	主燃烧室性能	606 所
7	Q/AVIC 20038—2015	航空燃气涡轮发动机主燃烧室扩压器特性试验方法	扩压器	624 所
8	Q/AVIC 20040—2015	航空燃气涡轮发动机主燃烧室火焰筒壁面冷效试验方法	壁面传热	624 所

续 表

序号	标准号	标准名称	适用试验科目	主编/参编
9	Q/AVIC 20041—2015	航空燃气涡轮发动机主燃烧室旋流器/涡流器流量试验方法	旋流器/涡流器	430厂/624所
10	Q/AVIC 20042—2015	航空燃气涡轮发动机燃油喷嘴及燃油总管特性试验方法	燃油总管	624所
11	Q/AVIC 20087—2015	航空燃气涡轮发动机主燃烧室高空性能试验方法	主燃烧室性能	贵阳所
12	Q/AVIC 20088—2015	航空燃气涡轮发动机燃油喷雾激光诊断试验方法	燃油雾化/掺混特性	608/606所
13	Q/AVIC 20122—2015	航空燃气涡轮发动机燃油喷嘴性能试验方法	燃油雾化/掺混特性	606/430、410厂

表 C.3 主燃烧室试验的企业标准(624所)

序号	标准名称	适用试验科目
1	航空发动机燃烧室燃油喷嘴与燃油总管特性试验规范	燃油总管
2	航空发动机燃烧室火焰筒冷效试验规范	壁面传热
3	航空发动机燃烧室气动特性试验规范	扩压器
4	燃气涡轮发动机燃烧室试验燃气分析测试规范	主燃烧室性能
5	典型燃烧室试验高温测量位移机构设计规范	主燃烧室性能
6	燃烧室内流速度场PIV试验规范	扩压器
7	燃油总管试验器试验规范	—
8	燃烧室传热试验器试验规范	—
9	燃烧机理研究试验器试验规范	—
10	环形燃烧室试验器试验规范	—
11	燃烧室高空点火试验器试验规范	—
12	高温高压扇形燃烧试验器试验规范	—

C.2 加力燃烧室试验标准和规范

表 C.4 加力燃烧室试验的行业标准

序号	标 准 号	标 准 名 称	适用试验科目	主编/参编
1	HB 20356—2016	航空燃气涡轮发动机加力燃烧室点火试验方法	加力燃烧室性能	624 所
2	HB 20349—2016	航空燃气涡轮发动机燃烧室壁温试验方法		
3	HB 20357—2016	航空燃气涡轮发动机加力燃烧室性能试验方法		606 所
4	HB 20358—2016	航空燃气涡轮发动机加力扇形气动性能试验方法		
5	HB 20247—2016	航空发动机部件试验安全要求加力燃烧室试验		624 所
6	HB 7485—2012	航空燃气涡轮发动机燃烧室性能试验方法		

表 C.5 加力燃烧室试验的航发集团标准

序号	标 准 号	标 准 名 称	适用试验科目	主编/参编
1	Q/AVIC 20052—2015	航空燃气涡轮发动机加力燃烧室点火和熄火试验方法	加力燃烧室性能	606 所
2	Q/AVIC 20053—2015	航空燃气涡轮发动机加力燃烧室性能试验方法		
3	Q/AVIC 20094—2015	航空燃气涡轮发动机加力燃烧室火焰稳定器水流模拟试验方法	混合器和稳定器流阻	贵阳所
4	AETT1A	航空涡喷涡扇发动机红外辐射特性测试	加力燃烧室性能	606 所

表 C.6 加力燃烧室试验的企业标准(624 所)

序号	标 准 名 称	适用试验科目
1	xxx 加力燃烧室低压稳定器试验器周期校准方法	—
2	xxx 模型加力燃烧室综合性能试验器周期校准方法	—
3	xxx 模型加力燃烧室综合性能试验器试验规范	—

附录 D
不确定度的传递与计算

对变量 $x,\cdots,w$ 进行测量，对应的标准不确定度为 $\delta_i, i = x,\cdots,w$，且所有 δ_i 独立且随机，这些变量的合成不确定度可按以下公式计算。

1）和与差的不确定度

上述变量的和与差为

$$q = x + \cdots + z - (u + \cdots + w) \quad\quad (D.1)$$

q 的不确定度等于所有标准不确定度的正交之和，但在任何情况下，都不会大于它们的加和：

$$\delta_q = \sqrt{\sum_{i=x}^{w} \delta_i^2} \leqslant \sum_{i=x}^{w} \delta_i \quad\quad (D.2)$$

2）积与商的不确定度

上述变量的积与商为

$$q = \frac{x \times \cdots \times z}{u \times \cdots \times w} \quad\quad (D.3)$$

q 的相对不确定度也等于标准相对不确定度的正交之和，但在任何情况下，都不会大于它们的加和：

$$\frac{\delta_q}{|q|} = \sqrt{\sum_{i=x}^{w} \left(\frac{\delta_i}{|i|}\right)^2} \leqslant \sum_{i=x}^{w} \left(\frac{\delta_i}{|i|}\right) \quad\quad (D.4)$$

3）被测变量 x 乘以精确值 n 的不确定度

当：

$$q = nx \quad\quad (D.5)$$

则有

$$\delta_q = |n|\delta_x \quad\quad (D.6)$$

或：

$$\frac{\delta_q}{|q|} = \frac{\delta_x}{|x|} \tag{D.7}$$

4）幂的不确定度

设精确值为 n，对于式（D.8）：

$$q = x^n \tag{D.8}$$

有

$$\frac{\delta_q}{|q|} = |n| \frac{\delta_x}{|x|} \tag{D.9}$$

5）单变量函数的不确定度

设 $q = q(x)$ 是 x 的任意函数，则有

$$\delta_q = \left|\frac{d_q}{d_x}\right| \delta_x \tag{D.10}$$

6）不确定度传递公式

设 $q = q(x,\cdots,z)$ 是 $x,\cdots,z$ 的一个任意函数，且所有不确定度 δ_i 独立且随机，则有

$$\delta_q = \sqrt{\sum_{i=x}^{w}\left(\frac{\partial q}{\partial i}\delta_i\right)^2} \leqslant \sum_{i=x}^{w}\left|\frac{\partial q}{\partial i}\right|\delta_i \tag{D.11}$$

附录 E
质量管理体系标准

燃烧室试验各阶段遵循相关国家标准、国家军用标准和企业质量管理标准,如表 E.1 所示。

表 E.1 燃烧室试验质量管理体系标准

序号	标准号	标 准 名 称
1	GB/T 19001—2016	质量管理体系要求
2	GB/T 12504—2008	计算机软件质量保证计划规范
3	GB/T 12505—90	计算机软件配置管理计划规范
4	GBZ 2.2—2007	工作场所有害因素职业接触限值 第 2 部分:物理因素
5	GJB 9001C—2017	质量管理体系要求
6	GJB 1310A—2004	设计评审
7	GJB/Z 1391—2006	故障模式、影响及危害性分析指南
8	GJB 1405A—2006	装备质量管理术语
9	GJB 1406A—2005	产品质量保证大纲要求
10	GJB 1452A—2004	大型试验质量管理要求
11	GJB 241A—2010	航空涡轮喷气和涡轮风扇发动机通用规范
12	GJB 242A—2018	航空涡轮螺桨和涡轮轴发动机通用规范
13	GJB 2712A—2009	装备计量保障中测量设备和测量过程的质量控制
14	GJB 2725A—2001	测试实验室和校准实验室通用要求
15	GJB 2786A—2009	军用软件开发通用要求
16	GJB 3206A—2010	技术状态管理

续 表

序号	标 准 号	标 准 名 称
17	GJB 3273A—2017	武器装备研制项目技术审查
18	GJB 571A—2005	不合格品管理
19	GJB 5711—2006	装备质量问题处理通用要求
20	GJB907A—2006	产品质量评审
21	企业质量管理标准	质量手册
22	企业质量管理标准	质量目标管理程序
23	企业质量管理标准	人力资源管理程序
24	企业质量管理标准	基础设施控制程序
25	企业质量管理标准	产品和服务实现过程策划和控制程序
26	企业质量管理标准	产品和服务要求控制程序
27	企业质量管理标准	设计和开发控制程序
28	企业质量管理标准	试验控制程序
29	企业质量管理标准	采购管理(外部提供过程、产品和服务)程序文件
30	企业质量管理标准	生产和服务提供过程控制程序
31	企业质量管理标准	监视和测量资源的控制程序
32	企业质量管理标准	技术状态管理程序
33	企业质量管理标准	质量体系评价和改进管理程序
34	企业质量管理标准	纠正、预防措施管理程序
35	企业质量管理标准	新产品试制控制程序
36	企业质量管理标准	质量信息管理程序
37	企业质量管理标准	产品交付和交付后的活动管理程序
38	企业质量管理标准	组织环境与相关方需求管理程序
39	企业质量管理标准	风险与机遇管理程序
40	企业质量管理标准	成文信息管理程序
41	企业质量管理标准	软件工程化管理程序

续 表

序号	标 准 号	标 准 名 称
42	企业质量管理标准	发动机通用质量特性管理程序
43	企业质量管理标准	过程运行环境控制程序
44	企业质量管理标准	产品监视与测量控制程序
45	企业质量管理标准	知识管理程序
46	企业质量管理标准	内外部沟通管理程序
47	企业质量管理标准	质量问题处理程序
48	企业质量管理标准	标准化管理程序
49	企业质量管理标准	设计和开发策划程序